Gustav Theodor Fechner

Über die physikalische

und philosophische Atomenlehre

Kleine Bibliothek

für das 21. Jahrhundert

Band 1

Herausgegeben

von Ecke Bonk

Springer-Verlag Wien GmbH

Gustav Theodor Fechner

Über die physikalische und philosophische Atomenlehre

Herausgegeben von

Ecke Bonk

Kleine Bibliothek für das 21. Jahrhundert

Band 1

Springer-Verlag Wien GmbH

Die Vorlage zu dieser Neuausgabe von
Gustav Theodor Fechners
„Über die physikalische und philosophische Atomenlehre"
ist die 2. erweiterte Auflage von 1864,
erschienen bei Mendelsohn in Leipzig.

Orthographie und Zeichensetzung sind modernisiert.
Für das 19. Jahrhundert charakteristische Satzstellungen,
Wendungen und Wortwahl sind in der Regel beibehalten
und nur im Falle von Bedeutungsverschiebungen
angepaßt worden.

Der Fußnoten-Apparat ist bearbeitet
und soweit möglich ergänzt worden.
Literaturliste und Index wurden hinzugefügt.

Für Unterstüzung danken wir der
Zentralbibliothek für Physik, Wien.

Konzeption, Recherche und Bearbeitung (1992–1993) wurden
gefördert im Auftrag des Bundesministers für Unterricht und
Kunst, Kuratorin Dr. Cathrin Pichler.

Satz: Büro Illmer & Dempf, Wien

Typographie und Ausstattung:
Rainer Dempf (in Zusammenarbeit mit dem Herausgeber)
Gedruckt auf säurefreiem, chlorfrei gebleichtem Papier - TCF

Die Deutsche Bibliothek - CIP-Einheitsaufnahme

Fechner, Gustav Theodor:
Über die physikalische und philosophische Atomenlehre /Gustav
Theodor Fechner. Reihenhrsg.: Ecke Bonk. - Neuausg., Nachdr.
der Ausg. Leipzig, Mendelsohn, 1864.
   (Kleine Bibliothek für das 21. Jahrhundert ; Bd. 1)
   ISBN 978-3-211-82708-6   ISBN 978-3-7091-4149-6 (eBook)
   DOI 10.1007/978-3-7091-4149-6

ISSN 0948-8677
ISBN 978-3-211-82708-6

Vorwort zur ersten Auflage

Von den zwei durch besondere Titel unterschiedenen Abteilungen dieser
Schrift hat die erste den Zweck, die Atomistik der Körperwelt, nach ihrer
Gestaltung durch die neuere exakte Physik, den philosophischen Anfechtungen gegenüber, denen sie unterliegt, als eine in der Natur gegründete,
von der Naturwissenschaft daher geforderte, mit höheren allgemeineren
Interessen nicht nur wohlverträgliche, sondern auch denselben dienstbare
Ansicht ins Licht zu stellen und von hier aus einige allgemeinere Blicke
auf die philosophischen Richtungen zu werfen, mit denen sie in Konflikt
kommt; die zweite, zu zeigen, wie ein philosophischer Abschluß der Atomistik, den ihre Gegner bisher noch vermissen konnten, doch denkbar
sei, nicht unter Aufgabe ihres bisherigen Wesens und ihrer bisher festge-
stellten Sätze, sondern durch Vorwegnahme des Ziels ihrer bisher einge-
schlagenen Richtung.

Indem sich diese Schrift hiernach wesentlich *gegen* philosophische
Gegner wendet, wendet sie sich doch keineswegs ausschließlich an dieselben. In der Hauptsache hat sie ein allgemeineres Publikum vor Augen,
das Interesse an den allgemeineren Streitfragen, welche die Wissenschaft
bewegen, nimmt und dessen Urteil über die vorliegende bisher, wie mich
dünkt, in unbilliger Einseitigkeit von der Gegenseite her bestimmt worden ist. Und gewiß verdient die Frage, um die es sich hier handelt, ein
allgemeineres Interesse. Die Atomenfrage ist vielleicht der Punkt, in dem
heutige Philosophie und heutige Naturwissenschaft am härtesten zusammentreffen und wieder am weitesten auseinandergehen. Die Frage: Gibt
es Atome oder nicht? ist zugleich die Frage über die Grundgestaltung, fast
kann man sagen, um die Existenz der einen und der anderen Lehre nach
ihrem heutigen Bestande.

Physiker anlangend, so kann sich diese Schrift zwar nicht speziell und
vorzugsweise an sie wenden wollen, sofern es für die meisten derselben einer Verteidigung der Atomistik nicht bedarf, um einen philosophischen
Abschluß derselben es nur wenigen zu tun sein mag. Doch dürfte für
manche derselben die im ersten Teile gegebene Zusammenstellung der

wichtigsten, teils empirischen, teils formalen Gesichtspunkte, auf welche sich die Atomistik stützen kann, immerhin insofern von Interesse sein, als es (meines Wissens wenigstens) an einer Zusammenstellung der Art überhaupt fehlt und als denen, welche nicht eine besondere Aufmerksamkeit auf die Fundamente der Naturwissenschaften gerichtet haben, leicht selbst entgeht, wie tief und wesentlich die Atomistik nach allen Seiten damit verwachsen, wie sehr durch das Bedürfnis, die Erscheinungen exakt und klar zu verknüpfen, gefordert ist; ja es dürfte darin, daß sie ihre größten Leistungen stets so still im Schoße der Naturwissenschaft vollbracht und dagegen stets so laut von seiten der Philosophen angegriffen worden ist, einer der Hauptgründe liegen, daß sie selbst unter Naturforschern noch nicht die *volle* und *allgemeine* Anerkennung gefunden hat, die sie verdient.

Auch kann dem Physiker, der sich nicht einseitig in seiner Wissenschaft abschließen will, die Differenz, in der er sich über eine der wichtigsten Grundlagen derselben mit der herrschenden Philosophie findet, doch nicht gleichgültig sein; und nachdem eine Verhandlung darüber bisher fast nur von der Gegenseite her stattgefunden hat, mag es wohl sein Interesse berühren, dieselbe mit den zu Gebote stehenden Mitteln einmal von dem Standpunkt, auf dem er selbst steht, aufgenommen zu sehen. Hierbei galt es dann – weil die physikalische Atomistik nicht bloß oder eigentlich gar nicht mit physikalischen Gründen angegriffen wird –, außer der Verteidigung durch solche, die für den Physiker als solchen immer die entscheidenden bleiben werden, auch die allgemeineren Gesichtspunkte und Beziehungen ins Auge zu fassen, unter welche die Atomistik tritt. Während nun die ersten Kapitel der ersten Abteilung sich vorzugsweise mit der rein physikalischen Seite des Gegenstandes beschäftigen, ist in den letzten auf die allgemeineren Beziehungen desselben eingegangen und in den als Zusatzkapitel abgesonderten zu den Prinzipien selbst, auf welche die physikalischen Argumente sich stützen, mit zurückgegangen.

Vielleicht darf ich in dieser Beziehung für eine Reihe von Betrachtungen im 15. Kapitel der ersten Abteilung einige Aufmerksamkeit des Physikers insbesondere aus folgendem Gesichtspunkte in Anspruch nehmen. Es scheint mir, daß Physiker und überhaupt Naturforscher, wenn sie zu gewissen Grenzbetrachtungen ihres Gebiets gelangen, sich leicht dadurch desorientieren lassen, daß sie meinen, es sei hinter der Welt der körperlichen und geistigen Erscheinung noch ein dunkles Wesen anzunehmen und bei gründlichster Betrachtung darauf Rücksicht zu nehmen, wozu die Philosophie den Schlüssel sei es biete oder bieten solle. Alles, was wir sehen, hören, tastend fühlen, ja wohl gar, was wir denken, sei doch nur subjektiver Schein, gezogen vor etwas, was den Schein erst ergibt, der für jeden ein anderer – nach dem anderen Baue seines Auges und Gehirns, die nur Instrumente dieses Scheines; und es gelte endlich immer, nach dem wahrhaft und objektiv an sich Seienden, Realen zu fragen, das hinter aller Welt des Scheines liegt, und, wo nicht die Beschaffenheit und Verhältnisse dieses Seienden an sich, die immerhin unerkennbar sein mögen, aber die Verhältnisse der Scheinwelt dazu festzustellen und diese selbst jedenfalls als solche anzuerkennen. Das endlich sei die wahre Tiefe. (*Kant, Herbart,* die meisten Naturforscher, wenn sie sich vertiefen.) Ich suche zu zeigen, daß es die Tiefe eines Schattens ist, die man hinter der Tiefe der ganzen vollen lichten Welt noch sucht. Zwar gibt es Schatten, doch nur einen, den die Dinge aufeinander selber werfen. Und die Verhältnisse davon aufzusuchen, gibt allein das wahre und höhere Licht.

Es kann natürlich nicht meine Absicht sein, diesen Gegenstand im Vorwort hier rekapitulieren zu wollen; doch will ich hier zur Erläuterung noch eine kleine Historie beifügen, die mir eben beifällt, indem ich dieses schreibe. *Ermann d. A.* erzählte sie mir, als ich ihn vor Jahren in Berlin besuchte, und sie ist mir, ich weiß nicht, warum, im Gedächtnis geblieben, nachdem mir so viel merkwürdigere Geschichten entfallen sind.

Ein vornehmer Pole oder Russe besuchte ein großes Fabriketablissement in Berlin, das durch eine Dampfmaschine in Betrieb gesetzt war. Er ließ sich in der ganzen Anstalt herumführen, besah alle Teile derselben sehr genau, verfolgte das Ineinandergreifen der Maschinenteile, fragte nach allem möglichen, unterhielt sich über die Verhältnisse der Anstalt mit dem herumführenden Werkführer sehr verständig, kurz, schien vollkommen über den Gang, das Getriebe der Anstalt orientiert zu sein; als er endlich, nachdem alles durchgegangen war, zum höchsten Erstaunen des Werkführers sagte: Wollen Sie mir nun nicht auch die unteren Räume zeigen, wo die Pferde stehen? – So fragt man nach den Pferden unten, nachdem man den ganzen Gang und, wenn nicht den Erbauer, aber die Arbeiter an der Maschine, alles vor Augen gehabt hat.

Ich sage einfach in jenem Kapitel: Es gibt keine Pferde unten.

Gelänge es mir, mit meiner Darstellung der Philosophie auch nur *eine* Seele abzustreiten, die sich mit ihr in jene dunkle Tiefe der Betrachtungen verloren geben will, wo alles nur Heulen und Zähneklappern und jeder wider den anderen ist, so würde ich schon glauben, etwas geleistet zu haben.

Nicht für unnütz halte ich es, besonders darauf hinzuweisen, daß, während die zweite Abteilung dieser Schrift sich ganz auf die erste stützt und ohne die Begründungen der ersten gar keinen Boden haben würde, dagegen nicht das Umgekehrte der Fall ist, wenn schon die Gegner aus

Gesichtspunkten, denen entgegenzutreten gerade eine Hauptabsicht dieser Schrift ist, es vielleicht so darstellen mögen, als hänge die Gültigkeit der philosophischen Atomistik, wie sie in der ersten Abteilung verteidigt wird, an der Gültigkeit einer philosophischen Atomistik, zu der sie dieser oder jener erheben oder in der sie dieser oder jener (respektive wir selbst) abzuschließen versuchen mag; und könne ich also auch die physikalische Atomistik nur auf Grund der philosophischen halten wollen, in der ich sie in der zweiten Abteilung abzuschließen versuche. Dies aber heißt meines Erachtens die Sache auf den Kopf stellen. Selbst wenn man den metaphysischen Gesichtspunkt, durch den ich den philosophischen Abschluß zu bewirken versuche, verwerfen will, würden damit doch alle Argumente, welche für die physikalische Atomistik nach ihrem heutigen Stande bestehen, bestehend bleiben. Die Sachlage ist die, daß die physikalische Atomistik, indem sie eine Gliederung und Untergliederung der Körper über das scheinbare Kontinuum hinaus in diskrete Teile fordert, behauptet und beweist, und darin liegt ihr Wesen, doch über die Beschaffenheit der letzten Glieder, der Grundatome, noch nichts Bestimmtes auszusagen vermag. Wie sich die Welt in diskrete Weltsysteme und Weltkörper gliedert, so weiter der Weltkörper und jeder Körper in Atomensysteme (sogenannte Moleküle) und Atome, die nur aus ähnlichen Gründen eine kontinuierliche Masse zu bilden scheinen, als die Sterne im Nebelflecke. Das ist, kurz gesagt, das, was sie weiß. Aber wie groß, wie klein, wie gestaltet, als was überhaupt zu fassen sind endlich die letzten Glieder, die Grundatome? Die Physik vermag uns darüber nichts Sicheres zu sagen. Nur das eben weiß sie zu sagen: Die Gliederung in Diskretes reicht weiter, als das Auge und das Mikroskop solches verfolgen läßt. Die Grenze aber liegt für sie noch im Unbestimmten und dunkeln. Nun kann man diese Unbestimmtheit, die so in letzter Instanz physikalischerseits noch übrigbleibt, in philosophischem Interesse und mit einem philosophischen Vorblick zu erledigen suchen; aber gesetzt, das Interesse werde durch den Versuch nicht befriedigt, der Blick habe getäuscht, die philosophische Ansicht, die über den physikalischen Nexus von Tatsachen, den die heutige Atomistik repräsentiert und gewährt, hinaus oder hinter denselben zurückzugehen versucht, sei irrig, so würde dies nur eine neue philosophische Ansicht, einen zulänglichen Abschluß fordern, nicht jenen Nexus von Tatsachen und hiermit nicht die physikalische Atomistik ungültig machen. Daß aber die Atomistik in jener vorsichtigen Beschränkung, in der wir sie im ersten Teile halten und in der sie jeder besonnene Physiker mit uns halten wird, wo selbst vieles physikalisch dabei zu Bestimmende noch dahingestellt wird, die philosophischen Fragen und Schwierigkeiten über das Wesen der Materie und Kraft aber noch

IV

gar nicht beginnen und nur ungehörigerweise ins Spiel gezogen werden könnten, daß, sage ich, die Atomistik in dieser vorsichtigen Beschränkung wirklich eine Ansicht ist, die einen Nexus von Tatsachen repräsentiert und gewährt, soll eben durch den ersten Teil dieser Schrift gezeigt werden.

Wenn ich dann aber doch im zweiten Teile den Versuch mache, diese Beschränkung aufzugeben und auf die letzte Konstitution der Materie selbst einzugehen, so mag man diesen Versuch mit Nachsicht aufnehmen. Will man einmal mit einer Metaphysik über eine Physik hinausgehen, und ich meine, es ist wirklich ein Bedürfnis des Menschen, nach jedem Ziel vorauszublicken, schon ehe man dabei steht, so halte ich dafür, daß die dort aufgestellte Ansicht die wahrscheinlichste ist, auf die man kommen kann, indem sie sich eben so als absolute Grenze des Weges, den der Nexus der physikalischen Tatsachen schon zu gehen nötigt (daher auch schon Physiker vor mir darauf gekommen sind), wie dadurch empfiehlt, daß sie selbst einen reinen und klaren Nexus metaphysischer Begriffe mitführt, der nun freilich kein dialektischer im Sinne der neueren Philosophie ist, den ich aber demselben weit vorziehe, weil er nicht bloß Produkt und Produzent eines zweideutigen Formalismus ist, sondern den vorstellbaren Zusammenhang der Weltdinge direkt und kompakt in letzte Spitzen und Knoten zusammenfaßt. Indem ich aber selbst gestehe, daß ich die Metaphysik für keine so exakte Wissenschaft halte als die mathematische Physik, gestehe ich auch ein Moment der Unsicherheit in solchen Betrachtungen, wie ich sie anstellen werde, zu. Man mag dies Bekenntnis der Unsicherheit eines der wichtigsten Teile der Philosophie für eine Ketzerei gegen die Philosophie selbst halten, doch spricht jedenfalls der tatsächliche Stand aller bisherigen Metaphysik für mich.

Mit vorigem glaube ich zugleich den formellen Gesichtspunkt, nach welchem ich in dieser Schrift die physikalische und philosophische Atomistik scheide, hinreichend bezeichnet zu haben; denn Mißverständnis wäre es, mir eine Scheidung in der Sache aufbürden zu wollen. In der physikalischen Atomistik stelle ich das auf, was sich bis jetzt physikalisch, d. i. durch eine Verknüpfung von Tatsachen, *begründen* läßt, in der philosophischen das, was sich auf Grund des physikalisch Begründeten philosophisch, d. h. aus dem Bedürfnis, einen reinen begrifflichen Abschluß zu erhalten, *fordern* läßt. Aber Forderungen haben überhaupt nicht leicht die Sicherheit von Begründungen; und es ist gut, beides so scharf und streng als möglich auseinanderzuhalten. Nur darum eben sind hier zwei Teile aus dem gemacht, welchem eine einige Sache unterliegen muß. Nach Maßgabe, als die Physik fortschreitet, wird sie nun entweder den philosophischen Vorforderungen immer mehr nachkommen oder die

Philosophie ihrerseits ihre Forderungen nach diesen Fortschritten immer mehr entweder berichtigen oder fester stellen können; denn je weiter der Fortschritt zum Ziele, desto sicherer der Vorblick danach. Das richtige philosophische Ziel der Physik wird endlich die Vollendung der Physik sein.

Ich wünschte, daß auch die Gegner der Atomistik die Trennung der zwei Fragen, die hiermit gemacht wird, wohl im Auge behalten: Besteht eine Gliederung der kontinuierlich erscheinenden Körpermassen, und ist die Weise, wie sich dieser oder jener (wir selbst) die Konstitution der letzten Glieder denkt, richtig? und eben nur in jener Frage die Lebensfrage der physikalischen Atomistik sehen mögen, weil sie in der Tat nur darin liegt. Nur zu häufig, ja vielleicht gewöhnlich, wird die erste Frage bloß deshalb verneint, weil sie mit der zweiten zusammengeworfen, verwechselt oder vermengt wird. Man trennt aber doch sonst überall zweckmäßig zwei Fragen, wenn sie sich wirklich trennen lassen und möglicherweise eine verschiedene Beantwortung zulassen, was hier der Fall ist. Was ist nicht alles über die Konstitution der letzten Atome gefabelt und gefaselt worden, wie wenig klare Vorstellungen herrschen noch über das Wesen der Materie überhaupt und haben in atomistischen Darstellungen nicht minder als dynamischen Platz gegriffen. Die Beurteilung der Triftigkeit der physikalischen Atomistik innerhalb der bezeichneten Grenzen hängt aber gar nicht hieran, sondern bloß ihre Fortentwicklung und Vertiefung. Wer durch solche untriftigen Auffassungen der letzten Glieder und des Begriffs der Materie, Kraft usw. die diskrete Gliederung der Materie überhaupt widerlegt halten wollte, würde geradeso untriftig schließen, als wer die Zellen in der Pflanze damit widerlegt halten wollte, daß über die ursprüngliche Bildung, die letzte Konstitution der Zellwand und des Zellkerns und den Begriff der Zelle selbst noch höchst unsichere, schwankende und unklare Vorstellungen bestehen. Die Zelle besteht trotzdem. Ein Fehler der Gegner ist freilich der, daß sie meinen, die Existenz des Atoms sei dadurch weniger erweislich als der Zelle, weil jene nur durch einen Zusammenhang von Erfahrungen, diese schon durch eine einzelne Erfahrung konstatiert werden kann. Hierüber weiter zu sprechen, ist im Vorwort nicht der Ort; die Schrift selbst wird diesen Punkt weiter zu beleuchten haben.

Ich bezweifle freilich nicht, daß mein obiger Wunsch umsonst getan ist. Die philosophischen Gegner werden ebensowenig geneigt sein, auf die verlangte Trennung der genannten Fragen einzugehen als noch einiger anderer Fragen, worauf ich nicht minder im Laufe dieser Schrift dringe; und ich leugne gar nicht, daß in jedem aprioristischen Zusammenhange alle diese Fragen auch im Zusammenhange werden aufzufassen und zu behandeln sein. Allein man vergesse nicht, daß im folgenden nicht die Absicht ist, den mannigfachen und sich widerstreitenden aprioristischen Untersuchungen über diese Fragen eine neue *hinzuzufügen*, wozu gewiß kein Bedürfnis vorhanden ist, sondern vielmehr denselben auf einem von ihrem Widerstreite unbeteiligten Wege *entgegenzutreten*, mit der Untersuchung dessen nämlich, was Tatsachen im Sinne exakter (d. i. logisch mathematischer) Verknüpfung lehren und fordern. Selbst der Philosoph aber, mag er auch diesen Weg nicht selbst gehen wollen, kann oder sollte wenigstens nicht eine Kontrolle und Prüfung auf demselben verwerfen. Umso mehr setze ich voraus, daß sie anderen erwünscht sein kann; und ich wende mich wie gesagt nicht allein an Philosophen. Die exakte Wissenschaft kann aber prinzipiell nicht aus *einem* vorweggenommenen Grundsatz heraus *alles* beweisen oder erledigen wollen, wie es die Philosophie wohl oft versucht, aber niemals geleistet hat; und das bisherige Mißlingen dieser Versuche macht selbst die Kontrolle auf dem anderen Wege nötig, den wir hier einschlagen. Darum bedarf es hier einer Trennung von manchen Fragen, welche die Philosophie immerhin in solidarischer Verbindung behandeln und sich damit der Gefahr aussetzen mag, daß mit einem Teile ihres Zusammenhanges ihr ganzer Zusammenhang fällt.[1]

Man wird übrigens schon nach dem Umstande, daß ich nach einer Bestreitung der philosophischen Gegner im ersten Teile selbst auf einen Versuch eines philosophischen Abschlusses der Atomistik im zweiten Teile eingehe und im Laufe des ersten Teils sogar ein Hauptargument für die Atomistik darein lege, sie gegen so manche Physiker (und Chemiker) selbst damit verteidige, daß sie durch die Philosophie der Physik gefordert werde, dieser Schrift nicht den Vorwurf machen können, daß sie eine antiphilosophische Richtung verfolge. Und so sehr die Richtung unserer Philosophie, die wir so zu nennen uns nicht scheuen, der herrschenden aus gewissem Gesichtspunkte entgegengesetzt sein mag, bleibt ihr doch die Aufgabe, Allgemeinstes, Höchstes und Letztes zu suchen, damit gemein. Der Unterschied liegt zuletzt nur in dem Wege und der Weise des Suchens. Nun bestrebe ich mich zu zeigen, daß mit der Atomistik sich nicht nur ein Suchen dessen, was die Philosophie zu suchen hat, sehr wohl verträgt, sondern daß sie selbst als ein Fund im Sinne dieses Suchens zu betrachten ist, der von der Philosophie vorlängst zuerst erblickt, von der Physik aber aufgehoben ward und den diese Philosophie, die ihn inzwischen verwarf, in vollkommenerer Gestalt nun wieder bietet. Ich suche zu zeigen, wie eine Philosophie, die diesen Fund verwirft, sich selbst verloren gibt; womit doch nicht die Philosophie überhaupt verloren sein wird; denn die Philosophie stirbt nicht. Alles, was ich in dieser Schrift gegen die Philosophen und die Philosophie ohne Beisatz sage, hat man also auch nur gegen die jetzt weit vorherrschende antiatomistische Richtung der Philosophie, nicht gegen die Philosophie überhaupt gesagt zu halten. Es wäre nur weitläufig gewesen, dies jedesmal besonders hinzuzufügen; und wer mich in dieser Beziehung nicht mißverstehen will, kann mich nicht mißverstehen.

Wenn man aber die Angriffe in dieser Schrift gegen die *Schellingsche, Hegelsche, Herbartsche* und die von ersteren abgeleiteten Weisen des Philosophierens (als sämtlich der antiatomistischen Richtung angehörig und sie heutzutage hauptsächlich bestimmend) doch etwas hart und unumwunden findet, so möge man nicht übersehen, daß sie als Abwehr gleich harter und, wie hier mindestens zu zeigen versucht wird, minder gerechter und begründeter Angriffe gegen die hier vertretene Lehre motiviert sind.

Es mag aber allerdings sein, daß im Eifer der Verteidigung oder des Angriffs die Anerkennung doch zu sehr zurücktritt, die in jedem Fall Männern gebührt, welche wenn auch nicht die wirklichen Besitzer der absoluten *Sophia,* als die sie sich selbst laut proklamierten, doch sicher die Vertreter und Erhalter einer *Philosophia* längere Zeit hindurch gewesen und es noch in ihren Abkömmlingen sind, die nur das lebhafte Begehren mit dem Haben, den Gang mit dem Ziele verwechselte: Gibt es doch ohne Begehren kein Haben, ohne Gang kein Ziel; und wer wird je sich des vollen sicheren Habens, der richtigen Fassung des Ziels voll rühmen können! Ja, gestehe ich es, fast schlägt mir das Gewissen, wenn ich mich erinnere, was ich selbst jenen Männern verdanke, wie ich, der ich so weit von Schelling abgefallen und nur diesen Abfall hier zur Geltung bringe, doch ursprünglich mit meiner ganzen Philosophie von seinem Stamm gefallen; wie ich die volle Frucht von einem freilich weit abgebogenen Zweig Hegels gepflückt, wie ich aus Herbarts Asche, um die ich Stamm und Frucht bedaure und vermisse, doch eine Kohle auf meinem eigenen Herde gebrannt.[2] Es soll ja aber auch mit all dem, was in dieser Schrift nach ihrem Charakter als Streitschrift gesagt ist und gesagt werden mußte, nicht überhaupt gesagt sein, daß die, gegen welche sie sich richtet, ganz umsonst gelebt und gestrebt haben, da sie das Bewußtsein, daß es über der gemeinen Sinnesbetrachtung, der zerstückelten Weltauffassung, der toten Regel noch etwas Allgemeineres, Höheres, Lebendigeres, Ganzes, nach allen endlichen Zielen auch letzte Ziele gebe, nicht nur aufrechterhalten, sondern auch diesem Bewußtsein eine wenn schon nur schwankende und zerfließliche Gestaltung, aber doch eine Gestaltung, die sicher große Züge der Wahrheit enthält, gegeben haben; und daß alle, die von ihnen ausgegangen und über sie hinausgegangen (denn wer stände noch ganz bei ihnen), nur in größere Irren gegangen sind. Im Gegenteil: Es hieße mit ihrem Streben zugleich das unsere schlagen. Nur eben in dieser Schrift, bei diesem Gegenstande war wenig Anlaß, dies hervorzuheben, was ich hier nun zur Ergänzung eines sonst mit Recht unbillig und halb blind erscheinenden Urteils glaube hervorheben zu müssen, da die Opposition, in die ihre Richtungen gegen die hier vertretene treten, meines Erachtens eben nicht auf jenen Vorzügen der großen, hohen, einigen, lebendigen Betrachtung und Gestaltung, sondern auf dem gänzlichen Verkennen und Fehlen der Bedingungen einer klaren Betrachtung, einer haltbaren Gestaltung, auf der Zerfließlichkeit und Bodenlosigkeit ihrer Fundamente beruht; und in dieser Hinsicht weiß ich nichts von den gemachten Angriffen zurückzunehmen oder in betreff Herbarts nur so viel auszunehmen, als ich freilich zugleich von jenen Vorzügen bei ihm zurücknehmen muß.

Vielleicht kann es für den ersten Blick auffallend erscheinen, daß gerade gegen *Herbart* sich in dieser Schrift manche vorzugsweise scharfen Äußerungen finden, da unter allen genannten Richtungen die seinige der hier vertretenen am verwandtesten erscheinen mag. Ist er doch auch ein Atomistiker, in anderer Bedeutung zwar, so daß er unserer Atomistik direkt widerspricht; aber hängt dies nicht bloß daran, daß er mit seiner Atomistik bis zu größerer Tiefe herabgegangen? Bleibt doch das atomistische Prinzip ihm mit uns gemein; – dringt er doch ganz ebensosehr wie wir darauf, rein vom Gegebenen auszugehen, zwar nur, um es sofort in ein Nichtgegebenes zu verwandeln; aber teilen wir nicht mit dem atomistischen Prinzip nun auch den Ausgangspunkt und Realgrund seines philosophischen Ganges, und sind unsere Atome nicht auch ein Nichtgegebenes?

So mag man den Grund darin finden, daß, wo zwei Richtungen nicht überhaupt zusammenfallen, jeder Berührungspunkt mehr zugleich ein Divergenzpunkt mehr ist, der die Abweichung umso schärfer hervortreten läßt, und zwischen Verwandten die Gelegenheit zu Konflikten oft am größten. In der Tat sind jene Berührungspunkte, die ich anerkenne, zugleich Punkte, von denen aus die wesentlichste Abweichung beginnt, sodaß man nach allem die Verwandtschaft der beiderseitigen Weltanschauungsweisen doch nicht zu groß finden wird.

Inzwischen weil das, was wir unsere philosophische Atomistik nennen, sei es im Prinzip, sei es in der Sache, doch umso leichter mit der *Herbartschen* Monadologie verwechselt werden könnte, als sie sich auch im Namen der einfachen Wesen mit ihr begegnet, habe ich kurz sowohl jene Berührungspunkte, die sie wirklich damit gemein hat, als die Gesichtspunkte der Abweichung davon in einer übersichtlichen Zusammenstellung der Hauptmomente der beiderseitigen Weltansichten in einem Kapitel in der zweiten Abteilung zu resümieren gesucht,[3] wobei ich mir erlaube, hinsichtlich der näheren Begründung meines Urteils über die *Herbartsche Metaphysik* (um die sich's allein bei den hier besprochenen Fragen handelt) auf eine diesem Gegenstand besonders gewidmete Abhandlung mit zu verweisen.[4]

Ob aber die Richtung, die ich den genannten Richtungen gegenüber in dieser Schrift vertrete und nach ihren formellen Gesichtspunkten an mehreren Orten dieser Schrift zu charakterisieren versucht habe, wirklich die richtige sei, darüber läßt sich freilich so gut streiten, als jene Richtungen untereinander selbst streiten, und es kann nun diese Schrift selbst mit zu dieser Vertretung dienen.

Indem ich in diesem Vorwort die Richtung, den Charakter und Inhalt der ganzen Schrift nach ihren beiden Abteilungen zugleich in allgemeinster Weise vorweg anzudeuten suchte, liegt es in der Natur der Sache, daß auf manches davon in den besonderen Eingängen und Betrachtungen dieser Abteilungen wird zurückzukommen sein, und es möge also entschuldigt werden, wenn in dieser Beziehung einiges von allgemeinen Gesichtspunkten hier vorgegriffen und später als Wiederholung erscheint.

Vorwort zur zweiten Auflage

Seit dem Erscheinen der vorigen Auflage dieser Schrift (1855) hat sich der Stand der physikalischen Atomistik nicht wesentlich geändert; sie hat sich nur fort und fort weiterentwickelt und ist damit immer fester gewurzelt, wie ein Baum nach Maßgabe als er mehr Zweige treibt, auch fester wurzelt. Nun war es von vornherein nicht die Aufgabe dieser Schrift, das System der atomistischen Naturlehre eingehend darzustellen; also kann es auch nicht die Aufgabe dieser neuen Auflage sein, den Fortschritten derselben zu folgen; sondern ihre wesentliche Aufgabe besteht nach wie vor ausgesprochenermaßen nur darin, die Grundgesichtspunkte der atomistischen Ansicht einerseits den philosophisch dagegen erhobenen Einwänden gegenüber zu rechtfertigen (erste Abteilung), andererseits einen Weg philosophischer Abschließbarkeit der physikalischen Atomistik zu zeigen (zweite Abteilung); und da in beider Hinsicht noch ganz die früheren Gesichtspunkte und Gründe fortbestehen, so war von keiner dieser Seiten Anlaß, diese zweite Auflage *wesentlich* gegen die erste umzugestalten oder zu erweitern. Inzwischen bot sich mancher Anlaß zu Vervollständigungen dar, und habe ich Anlaß genommen, verschiedene mit der Hauptfrage in Beziehung stehende Punkte und Fragen von allgemeinerem Interesse eingehender als früher zu behandeln, wodurch trotz mancher Kürzungen und konziseren Fassungen, die ich nach anderen Seiten habe Platz greifen lassen, der Umfang dieser Schrift gegen die vorige Auflage um mehrere Bogen gewachsen ist. Dabei dürfte die Übersichtlichkeit des Stoffes durch vielfach vorgenommene Abänderung in Verteilung und Zusammenfassung desselben gewonnen haben.

Man hat mir gesagt, ich würde wohl besser getan haben, die Gründe für die Atomistik einfach darzustellen, als mich soviel mit Philosophie dabei herumzuschlagen, wie es geschehen; die Gründe würden doch ihres Eindrucks nicht verfehlt haben. Vielleicht hat man recht. Die Schrift würde jedenfalls an konziser Fassung und Haltung gewonnen haben, und viele Betrachtungen, die viele gar nicht interessieren, denen es einfach bloß um die Tatfrage der Atomistik zu tun ist, würden weggefallen sein. Inzwischen ist diese ganze Schrift aus einer oppositionellen Richtung gegen die neuere Philosophie hervorgegangen, und die Atomistik würde gar keiner Verteidigung bedürfen, wenn sie nicht von den Philosophen angegriffen worden wäre. Es war daher schwer, wenn nicht unmöglich, eine Rechtfertigung derselben abzufassen, ohne sie gegen die Philosophen zu richten; und wenn sich die Schrift überhaupt nicht in diesem Sinne umarbeiten ließ, ohne sie zu einer ganz neuen mit neuer Tendenz zu machen, so habe ich es, näher erwogen, auch nicht für zweckmäßig halten können. Die ganze Schrift wird ihrer Haupttendenz nach überflüssig geworden sein, wenn der Widerstand der Philosophen gegen die Atomistik ausgestorben sein wird, ein Zustand, dem die Zeit sicher entgegengeht; da er aber doch noch nicht eingetreten ist, so mag man der Schrift immerhin gestatten, in Beibehaltung ihrer früheren Tendenz und Fassung, so viel an ihr ist, etwas dazu beizutragen, ihn herbeizuführen. Ganz fruchtlos ist sie doch in dieser Beziehung nicht gewesen.

Meinerseits lege ich überhaupt weniger Gewicht auf die in dieser Schrift gegebene Zusammenstellung der Gründe für die Atomistik, deren es in kurzem nicht mehr bedürfen wird, als den darin gemachten Versuch, die Atomistik dem Gesamtbestande unserer Erkenntnisse triftig einzuordnen und gewisse allgemeine Formalprinzipien dabei zur Geltung zu bringen, der nicht bald ebenso überflüssig sein wird, weil er noch weit von einer allgemeinen Geltung entfernt ist. Die Atomistik hat sich schon gegen eine ihr hart widerstrebende Philosophie so gut als durchgesetzt; um sie aber selbst philosophisch recht zu stellen, muß auch erst eine andere Philosophie durchgesetzt sein, eine Philosophie, welche die Atomistik nicht bloß unwillig und in halbem Zugeständnis in ihren aprioristischen Nexus aufnimmt, weil sie nun einmal nicht mehr abzuweisen ist, sondern die in Verallgemeinerungen über sie und anderen Einzelgebieten faktischen Wissens und praktischen Interesses emporsteigt; und ich habe gern die von der Behandlung der Atomfrage aus sich darbietenden Gelegenheiten ergriffen, diese Richtung der Philosophie, die ich für die rechte halte, zu bezeichnen und die Atomistik selbst in diesem Sinne zu stellen. Man würde aber der Schrift zu Unrecht vorwerfen, daß sie das philosophisch Postulierte und physikalisch Begründete vermischt, da vielmehr beides in ihr überall streng, selbst äußerlich, auseinandergehalten ist; wonach es jedem freisteht, sich vielmehr an die eine oder andere Seite der Betrachtung zu halten.

Bei dem durchweg oppositionellen Charakter, den dieselbe hiernach gegen die Hauptrichtungen der neueren Philosophie trägt, konnte es nicht fehlen, daß sie von dieser Seite her ihrerseits vielen Anfechtungen ausgesetzt war. Insoweit mir dieselben von beachtenswerter Seite herzurühren schienen, sind sie von mir in einigen Abhandlungen in *Fichtes philosophi-*

scher Zeitschrift[1] beantwortet und, insoweit sie mir an sich der Rücksichtnahme zu bedürfen schienen, hier nachträglich berücksichtigt worden, ohne daß ich mich veranlaßt gefunden hätte, eingehende Erörterungen in dieser Hinsicht nachzutragen. Manchen Einwänden kehrt man doch besser den Rücken, als sie zu bekämpfen.

Billig ist der Wunsch, daß man nicht immer von neuem auf Einwände gegen die Atomistik zurückkomme, die in der Schrift erledigt sind, ohne sich um das zu kümmern, was zur Erledigung derselben darin gesagt ist; doch wird er wohl wie bisher unerfüllt bleiben.

Seit dem ersten Erscheinen dieser Schrift sind einige andere Schriften über Atomistik erschienen, von *Drossbach*, von *Langenbeck* und von *Grassmann*, die im historischen Kapitel näher verzeichnet und kurz charakterisiert sind. Hier genüge es, ihr Verhältnis zur vorliegenden Schrift kurz anzudeuten.

Drossbachs Atome, ungeheure Kraftkugeln, haben nur den Namen mit unseren Atomen und seine Atomistik mit unserer Atomistik nur den Versuch gemein, die Körperwelt damit zu konstruieren. – Langenbeck hütet sich mit seinen metaphysischen Atomen so sehr, in die Physik eingreifen zu wollen, ja fast ihr damit zu nahe zu kommen, daß das Verhältnis zu unserer Atomistik von anderer Seite damit verlorengeht. – Hingegen ergänzt sich Grassmanns Schrift in ihrer Tendenz, die Atomistik aus rein physikalischem Gesichtspunkte zur Geltung zu bringen, insofern mit der unseren, als die unsere in Ausführungen der Atomistik nur insoweit eingeht, als zur Rechtfertigung der Atomistik nötig ist, und die einfache Atomistik nur als Abschluß der physikalischen Atomistik in Aussicht stellt; hingegen die Grassmannsche von einer Rechtfertigung der Atomistik nur soviel beibringt, als zur Einleitung ihrer Ausführung nötig war, und dabei sofort von der einfachen Atomistik ausgeht; ein Versuch, den ich freilich zur Zeit noch für zu gewagt halte, um ihm in jeder Hinsicht beipflichten zu können.

Inhalt

Teil Eins

Über die physikalische Atomistik

Teil Zwei

Über die philosophische Atomenlehre
(Einfache Atomistik)

Teil Eins

Über die physikalische Atomistik

1. Eingang

Die allgemeinsten Grundbegriffe, Prinzipien und Methoden der Mathematik und Naturwissenschaften fallen unstreitig mit in das Gebiet der Philosophie, wenn auch an eine andere Stelle und mit anderem Gewicht dort als hier, indem das Höchste und Letzte für jene nur etwas Untergeordnetes und Abgeleitetes für diese ist. Falls nun die Philosophie eine Ableitung dieser Fundamente der exakten Wissenschaften auf regressivem Wege aus diesen selbst verschmäht, vielmehr es zu ihren Aufgaben rechnet, aus allgemeinem Gesichtspunkte Fundamente von oben dafür zu legen oder die gerade herrschenden zu kontrollieren und zu meistern, werden die exakten Wissenschaften beanspruchen dürfen, daß ihnen diese Fundamente, wenn nicht schon in fruchtbarer Anwendung, aber mit der Möglichkeit dazu von der Philosophie übergeben, mindestens gelassen werden und die Methoden der letzteren, das Wahre zu finden, nicht in Widerspruch treten noch zusammenhanglos bleiben mit denen, welche ihnen gestatten, das Wirkliche zu finden. Jede Erweiterung oder Verbesserung oder Erleichterung oder Vertiefung oder auch nur höhere Anknüpfung oder Begründung von Methoden aber, die diesen Sinn haben, wird mit Dank von ihnen anzunehmen sein. Umgekehrt darf die Philosophie fordern, daß die Methoden und Schlüsse der exakten Wissenschaft nicht höheren ideellen und praktischen Interessen widerstreiten. Über diese allgemeinen Grundsätze dürfte an sich kein ernsthafter Streit bestehen, sondern nur über ihre Anwendung.

Um eine solche aber handelt es sich bei dem Streit zwischen der dynamischen und atomistischen Ansicht von der Grundkonstitution der Körper. Der Physiker behauptet, die atomistische Ansicht für seine Zwecke zu *brauchen,* der gegnerische Philosoph verweigert ihm die Anerkenntnis dieser Notwendigkeit und behauptet seinerseits die Unmöglichkeit, höhere allgemeinere Interessen mit der atomistischen Ansicht zu befriedigen. Was nun das letzte anlangt, so ist es unstreitig dem Physiker nicht zu verargen, wenn er bei dem Streit der philosophischen Systeme, unter welche manche durch Monaden und einfache reale Wesen dem Atomismus sogar auf geistigem Gebiete oder hinter den Vorhängen der Welt nahe genug kommen, sich auf letztere Behauptung nicht allein verläßt, sondern bei der ihm einleuchtenden Notwendigkeit des Gebrauches mindestens auf physischem Gebiete so lange beharrt, bis ihm der Gebrauch wirklich philosophischerseits entbehrlich gemacht worden ist, bis dahin aber auch in einer Ansicht, die ihn als Bindeglied von Realitäten zu Realitäten besser als jede andere führt, weniger als in jeder anderen ein leeres Ideenspiel zu sehen geneigt ist. Er möchte sonst so töricht zu nennen sein wie der Hund der Fabel, der bei der Frage, ob das ideale Schatten- oder Spiegelbild im Flusse oder das feste Stück, was er im Munde hält, das wahre Fleisch, sich nicht an das halten wollte, was er eben hält und von dem er weiß, daß es ihn wirklich nährt.

Es ist die Absicht des Folgenden, aus diesem Gesichtspunkte etwas näher darzulegen, was denn den Physiker nach dem jetzigen Standpunkte seiner Wissenschaft an die atomistische Ansicht teils bindet, teils abgesehen von den bindenden Gesichtspunkten sie ihm und, wie mich dünkt, jedem, der nicht mit festen Voraussetzungen dem Zusammenhange und Kerne der Dinge nachspürt, annehmlich machen kann. Für die heutige Philosophie freilich ist, war jedenfalls noch vor kurzem, die negative Ansicht, daß keine Atome seien, selbst die festeste Voraussetzung, sozusagen der Hohlraum, um den sich ihre sonst nach allen Seiten divergierenden Wandlungen noch zum Gewölbe einträchtig zusammenschlossen. Wer aber gesteht nicht, daß die heutige Philosophie am Abend ist und ein Morgen und einen Morgen verlangt; nun kann die Hoffnung nicht in dem liegen, was sie hat, sondern was sie verwirft. Sie verwirft aber mit so manchem, woran ich Hoffnung knüpfen möchte, in der Atomistik etwas, was, wie ich zu zeigen denke, zum wesentlichen materialen und formalen Gefüge eben derjenigen Wissenschaft gehört, die heutzutage vor allen ihre Lebenskraft durch ihre Tatkraft, ihre Frische durch ihren Fortschritt, ihre Zukunft durch ihren wachsenden Erfolg beweist. Und so sehr ins Rohe und Grobe auch ihr atomistisch Wesen den hoch potenzierten Einheitsprinzipien der herrschenden Philosophie gegenüber erst entwickelt sein mag, so dürfte es damit sein wie mit dem tatkräftigen Germanentum, das, lange zurückgedämmt, doch endlich mit seinen rohen Horden in die alternde Weltherrschaft Roms einbrach, sie zerstörte, verjüngte, sich selbst aber damit zu höherer und allgemeinerer Bildung erhob.

Gewiß ist die jetzige Auffassung und Behandlung der Atomistik durch die Naturwissenschaft, die ganze Entwicklung derselben, in vieler Beziehung erst eine rohe; doch scheint mir die jetzige Abweisung derselben durch die Philosophie und deren ganze Stellung zur Natur in jeder Beziehung noch roher. Denn sie steigt in die Natur von oben herab wie der Bär in einen Bienenbau. Den zusammenhängenden Honig lobt er; daß aber die einzelnen kleinen Wesen ihn zusammengetragen und ein Recht daran haben, liegt ihm ferne, und indem er ihn mit einheitlichem Griffe faßt, meint er, das sei seine Zubereitung. Gegen die Bienen aber wütet er grimmig und wirft den ganzen Bau um. Wogegen sich die atomistische Naturwissenschaft wie der *Zeidler* verhält, der wohl weiß, der ganze einheitliche Bau ist ein Werk unzähliger einzelner unter der Herrschaft eines still führenden Gesetzes, der sie hegt, ihren Flug verfolgt, ihr Weben und ihre Waben zum Gegenstande seiner steten und aufmerksamen Betrachtung und Beobachtung macht. Nun wohlan, weder der Bär noch der Zeidler wird den anderen zu seiner Behandlungsweise des Bienenvolks und Stocks bekehren, es gilt vielmehr einen Kampf auf Tod und Leben; und also meine ich auch nicht, mit Folgendem die jetzt herrschende Philosophie zur Pflege der Atomistik bekehren zu können; doch eben weil es den Kampf gilt, weil sich Naturwissenschaft und Naturphilosophie zu keiner Zeit gleichgültig gegeneinander verhalten können, sondern befehden müssen, wenn nicht befreunden können, dürfte es doch auch für den Philosophen nicht ohne Interesse sein, die Hauptgründe des atomistischen Standpunktes etwas genauer dargestellt zu finden, als es gemeinhin zu geschehen pflegt; denn um sie zu bestreiten oder nur zu beurteilen, gilt es jedenfalls erst, sie zu kennen. Ignorieren oder durch Schelten beseitigen läßt sich die Atomistik einmal nicht mehr. Sie ist eine faktische Macht geworden. Nun liegen zwar die allgemeinsten Gründe des Physikers für die Atomistik offen vor, doch gerade nicht die schärfsten. Gegen jene stehen leicht wieder Allgemeinheiten zu Gebote; diese dagegen fordern ihrerseits ein scharfes Eingehen heraus; obschon sie vielleicht nur dieselben Allgemeinheiten als Entgegnung finden werden, mit denen schon jenen begegnet wird.

Auch sieht wohl mancher dem Streite zu, der außerhalb desselben steht, und möchte sich doch ein Urteil über die Sachlage desselben bilden, die den ganzen Zusammenhang der Wissenschaft berührt, indem sie den Grundzusammenhang der Dinge betrifft. Oder vielmehr er hat es schon gebildet; aber woher? Doch wohl nur nach den Darstellungen der Philosophen, welche die Atomistik abhandeln, als wäre sie heute noch die Atomistik des *Leukipp, Demokrit* und *Epikur,* oder auch abfertigen, ohne sie abzuhandeln, verketzern, ohne sie zu kennen und zu hören, als sei sie vielmehr eine Sache der Antiphilosophie als Philosophie; und freilich ist sie es, obwohl nur der heutigen Philosophie gegenüber. Wogegen die Physiker es sich von jeher viel mehr haben angelegen sein lassen, die Atomistik auszubeuten und auszuarbeiten, als vor der Menge auszubreiten und gegen Angriffe der Philosophen zu verteidigen, die ihnen doch im

Grunde wenig auf sich zu haben schienen, da die philosophisch vernichtete Atomistik inzwischen ihre physikalischen Früchte zu tragen fortfuhr und es selbstverständlich schien, daß ein Baum, der Früchte trägt, auch Wurzeln hat. So viel zugänglicher aber sind die philosophischen Verketzerungen dem großen Publikum gewesen als die physikalischen Nutzungen, daß sich ein fast allgemeines Vorurteil gegen die Atomistik erhoben hat; ja daß Atomist und Atheist zu sein nun vielen fast dasselbe scheint.

Und so kann das Folgende auch vielleicht etwas beitragen, das allgemeine Urteil über die Atomistik in eine richtigere Bahn zu lenken, indem dadurch statt der Grundlagen, von denen aus die Gegner sie darstellen, nur um sie zu verwerfen, die Grundlagen, auf denen sie fest steht, zum Vorschein gebracht werden. Das sind die Grundlagen der Natur oder, was dasselbe ist, einer erfolgreich fortschreitenden und durch ihre Leistungen bewährten Naturwissenschaft. Eine ausführliche Darstellung der Atomistik selbst zwar wird man hier nicht finden, wohl aber der wichtigsten Punkte, welche bei ihrer Beurteilung für den maßgebend sein können und sein müssen, welcher die Herrschaft der Begriffe nicht weiter reichen läßt, als sich das Faktische ihr fügt.

Eine kurze Zusammenstellung dessen, was man als die Hauptsumme der physikalischen Atomistik nach den vorzüglichen Vertretern derselben halten darf und was hier stets gemeint ist, wenn ich von Atomistik spreche, ist im 12. Kapitel gegeben; zunächst jedoch kommt es nur darauf an, das Haupt- und Grundmoment derselben, die Diskontinuität der Materie, überhaupt ins Auge zu fassen. Mit ihr hängen alle übrigen Punkte solidarisch aufs genaueste zusammen.

Wir werden, kurz gesagt, zu zeigen suchen, daß die Atomistik richtig ist, weil sie für die Wissenschaft des Faktischen notwendig ist, und nur das faktisch Richtige kann für die Wissenschaft des Faktischen notwendig sein; wir werden als ein übriges zu zeigen suchen, daß die atomistische Ansicht der Dinge auch erbaulicher und schöner ist als die dynamische, wenn man nur aufhört, sie in dem verzerrenden Spiegel zu betrachten, in dem der Philosoph ihr Bild uns zeigt, und seine fabelhaften Schilderungen von ihr zu glauben. Ich bringe dafür eine Fabel, die besser trifft. Die Atomistik, sage ich, ist das arme Aschenbrödel, verhöhnt, gescholten von ihren sich schöner und weiser dünkenden und darum untereinander selber zankenden Schwestern, die sie hätten hegen und erziehen sollen; aber nachdem sie lange der Welt weißgemacht, das Kind sei nur gut, in der Asche zu wühlen, nachdem es lange selber seinen Platz nicht anders gesucht, geschafft, gewirkt, indes sich jene vor dem Spiegel putzten, zeigt sich endlich, wenn es zum Treffen und zum Tanze kommt, sie ist nicht nur die beste, sondern auch die schönste. Was ich hier sage, denk' ich zu beweisen, nicht indem ich Gesicht und Gang derselben preise, sondern einfach zeige. Denn mehr bedarf es nichts.

Wenn ich bisher und im folgenden Philosophen und Physiker schlechthin einander und hiermit mich selbst den ersten gegenüberstelle, zu denen ich mich wohl ein anderes Mal selbst rechnen mag, so geschieht es, indem ich auf die respektiven Hauptrichtungen derselben Bezug nehme. Zur Zeit der ersten Abfassung dieser Schrift war die Feindseligkeit der Philosophen gegen die Atomistik so allgemein, daß ich die Ausdrücke Philosophen und Gegner der Atomistik als fast gleichbedeutend brauchen konnte. Dies hat sich nun wohl seitdem etwas geändert, und mehr und mehr häufen sich die Zeichen eines fortwährenden Umschlages in dieser Richtung. Doch wird die Gegnerschaft gegen die Atomistik noch von vielen, ja wohl der Mehrzahl der Philosophen hartnäckig festgehalten, und namentlich die Prinzipien, aus denen sie früher bekämpft wurde, bei allen abgedrungenen und partiellen Konzessionen, die man, nicht ohne Reservationen und Protestationen, der Atomistik philosophischerseits hier und da zu machen anfängt, noch so allgemein festgehalten, daß ich wohl einigen Anlaß finde, die Allgemeinheit der Opposition, kaum aber den allgemeinen Gesichtspunkt derselben dagegen zu ändern.

Dieser Einstimmigkeit der Philosophen gegenüber muß ich zugestehen, daß die Physiker nicht von jeher die Atomistik mit gleicher Einstimmigkeit und Entschiedenheit behauptet, als die Philosophen sie verworfen haben. Vielmehr haben gar manche, im Anschluß an die Philosophen, ihr sogar direkt widersprochen, noch mehrere sie dahingestellt oder, gleich den Philosophen, nur für eine bequeme Vorstellungs- und Rechnungshilfe erklärt, und noch heute gibt es wohl einige, die diesen Standpunkt einnehmen. Kein Wunder, wenn die Philosophen nicht verfehlt haben, dies gegen die in dieser Schrift behauptete *Notwendigkeit* der Atomistik für den Physiker geltend zu machen. Nun wird sich besser über diese Notwendigkeit sprechen lassen, wenn sie im Verlaufe der Schrift sich erst bewiesen haben wird; doch dürfte es nützlich sein, einige Worte darüber vorweg zu sagen.

Zuvörderst wird der Vorteil, in welchem sich die Philosophen in angegebener Hinsicht den Physikern, welche der Atomistik anhängen, gegenüber zu befinden scheinen, dadurch mehr als kompensiert, daß diese die Atomistik aus viel einstimmigeren Gesichtspunkten fordern, als jene sie verwerfen. Denn sehen wir ab von ganz allgemeinen formalen Gesichtspunkten des Widerspruchs, worin ich eine gewisse Einstimmung der herrschenden Philosophie (mit Ausschluß freilich *Herbarts* und seiner Schule, die doch auch gezählt sein will) nicht leugne, handelt es sich um wirkliches Eingehen auf die Sache, so kann es unstreitig nur die Ableitung, Stellung, Beziehung der Begriffe von Raum, Kraft, Materie sein, worauf sich die Verwerfung stützt. Hierüber aber herrscht bei aller Gemeinsamkeit des Gegensatzes gegen die physikalische Fassung doch nicht die geringste Einstimmung unter den Philosophen selbst, vielleicht, wie wenigstens der Atomistiker glauben kann, eben deshalb, weil die einstimmige Ablehnung der Atomistik eine Einstimmung in dieser Beziehung unmöglich macht; denn wie zu demselben Zentrum der Einigung von allen Seiten Wege führen, so auch von ihm nach allen Seiten hinweg; danach nicht gehen wollen heißt divergieren. Man sucht nun doch sonst keine Bewährung eines Resultates darin, daß andere dasselbe Resultat mittelst Rechnungen finden, die man selbst für falsch erklärt; so aber steht es mit dem Resultat der Philosophen, daß der Raum kontinuierlich voll sei.

Soweit nun aber eine Diskordanz der Physiker in Sachen der Atomistik bestanden hat und etwa noch besteht, erklärt sie sich, gewiß nicht zuungunsten der Atomistik, leicht wie folgt:

Es ist ja zuzugestehen, daß der Atomismus nichts ist, was unmittelbar in die Erfahrung fällt. Ja Philosophen und Physiker scheinen in bezug darauf geradezu die Rolle zu wechseln, indem die Physiker, die sich sonst doch so gern an den Augenschein halten, hier etwas wider allen Augenschein annehmen, die Philosophen dagegen den Augenschein, an dem sie sonst nicht hängen, hartnäckig verteidigen und wohl gar, was Verwunderung erregen könnte, als Argument gegen den Physiker benutzen. Aber unstreitig würden die Physiker, eben wegen jener Tendenz, im Augenscheinlichen und Handgreiflichen zu verharren, dem Augenschein nicht ohne tiefer liegende Gründe widersprechen; daß sie es aber auch sonst mit Erfolg tun können, beweist das *Kopernikanische* Weltsystem und die Undulationstheorie des Lichts. Inzwischen besteht jene Tendenz immerhin, und die Abneigung vieler Physiker, ohne geradezu zwingende Motive über den Augenschein hinauszugehen, der die Basis aller physikalischen Untersuchungen bildet, ist groß genug, um dadurch den Philosophen oft Waffen des Tadels gegen sie in die Hand zu geben, die natürlich von der Philosophie in diesem Falle nicht in entgegengesetztem Sinne gewandt werden sollten, wie es doch geschieht, da sie verlangt, dieselben sollen mit geistigem Auge nicht weiter als mit leiblichem sehen. Nun liegen zwar die zur Atomistik *einladenden* allgemeinen Motive allen Physikern offen vor, vermögen aber bei vielen jenen an sich so heilsamen Widerstand, der in der Natur des Physikers tief wurzelt, nicht zu brechen, kommen auch wohl mit Einflüssen der herrschenden Philosophie in Konflikt, denen sich ja auch der Physiker nicht entziehen kann, noch weniger entziehen möchte, wenn er sie nur förderlicher spürte, und mit dem Verruf, in den die Atomistik durch die Philosophen gebracht worden ist. Dagegen liegen die den exakten Physiker *zwingenden* Motive freilich nicht so ganz offen vor; und hierüber ist des näheren folgendes zu sagen.

Ich brauche ein erläuterndes Bild. Ein Wald erscheint von fern als eine gleichförmige Masse. Gesetzt, man sehe einen solchen, ohne zu wissen, was es ist, und suche aus der Weise seiner Erscheinung seine eigentliche Beschaffenheit erst zu erkennen. Nun macht sich zwar die Totalwirkung der Stämme und Blätter in sehr augenfälligen Erscheinungen, als Farbe, Wogen im Winde, Rauschen, geltend; aber es ist ziemlich gleichgültig für die Deutung dieser Erscheinungen, ob man den Wald als ein Kontinuum ansehen will oder nicht; oder vielmehr, da er als ein Kontinuum wirklich erscheint, ist die Ansicht, daß er ein solches ist, in offenbarem Vorteil. Gesetzt auch, man bemerkte eine Andeutung der einzelnen Stämme in einem streifigen Wesen, man sähe Tiere in den Wald eindringen und verschwinden, so wäre das eben auch nicht anders, als wenn man die Blätterdurchgänge der Kristalle wahrnimmt und Körper in Flüssigkeiten durch Auflösung verschwinden sieht; man ist deshalb noch nicht *genötigt,* anzunehmen, daß die Andeutung der Trennung bei näherem Zusehen zu einer wirklichen Trennung werde und eins nur zwischen statt in das andere eindringt; also auch nicht genötigt, den Glauben an den Augenschein aufzugeben, welcher den Wald wie den Kristall und die Flüssigkeit unmittelbar doch noch als ein Kontinuum erscheinen läßt, und vor allen würde der Physiker sich davor hüten. Nun aber könnte der Physiker es durch feine Beobachtungsmittel vielleicht dahin bringen, die Pulse, welche durch den Schlag der diskontinuierlichen Blätter in der Luft entstehen, die Wellenzüge, welche sich dadurch bilden, daß die Luft zwischen den diskontinuierlichen Stämmen hinstreicht, zu unterscheiden, und zur Erklärung derselben genötigt sein, die kontinuierlich erscheinende grüne Laubmasse in einzelne zitternde Teile, die Holzmasse in einzelne Stämme wirklich aufzulösen. Diese feine Untersuchung könnte ein ganz bindendes Resultat geben, aber doch nicht jedermanns Sache sein, und viele, die sich mit diesem Gebiet feiner Untersuchungen nicht beschäftigen, ihnen vielleicht nicht einmal folgen können, es doch einfacher und natürlicher finden, beim unmittelbaren Augenschein stehenzubleiben, welcher der Erklärung sonst so gut genügte. So ungefähr ist es mit der Atomistik.

In der Tat, bis zu gewissen Grenzen macht sich der Unterschied der atomistischen und der gegenteiligen Ansicht bei Behandlung physikalischer Probleme nicht oder doch nicht entscheidend geltend. Die Berechnung der Anziehung zweier entfernter Körpermassen zueinander durch Summation der Wirkungen ihrer kleinsten Teilchen gibt dasselbe Resultat, ob man die Wirkungen auf kontinuierliche oder diskontinuierliche Teilchen beziehen will; ja man erspart sich erstenfalls eine Zwischenbetrachtung, welche im zweiten Fall nötig ist, um die Anwendung der Integrationsmethode zu rechtfertigen. Von einem den Physiker oder Mathematiker verlockenden äußerlichen Vorteile zugunsten der Atomistik kann also hierbei nicht die Rede sein; denn er kommt am liebsten auf kürzestem Wege zum Ziele. Auch die meisten Probleme, wobei es sich um Fortpflanzung von Wasser-, Luft-, Lichtwellen handelt, lassen sich *bis zu gewissen Grenzen,* freilich nur bis zu solchen, nach beiden Ansichten gleich gut behandeln. Bei allen Erscheinungen überhaupt, wo die Teilchen in Masse, d. h. viele Teilchen in Verbindung wirken, hängt sozusagen auch das Massenhafte, das Gröbere der Erscheinungen, von dem Kraftzusammenhange und den summierten Wirkungen der Teilchen überhaupt in einer Weise ab, welche keine Entscheidung zwischen beiden Ansichten zuläßt. Aber in dem Feineren, den spezielleren Bestimmungen der Erscheinungen, *kann* sich nicht nur ein Unterschied geltend machen, sondern *muß* sich auch geltend machen, hier nur kann er auch gesucht und von hier aus nur eine sichere, d. i. mathematische, Entscheidung zwischen beiden Ansichten gefunden werden, sofern sie überhaupt in Einzelgebieten gesucht wird. Eine andere Entscheidung gründet sich noch außerdem auf das Bedürfnis der Verknüpfung von Erscheinungen verschiedener Gebiete. Hierauf aber komme ich im folgenden Kapitel und werde noch oft zurückzukommen Anlaß haben.

Nun sind jene Gebiete feinster zugleich und schwierigster Untersuchungen größtenteils erst in neueren Zeiten erschlossen, und auch jetzt noch sind es nicht zu viele Physiker, namentlich aber Chemiker, die sich in dieselben vertiefen, ja vielleicht nicht gar zu viele, die sich vom Gange derselben vollständig Rechenschaft geben. Für diese wie für die reinen Spezialisten, deren es zu aller Zeit und in jeder Wissenschaft gibt, fehlen dann auch die wichtigsten Motive, die den exakten Physiker zum Atomismus drängen. Hingegen haben alle, die sich auf derartige Untersuchungen eingelassen, wo die Atomistik Lebensfrage wird, einstimmig derselben gehuldigt; wonach es nichts auf sich hat, wenn unter den übrigen einer oder der andere den Einfluß einer früheren Richtung der Naturphilosophie noch nicht so weit hat überwinden können, um die Opposition gegen die Atomistik aufzugeben, oder in einer Spezialität so stecken geblieben ist, um die darüber hinausreichenden Gründe für die Atomistik nicht zu kennen oder sich nicht darum zu kümmern. Gibt es noch einzelne solcher Ausnahmen, so sind sie doch schon im Aussterben begriffen; denn die ganze Luft der Physik und Chemie ist atomistisch geworden, so daß, wer überhaupt darin leben will, darin atmen muß; ja selbst die Philosophen fangen an, dies Atembedürfnis zu fühlen. Nur das Urteil Sachverständiger und das Definitivurteil der Geschichte aber können maßgebend sein.

Unter den jetzt lebenden Physikern und Chemikern, die als solche wirklich *zählen,* ist mir überhaupt kein *erklärter* Gegner der Atomistik bekannt als etwa *Faraday[1]* und *Schönbein,* beides hochverdiente Forscher, doch beide noch von der alten Schule und mathematischer Betrachtungsweisen nicht eben mächtig, der letztere dazu ziemlich in Spezialitäten vertieft. Ich schließe wenigstens aus einer Äußerung des letzteren über die Erklärung der allotropen Zustände, daß er die Atomistik ablehnt. Auch *Snell,* Professor der Physik in Jena, kann als Gegner der Atomistik genannt werden, ist aber viel mehr mit mathematischen und naturphilosophischen als physikalischen Betrachtungen und Untersuchungen beschäftigt. Mehr Gegner unter den jetzt lebenden Physikern und Chemikern habe ich nicht zusammenzufinden vermocht; auch konnten weder *Hankel* noch *Erdmann[2],* die ich darum befragte, mir solche nennen; doch mag es vielleicht noch einen oder den anderen geben. Vor noch nicht zu langer Zeit freilich war dies, mindestens in Deutschland, anders; es war aber eine Zeit, wo die exakte Naturwissenschaft in Deutschland ganz von der Schellingschen Naturphilosophie überwuchert war und keine erheblichen Leistungen hervorbrachte. Unter den erst in den letzten Jahrzehnten verstorbenen Mineralogen fallen mir *Karsten[3]* und *Weiße[4]* (früher als Professor der Physik in Leipzig) als entschiedene Gegner der Atomistik ein. *Geubel[5]* und *Meier[6]* werden in Fichtes Philosophischer Zeitschrift als Schriften zitiert, worin die „Nichtigkeit der Atomistik evident dargetan sei"[7].

Wohl noch öfter als Philosophen nenne ich die Gegner der Atomistik *Dynamiker* schlechthin, eine Identifizierung im Ausdrucke, die aber auch nur eingeschränkt zu verstehen ist. Setzt man im *Sinne eines engeren Wortgebrauches* das Wesen der dynamischen Naturansicht in die Zurückführung des Materiebegriffes auf den Kraftbegriff, näher darein, daß die Materie den Raum durch ihre Kraft, nicht ihr bloßes Dasein erfüllte, so kann es recht wohl Dynamiker geben, die zugleich Atomistiker sind, denn warum könnte nicht auch ein Atom den Raum durch seine Kraft erfüllend gedacht werden, wie es andererseits solche geben kann, welche der Zurückführung der Materie auf Kraft entgegentreten, ohne Atomistiker zu sein. Doch ist die Gegnerschaft gegen die atomistische Ansicht hauptsächlich von der dynamischen Ansicht ausgegangen; die Frage nach der Gültigkeit der einen und anderen wird wenn schon nicht triftig, doch gewöhnlich solidarisch betrachtet und behandelt, und jedenfalls fallen die Gegner der Atomistik *größtenteils* mit Dynamikern zusammen. So mochte es im Interesse der Kürze wohl gestattet sein, den einen Ausdruck geradezu für den anderen zu setzen.

Inzwischen hat dies zur Folge gehabt, daß man dieser Schrift von mehr als einer Seite vorgeworfen, sie verfehle in ihrer Bestreitung der dynamischen Ansicht den Hauptpunkt, auf den es dem Dynamiker ankomme, welcher ja willig die Poren in der Eierschale und dem Holze zugebe. Aber sie verfehlt den Hauptpunkt, auf den es ihm ankommen mag, eben deshalb nicht, weil sie ausgesprochenermaßen nicht dagegen gerichtet ist. Daß der Dynamiker schließlich die Materie auf Kräfte seiner Art zurückführt, hat für den Physiker kein Interesse zu bestreiten, weil diese Kräfte mit seinen Kräften nichts zu schaffen haben, jene Zurückführung die Physik nicht berührt. Ich zeige das in Kapitel 16. Wohl aber hat es für ihn ein Interesse, räumlich diskrete Zentren der Kräfte, um die es sich in der Physik handelt, die nicht mit diesen Kräften selbst verfließen, zu behaupten; und hätte es für den Dynamiker kein Interesse, sie in Kristallen, Wasser, Luft, Äther zu leugnen – denn darum, nicht um Poren in Eierschale und Holz handelt es sich bei der Atomenfrage –, so sollte er sie auch nicht leugnen, wie es so allgemein geschieht. Insofern es aber geschieht, ist diese Schrift *wesentlich* dagegen gerichtet; nur *beiläufig* gegen die Unklarheit des dynamischen Kraftbegriffes, mit der jene Leugnung freilich schließlich doch zusammenhängt.

Unstreitig liegt hier überhaupt ein Kreis zusammenhängender Fragen vor, die es schwer, ja in gewissem Sinne unmöglich ist ganz getrennt zu halten, wie wir denn vor dem eigentlichen Angriff der Atomenfrage der Vorbetrachtung einer damit zusammenhängenden Frage (über die Imponderabilien) bedürfen werden. Im Grunde hängt die *Betrachtung* des gesamten Kreises der Naturdinge ebenso wie dieser selbst zusammen, und kann man in dieser Hinsicht zwei allgemeine Ansichten als *dynamische und mechanische im weiteren Sinne* unterscheiden, deren eine sich absteigend vom Apriorismus der neueren Philosophie, die andere aufsteigend von Verallgemeinerungen der empirischen Naturwissenschaft her entwickelt hat, und deren jede sich über das gesamte Gebiet, die gesamten Verhältnisse der Natur im Zusammenhange erstreckt. Man weiß, wie sehr sie nach wichtigsten formellen und sachlichen Beziehungen in Streit liegen; die Atomistik ist nur einer der Punkte, um die sie streiten. Mit Fleiß aber sondere ich sie, *soweit es immer möglich*, aus dem Gesamtzusammenhange als besonderen Streitpunkt aus, indem ich meine, der Streit zwischen allgemeinen Ansichten wird sich überhaupt weniger leicht durch allgemeine Gründe entscheiden als dadurch, daß sie sich mit ihren Hauptseiten besonders messen. So haben sich zwei kämpfende Stiere so lange nichts an, als sie mit vollen Stirnen gegeneinander rennen; wenn aber einer von beiden nur mit einem Horn die rechte Wunde in des anderen Seite bohrt, siegt er ganz. Als ein solches Horne der mechanischen Ansicht kehre ich hier die Atomistik gegen die dynamische Ansicht die mechanische Ansicht doch nur so weit vertretend, als sie in jenem weiteren Sinne recht verstanden und recht ausgebildet wird.

II

2. Beweisgang

Vielleicht findet man, daß diese Schrift von vornherein zu sehr darauf ausgeht, die Ansicht, die sie vertritt, durch Einzelheiten zu stützen und die gegenteilige durch solche zu widerlegen, obwohl man doch zugleich finden wird, daß diese Einzelheiten nur Brüche einer Einheit sind, die unzerbrochen bleibt, wenn sie sich auch gebrochen darlegt, und daß nach den Einzelheiten auch dem Allgemeinen sein Recht geschieht. Nicht ohne Grund aber stelle ich spezielle Betrachtungen gleich in den Vordergrund. *Heeren* sagt einmal irgendwo: Eine Messerspitze voll Pfeffer, gefunden in dem abgelegensten Dorfe, genüge zum Beweise eines Verkehrs mit Indien, weil Pfeffer nur von dort kommen könne. In der Tat, man könnte sich noch so lange mit allgemeinen Gründen streiten, ob ein Verkehr mit Indien stattgehabt habe, so würde die Messerspitze Pfeffer doch mehr beweisen als alle allgemeinen Gründe. Unsere Gegner werden freilich sagen, die Frage muß vielmehr aus dem Begriffe von Indien, vom Handel, vom Pfeffer entschieden werden. Ich meine aber doch, die Messerspitze Pfeffer beweist mehr. Und so galt es uns nun auch, solche Messerspitzen Pfeffer in bezug zu unserer Frage zu finden; wir werden aber nach allem viel mehr als Messerspitzen und zu den Körnern auch den Zusammenhang der Körner im ganzen Strauche finden.

So sehr übrigens die Gründe, die folgends zum Vorschein kommen werden, als Einzelheiten erscheinen mögen, es in gewissem Sinne auch sind, so wenig sind es doch *bloß* Einzelheiten. Teils sind es Gründe jener Art, deren ich im vorigen Kapitel gedachte, durch die sich die physikalische Erklärung eines größeren Erscheinungsgebietes bis in die feinsten Bestimmungen abschließt, teils Knotenpunkte, in welchen sich die Fäden physikalischer Erklärung einer Mehrheit von Erscheinungsgebieten verknüpfen; Schlußpunkte und Knotenpunkte, die sich nur durch die Atomistik herstellen lassen und eben dadurch beweisend für die Atomistik werden.

Nicht selten freilich findet man als *Beweise* für die Atomistik geltend gemacht, was im Grunde nur *Deutungen* im Sinne der Atomistik sind,

Deutungen, die sich auch durch Deutungen im dynamischen Sinne vertreten lassen; zum Beispiel: Die Körper können durch Druck verdichtet werden. Das ist sehr anschaulich als Näherung der Atome vorzustellen; aber die raumerfüllende Kraft des Dynamikers braucht nur eine größere Intensität anzunehmen, so leistet sie dasselbe. – Die einfachen Proportionen, in denen sich Stoffe chemisch verbinden, lassen sich vortrefflich durch die Annahme repräsentieren, daß sich je ein Atom eines Stoffes mit je einem oder mehreren Atomen des anderen Stoffes verbinde; aber ist die Notwendigkeit solcher Verbindungsweise in atomistischem Sinne mehr bewiesen als im dynamischen die der ganzen Massen? – Wie kann die Bewegung eines Körpers durch den Raum gedacht werden, wenn er den Raum vor sich schon mit Materie erfüllt findet? Die Materie braucht nur auszuweichen, indem sie sich dabei so viel zusammendrückt, als zum Ausweichen nötig.

Mit Einzelheiten *dieser* Art ist freilich nichts getan; aber die Dynamiker irren sehr, wenn sie meinen, daß sie es *bloß* mit solchen zu tun haben und sich des leichten Abweises derselben freuen; es gilt solche und gibt solche, die sich *nur* atomistisch fassen lassen, und die wichtigsten davon sind Schlußpunkte und Verknüpfungspunkte der genannten Art, die sich endlich noch *gemeinsam* durch die atomistische Grundvorstellung zusammen- und abschließen. Doch kann auch die Betrachtung des *Bandes*, welches die Atomistik direkt zwischen einer großen Menge von Einzelheiten jener Art herstellt, etwas leisten, und gibt es manche Einzelheiten, die, an sich von geringer Tragweite für die Physik, doch erheblich ins Gewicht im Streite gegen die dynamische Ansicht fallen. Gegen Gründe dieser Art gälte es die dynamische Ansicht aufrechtzuhalten, falls sie bestehen soll. Nur daß es die Philosophen meist einfacher zu finden pflegen, sich nicht darauf einzulassen, dafür Einwände gegen die Atomistik aus allgemeinen Gesichtspunkten und von Standpunkten aus zu erheben, die fallen müssen, wenn die Atomistik auf jenen Gründen steht.

Diese so mannigfaltigen Einwände der Philosophen gegen die Atomistik sind berücksichtigt, soweit sie *direkt* dagegen laufen; doch ohne den Versuch einer eingehenden Widerlegung der Grundansichten, von denen aus sich dieselben erhoben haben. Eine solche wird überhaupt überflüssig sein, wenn es gelingt, im obigen Wege die Berechtigung der Atomistik positiv darzutun, die dagegen gerichteten Einwände fallen dann von selbst; sie würde aber auch hier untunlich sein, weil sie auf eine Widerlegung ganzer philosophischer Systeme hinauslaufen müßte, was eine andere und weitere Aufgabe ist, als wir uns hier stellen können und die uns überdies durch die wechselseitigen Widerlegungen der Philosophen völlig erspart wird.

Offen gesagt, gegen welche philosophische Auffassung sollte sich auch eine Verteidigung der Atomistik wenden? Denn welche Gestaltung der Naturphilosophie oder Metaphysik hat heutzutage unter den Philosophen selbst eine Geltung, daß sich ein kompakter Angriff gegen sie richten könnte, da nirgends ein kompakter Widerstand besteht? Sollte ich mich gegen *Kant,* gegen *Schelling,* gegen *Hegel,* gegen *Herbart*[1] oder gegen welchen ihrer Anhänger oder Abzweigungen wenden? Aber wer fußt heutzutage noch anders auf Kant, als um diese Grundlage im Hinausgehen darüber zur Seite zu schieben, zurückzustoßen oder zu zertreten; Schelling ist über seine eigene Naturphilosophie selbst hinausgegangen; Hegels Naturphilosophie ist von den eigenen Anhängern desselben für sein schwächstes Werk erklärt worden; von den Abzweigungen Hegels läßt keine die andere gelten, und die ganze Hegelsche und Herbartsche Schule lassen einander wechselseits nicht gelten; wo ist da nur ein fester Gegner für den Physiker zu finden? Und nun sollte gar für ihn hier ein Halt zu finden sein? Im wankenden Gebäude ruft jede Säule: Halte dich an mich! Er läßt sie aber lieber sich wechselseits zerschlagen und geht hinaus unter ein größeres Dach.

Unstreitig ist der Philosoph in dieser Beziehung besser dran als der Physiker. Er hat in der atomistischen Naturwissenschaft, wie sie sich konsolidiert hat, *einen* bestimmten festen Gegner, und aller Angriffe können sich auf diesen einen konzentrieren; der Physiker kann einen Gegner schlagen; was hilft es ihm? Er hat soviel wie nichts getan. In dieser Hinsicht ist vielmehr die Naturwissenschaft der kompakte Bär, die Bienen die in der Luft flatternden dynamischen Lehren, alle auseinanderfahrend und jede eine andere Zelle bauend, doch alle auf den einen Gegner stürzend. Umsonst ist sein Kampf gegen die einzelnen; aber ihren ganzen Honig wird er, denk' ich, doch behalten.

Man erlaube mir hierzu noch ein etwas sonderbares, aber treffendes Bild. Wenn man alle Naturforscher und alle Philosophen zusammen in einen großen Trichter täte, so würden sie sich bald durch eine entgegengesetzte Bewegung sondern. Die Naturforscher würden sich allmählich am Eingange der engen Röhre sammeln und durch seinen einfachen Gang in geschlossener Reihe der atomistischen Naturauffassung zustreben, die Philosophen aber durch die Erweiterung des Trichters sich in alle Welt zerstreuen: Ich sage mit Unrecht, es *würde* so sein, es ist so geschehen. Man wird aus mehreren Beispielen sehen, wie fest bestimmt der Gang ist, der die Naturforscher den Weg der Atomistik führt; wie sehr sich anderseits die Philosophen zerstreut haben, hat man seit langem zur Genüge gesehen.

Was sich aus sehr allgemeinem Gesichtspunkte gegen die Auffassungsweise der Kräfte im Verhältnis zur Materie sagen läßt, welche den antiatomistischen Ansichten der neueren Philosophie bis zu gewissen Grenzen gemeinschaftlich unterliegt, ist allerdings gesagt; aber bei den verschiedenen Wendungen, welche diese Auffassungsweise bei verschiedenen Philosophen nimmt, von denen immer einer den anderen bestreitet[2], bei der verschiedenen und nie zu eigentlicher Klarheit zu bringenden Weise, wie jedes Auffassung in allgemeineren Ansichten wurzelt, bei der Unmöglichkeit, ohne Rückgang auf diese allgemeineren Ansichten jedes Auffassungsweise im besonderen abzuwägen und endlich alle in Betracht kommenden Philosophen wirklich dabei in Betracht zu ziehen, bleibt die oben geltend gemachte Schwierigkeit einer Opposition gegen die antiatomistische Philosophie so sehr bestehen, und die negierende Opposition würde schließlich so wenig positive Frucht gelehrt haben, daß in der Tat davon abstrahiert werden mußte, unsere Sache auf diesem Wege zu führen.

Es kommt dazu: Wir könnten uns auf die Widerlegung der Gründe der Gegner gar nicht einlassen, ohne die allgemeine Grundlage selbst, auf der sie dabei fußen, schon halb anzuerkennen und damit unsere Sache von vornherein halb verloren zu geben. Stattdessen stellt sich die Frage und Sache vielmehr so: Läßt sich statt durch Rücksichtnahme auf selbst noch untereinander streitige Ansichten und Voraussetzungen, wie das die philosophischen faktisch sind, durch Rücksicht auf einen Zusammenhang unbestritten feststehender Tatsachen zeigen, daß der Atomismus selbst feststeht, so ist eben damit bewiesen, daß die philosophischen Grundlagen, mit denen er nicht bestehen kann, selbst nicht bestehen können und alle jene philosophischen Betrachtungsweisen, die ihn einstimmig verurteilen, sich hiermit selbst verurteilen. Das ist ein allgemeineres Interesse, was sich an diese Betrachtungen knüpfen kann: Sie wollen an einem Beispiel zeigen, denn es ist in der Tat nur eins, daß die Philosophie mit ihrer Weise, die Dinge vom Begrifflichen aus zu konstruieren und zu meistern, ehe sie ihre Begriffe dadurch hat schulen lassen, den Dingen nicht genügt; und vielleicht ist nichts besser als eben die Verhandlung über die Atomenfrage dazu geeignet.[3]

3. Vorbemerkungen über das Substrat der Imponderabilien[1]

Leider müssen wir gleich mit Betrachtungen beginnen, die dem Physiker recht müßig scheinen werden; aber wir haben es ja nicht mit dem Physiker, sondern mit dem Philosophen zu tun, der dem Physiker über so manche Punkte ein Verständnis eröffnen möchte, ohne ihn nur recht verstanden zu haben. Natürlich meinen wir nur diejenigen damit, die es trifft.

Die Frage, ob Atome oder nicht, kann sowohl bezüglich des Gebietes der wägbaren als unwägbaren Substanzen aufgeworfen werden. Sie wird im folgenden bezüglich beider Gebiete behandelt und bejaht. Auch der Äther als Substrat der Bewegungen, auf welchen die Erscheinungen des Lichtes, der Strahlwärme, des Magnetismus und der Elektrizität (wahrscheinlich gemeinsam) beruhen, ist atomistisch zusammengesetzt. Nun kann aber vom gegnerischen Philosophen vorweg bestritten werden und wird in der Tat mehrfach bestritten, daß den Erscheinungen des Unwägbaren in ähnlichem Sinne ein Substrat unterliege als den Erscheinungen des Wägbaren. Falle aber das Substrat der Imponderabilien, so falle damit von selbst der Atomismus für dies Gebiet weg, den bloß die falsche *Voraussetzung* eines Substrates hier mitführe oder nachziehe. Was man als ein Spiel der Imponderabilien *zwischen* den wägbaren Körpern oder *innerhalb* derselben fasse, sei zum Teil nur Spiel der Kraftäußerungen der wägbaren Körper aufeinander oder innerer Kraftäußerungen ihrer wägbaren Masse. Insofern man aber von den Imponderabilien *besonders* zu sprechen habe, seien es *Actus puri*, Bewegungen ohne Substrat, welche die räumliche Fortschreitung, nicht mehr aber die träge Masse an sich haben, womit die körperliche Bewegung behaftet sei; so Licht und Strahlwärme bei ihrer Fortpflanzung durch den Himmelsraum und ihrer freien Durchstrahlung durch Luft, Wasser, Kristalle; so auch das Unwägbare, was in unserem Nervensystem spielt. Mit Rücksicht auf letzteres faßt man auch wohl das Unwägbare als ein Vermittlungsglied oder Mittelglied zwischen Geist und Körper unter Kategorien auf, welche dasselbe an der Natur des einen und anderen partizipieren lassen, ohne ihm die Natur des eine und anderen ganz zu leihen.

Ohne auf die meist schwer verfolgbaren Begründungen und Ausführungen solcher bei verschiedenen Dynamikern sich verschiedentlich modifizierenden Auffassungen näher einzugehen, läßt sich, genug für unseren Zweck, hier folgendes im allgemeinen dagegen sagen.

Erstens. Wird der Äther als substanzielles Mittelglied der Strahlung des Lichtes und der Wärme von Sonne zur Erde geleugnet, so wird hiermit der Atomismus, der im kleinen geleugnet wird, im großen zugegeben, d. h., es werden räumlich diskrete Massen mit absolut leeren Zwischenräumen zugegeben, und man sieht dann überhaupt nicht ein, was es noch für ein anderes als gemachtes, philosophisches Interesse haben kann, das im kleinen zu leugnen, was man im großen zugibt, ja behauptet. Jedenfalls kann die Kontinuität der Materie dann nicht mehr auf den Begriff der raumerfüllenden Kraft gestützt und der Raum selbst nicht mehr als ein bloßes Akzidenz oder ein bloßer Formalbegriff, der nur solidarisch mit dem fließenden Inhalt der Materie zu fassen sei, betrachtet werden, wie es so oft in Opposition gegen die Atomistik geschieht.

Zweitens. Licht- und Wärmestrahlung zwischen den Himmelskörpern oder auch irdischen Körpern bloß als Kraftwirkungen der wägbaren Körper aufeinander in Distanz in demselben Sinne anzusehen wie die Wirkungen der Schwere, der man das Licht so gern polar gegenüberstellt, geht deshalb nicht, weil das Licht und die Strahlwärme, aber nicht die Schwere durch Zwischenkörper aufgehalten, reflektiert, gebrochen werden können, Zeit zur Fortpflanzung brauchen, überhaupt ganz analoge Gesetze befolgen als die Fortpflanzung des Schalls, die zugestandenermaßen an einem Substrat hängt.

Drittens. Läßt man hingegen die Fortpflanzung des Lichtes und der Wärme zwar als eine analoge Bewegung, wie die des Schalls, gelten, ohne ihr aber im selben Sinne als diesem ein Substrat unterzulegen, so kann man zuvörderst fragen, ob eine Bewegung ohne ein Bewegtes überhaupt *denkbar* sei. Vielleicht wird dies mit Unrecht bestritten. Ich kann das Nebeneinander des Raumes denkend nacheinander durchlaufen; dies gibt den abstrakten Begriff der Bewegung, und wenigstens *deutlich* brauche ich ein Bewegtes dabei nicht mit zu denken; der Streit aber, ob nicht doch undeutlich, wird nicht zu entscheiden sein. Nun ist gewiß, daß mit solch abstraktem Nacheinander des Nebeneinander die photographischen Wirkungen des Lichtes, die ausdehnenden Wirkungen der Strahlwärme, wenn sie zu den Körpern gelangt, und die Wirkungen des Nervenagens in unserem Körper nicht repräsentiert werden könnten; aber das behauptet der Gegner auch nicht; er erfüllt den Begriff der Bewegung mit dem der Tätigkeit; es sollen nicht kraftleere, sondern tatkräftige, eben deshalb Actus genannte, Bewegungen sein, Bewegungen denen die Kraft, das

Wirken immanent ist, ohne daß sieträge Masse dazu mitführen oder brauchen. Ohne nun in einen neuen Streit einzugehen, ob Bewegungen *denkbar* sind, die ohne Masse auf Masse wirken, läßt sich aber wie folgt zeigen, daß sie physikalisch nicht *brauchbar* sind.

Die Abänderungen in der Geschwindigkeit und Richtung der Schallfortpflanzung durch die Luft und andere Körper lassen sich in gesetzlichen Zusammenhang nur nach ihrer Abhängigkeit von Abänderungen der Dichtigkeit und Elastizität der Luft und anderen Körper bringen, welche Eigenschaften bloß mit Bezug auf ein massiges Substrat überhaupt einen Sinn haben. Dies hat noch kein gegnerischer Philosoph ersparen und leugnen können. Weigert man sich nun, die entsprechenden Abänderungen in der Geschwindigkeit und Richtung der Lichtfortpflanzung entsprechend von den Abänderungen in der Dichtheit und Elastizität eines Substrates abhängig zu machen, so fehlt jeder Weg, nicht nur sie in entsprechend gesetzlichen Zusammenhang unter sich zu bringen, sondern auch die Analogie einerseits, Verschiedenheit andererseits zwischen der Schall- und Lichtfortpflanzung von einer beide Gebiete zugleich umfassenden Gesetzlichkeit abhängig zu machen. Wer aber einen allgemeinen gesetzlichen Zusammenhang der Naturdinge verschmäht, ist nicht nur kein Physiker, sondern auch kein Philosoph.

Wie man den Begriff *Substrat* philosophisch auflösen will, bleibt dabei ganz dahingestellt und wird vom Physiker gern dem Philosophen überlassen; er behauptet nur, im *selben* Sinne als dem Schall ist dem Licht ein Substrat unterzulegen, im selben Sinne insofern, als es durch dieselben Kategorien bestimmbar ist, wohin Dichtigkeit und Elastizität gehören, ohne daß diese bei Schall und Licht als gleich anzusehen sind, da vielmehr die Verschiedenheiten der Licht- und Schallfortpflanzung auf Verschiedenheiten hierin beruhen. Sollte sich das Licht wie der Schall durch Schwingungen der wägbaren Moleküle der Luft, des Wassers, Kristalls fortpflanzen, so würde es sich auch mit gleicher Geschwindigkeit dadurch fortpflanzen müssen, statt sich mit unsagbar größerer Geschwindigkeit hindurch fortzupflanzen, denn es kommt bezüglich der Fortpflanzungsgeschwindigkeit der Bewegungen durch körperliche Medien nicht auf die Natur der sich fortpflanzenden Bewegung, sondern des fortpflanzenden Mediums an. Ist aber der Äther ein Substrat im selben Sinne, nur mit anderer Dichtigkeit und Elastizität als die Luft, so muß auch die Frage nach Kontinuität und Diskontinuität bei ihm im selben Sinne erhoben und nach den weiter folgenden Gründen entschieden werden können.

Viertens. Setzen wir endlich, die Imponderabilien lassen sich wirklich sei es auf Kraftäußerungen zwischen wägbaren Körpern oder auf substratlose Bewegungen oder teils auf das eine, teils das andere zurückführen, so würde doch die Frage, ob Atomismus für sie besteht oder nicht, anstatt, wie man meint, vorweg in negativem Sinne dadurch entschieden zu sein, noch wesentlich ganz ungeändert bleiben; sie würde nur einen anderen Ausdruck und die entscheidenden Argumente dafür eine andere Form annehmen. Es mag nützlich sein, dies noch mit einigen Worten zu zeigen.

In der Tat, möchte man immerhin die Bahn des Lichtstrahls durch den Kristall als eine Fortpflanzung durch die wägbaren Teile des Kristalles deuten können, so würde sich damit eben nur auf die wägbaren Teile übertragen, was man den unwägbaren dazwischen als nicht existierend abspricht; und möchte man immerhin die Imponderabilien als substratlose Bewegungen teils im Leeren, teils im Vollen ansehen, so würde sich zwar nicht mehr fragen können, ob sie von diskontinuierlichen Äther- oder Körperatomen vollzogen werden oder in einem kontinuierlichen Äther vorgehen, wohl aber, ob sie selbst kontinuierlich oder diskontinuierlich im Raume sind, d. h., ob Zwischenräume im Raume vorhanden sind, in denen nichts von diesen *Actus* stattfindet oder ob sich dieselben *in continuo* durch den Raum erstrecken, sofern doch die Lichterscheinungen jedenfalls im Raume vorgehend zu denken und also auch die *Actus* darauf zu beziehen, d. h. darin zu lokalisieren sind. So wäre es in Betreff der Imponderabilien nur die Frage um Atomistik der *Actus* oder Bewegungen statt des Substrats, was das Wesen der Frage ungeändert läßt, und in Betreff der Ponderabilien bliebe überhaupt alles ungeändert.

Um sich den Sinn der Alternative noch bestimmter zu erläutern, braucht man nur an die diskontinuierlichen Bewegungen der Weltkörper im Raum einander gegenüber denken. Auch wenn wir uns dergleichen Bewegungen als *Actus puri,* als sukzessive Tätigkeitsentwicklungen in aneinanderhängenden Orten des Raumes, ohne Rücksicht auf Materie denken oder auch die Erscheinung der massiven Weltkörper selbst von solcher Tätigkeitsentwicklung abhängig machen wollten, die nur den Ort im Raume wechselt, was von der Ansicht mancher Dynamiker nicht gar zu weit abweichen dürfte, würden sie nichtsdestoweniger noch diskontinuierlich im Raume zu denken und dies Verhalten von der Kontinuität zu unterscheiden sein, welche der Bewegungszug jedes einzelnen Weltkörpers in sich hat. Man sieht jedenfalls, es können Bewegungen, *Actus* im Raume kontinuierlich und diskontinuierlich sein; und die Frage ist nicht umsonst, ob gegebene Erscheinungen von *Actus* dieser oder jener Art abhängen; es ist ein Fehlschluß, wenn man meint, es reiche nur hin, über das Dasein oder Nichtdasein eines Substrats im Raume im reinen zu sein, um hiermit auch ohne weiteres über die Kontinuität oder nicht Nichtkontinuität der *Actus* im Raume im reinen zu sein. Beide Fragen sind unabhängig voneinander.

Sehen wir endlich näher zu, was mit der Voraussetzung substratloser *Actus* gewonnen werde. Um den Zusammenhang der Erscheinungen erforderlich zu repräsentieren, hätte man für die nicht mehr Platz greifenden Begriffe der Dichtigkeit und Elastizität eines Substrats andere, das Wesen der *Actus* selbst betreffende Begriffe einzuführen, müßte aber dazu dieselben Bestimmungen in die *Actus* einführen, die der Physiker in das Substrat verlegt, denn der Physiker charakterisiert ja das Substrat absolut durch nichts anderes, als was zur Repräsentation des Zusammenhanges der Erscheinung, denen er es unterlegt, nötig ist. Also hätte man im Grunde nur das Wort, nicht die Sache des Substrats eliminiert und ersetzt und würde mit dem anderen Worte ganz ebenso zur Sache des Atomismus kommen müssen.

Daß der Äther im Himmelsraume den Kometen einen Widerstand entgegenzusetzen scheint und daß die *Kant-Laplacesche Hypothese* über die Bildung der Weltkörper darauf führen kann, die Weltkörper aus derselben Substanz geballt zu denken, die noch als Verbindungsglied zwischen ihnen zurückgeblieben ist, habe ich vorstehends mit Fleiß nicht geltend gemacht, da es der Geltendmachung des noch nicht Zweifellosen oder Hypothetischen dabei nicht bedurfte.

4. Gründe für die Atomistik, entnommen aus dem Gebiete der Erscheinungen von Licht undWärme

Nun endlich zur Sache:

1. Die Brechung des Lichts in den Körpern läßt sich dem Hauptphänomen nach durch die dynamische und atomistische Ansicht gleich gut erklären. Nicht nur daß die Brechung erfolgt, sondern auch daß bei einfacher Brechung ein konstantes Verhältnis zwischen Einfalls- und Brechungssinus statt hat, ja selbst die allgemeinen Phänomene der Doppelbrechung treten gleichmäßig unter beide Ansichten. Es führt aber die Haupterscheinung der Brechung als feinere Bestimmung den Umstand mit sich, daß der gebrochene weiße Strahl sich in einen schmalen Farbenfächer ausbreitet, indem die Brechbarkeit der verschiedenen Farbstrahlen etwas voneinander abweicht. Von jeher haben die gründlichsten Mathematiker und Physiker anerkannt, daß diese Farbenzerstreuung gänzlich unvereinbar sei mit der Undulationstheorie des Lichts, sodaß hierin lange der einzige Grund gelegen hat, weshalb man die in jeder Beziehung so viel unwahrscheinlichere und neuerdings aus durchschlagenden Gründen gänzlich aufgegebene Emissionstheorie der Undulationstheorie vorzog. Nun aber haben die neueren Untersuchungen von *Cauchy* gezeigt, daß diese Unvereinbarkeit doch bloß insofern bestehe, als man annimmt, daß die Lichtwelle sich durch den Äther wie durch ein Kontinuum fortpflanzt, daß dagegen die Gesetze der Farbenzerstreuung mit denen der Brechung in *einer* Konsequenz aus der Grundansicht der Undulationstheorie hervorgehen, wenn man die Teilchen des Äthers diskret setzt, ja daß die Farbenzerstreuung bei der Brechung dann ebenso *notwendig* als die Brechung selbst gefordert ist. Also die Frage, ob Atomismus oder nicht, ist eine Lebensfrage für die Undulationstheorie, wie die Frage, ob Undulationstheorie oder nicht, eine Lebensfrage für die Physik ist.

Das Hauptresultat der Rechnung ist dies: daß die Farbenzerstreuung nicht nur erklärlich, sondern auch gefordert wird, wenn der Abstand der Ätherteilchen groß genug ist, um gegen die Breite einer Lichtwelle (167 bis 266 Zehnmillionenteil eines englischen Zolles in Luft respektive für Violett bis Rot betragend) nicht vernachlässigt werden zu können, woraus zugleich erhellt, daß der Abstand der Ätherteilchen keineswegs ganz ins Unvorstellbare hinüberreicht. Man wird z. B. hiernach sagen können, daß er größer sein müsse als 1/1000 der Breite einer Lichtwelle (von obigen Dimensionen), weil, wenn er nicht so viel oder nicht mehr betrüge, die Rechnung keinen merklichen Einfluß auf die Brechungsphänomene mehr herausstellen würde. — Eine etwas nähere Erläuterung liegt noch in folgendem: Die Theorie zeigt, daß eine verschiedene Brechung der verschiedenen Farbstrahlen (d. h. Strahlen, in denen die Teilchen in gleicher Zeit eine verschiedene Anzahl Oszillationen vollziehen) nur von einer verschiedenen Geschwindigkeit, mit der sich ihre Wellen im brechenden Mittel fortpflanzen, abhängen kann. Sofern man nun den Äther entweder als kontinuierlich ansieht oder den Abstand seiner Teilchen gegen die Breite einer Lichtwelle vernachlässigt, wie früher immer geschehen, wird diese Geschwindigkeit notwendig für alle Farbwellen eine gleiche, nicht mehr aber, wenn man diesen Abstand und die dadurch in die Rechnung eingeführten Glieder berücksichtigt.

In Betreff des Historischen noch folgende Bemerkung aus einem früheren Schreiben von *Weber* an mich: „So viel ich mich erinnere, war es eine Abhandlung von *Willis* (die älter ist als die von *Cauchy*), wo in der Entwicklung der Gleichungen der Wellenbewegung den ersten Gliedern, auf deren Betrachtung man sich bisher immer beschränkt hatte, die folgenden Glieder hinzugefügt wurden und gezeigt wurde, daß, weil diese folgenden Glieder von dem Abstande der Teile des Mediums abhängig seien, durch diese weitere Entwicklung der Wellentheorie die Lehre von der Dispersion von selbst ihre Begründung finde und die Größe der Dispersion dadurch in Abhängigkeit von der Größe der Abstände jener Teilchen gebracht werde."

2. Eine andere feine Lichterscheinung, bei der nicht mehr bloß die totale Massenwirkung, sondern die spezielle Bewegungsweise der Teilchen Einfluß gewinnt, ist die Polarisation des Lichts. Der Zusammenhang der Erscheinungen des polarisierten Lichts mit denen des gewöhnlichen Lichts ist nun in der Undulationstheorie nur unter der Voraussetzung darstellbar, daß die Ätherteilchen, die auf dem Wege eines Lichtstrahls liegen, nicht longitudinale, sondern transversale Schwingungen machen, d. h. Schwingungen, deren Richtung quer gegen die Richtung des Lichtstrahls ist. In einem gewöhnlichen Lichtstrahl haben diese Schwingungen alle möglichen Richtungen, nur immer quer gegen den Strahl, in einem polarisierten lauter parallele gegen den Strahl quere Richtungen. Unter dieser Voraussetzung erklären sich die feinsten und sonderbarsten, mannigfachsten und verwickeltsten Erscheinungen des polarisierten Lichts auf ganz naturgemäße, in sich zusammenhängende Weise. Aus diesem Ge-

sichtspunkte hat zuerst *Fresnel* die Polarisationserscheinungen im Sinne der Undulationstheorie richtig aufgefaßt und ins Detail verfolgt. *Poisson*[1], einer der berühmtesten und gründlichsten französischen Mathematiker, dem die neuere mathematische Physik einen wesentlichen Teil ihrer Fortschritte verdankt, geriet jedoch hierüber mit Fresnel in eine Diskussion, indem er, von der Ansicht der Kontinuität der Materie ausgehend, die er allen seinen bisherigen Untersuchungen zugrunde gelegt hatte, zeigte, daß in einiger Entfernung vom Ausgangspunkte des Lichts gar keine transversalen Schwingungen mehr vorkommen könnten, indem sie notwendig, welche Richtung sie auch anfangs gehabt, doch im Laufe der Fortpflanzung immer mehr in die Fortpflanzungsrichtung des Strahls selbst sich kehren müßten. Hiergegen machte ihn jedoch Fresnel[2] darauf aufmerksam, daß, sofern man nur die Ätherteilchen diskret setze, der Einwand Poissons nicht mehr bestehe; und Poisson selbst hat die Bündigkeit von Fresnels Argumentation so sehr anerkannt, daß er seine eigene Grundansicht seitdem geändert, daß alle seine nachher geführten Untersuchungen (über elastische Körper, Kapillarität, Wärme) im Sinne des atomistischen Prinzips geführt sind (an der Behandlung der Lichtlehre in diesem Sinne wurde er nur durch den Tod gehindert) und daß er selbst die zweite Ausgabe seiner Mechanik in diesem Sinne umgestaltet hat. Man erkennt hieraus, wieviel Bindendes, ja welcher Zwang hier für jemand liegen muß, der den Zusammenhang der physischen Ursachen und Wirkungen auf exakte Weise zu verfolgen weiß.

Daß es sich in der Tat hier um eine Art Zwang handelte, wird um so einleuchtender, wenn man in Betracht zieht, daß Poisson jene Umgestaltung nur auf Kosten der Einfachheit der Gesichtspunkte, auf die sich die Rechnungen stützen müssen, bewirken konnte, sofern die Anwendung der Integrationsmethode bei der Summierung der Wirkungen der kleinsten Teile nun erst noch einer besonderen Rechtfertigung bedurfte,[3] die man bei Annahme der Kontinuität der Materie entbehren kann, und dazu noch das Geständnis tritt, daß man nun bloß noch Annäherungen damit erlangt, während man im Sinne der dynamischen Ansicht genaue Resultate damit erhielte.

Nun kann der Gegner leicht sagen: Aber hiermit gesteht man doch selbst den Nachteil der atomistischen und Vorzug der dynamischen Auffassung zu? Die dynamische gestattet eine einfachere Betrachtung und gewährt ein genaueres Resultat, was verlangt man mehr? – Zur Entgegnung erinnern wir an einen analogen Fall.

Die Bewegung eines Planeten um die Sonne gestattet auch eine einfachere Betrachtung, und ihre Berechnung gewährt ein genaueres Resultat, wenn man sich um Störungen dabei nicht kümmert. Ohne sie ist die

Bahn rein zu finden, mit ihnen erhalten wir nur Approximationen, und die ganze Berechnung wird mühselig. Warum zieht man doch die ungenaue und mühselige Rechnung mit Bezug auf die Störungen der genauen und einfachen ohne Störungen vor? Weil die Störung nun einmal in der Natur vorhanden ist und also auch durch die Rechnung gedeckt werden muß, gleichviel ob unsere Bequemlichkeit dadurch gestört wird, ein glattes Resultat dadurch seine Glätte verliert, kurz, weil die einfache Rechnung der Komplikation der Verhältnisse nicht gewachsen ist, die genaueren Resultate derselben auf dem Papier die Verhältnisse der Wirklichkeit doch nur ungenau wiedergeben.

Ganz derselbe Fall aber ist es mit der Komplikation, die durch die Atomistik in die Rechnungen eingeführt wird. Die Rechnung auf Grund der dynamischen Ansicht gibt genauere Resultate auf dem Papier, die Rechnung auf Grund der atomistischen genauere in der Wirklichkeit. Und wenn es nicht der Fall wäre, würde *Poisson* gewiß nicht die eine für die andere aufgegeben haben.

Bei vielen Fragen freilich stellt sich der Unterschied der größeren Genauigkeit nicht heraus; diese sind dann aber auch nicht zur Entscheidung zwischen beiden Ansichten zu benutzen; aber es gibt Fragen, wo der Unterschied so spürbar wird, daß ganze Erscheinungsgebiete danach in oder außer die Rechnung fallen, und solche müssen vor allem den Ausschlag geben.

Fügen wir noch die Stelle selbst hinzu, in welcher *Fresnel* (unter Verweisung auf seine anderwärts geführten ausführlichen Untersuchungen) den Einwand Poissons zurückweist. Sie sagt dasselbe, was wir gesagt haben und noch öfter sagen werden, nur mit anderen Worten: Die dynamische Ansicht vermag die Phänomene bis zu gewissen Grenzen, aber nicht über diese hinaus zu erklären.

„Je vous répéterai seulement ici ce que j'ai déjà eu l'honneur de vous dire plusieurs fois: c'est que les équations du mouvement des fluides élastiques, dans lesquelles vous croyez devoir trouver tous les genres de vibration dont ils sont susceptibles, ne sont au fond qu'une abstraction mathématique très éloignée de la réalité; elles supposent ces fluides composés de petits élémens contigus et compressibles proportionellement à la pression. Cette hypothèse représente bien leur propriétés statiques, mais non leurs propriétés dynamiques; car, par exemple, on n'en déduirait pas le frottement; ce qui tient à ce qu'on suppose entre les molécules une contiguité, qui n'existe pas."[4]

3. Die Erscheinungen der Wärmefortpflanzung durch die Körper und der Wärmestrahlung sind sehr disparater Art. Dort schleicht die Wärme langsam durch die Körper fort nach scheinbar eigentümlichen Gesetzen,

hier pflanzt sie sich mit einer der des Lichts vergleichbaren Schnelligkeit nach ähnlichen Gesetzen als dieses fort. Doch müssen beiderlei Fortpflanzungsweisen notwendig in allgemeinen Gesetzen der Wärmelehre zusammenhängen. *Fourier*[5] hat gezeigt, daß ein solcher Zusammenhang sich ergibt, daß die Gesetze der Wärmeleitung sich unter die der Strahlung von selbst unterordnen, sofern man nur die wägbaren Körper aus diskreten Teilchen bestehend denkt, welche die Wärme einander zustrahlen, und zwar nicht bloß auf dem Papier unterordnen, sondern daß die Theorie nur das Erfahrungsmäßige dabei wiedergibt. Nimmt man die wägbaren Körper als *Continua* an, so scheint jeder Versuch, das Erfahrungsmäßige beider Phänomene in wissenschaftlichen Zusammenhang zu bringen, verschlossen.

Wilhelmy[6] führt in seiner Schrift: „Versuch zu einer mathematisch-physikalischen Wärmetheorie" (worin die Temperatur der Körper der lebendigen Kraft der in Schwingungsbewegung befindlichen Moleküle proportional gesetzt wird), die Fortpflanzung der Wärme durch Leitung im Sinne der atomistischen Ansicht auf diejenige durch Strahlung zurück, und er findet dabei eine Abhängigkeit des Leitungsvermögens eines Körpers von der Schwingungsdauer der geleiteten Wärme, also von der Temperatur, wie solche von *Langberg*[7] und neuerdings von *Wiedemann*[8] auch experimentell nachgewiesen worden ist.

4. Die Wärme strahlt am stärksten in der Richtung senkrecht auf die Oberfläche der Körper aus, dagegen in den schiefen Richtungen die Strahlung nach dem Gesetze des Sinus schwächer wird. Dies ist eine natürliche Folgerung der Schichtung der Körper aus Atomen, dagegen im Sinne der Kontinuität der Materie kein haltbarer Weg physikalischer Ableitung zu Gebote steht.

Ich verdanke die Aufstellung dieser vier Punkte weniger einem eingehenden eigenen Studium der hierbei unterliegenden Verhältnisse, wie sie sich für den Physiker von Fach, als welchen ich mich selbst nicht mehr rechnen kann, geziemt, als schon früheren Gesprächen mit *Wilhelm Weber*, dem ich sie nach Abfassung derselben nochmals zur Begutachtung vorgelegt habe; so daß ich sie nach seiner Zustimmung „als einige der wichtigsten Stützpunkte, welche die Atomistik der exakten physikalischen Forschung schon geboten hat", aufstellen kann. In demselben Verhältnisse aber, als sich die exakte physikalische Forschung auf die Atomistik zu stützen vermag, vermag sich umgekehrt die Atomistik auf jene zu stützen.

Nun glaube ich noch hinzufügen zu müssen, daß Weber in seinem bei dieser Gelegenheit an mich gerichteten Schreiben der auch unsererseits anzuerkennenden und anerkannten Unzulänglichkeit volle Rechnung trägt, welche die Atomistik in ihrem jetzt noch rohen Zustande unter dem Einflusse der wichtigsten Schwierigkeiten mathematischer Entwicklung darbietet, falls man an sie den Anspruch macht, schon eine vollendete, alle Aufgaben, deren Lösung sie dereinst *verspricht*, auch schon jetzt lösende Wissenschaft zu sein. Nur das bleibt gewiß, daß sie wirklich dem Physiker zugleich mehr schon leistet und mehr verspricht als die gegenteilige Ansicht; woran man sich in einer Wissensschaft, die nicht mit der Vollendung anfängt, sondern ihr zustrebt, genügen lassen und woran man sich bei einem Urteil über beide Ansichten als maßgebend halten muß, bis die gegenteilige Ansicht dieses Verhältnis der Leistungen und Hoffnungen umzukehren vermag.

Nach allem kann man sagen: Trotz dem, daß der Augenschein gegen die Annahme der Atome zu sprechen scheint, sei ihre Existenz mindestens ebenso gut begründet, als die Undulationstheorie des Lichts und der Zusammenhang der Wärmephänomene selbst es sind. Wir sehen die Zwischenräume zwischen den Atomen nicht, aber wir sehen sie nicht einmal in der Eischale, nur der mechanische Durchgang der Luft beweist solche hier; so sicher uns nun dieser Durchgang auf die Poren in der Eischale schließen läßt, so sicher können wir von den Farben im Prisma und im Polarisationsspiegel auf noch kleinere Zwischenräume zwischen den Teilchen schließen. Dies Sichtbare hängt durch einen unzerreißbaren mathematischen Faden mit dem Nichtsichtbaren zusammen. Behauptet man nun, daß es nur einer geeigneten Substitution für die atomistischen Voraussetzungen bedürfen würde, um die Farberscheinungen, Polarisationserscheinungen usw. zu erklären, so ist diese Behauptung sehr leicht; aber man kann ihr kein Gewicht beilegen, solange sie sich der Schwere der Bewährung entzogen hat. Es kommt leider hier nicht mehr darauf an, Worte zu substituieren, die wieder zu Worten führen, sondern Annahmen, die zu den erfahrungsmäßig bewährbaren Fakten führen; da reichen dann alle jene unbestimmten Ausdrücke, womit man wohl die Verhältnisse der Imponderabilien und Aggregatzustände der Körper erklärt, nicht mehr aus; es gilt hier, von klaren, physikalisch bestimmten Grundvorstellungen auszugehen, um wieder zu etwas physikalisch Bestimmtem zu kommen. Nun möge man versuchen, solche Grundvorstellungen aufzustellen, welche die Diskretion der Teilchen vertreten. Gelingt es, so wird der exakte Physiker als solcher kein Interesse mehr haben, am Atomismus zu halten.

Es ist wahr, man kann in der Physik vielfach eine Vorstellung für die andere substituieren, und man erhält noch dasselbe Resultat; aber es kommen eben immer Punkte, wo die Möglichkeit solcher Substitution aufhört, und das sind die entscheidenden. Man muß nach der jetzigen

Sachlage glauben, daß wir in Punkten wie den obigen solche entscheidende Punkte in bezug auf die Atomistik gewonnen haben. Nun ist es müßig, sich auf die unbestimmte Möglichkeit fernerer Substitutionen zu berufen und den Physikern zuzumuten, sie zu finden, weil es nicht Sache der Philosophen sei. Die Physiker haben das Ihrige eben damit getan, daß sie die Sache auf den Punkt gebracht haben, wo die Willkür der Substitutionen ein Ende hat und eine Entscheidung Platz greift. Und da man es *ihres* Faches und Wissens hält, zu beurteilen, wie die fernere Substitution zu machen sei, das ganze Onus davon auf sie wälzt, so sollte man es auch nur ihres Faches und Wissens halten, zu beurteilen, ob sie überhaupt möglich sei.

Aber, sagt man, die Atomistik beruft sich darauf, daß sie von der Undulationstheorie des Lichts gefordert werde; ist denn die Undulationstheorie selbst gefordert? Für den Physiker ja, solange, bis der Philosoph eine lichtvollere Lichtlehre an die Stelle setzt. Ich weiß wohl, daß auch die Undulationstheorie vielen Philosophen ein Dorn im Auge ist, den sie nur etwa darin lassen, weil er nicht mehr herauszuziehen; sie wurde weder von ihnen gefunden, noch konnte sie auf ihrem Wege gefunden werden und stellt im Grunde ebenso schlimme Zumutungen an sie als die eng damit verschwisterte, ja solidarisch damit verknüpfte Atomistik. Der nach *Schelling* und *Hegel* so schöne reine durchsichtige flüssige Begriff des Lichts erfährt durch die Undulationen die unangenehmste Trübung, und an dieser Trübung soll die Lichterscheinung selber hängen. Welcher Philosoph konnte auf diese Absurdität kommen; doch muß er sie wohl heutzutage zulassen, um nicht selbst absurd zu erscheinen. Inzwischen kann er die Undulationstheorie nicht mehr besiegen noch beseitigen, so doch vorbeigehen und sich nach Umständen mit einem höflichen Wort oder einem schiefen Seitenblick bei ihr abfinden, dann weiter vom Lichte reden, als wäre sie nicht vorhanden. In der Tat nicht anders ist die Undulationstheorie bis jetzt von den Philosophen berücksichtigt worden. Ich spreche aber auch jetzt nur von der Nötigung zu ihr, die für den Physiker besteht und die der Philosoph immerhin gelten lassen muß, solange er eine Physik selbst und ihre Resultate gelten lassen muß.

Man kann hier leicht den Einwand machen: Aber statt der Undulationstheorie selbst hat doch lange genug die Emissionstheorie unter den Philosophen gegolten. Jetzt gilt die Undulationstheorie. Wo ist also die Untrüglichkeit der Physiker? Sie ist nicht vorhanden. Der Physiker behauptet kein absolutes Wissen zu haben. Doch glaubt er des Sicheren immer mehr zu lernen, und je weniger er sich sicher wähnt, so sicherer wird er. Nun fehlte es früher noch an den entscheidenden Punkten zwischen Undulations- und Emissionstheorie, beide ließen sich nach den meisten

Beziehungen füreinander substituieren. Jetzt sind die entscheidenden Punkte gefunden; mit den scheinbaren Widersprüchen gegen die erste das scheinbare Übergewicht der anderen gehoben, dagegen unlösbare Widersprüche in den Tatsachen gegen diese erhoben. Die Undulationstheorie genügt jetzt allen bekannten Erscheinungen, indes die Emissionstheorie beim *Experimentum crucis* versagt, vieles nur Zwang, vieles gar nicht erklärt. Die Undulationstheorie hat nicht nur alle Tatsachen, sondern auch alle Analogien in der Natur für sich; warum sollte der Physiker sie für eine solche aufgeben, die ihm *nichts* in dieser Hinsicht bietet, ihm nicht einmal die Emissionstheorie ersetzt oder vielmehr noch gar nicht da ist. Denn was könnten die Anhänger der dynamischen Ansicht an der Stelle sei es der Undulations- oder auch nur Emissionstheorie bieten, wonach man Brechung, Zurückwerfung, Farbenzerstreuung, Polarisation, Interferenz nach Zahl und Maß verknüpfen, die Erscheinungen derselben bei empirisch gegebenen Bedingungen vorausbestimmen, ein Fernglas und ein Mikroskop zu schleifen vermöchte. Etwa die *Goethesche* Lehre? In der Tat nicht Mittel, die Dinge, die mit bloßem Auge nicht sichtbar sind, zu sehen, nur über sie hinwegzusehen, haben wir bis jetzt von der Naturphilosophie erhalten.

Wenn man dem Schmied den Hammer nehmen will, so soll man ihm einen besseren und nicht den Blasebalg dafür bieten. Der Blasebalg ist auch gut, sein Feuer zu schüren; aber über das Eisen vermag er nichts. Nun aber sieht man, Undulationstheorie und Atomistik hängen selbst wie Kopf und Stiel eines Hammers zusammen, womit man die Wirklichkeit trifft und gestaltend bearbeitet; und man kann mit dem Kopf des Hammers nicht treffen, ohne ihn am Stiel zu halten.

Man hat es als eine der schönsten Bewährungen der *Newtonschen Attraktionslehre* angesehen, daß nach Rechnungen, die im Sinne derselben geführt wurden, der Neptun entdeckt worden, den zuvor noch kein menschliches Auge gesehen. Als man ihn suchte, fand man ihn an der Stelle, wohin ihn die Rechnung setzte. Solcher *auffallenden* Bewährungen könnte die Undulationstheorie gar manche für sich anführen. Ich erinnere nur ganz beiläufig an eine derselben: Bekannt ist die Eigenschaft doppelt brechender Körper, einen Lichtstrahl in zwei zu spalten; nie hatte man etwas anderes als diese Spaltung in zwei Strahlen beobachtet, die sich nur unter gewissen Verhältnissen in einen einzigen vereinigen. Da fand *Hamilton* durch Berechnung aus den Prinzipien der Wellentheorie, daß ein in einer ganz bestimmten Richtung in einen doppelt brechenden Kristall von außen eintretender Strahl, so wie ein in einer ebenso bestimmten Richtung von innen austretender Strahl sich weder in zwei spalten noch einfach bleiben kann, sondern – nun, worauf rät man wohl? – daß er sich in einen hohlen Kegel verwandeln muß, sogenannte *konische* Refraktion. *Lloyd* und nach ihm andere haben das Hamiltonsche Resultat geprüft und vollkommen bestätigt gefunden. Der Lichtkegel bildet, auf Papier aufgefangen (durch dasselbe geschnitten), einen lichten Ring darauf.[9]

Ich gedenke noch eines Punktes, wo jedem Unbefangenen sofort der Vorzug und Vorteil der Undulationstheorie einleuchtet. Welcher Philosoph hätte je nach seiner Ansicht vom Lichte darauf verfallen können, daß, wenn eine Fläche oder ein Raum durch Licht erleuchtet ist, es hinreicht, noch einmal soviel Licht auf die Fläche fallen oder in den Raum zutreten zu lassen, um es ganz finster zu machen (Interferenz). Es scheint geradezu absurd und ist doch nur eine Folge der Undulationstheorie. Freilich glückt der Versuch nur unter besonderen Verhältnissen (unter den gewöhnlichen wird die Helligkeit sich vielmehr steigern); aber welche philosophische Ansicht vom Lichte vermöchte sie vorauszusehen; aus *der Undulationstheorie fließen* sie *von selbst* der Erfahrung gemäß; und man kann den Gesichtspunkt des Versuchs leicht deutlich machen. Wenn zwei Wasserwellen an demselben Punkte zusammentreffen, kann es einmal so sein, daß der Wellenberg der einen das Wellental der anderen gerade ausfüllt; dann ist die Wellenbewegung verschwunden, ein anderes Mal so, daß der Berg beider wie das Tal beider zusammentreffen; dann ist die Wellenbewegung gesteigert. Analog beim Lichte. Erstenfalls Dunkel, letztenfalls vermehrte Helligkeit. Nun kommt es auf den Wegunterschied der Wellen von ihrem Zentrum gerechnet an, ob Berg mit Tal oder Berg mit Berg zusammentrifft, und so ist es wirklich beim Lichte. Mit wachsendem Wegunterschiede muß abwechselnd das eine und andere eintreten; und so verhält es sich wirklich. Die kleinsten Partikularitäten der Interferenz zeigen sich überhaupt mit dieser Vorstellung in Übereinstimmung.

Fassen wir es zusammen: Eine Physik, die das Wirkliche zu treffen und zu gestalten weiß, ist ein notwendiges Moment einer Wissenschaft der Dinge. Die Undulationstheorie ist ein notwendiges Moment einer solchen Physik, die Atomistik ist ein notwendiges Moment der Undulationstheorie; also ist die Atomistik ein notwendiges Moment einer Wissenschaft der Dinge. Dieser Schluß ist darum nicht weniger bindend, weil er so einfach ist, nicht weniger streng, weil er ein so weites Gebiet strengster Untersuchungen in eins zusammenfaßt.

Der Philosoph pflegt nun wohl zu sagen: Als mathematische Fiktion mag das alles ganz gut sein, um das Empirische daraus abzuleiten; aber höhere Gesichtspunkte verbieten dennoch, es als das Wirkliche anzunehmen. Aber wie wäre es doch denkbar, daß sich aus nicht wirklichen

Grundverhältnissen das Wirkliche besser ableiten, d. h. voraussagen und danach gestalten ließe als aus dem eigentlich Wirklichen? Lassen sich die empirischen Verhältnisse besser aus diskreter als nicht diskreter Materie ableiten, so daß sie danach produziert und reproduziert werden können, so kann dies nur ein Beweis sein, daß erstere selbst empirischer ist als letztere. Denn überall, wo sich wegen der Unzulänglichkeit unserer Sinne etwas nicht direkt erfahren läßt, muß der Zusammenhang mit dem wirklich Erfahrbaren und die Möglichkeit, wieder dadurch auf Erfahrbares zu kommen, für seine Wirklichkeit entscheiden; es gibt kein anderes haltbares Kriterium dafür.

Natürlich, daß man zum Bau eines Luftschlosses nur eine Luftaxt braucht; aber sonderbar, wenn man von einer Axt, mit der ein wirkliches Haus gezimmert dasteht, behauptet, sie sei vielmehr die Luftaxt als jene.

Die Untriftigkeit jener Ausflucht der Philosophie wird um so besser einleuchten, wenn man sich erinnert, daß die Mathematik überhaupt nur eine Logik der Quantitätsbegriffe und räumlichen Verhältnisse ist, eine rein formale Wissenschaft, die durch keinen Kunstgriff mehr aus den Dingen herausholen kann, als in ihnen liegt. Und wenn schon die Mathematik gar manches Richtige auf falscher Grundlage berechnet hat, so ist es doch bloß insofern, als diese falschen Grundlagen noch eine Seite des Richtigen hatten, die bei der Folgerung nun eben in Betracht kam. Daher kann man freilich nicht durch jede einzelne mathematische Folgerung, die richtig ist, eine allgemeine Voraussetzung nach allen ihren Seiten sofort erwiesen halten. Aber man kann es um so mehr, je mehr die Totalität der mathematischen und hiermit strengen Folgerungen sich in der Wirklichkeit bewährt. Die Philosophen aber, statt auf eine solche *Erfüllung* des Beweises zu dringen, entleeren ihn vollends, indem er auch bei vollem Genügen nur die Brauchbarkeit einer Fiktion, nicht die Wahrheit der Sache beweisen soll.

Als *Kopernikus* seine neue Lehre vom Weltsystem herausgab, erlangte er den Schutz des Papstes nur dadurch, daß er die neue Ansicht für eine physikalische Hypothese ausgab, welche den Zweck habe, die Rechnungen zu erleichtern. Solche Päpste sind auch viele unserer Philosophen. Daß die Grundlagen, von denen aus die Mathematik etwa Wirkliches errechnet hat, selbst den Charakter der Wirklichkeit tragen, werden sie nach allem nie zugeben, sofern sie ihr System dadurch gefährdet halten; aber sie gestatten allenfalls die Hypothese und die Rechnung, sofern sie doch praktisch nützlich sei; nur soll sie nicht wahr sein. Von ihren eigenen Voraussetzungen fordern sie gar nicht, daß sie durch das Wirkliche zu bewähren seien; sie sind so gehalten, daß selbst der Angriff zu dieser Bewährung fehlt. Sie lassen sich nur mit Worten beweisen und widerlegen, weil sie sich nur in Worten drehen. Aber die Physik kann hiermit nicht zufrieden sein, und nirgends sollte man damit zufrieden sein.

Was sind denn Worte? Sie sind Schall und bleiben es, solange man sie nur wieder aus Worten ableitet oder nur wieder Worte daraus ableitet, bis man einmal auf ein Wort kommt, das etwas Aufzeigbares bedeutet. Da endlich liegt der Prüfstein der langen Reihe Worte. Es ist sogar in der Lehre von den höchsten und letzten Dingen so: Am Aufzeigbaren muß sich das nicht Aufzeigbare endlich bewähren und beweisen und auch im Gebiete des Geistigen gibt es ein Aufzeigbares und danach Vorstellbares. Nun vollends aber in der Lehre von den materiellen Dingen, um die sich's hier handelt. Ich komme noch einmal hierauf zurück.

Die Philosophen fußen freilich darauf, daß die Atome doch nicht selbst aufzeigbar. Darauf aber kommt's nicht an; wie vieles Wirkliche ist nicht direkt aufzeigbar, weil es zu fern, zu verdeckt, zu groß oder wie in unserem Fall zu klein. Nun genügt es, in Form des Aufzeigbaren vorgestellt, zugleich sich als notwendiges Ausgangsmittel oder Folgeglied im Zusammenhange von aufzeigbaren Dingen zu bewähren und zu beweisen, um diesem Zusammenhange als gleicher Realität teilhaftig in Wissenschaft und Leben eingeordnet zu werden. Nur darum heißt der Schnee am Nordpol wirklich, den noch kein Mensch gesehen und gefühlt.

Sind Atome und die Undulationen des Lichts nicht wirklich, weil sie sich nicht direkt greifen noch sehen lassen, vielmehr Körper und Licht nur einen kontinuierlichen Schein darbieten, so sind auch die Tropfen im kontinuierlichen Regenbogen, die Luftschwingungen im gleichförmig klingenden Schall nicht wirklich, die sich ebensowenig bei den betreffenden Erscheinungen ertappen, einzeln unterscheiden lassen, vielmehr nur wie die Atome aus dem, was daraus folgt, woraus sie folgen, was darum und daran, was ähnlich in anderen Fällen, kurz aus dem Totalzusammenhange der Erscheinungen, denen sie zugehören, als existierend dartun lassen. Doch hat noch kein Philosoph die Auflösbarkeit des Regenbogens in einzelne scheinende Tropfen, des physischen Schallvorgangs in einzelne Schwingungen bestritten. Weil dies der groben Sinnesauffassung einen Schritt näher steht als die Atome, weil schon der gewöhnliche Schluß seinen Weg beinahe bis dahin findet und der Philosoph zwar hoch in Worten, doch gar nicht in der Sache bei seiner Naturbetrachtung über die gemeine Sinnesauffassung und Meinung hinauskommt; wogegen es nur dasselbe weiter und tiefer verfolgte, wissenschaftlich durchgebildete Prinzip, das den Physiker im Regenbogen die einzelnen scheinenden Tropfen, im Schall die einzelnen Schwingungen erkennen läßt, ist, was ihn dann auch noch im Tropfen einzelne Atome, im objektiven Lichtvorgange einzelne Schwingungen erkennen läßt, von denen die gemeine Auffassung nichts weiß.

5. Gründe für die Atomistik aus dem Bedürfnis, die magnetischen mit den elektrischen und anderen Erscheinungen gesetzlich zu verknüpfen

So schlagend für den Sachverständigen und Unbefangenen, der sich an das Urteil Sachverständiger zu halten gewohnt ist, die Gründe des vorigen Kapitels erscheinen mögen, kann doch ein Dynamiker, um sich nicht für überwunden zu erklären, zur Beschwerde greifen, daß ihm zugemutet werde, jene Gründe ohne Möglichkeit eigener genauer Prüfung gelten zu lassen, oder sich in Studien zu vertiefen, in welche die meisten Anhänger der Atomistik selbst sich scheuen zu vertiefen. Mag diese Ausflucht ihm zugute kommen, so findet er aber hier eine neue Reihe von Tatsachen, wo sie nicht mehr hilft; da vielmehr an jeden, der über die Atomenfrage urteilen will, die Zumutung gestellt werden kann, so viel, und es ist in der Tat sehr wenig, von der Physik zu verstehen, um die folgenden Gründe zu verstehen. Noch weniger Zumutung liegt in den Gründen der folgenden Kapitel.

1. Seit elektrische und magnetische Erscheinungen bekannt sind, hat man auch das Bedürfnis empfunden, diese in so vieler Hinsicht einander verwandten Erscheinungen auf ein gemeinsames Erklärungsprinzip zurückzuführen. In der, jetzt wohl allgemein akzeptierten, *Ampèreschen Theorie* ist neuerdings bekanntlich ein solches Prinzip gefunden, wonach alle Erscheinungen des Magnetismus sich als Wirkungen elektrischer Kreisströme darstellen lassen. Durch Spiralen, die von einem elektrischen Strome durchlaufen sind – jede solche Spirale aber repräsentiert approximativ ein System elektrischer Kreisströme –, kann man nicht nur unmagnetisches Eisen magnetisch machen, sondern auch alle Anziehungs- und Abstoßungserscheinungen der Magnete gegeneinander repräsentieren, endlich die Richtung, welche Magnete unter dem Einflusse eines galvanischen Schließungsdrahtes oder der Erde annehmen, an ihnen reproduzieren. Selbst die westliche Abweichung und die Inklination des Nordpols der Magnetnadel, die Änderungen ihrer Deklination und Inklination je nach der geographischen Lage des Beobachtungsortes, fehlen nicht bei der elektrischen Spirale und sind ganz übereinstimmend mit denen der wirklichen Magnetnadeln.[1] Wer möchte hiernach diese Zurückführung

des Magnetismus auf Elektrizität noch bestreiten, und, fügen wir hinzu, wer möchte sie durch die verknüpfenden oder scheidenden Kategorien, welche die Philosophie in dynamischem Sinne für Elektrizität und Magnetismus hat einzuführen versucht, ersetzbar oder verdrängbar halten? Aber eins der fundamentalsten Phänomene, welche von Magneten dargeboten werden, läßt sich doch nicht durch elektrische Spiralen reproduzieren. In wie kleine Stücke man auch einen Magneten zerbricht, jedes Stück stellt wieder einen vollständigen Magneten dar; zerbricht man aber eine elektrische Spirale irgendwie, so hört der Strom auf. Wie diese Abweichung erklären?

Zunächst scheint folgender Weg dazu sich darzubieten: Wenn ein leitender Körper über seiner ganzen Oberfläche mit ruhender Elektrizität bedeckt ist und man zerbricht den Körper, etwa durch Anstoß mittels eines nichtleitenden Körpers, so wird jedes Stück des leitenden Körpers sich wieder über seiner ganzen Oberfläche elektrisch zeigen, indem die erst auf der gemeinsamen äußeren Oberfläche verbreitete Elektrizität sich über die durch den Bruch zum Vorschein gekommenen neuen Oberflächen mit verbreitet und nun die Stücke ebenso einhüllt wie anfangs den ganzen Körper, natürlich mit geschwächter Intensität, wie aber auch die Stücke eines Magneten nicht mehr so stark wirken als der ganze Magnet. Ebenso werden die den ganzen Magneten umgebenden elektrischen Ströme beim Zerbrechen desselben auf die Bruchflächen mit übergehen, und sich ebenso wieder um die Stücke zusammenschließen als anfangs um den ganzen Magneten. Bei einer von einem elektrischen Strome durchlaufenen Spirale aber kann etwas Entsprechendes deshalb nicht stattfinden, weil der elektrische Strom darin überhaupt nur durch die Schließung der Kette, in welcher die Spirale begriffen ist, unterhalten wird, diese Schließung aber durch Zerbrechen der Spirale aufhört. Wozu noch kommt, daß der elektrische Strom den Draht in seiner ganzen Dicke durchströmt, wie sich dadurch beweist, daß er ihn durch und durch in Glühen versetzen, ja im elektrischen Schlage sprengen kann. Zerbricht man nun die Spirale in Stücke, so bleibt dem Strome jedes Stücks nichts übrig, als eben aufzuhören oder in sich zurückzukehren, was dem Aufhören gleich gilt.

Aber diese Erklärung des Unterschiedes zwischen Magneten und elektrischen Spiralen hält bei näherer Betrachtung nicht Stich, indem sie nur eine neue Schwierigkeit für die Identifizierung beider heraufbeschwört. Denn wenn der Magnet im ganzen in seiner oder an seiner Oberfläche oder auch durch seine ganze Masse in konzentrischen Kreisen um seine Achse von elektrischen Strömen umkreist wäre, so müßte sich sein Magnetismus durch eine am Magneten äußerlich angebrachte Nebenschließung (d. i. einen mit seinen beiden Enden auf zwei Umfangspunkte des Magneten in gleicher Höhe aufgesetzten Drahtbogen) schwächen und durch einen in die Nebenschließung eingeschalteten Multiplikator die abgeleitete Strömung nachweisen lassen, was beides nicht der Fall ist. Zeigte nun die elektrische Spirale in dem Zerbrechungsphänomen eine Abweichung vom Magnete, die durch die Theorie erklärt sein wollte, so kommt hier umgekehrt eine Abweichung des Magneten von der elektrischen Spirale zum Vorschein, die nicht minder erklärt sein will und im angegebenen Wege nicht zu erklären ist: Denn der elektrische Strom der Spirale wird wirklich durch eine irgendwie äußerlich angebrachte Nebenschließung geschwächt, und der dadurch abgeleitete Strom ist mittelst eingeschalteten Multiplikators nachweisbar.

Kurz, während der gesamte Kreis jener ersten Tatsachen die schlagendste Bestätigung für die verknüpfende Theorie des Magnetismus und der Elektrizität bietet, stellen sich die zwei nachträglich angeführten Tatsachen in schreienden Widerspruch dagegen. Soll man nun um dieser paar Ausnahmen willen jene Theorie aufgeben, die doch sonst den Zusammenhang von Magnetismus und Elektrizität so vortrefflich repräsentiert? In der Tat müßte man es, wenn sich kein Weg zeigte, den Widerspruch zu heben. Es gibt nun wirklich einen solchen Weg; aber nur *einen*, der zugleich sehr einfach ist, und das ist der atomistische.

Der ganz einfache Weg nämlich, beide Schwierigkeiten oder scheinbare Widersprüche mit einem Schlage im Zusammenhange zu heben, besteht darin, daß man die Kreisströme nicht um die Achse des Magnets im ganzen, sondern um die einzelnen Partikeln in homologem Sinne laufend denkt. Die Rechnung und selbst eine leichte Betrachtung ohne Rechnung zeigen nämlich, daß dies für alle nach außen gerichteten Wirkungen des Magneten zu demselben Resultate führt, als wenn man ihn im ganzen umkreist oder durch die elektrische Spirale ersetzt dächte, indes sich nun der Fortbestand des Magnetismus an den Bruchstücken und die Unmöglichkeit der Ableitung durch Nebenschließungen von selbst erklärt. Eine Nebenschließung vermag nämlich nur insofern ableitend wirken, als sie zwei Punkte *desselben* Stroms, nicht aber zwei Punkte getrennter Ströme verbindet, wie es die Ströme um die atomistisch gedachten Partikeln des Magneten sind.

Die Partikeln aber, um welche die elektrischen Ströme laufen, muß man sich *notwendig* atomistisch denken, weil in einem Kontinuum aus leitender Masse, wie sich der Dynamiker das Eisen denkt, getrennte elektrische Kreisströme überhaupt nicht bestehen könnten; ganz gleichgültig, wie man sich das Grundwesen der Elektrizität dabei denken will. Selbst wenn es auf *Actus puri* im Sinne des Dynamikers hinausliefe, so könnten solche *Actus puri* in kontinuierlicher leitender Masse *erfahrungsmäßig* nicht in Form gesonderter Kreise bestehen, ein einleuchtendes Beispiel, daß mit dieser Zurückführung nichts gegen die Atomistik auszurichten. Ja sie könnten nicht nur nicht *gesondert* bestehen, sondern auch nicht *bleibend* bestehen, wie sich aus Folgendem ergibt: Öffnet man eine geschlossene Kette, an der sich eine Nebenschließung befindet, so entsteht in letzterer im Augenblick der Öffnung der Hauptkette ein Strom, doch nur von sehr kurzer Dauer, trotzdem daß die Nebenschließung mit dem Teile der Hauptkette, den sie zwischen sich faßt, fortgehends einen vollen Kreis darstellt; warum? Weil der Strom im Übergang zwischen wägbaren Teilchen einen Widerstand findet, der ihn bald vernichtet, wenn nicht die erregende Ursache kontinuierlich fortbesteht, wie es bei geschlossener Kette der Fall ist. Also könnten die Ströme im Magneten nach Entfernung der ursprünglich erregenden Ursache nicht dauern, wenn sie nicht im leeren, keinen Widerstand leistenden Raume um die wägbaren Teilchen verliefen.

Der Nexus der vorigen Tatsachen in Betreff der Forderung des Atomismus ist so bindend, daß sich gar nicht absehen läßt, wie ihr auszuweichen ist, wenn man nur überhaupt die Vorforderung gelten läßt, *die gesamten Verhältnisse der Übereinstimmung und Verschiedenheit elektrischer Schrauben und Magnete aus einem gemeinsamen Erklärungsprinzipe abzuleiten, hiermit Elektrizität und Magnetismus selbst auf ein solches zurückzuführen*, und es kann das vorige Beispiel zugleich als eins der augenfälligsten dienen, welcherlei Forderungen die Physik in Betreff der Verknüpfung verschiedener Erscheinungsgebiete stellt, wie solche durch die atomistische Ansicht befriedigt und durch die dynamische nicht befriedigt werden. Dabei kann man zugeben, daß unsere jetzigen Vorstellungen über die Grundnatur der Elektrizität und mithin elektrischen Ströme, mithin des Magnetismus noch einer weiteren Zurückführung fähig sind, wie sie denn bei den gründlichsten Physikern wohl nur als präliminäre gelten; aber es läßt sich leicht übersehen, daß, insofern derselbe Nexus der Tatsachen, welcher die atomistische Auffassung der Magnete fordert, dabei bestehen bleibt, auch die atomistische Folgerung in gleicher Kraft bestehen bleiben wird. Um so besser wird dies nach den Erörterungen der folgenden Nummer einleuchten.

2. Früher faßte man den Magnetismus physikalisch nicht minder als philosophisch unter dem Gesichtspunkte einer Polarität auf, und ein Unterschied lag nur darin, daß man die Polarität physikalisch nicht ebenso wie philosophisch bloß durch Unterordnung unter begriffliche oder ideelle Kategorien, sondern durch erfahrungsmäßige gesetzliche Beziehungen bestimmte und charakterisierte, dadurch ihren Begriff zu ei-

ner faktischen Macht erhob. Diese reichte aus, das ganze Gebiet der magnetischen Erscheinungen für sich zu beherrschen, nur nicht auch das der elektro-magnetischen mit zu beherrschen, wie es die Ampèresche Auffassung leistet, durch welche der Begriff der magnetischen Polarität von einem fundamentalen zu einem sekundären herabgedrückt wird. Nun aber dürfte es nützlich sein zu zeigen, daß, selbst wenn man die fundamentale Bedeutung der magnetischen Polarität, hiermit die Trennung von Magnetismus und Elektrizität, aufrechthalten, nur eine Wechselwirkung und Wechselerregbarkeit beider nach gewissen Gesetzen statuieren will[2], man nichtsdestoweniger, um nicht den Zusammenhang der Phänomene auch nach anderen Richtungen zu verlieren, genötigt ist, die Konstitution des Magneten atomistisch zu fassen, d. h., anzunehmen, daß der Magnet, anstatt kontinuierlich mit Stahl erfüllt zu sein, aus diskontinuierlichen Elementarmagneten mit homologer Richtung der Pole besteht. Um so leichter wird man dann verstehen, daß es hierbei überhaupt wesentlich nur auf den Zusammenhang der Tatsachen ankommt, der bis zu gewissen Grenzen gleich gut durch verschiedene Grundvorstellungen über die Natur des Magnetismus repräsentiert werden kann, und was es überhaupt mit jener im vorigen Kapitel besprochenen Ausflucht des Dynamikers sagen will, die Physik würde nur nötig haben, andere Grundvorstellungen im Sinne der dynamischen Ansicht einzuführen, um dasselbe auch dynamisch zu erklären, was sie jetzt meint, bloß atomistisch erklären zu können. Jede neue Wendung der Grundvorstellungen, die in dieser Hinsicht gleiches leisten soll, fordert vielmehr die Atomistik nur in neuer Wendung. Daher läßt sich, was wir folgends im Sinne der alten Grundvorstellung vom Magnetismus erklären, recht wohl auch in die Ampèresche übersetzen; aber immer nur unter Festhaltung der atomistischen Körperkonstitution, soll die Erklärung noch wie früher fortbestehen.

Das Hauptphänomen, was schon lange vor Entdeckung des Elektromagnetismus die Physiker zur atomistischen Auffassung der Magnete veranlaßte, war jenes schon besprochene Phänomen, daß jeder Magnet, ungeachtet er im ganzen Zustande bloß zwei Pole an den Enden zeigt, beim Zerbrechen in Stücke in ebensoviel kleinere Magnete mit homologer Richtung der Pole zerfällt. Hiergegen ließ sich dynamischerseits etwa sagen: Die Polarität des Magneten ist so wesentlich an die Richtung geknüpft, daß sie, wenn neue Enden durch Bruch des Magneten zum Vorschein kommen, auch neu in entsprechender Richtung daran hervortritt. Nun aber zeigt sich, daß Erschütterungen während der Einwirkung eines magnetisierenden elektrischen Stromes den Magnetismus eines Stabes vermehren, hingegen den permanenten Magnetismus des Stabes nach

Aufhebung des magnetisierenden Stromes vermindern.[3] Beides läßt sich im Zusammenhange atomistisch leicht dadurch erklären, daß Erschütterungen sowohl die Drehung der im unmagnetischen Stabe ungeordnet durcheinanderliegenden Elementarmagnete in eine homologe Lage der Pole als, nach der Magnetisierung, die Drehung aus ihr weg erleichtern; dynamisch fehlt ein prinzipieller Zusammenhang zwischen der magnetisierenden und erschütternden Wirkung; er muß einfach hinzupostuliert werden. Weiter zeigt sich, daß der permanente Magnetismus der Stahlstäbe durch ihre Torsion abnimmt.[4] Auch das ist atomistisch leicht erklärlich; die Achsen der Elementarmagnete werden durch die Torsion aus ihrer mit der Achse des Stabes homologen Richtung gebracht. Dynamischerseits ist ein neues Postulat nötig. Die Auffassung, daß beim Bruch des Magneten durch Hervorrufung neuer Enden neue Pole entstehen, fruchtet natürlich beidesfalls nicht; der Magnet bleibt ja nach der dynamischen Ansicht bei Erschütterung wie Torsion kontinuierlich ganz.

Recht anschaulich kann man sich die Wirkung der Torsion auf den Magnetismus wie folgt erläutern: Denken wir uns eine an sich unmagnetische und unelektrische schraubenförmige Drahtspirale, an deren Drahtwindungen aber in regelmäßigen Abständen voneinander kleine Magnetstäbchen oder kurze magnetische Nähnadeln so befestigt sind, daß ihre Achse parallel der Achse der Schraube und alle gleichnamigen Pole homolog gerichtet sind, so hat man darin das Bild eines Magneten im atomistischen Sinne. Tordiert man jetzt die Schraube, nehmen mit der anderen Richtung der Drahtwindungen auch die daran befestigten Magnetstäbchen notwendig eine andere Richtung an, und indem ihre Achse jetzt nicht mehr parallel der Schraubenachse bleibt, ihre Pole anfangen sich seitlich zu wenden, nimmt die resultierende Polwirkung der Enden der ganzen Schraube ab. Dynamisch ist nicht einmal der Unterschied der Torsion des Stabes von einer bloßen Drehung klar vorstellbar, geschweige der Einfluß der Torsion auf den Magnetismus des Stabes.

Außer den vorbetrachteten Beziehungen hat *Wiedemann* noch eine ganze Reihe der interessantesten anderen Wechselbeziehungen zwischen Torsion und Magnetismus aufgefunden[5], die sich allgemein dadurch erklären, daß die veränderte Stellung, welche die Elementarmagnete (oder von Strömen umkreisten Teilchen) durch die Torsion erhalten, den resultierenden Magnetismus des ganzen Stabes abändert oder selbst erst in bestimmter Richtung zum Vorschein bringt, umgekehrt die Abänderung ihrer Stellung, welche durch elektrische Ströme im Akt des Magnetisierens erzeugt wird, Torsion oder Abänderung der Torsion zuwege bringt. Ohne Bezugnahme auf Zusammensetzung des Stahls und Eisens aus Elementarmagneten, die um ihren Schwerpunkt innerhalb des ganzen Stabes drehbar sind, oder Teilchen, die von elektrischen Strömen umkreist sind, bleibt das alles gleich unverständlich.

3. Ein weicher Eisenstab, als Klangstab aufgehangen und von einer Kupferspirale in einiger Entfernung umgeben, wird durch Einleiten eines elektrischen Stromes in die Spirale plötzlich magnetisch; bei Unterbrechung des Stromes verliert er ebenso plötzlich wieder den größten Teil des Magnetismus. Dynamisch sind beides Zustandswechsel, welche den Magneten im ganzen betreffen und die wägbaren Teile desselben nicht aus ihrer Lage bringen. Atomistisch sind beide schnelle Drehungen der Teilchen in eine homologe Lage der Pole und aus ihr weg, welche nicht stattfinden können, ohne Schwingungen nachzuziehen. Wie wird man zwischen beiden Vorstellungen entscheiden? Dadurch, daß man zusieht, was aus jeder folgt und was wirklich erfolgt. Ist die erste richtig, so kann durch den magnetischen Zustandswechsel im Stabe keine Bewegung in der umgebenden Luft hervorgerufen werden, oder es wäre dazu wieder ein ganz neues Postulat nötig; ist die zweite richtig, so ist zu erwarten, ja zu fordern, daß die rasche Schwingung der wägbaren Teilchen des Magneten sich nicht minder auf die umgebende Luft fortpflanze als die rasche Schwingung der Teilchen eines tönenden Körpers; mithin, daß auch ein Ton bei der Magnetisierung wie Entmagnetisierung gehört werde. Entsteht er oder nicht? Es ist ein Ja oder Nein für die eine oder andere Ansicht. Er entsteht; der Longitudinalton des Stabes, der auch durch Längsreibung erzeugt werden kann, wird gehört. Hiermit ist die atomistische Ansicht als Knotenpunkt zugleich für Magnetismus, Elektrizität, Schall und Torsion bejaht.

Was hat der Dynamiker für diesen Knotenpunkt zu bieten?

4. Man kann einen Stahlstab herstellen, der folgende seltsame Eigenschaften zeigt. In welchem Wege man ihn auch prüfen mag, er verhält sich schlechthin unmagnetisch. Jetzt aber durchschneide man ihn *der Länge nach* in zwei mit dem ganzen Stabe gleich lange Stäbe, indem man den Schnitt durch seine Achse, gleichviel durch welche Schnittlinie der Oberfläche und mithin in welcher Richtung durch die Achse man ihn führt; und jede beider Hälften wird sich als ein vollständiger Magnet mit einer eigentümlichen, unten zu bezeichnenden Verteilung des Magnetismus verhalten. Ich sage, es ist ganz unmöglich, vorstellig zu machen, wodurch sich der ganze unmagnetisch erscheinende Stab von einen wirklich unmagnetischen unterscheidet, wenn man nicht auf eine verschiedene Lage der Elementarmagnete in beiden rekurriert, d. h., wenn man sich den Unterschied nicht atomistisch vorstellt.

Man erhält jenen eigentümlichen Zustand unseres Stahlstabes, indem man ihn (bei senkrechter Lage gegen den magnetischen Meridian, damit die Erde nicht magnetisierend wirke) zur Schließung einer galvanischen Kette verwendet. Nach dem philosophisch unbestimmten Begriffe der Polarität und einem ebenso unbestimmten Begriffe von der Beziehung zwischen Elektrizität und Magnetismus, wie er ehedem philosophischerseits vertreten war, konnte man sich nun wohl denken, daß magnetische Pole an den entgegengesetzten Enden des Stabes entständen, welche mit den ihnen zugewandten Polen der galvanischen Kette in Beziehung der Gleichheit oder des Gegensatzes ständen. Es zeigt sich aber nichts davon; man mag den aus der Kette genommenen Stab nach allen Seiten prüfen; nirgends eine Spur von Polarität; er verhält sich einem unmagnetischen Stabe vollkommen gleich, obwohl es an Enden und Flächen, wo sich die Polarität geltend machen könnte, nicht fehlt; durchschneidet man ihn aber in angegebener Weise, so zeigt sich jeder beider Teilstäbe nicht longitudinal magnetisch, wie es die gewöhnlichen Magnetstäbe sind, sondern transversal, d. h. kehrt (frei aufgehangen) seine Längsseiten statt seine Enden nach Nord und Süd, und alles das ist leicht nach der Voraussetzung von elementaren Magneten oder Kreisströmen, die durch den Längsstrom der Kette gerichtet werden, im Sinne der bekannten Gesetze dieser Richtung und daraus resultierenden Wirkung ohne neue Postulate und Hilfsvorstellungen erklärlich.

Die Anordnung der Elementarmagnete hat man sich atomistisch so zu denken: In allen auf die Achse des Stabes senkrechten Durchschnitten desselben liegen die Elementarmagnete nicht radial gegen den Achsenpunkt, sondern senkrecht auf die radiale Richtung in konzentrischen Kreisen (zylindrische Gestalt des ganzen Stabes vorausgesetzt) mit nacheinander gekehrten, doch nicht aneinanderliegenden entgegengesetzten Polen. Diese Stellung folgt aus den bekannten allgemeineren Gesetzen der Magnetisierung durch den elektrischen Strom. Für so geordnete Elementarmagnete kann man dann elektrische Molekularströme substituieren, deren Ebenen senkrecht auf die Achsen der Elementarmagnete sind, die durch sie vertreten werden, mithin parallel der Achse des Stabes, wogegen sie in den gewöhnlichen Magneten senkrecht auf die Achse des Stabes sind.

Gewöhnlich werden die vorigen eigentümlich magnetischen Verhältnisse an einer durchbohrten Stahlscheibe erläutert, durch deren Zentrum ein galvanischer Schließungsdraht zur Erweckung des sog. Zirkularmagnetismus in der Scheibe geführt wird; daß man aber auch den magnetisierenden Strom durch einen stählernen Längsleiter selbst führen und daran die obigen Phänomene erhalten kann, beweist folgender einfache Versuch, den ich früher, ich weiß nicht mehr, wo, beschrieben habe. Man lege von einer stählernen Uhrfeder zwei gleiche Stücke übereinander, binde sie fest zusammen, so daß sie einen einzigen Streifen von doppelter Dicke der einfachen Feder bilden, und wende diesen Streifen zur Schließung einer starken galvanischen Kette an. Nach dem Herausnehmen aus der Kette zeigt sich der zusammengebundene Streifen unmagnetisch; trennt man aber die Streifen, so zeigen sich beide transversal magnetisch. Nur läßt sich hier nicht so wie an der Scheibe zeigen, daß jeder durch die Achse geführte Trennungsschnitt gleichen Erfolg hat.

Sollte ich mir denken, welches *Wort* etwa der Dynamiker ersinnen möchte, um jenen scheinbar unmagnetischen Zustand des ganzen Stabes ohne atomistische Hilfe zu repräsentieren, denn mehr als ein Wort wäre es doch nicht, so möchte es etwa der Ausdruck sein: eine *latente Kreispolarität*. Nur gibt er mit dem Ausdrucke *latent* für eine klare Vorstellung eine dunkle[6], und hebt mit dem Begriffe der Kreispolarität den Urbegriff der Polarität selbst auf, da alle Punkte des Kreises gleichgültig in Lage und von da aus zu nehmenden Richtungen sind. Es müssen vom Dynamiker, um im Zusammenhang mit den Tatsachen zu bleiben, entgegengesetzte Pole ⊕ und ⊖ an *jedem* Punkte des Stabes zugleich angenommen werden, da an jedem durch Trennung solche hervortreten; das gibt aber null an jedem Punkte ebenso wie im unmagnetischen Stabe; und wie kann nun der mechanische Schnitt diese Null in ⊕ und ⊖ beim einen Stabe trennen, bei dem anderen nicht?

6. Gründe bezüglich der Repräsentierbarkeit des allgemeinen Zusammenhanges der sogenannten Molekularerscheinungen

Hier nur von Gründen und Gegengründen allgemeiner Natur, die sich auf das sogenannte Molekulargebiet beziehen, indes das folgende Kapitel in wichtigere Spezialitäten desselben Gebietes eingeht.

Was ich hier im allgemeinen geltend mache, ist, daß der Atomistiker alle mit der Grundkonstitution der wägbaren Körper in Beziehung stehenden Eigenschaften und Verhältnisse derselben, als da sind: verschiedene Dichtigkeit, Härte, Elastizität, Blätterdurchgänge, Ausdehnung durch die Wärme, Kristallform, Aggregatzustände, chemische Proportionen, Isomerie usw. unter einfachen, klaren und klar darstellbaren Gesichtspunkten verknüpfen und denselben Prinzipien des Gleichgewichts und der Bewegung unterordnen kann, auf welche er auch sonst überall Klarheit, Präzision und Ableitungen zu gründen vermag, auf welche sich überhaupt die physikalische Methode stützt. Die Atomistik ist gleichsam der Schlüssel, mit dem der Physiker die Tür eines den Sinnen verschlossenen Zimmers auftut und den Zusammenhang desselben mit dem ihm unmittelbar zugänglichen öffnet. Die dynamische Ansicht hält die Tür geschlossen und spricht nur in geheimnisvollen Worten von dem, was hinter der Tür ist, doch die Scheidewand bleibt und soll nach der dynamischen Ansicht bleiben. Der Physiker tut in der Tat mit der atomistischen Ansicht nichts als die Prinzipien, die ihn im Sichtbaren sicher führen, konsequent bis ins Unsichtbare, d. i. für das Gesicht Verschwindende und Verschwimmende, durchbilden. Dieselben Begriffe von Massen, Distanzen, Anordnungen, Bewegungen und Bewegungsgesetzen, welche den Vorbegriff seiner allgemeinen Körperlehre bilden, dienen ihm hier wie dort und machen eben dadurch die Physik zum konsequenten System. Dieselben auf die Grundkonstitution der Körper und die davon abhängigen Erscheinungen in solcher Weise anwenden, daß Kleinstes mit Größtem in vorstellbaren und gesetzlichen Zusammenhang tritt, heißt eben Atomist sein, und kein anderes Bedürfnis hat der Atomistik in der Physik Geltung verschafft und erhalten; zu einer ganz damit inkommensurablen Behandlungsweise übergehen heißt Dynamiker sein.

Da handelt es sich von Kohäsionsrichtungen, Polaritäten, Potenzen, Differenzierung, Indifferenzierung, Allgemeinheit, Besonderheit, Individualität, Zentralität, Punktualität, Umschlagen, Aufheben der Begriffe in einander, Gleichsetzen des Entgegengesetzten und was dergleichen mehr ist, womit noch nie eine physikalische Realität gefunden, ja kaum eine klar und ohne Vieldeutigkeit bezeichnet worden ist. Es ist ein reicher Segen von erhabenen Worten über die Materie und die Tatsachen, die von der Physik gefunden worden sind, von der Philosophie gesprochen; nun wollen wir gegen diesen Segen nichts haben, er soll sich nur für etwas über der Sache, nicht eine Arbeit in der Sache geben und nicht die Hände binden, womit man etwas schafft.

In der Tat hängt die philosophische Bearbeitung der Dinge, wie sie heutzutage ist, gar nicht zusammen mit der physikalischen Bearbeitung der Dinge; so gut aber die Philosophie in ihrem eigenen Gebiete auf durchgreifenden Zusammenhang und konsequenteste Durchbildung ihrer obersten Begriffe und allgemeinen Methoden zu halten hat und nur eben darin Philosophie ist, muß sie der Physik dies lassen, ja von ihr fordern, damit sie nicht nur Physik bleibe, sondern auch philosophische Physik werde. Denn die der Physik immanente Philosophie, wie jeder Wissenschaft, besteht nicht darin, daß sie von einem gewissen Punkte ihres Gebietes an die ihr eigentümlichen allgemeinen Kategorien und Methoden fallenlasse und auf die der Philosophie überspringe, sondern daß sie die ihr wesentlichen konsequent bis ins letzte durchbilde. Ganz abgesehen also von den fachlichen Bewährungen der Atomistik ist der Physiker formell, philosophisch dazu genötigt. Möchten dies doch diejenigen Physiker bedenken, die der Philosophie zuliebe der Atomistik absagen. Sie mag durch die Philosophie draußen verworfen werden, aber sie wird durch die Philosophie drinnen gefordert; und zwar wird sie verworfen durch eine Philosophie, die in sich selbst und mit der ganzen Naturwissenschaft zerworfen ist, gefordert durch die Philosophie, welche in der Einstimmung der Wissenschaft selbst, um die sich's handelt, mit sich besteht.

Der Philosoph sagt nun wohl: Darin eben liegt der Fehler, daß die Physik ganz untereinander unvergleichbare, in ihren Verhältnissen inkommensurable Erscheinungsgebiete denselben Prinzipien der Betrachtung und Erklärung unterordnen will. Aber warum sollte sie es nicht wollen, wenn sie es kann; damit beweist sich doch eben, daß diese Gebiete nicht so unvergleichbar und inkommensurabel sind, als sie dem rohen Blick erscheinen mögen und von den Philosophen ausgegeben werden. In der Wissenschaft gilt wie im Leben die Macht. Was jede kann, das hat sie. Ja liegt nicht darin der Triumph jeder Wissenschaft, der Beweis der

Höhe, Kraft und Fruchtbarkeit ihrer Prinzipien, daß sich das scheinbar weit Abliegendste, Heterogenste darunter fassen, dadurch verknüpfen läßt? Geht nicht dahin eben auch das Streben der Philosophie? Ja was will sie anderes bei vorliegender Frage, als ihre Einheitsprinzipien zur Verknüpfung des Heterogenen der Physik für die, deren sich diese bedient, aufdringen? Da aber der Physiker *weder* in der Astronomie *noch* in der Chemie etwas mit diesen Prinzipien leisten kann, so kann ihm auch die Verknüpfung beider Gebiete auf diesem Wege nichts leisten. Dazu braucht er eben die Atomistik; und nimmt man ihm diese, so gibt es für ihn keine Verknüpfung beider Gebiete.

Wie wenig man sich von der scheinbaren Heterogenität zweier Gebiete täuschen lassen darf, wenn es die Frage gilt, ob sie gemeinschaftliche Erklärungsprinzipien zulassen, dafür lassen sich tausend Beispiele geltend machen. Das Licht scheint, der Schall klingt; will der Philosoph etwa auch *a priori* schließen, die Undulationstheorie sei nicht auf beide gemeinschaftlich anwendbar? Was kann verschiedener erscheinen als die Bewegungen der Planeten im Himmelsraume und die Töne eines musikalischen Instrumentes. Und doch kann man den Kreislauf der Planeten nach keinen anderen mechanischen Prinzipien und mit Hilfe keiner anderen Begriffsbestimmungen und Begriffszusammenhänge berechnen als die Schwingungen eines tönenden Körpers. Warum sollte es denn der Physik verwehrt sein, in den Kreis solch gemeinschaftlicher Erklärungsprinzipien auch die Erscheinungen der Kristallisation, der Kohäsion zu ziehen? Ja warum sollte sie das Feine, Kleine nicht unter dieselben Prinzipien fassen dürfen als das Grobe und Große, weil im Kleinen für das Auge zusammenfließt, was sich im Großen breit auseinanderlegt. Um weiter nichts aber handelt sich's in der Atomistik.

Mit der Vorstellung diskreter Körperteile ist die Möglichkeit einer verschiedenen Nähe und Ferne derselben, einer abwechselnden Näherung und Entfernung, einer verschiedenen Entfernung nach verschiedenen Richtungen, einer verschiedenen Gruppierung, abgeänderter Kraftbeziehungen je nach Anordnung und Entfernung, hiervon abhängiger stabiler und nicht stabiler Lagen des Gleichgewichts, die Möglichkeit von Übergängen aus einer Lage stabilen Gleichgewichts in die andere, von kontinuierlichen Bewegungen in Bezug zueinander, mit eins gegeben, und die Gesamtheit dieser Möglichkeiten sehen wir durch einen Kreis von Erscheinungen verwirklicht, die freilich einzeln genommen sich auch anderer Deutung fügen mögen, doch zusammen gleichsam nur wie Strahlen des Sterns der Atomistik erscheinen, nur in deren Grundidee den Mittelpunkt und die Verknüpfung finden, als da sind die Verschiedenheiten, die Wechsel, die Übergänge der Dichtigkeit, des Gefüges, der

Aggregatzustände der Körper, die Blätterdurchgänge und sonst verschiedenen Eigenschaften der Kristalle nach verschiedenen Richtungen, die Elastizität und das Überschreiten der Elastizitätsgrenze, die kontinuierlichen organischen Bewegungen. Mit diesem Zusammenhange der Erscheinungen des Wägbaren steht der früher besprochene Zusammenhang der Erscheinungen des Unwägbaren selbst im innigsten Zusammenhange, und mit dem Gesamtzusammenhange dieser *physischen* Erscheinungen noch der Zusammenhang der *chemischen*. In der Tat ist mit der Diskretion der Teilchen nun auch noch die Möglichkeit gegeben, daß die Teilchen verschiedener Körper zwischeneinander eindringen, daß sie ungeändert wieder zwischeneinander hervortreten, daß sich dieselben Bestandteile in verschiedenen Anordnungen gruppieren, und, welches auch die Kraftbeziehungen zwischen den verschiedenartigen Atomen sein mögen, so läßt sich übersehen, daß ein Zustand stabilen Gleichgewichts nicht wohl anders bestehen könne als bei gleicher Abwägung ihrer Kräfte durch gleichförmige Austeilung zwischeneinander; und hiermit haben wir die Auflösung, Verbindung und Scheidung, die festen Proportionen, die Isomerie, einschließlich Metamerie und Polymerie, in derselben einfachen Grundvorstellung begründet, die jene *physikalischen* Verhältnisse des Wägbaren und Unwägbaren in eins verknüpfte.

Dieselbe Grundvorstellung aber, die Physik und Chemie verknüpft, knüpft beide nun auch noch an die Astronomie, in der dieselben Verhältnisse nur im großen wiederkehren, die dort im kleinen walten.

So schließt sich durch die Atomistik alles vom Größten bis zum Kleinsten und nach den verschiedensten Richtungen in ein Reich zusammen, und eine allgemeine Klarheit geht durch dieses Reich.

Gegen all das hat sich der sonderbare Einwurf erhoben[1], es werde nichts durch die Atomistik für die Erklärung spezieller Erscheinungen im sog. Molekulargebiete wie überhaupt gewonnen, weil für jede einzelne Erscheinung und Gruppe von Erscheinungen neue Annahmen im atomistischen Sinne nötig werden.

Nun aber ist doch selbstverständlich, daß zu jeder neuen Erscheinung und jedem neuen Kreise von Erscheinungen neue Bedingungen gehören und also auch anzunehmen sind, und man sieht nicht ein, wie aus Erfüllung dieser selbstverständlichen Forderung der Atomistik ein Vorwurf erwachsen kann, bei deren Nichtbefriedigung es überhaupt keine Physik mehr gibt. Vielmehr eben darum, weil dieselbe Forderung durch die dynamische Ansicht nicht in konsequentem Zusammenhange befriedigt werden kann, ist keine Physik mit ihr und sie mit der Physik nicht möglich.

Was der Philosoph mit Recht von einer fundamentalen Hypothese des Physikers zu verlangen hat, ist in der Tat nur dies, daß die Vorbedingungen aller einzelnen noch so mannigfaltigen Erscheinungen sich den einfachst möglichen, aber zur allgemeinen Verknüpfung und Ableitung aller möglichen Erscheinungen ausreichenden Grundvorstellungen unterordnen lassen, und gerade das ist es, was die Atomistik im molekularen Felde und darüber hinaus, so weit überhaupt ihre Aufgabe reicht, auf wahrhaft bewunderungswürdige Weise leistet.

Dann weiter ist der Atomistik zugemutet worden[2], es müsse erst gezeigt werden, durch welche Gründe die in jedem einzelnen Falle vorausgesetzten Molekularbewegungen hervorgerufen werden, und ferner müsse gezeigt werden, „wie aus dem bloß Formellen und Quantitativen der Gruppierung, Gestaltung und Bewegung alles dasjenige, was der gemeine Verstand als Qualitäten der Dinge zu bezeichnen pflegt, ... also aus dem schlechthin Qualitätslosen das Qualitative, aus nichts etwas hervorgehen könne".

Was aber ersteres anlangt, so ist es ja nicht die Aufgabe des Physikers, das Gegebene aus Nichtgegebenem, sondern aus Gegebenem das Nichtgegebene abzuleiten, wobei er nach vorwärts und nach rückwärts rechnen kann. Die Aufgabe, vom Nichtgegebenen aus vorwärts zu rechnen, fällt mit keiner dieser Aufgaben zusammen und wird vom Philosophen, der am liebsten so rechnen mag, mit Unrecht dem Physiker zugeschoben. Will der Physiker doch so rechnen, so muß er das Nichtgegebene hypothetisch oder schon rückwärts berechnet als gegeben voraussetzen. Seine Leistung hierbei ist, wie überhaupt, beschränkt und richtet sich nach dem Entwicklungszustande der Wissenschaft. Insoweit nun aber eine Rechnung für die Physik möglich ist, leistet sie mit Hilfe der atomistischen Ansicht entschieden mehr als mit der dynamischen. Die Gegner selbst müssen es ja der Atomistik lassen, daß sie eine gute Rechnungshilfe sei, indem sie ihr sogar vorwerfen, daß sie *nur* eine gute Rechnungshilfe sei.

Was das zweite anlangt, so vermag die atomistische Ansicht freilich nicht zu erklären, warum eine Schwingung der Atome von dieser Schnelligkeit einen Ton von dieser Höhe erzeugt, warum eine Ätherwelle von dieser Länge statt Blau nicht vielmehr Rot oder Gelb an die Empfindung abgibt usw. Nur ist das etwas, was keine Ansicht *überhaupt* erklären kann. Die dynamische Ansicht teilt in dieser Hinsicht vollkommen das Unvermögen der atomistischen Ansicht, die ganze Physik teilt es, die ganze Philosophie teilt es; woher dann die besondere Zumutung an die Atomistik, etwas zu leisten, was niemand leisten kann? Insoweit aber hier etwas überhaupt zu leisten ist, ist es wieder die Atomistik und nur die Atomistik, die das Mögliche leistet.

Die Physik kann nämlich, ohne irgendwie angeben zu können, wie aus dem Qualitätslosen Qualitäten oder aus diesen Qualitäten andere entstehen können, durch Erfahrung fundamental feststellen, an welcherlei Schwingungsschnelligkeiten, Wellenlängen (die selbst mit Schwingungsschnelligkeiten zusammenhängen) sich gegebene Tonhöhen, Farben knüpfen, und mit Rechnungshilfe zu den allgemeinsten Regeln der Entstehung solcher Schwingungsschnelligkeiten, Wellenlängen und hiermit der daran geknüpften Qualität gelangen. Den einzelnen Fall einer solchen Regel unterordnen heißt dann im *physikalischen Sinne* die Entstehung der Qualitäten erklären. Das Prinzip der Ableitung solcher Regeln und der darauf zu gründenden Erklärungen erfährt nun aber eben durch die Atomistik die *höchste Verallgemeinerung,* deren es fähig ist, indes die dynamische Ansicht der Durchführung dieses Prinzips unübersteigliche Schwierigkeiten entgegengesetzt. Gleich das erste Argument, die physikalische Erklärbarkeit der Farben durch Brechung betreffend, hat uns davon den Beweis gegeben.[3]

7. Speziellere Gründe für die Atomistik aus dem Gebiete der Molekularerscheinungen

Hier vorzugsweise Gründe, die schon ohne Rücksicht auf den allgemeinen Zusammenhang, der durch die Atomistik in die Molekularerscheinungen gebracht wird, eine gewisse Beweiskraft für die Atomistik besitzen, eine Beweiskraft, die sich natürlich noch steigert, wenn man dieselben mit Rücksicht auf jenen Zusammenhang betrachtet, von dem im vorigen Kapitel die Rede war.

1. Fassen wir in dieser Hinsicht zuvörderst die *Isomerie* ins Auge, indem wir unter Isomerie in weitester Bedeutung, also mit Einschluß der *Polymerie* und *Metamerie,* alle Fälle begreifen, wo Körper, bei gleicher chemischer Zusammensetzung den letzten Bestandteilen nach, doch wesentlich verschiedene Eigenschaften besitzen. In engerem Sinne versteht man bekanntlich nur den Fall darunter, wo sie dabei gleiches Atomgewicht besitzen.

Wenn vom Maler dasselbe Blau und Gelb in denselben Verhältnissen einmal und ein anderes Mal gleichförmig gemischt werden, entsteht immer dasselbe Grün. Warum auch nicht, wenn sich beide wechselseits durchdringen? Wie Blau und Gelb in der Farbe des Malers (mindestens scheinbar) sich vollständig durchdringen, so im Sinne des Dynamikers die Stoffe bei der chemischen Verbindung. Warum sollte nicht auch hier jedesmal identisch dasselbe Produkt entstehen, wenn dieselben Stoffe sich in denselben Verhältnissen durchdringen? Doch ist es nicht der Fall. Denn die isomeren Körper beweisen, daß Körper vielmehr aus denselben Bestandteilen in denselben Verhältnissen bestehen und doch sehr verschiedene chemische und physikalische Eigenschaften haben können. Im Sinne des Atomistikers ist das leicht erklärt. Dieselben diskreten Atome können bei Zusammenbringung in gleichen Verhältnissen sich doch einmal noch anders als das andere Mal anordnen, und der Dynamiker selbst kann nicht leugnen, daß die resultierenden Eigenschaften gegebener Systeme eben sowohl von der Anordnung als Menge und Beschaffenheit der eingehenden Elemente abhängen. Dem Dynamiker aber fehlt dies Element der Erklärung und muß nun eben durch irgendeinen abstrakten Allgemeinbegriff vertreten werden, der über der Sache schwebt, nicht in sie greift.

Der Vorteil der atomistischen Betrachtungsweise wird noch mehr erhellen, wenn wir auf die besonderen Fälle der Isomerie eingehen. Die dynamische Ansicht kann an besondere Fälle der Isomerie gar nicht einmal denken lassen, da sie an die ganze Isomerie nicht denken lassen kann; in der atomistischen Ansicht dagegen liegt mit der Möglichkeit der Isomerie im allgemeinen auch die Möglichkeit vieler besonderer Fälle von selbst inbegriffen, wozu nun die Wirklichkeit auch die Belege gibt.

In der Tat, beruht die *Isomerie* auf verschiedener Anordnung respektive gleich beschaffener und in gleichen Mengenverhältnissen vorhandener Atome in verschiedenen Körpern, so hindert zuvörderst nichts zu denken, daß nicht bloß zwei, sondern daß noch mehr solche Anordnungsweisen für gegebene Stoffe bei gegebenem Mengenverhältnis möglich sind, und in der Tat gibt es von manchen Verbindungen, so namentlich von gewissen Kohlenwasserstoffen, eine große Menge isomerer Modifikationen. – Es läßt sich ferner denken, daß in Körpern von höherer Zusammensetzungsstufe, wie in Salzen, die letzten Atome sich einmal so, ein anderes Mal so zwischen den heterogenen Molekülen (zusammengesetzten Atomen), aus denen der Körper zunächst besteht, verteilen und die Körper hierdurch eine ganz andere chemische Konstitution innerlich erlangen, und hierzu bieten die Fälle der sog. *Metamerie* den Beleg. – Weiter lassen sich Körper denken, deren Moleküle sich bloß in der absoluten Zahl, nicht in der Beschaffenheit und im Verhältnis der Atome, die in sie eingehen, unterscheiden, so daß das Atomgewicht oder die Äquivalentenzahl der Körper zugleich mit den Eigenschaften geändert wird, was sich durch die Fälle der *Polymerie* bestätigt findet. – Endlich hindert nichts zu denken, daß auch in einfachen Körpern, wie Kohlenstoff, Phosphor, Schwefel, die letzten Atome sich einmal so, ein anderes Mal anders gruppieren und jene Stoffe danach verschiedene Eigenschaften annehmen können, und wirklich findet sich das in den sog. *allotropen* Modifikationen der genannten Stoffe bestätigt. – Und man bemerke, daß diese Namen nicht etwa der Atomistik zuliebe gemacht sind, um besondere Einbildungen derselben zu bezeichnen, sondern daß ihnen tatsächliche Verhältnisse unterliegen, welche die Unterscheidung durch verschiedene Namen fordern, und daß die Atomistik nur eben die Frage nach einem gemeinsamen Gesichtspunkte derselben klar beantwortet, den man in der dynamischen Ansicht umsonst sucht.

Schönbein[1] erklärt sich dagegen, daß die Chemiker die verschiedenen allotropen Zustände eines Körpers „durch die Annahme eigentümlicher Anordnungsweisen seiner kleinsten Teile erklären wollen, ohne daß sie doch im Stande seien, irgendwelche näheren Angaben darüber zu machen, wodurch sich das eine ‚Arrangement particulier des Molécules‘ ‚von anderen unterscheide.‘ ‚Wo die Begriffe fehlen, da stellt ein Wort zur rechten Zeit sich ein.‘" Es sei ganz besonders in der Chemie mit Molekülen und ihrer Gruppierung seit *Descartes* ein arger Mißbrauch getrieben worden. Nun meine ich aber, daß umgekehrt allotrope Zustände ein Wort und Anordnung der Teile ein Begriff ist und daß man überall berechtigt ist, die allgemeine Erklärung einer Erscheinung zu geben, ehe man fähig ist, sie in spezielle Bestimmungen zu verfolgen.

Ein besonderes Interesse dürften noch folgende Fälle der Isomerie in Beziehung zu unserem Gegenstande darbieten.

Indes die isomeren Modifikationen derselben Substanz sich im allgemeinen nach der Mehrzahl physischer und chemischer Charaktere unterscheiden, gibt es einige Fälle der Isomerie, wo die isomeren Modifikationen derselben Substanz sich sonst absolut in nichts physisch und chemisch unterscheiden als: erstens in der Unmöglichkeit, ihre, übrigens gleichen, (hemiedrischen)[2] Kristallformen zu superponieren, in welcher Hinsicht sie sich ähnlich verhalten wie ein rechter und linker Handschuh, die man auch bei sonstiger Gleichheit nicht superponieren kann, und zweitens darin, daß sie der Polarisationsebene des Lichts eine entgegengesetzte Drehung, respektive nach rechts und links, aber ganz um dieselbe Größe erteilen[3], so die *rechts- und linksdrehende Weinsäure* sowie ihre Verbindungen. Löslichkeit, spezifisches Gewicht, Doppelbrechung, Flächenwinkel, Salzbildung, alles ist ganz gleich bei beiden, so daß, wenn z. B. ein gewisses Salz bei der rechtsdrehenden Säure sich in voluminösen oder nadelförmigen, durchsichtigen oder trüben Kristallen, mit gestreiften oder ebenen Flächen absetzt, dasselbe auch von dem entsprechenden Salze der linksdrehenden Säure auf das genaueste gilt.

Wie stellt der Dynamiker sich den Grund hiervon vor? Er stellt sich ihn wie gewöhnlich gar nicht vor; er hat wieder nur sein Wort dafür, und ich zweifle nicht, daß das Wort Polarität hier herhalten wird. Dies sagt uns nun, daß zwei Dinge in einem gewissen Gegensatze stehen, und rubriziert damit unseren Fall mit unzähligen anderen Fällen, die sich im übrigen ganz anders verhalten; weiter leistet es nichts. Sehen wir zu, ob die atomistische Auffassung etwas mehr leistet.

Im Sinne der atomistischen Vorstellung leuchtet ein, daß unter den verschiedenen Möglichkeiten, wie Körper aus Molekülen[4] von gegebener Gestalt bestehen können, auch die ist, daß diese Moleküle sich bei sonst ganz gleicher Beschaffenheit in zwei Körpern zueinander so wie rechte und linke Handschuhe oder Hände verhalten, daß ein Körper sozusagen aus lauter rechten, der andere aus lauter linken Händen besteht, die, indem sie ihre homologen Seiten nach denselben Richtungen kehren, auch im ganzen entgegengesetzt angeordnete Systeme bilden. Unter dieser Voraussetzung ergibt sich alles fast von selbst; wie es der Erfolg an der rechts- und linksdrehenden Weinsäure zeigt. Die rechten Hände werden das rechts, was die linken links drehen; und die durch die Anordnung der Teile bestimmte Gestalt des ganzen Kristalls wird bei beiden Modifikationen zwar übrigens ganz gleich, aber nicht kongruent werden. Im übrigen ist kein Grund, daß sich beide in den Eigenschaften unterscheiden sollten. Der auch bei anderen Körpern nachgewiesene Umstand, daß die rechts- und linksdrehende Eigenschaft in Lösungen und Verbindungen mit übergeht, kommt der vorigen Auffassung noch zustatten. Denn er beweist, daß die betreffende Eigenschaft wirklich an den Molekülen hängt und nicht erst durch eine bestimmte Verbindungsweise der Moleküle hervorgeht. Man kann die Hände aus ihrer Verbindungsweise lösen, da und dorthin stecken, es bleiben immer rechte und linke Hände.

An die vorigen beiden Möglichkeiten knüpft sich von selbst noch eine dritte. Die rechte und linke Weinsäure verhalten sich jede im besonderen wie ein System rechter und ein System linker Hände; nun aber könnten auch, wie das im Menschen wirklich der Fall, je eine rechte und linke Hand zusammen ein Paar bilden und ein System aus solchen Paaren entstehen, so daß in das System gleich viel rechte und linke Hände in geordneter Weise eingehen. Indem in einem solchen System die rechten Hände ebenso stark rechts als die linken links drehen, würde die drehende Totalwirkung null werden; im übrigen könnten auch die Kristallisations- und sonstigen Eigenschaften des Systems weder mit denen der rechts- noch linksdrehenden Säure übereinstimmen, weil die Kombination beider neue Verhältnisse einführt. Auch ein solches System findet sich nun durch die *Traubensäure* verwirklicht, die sich in jeder Hinsicht wie eine Kombination aus gleichen Teilen rechts- und linksdrehender Weinsäure verhält, keine drehende Wirkung auf das Licht äußert und in Kristallgestalt und sonstigen Eigenschaften von ihnen wesentlich abweicht, sich (unter Wärmeentwicklung) aus ihnen kombinieren und auch wieder in sie zerlegen läßt.

Ganz analog als die Weinsäure verhält sich in allen diesen Beziehungen nach Versuchen von *Chautard*[5] die *Kampfersäure,* und unstreitig werden sich bei genaueren Nachforschungen noch mehr dergleichen Beispiele finden.

Es hindert nichts, daß eine Substanz neben solchen isomeren Modifikationen, deren Moleküle sich nur durch eine umgekehrte Anordnung der letzten Atome in bezug auf rechts und links unterscheiden, auch noch solche darbiete, wo sich die letzten Atome der Moleküle wesentlich anders gruppieren; wie denn wirklich außer der rechten und linken Weinsäure und deren Verbindung, der Traubensäure, eine isomere Modifikation der Weinsäure besteht (welche durch längere Erhitzung der Traubensäure mit Cinchonin auf 170 °C erhalten wird), die wie die Traubensäure, aus der sie erhalten wird, keine Wirkung auf das Licht zeigt, übrigens sich ganz wesentlich von den genannten drei Modifikationen unterscheidet.[6]

Man kann noch eine Bemerkung hinzufügen. Wenn sich die rechte und linke Weinsäure mit einer Substanz wie Kali, Natron verbinden, die keine drehende Wirkung auf das Licht äußert, so sind die Salze von beiden Säuren angegebenermaßen bis auf den Charakter der hemiedrischen Ausbildung und die Richtung der auf das Licht ausgeübten Drehung ganz gleich. Aber diese Gleichheit beider Salze hört durchaus auf, wenn die Basis, mit der sie sich verbinden, selbst eine rechts- oder linksdrehende ist, also ihre Moleküle auch sich wie rechte und linke Hände verhalten (z. B. Cinchonin). Dies läßt sich atomistisch wieder voraussehen. Wenn eine rechte und linke Hand dieselbe Kugel oder denselben Würfel fassen, so werden sie damit, abgesehen von der unmöglichen Kongruenz, ein gleich beschaffenes System bilden; wenn aber eine rechte Hand und eine linke Hand beide eine andere Hand fassen, die selbst entweder rechts oder links ist, so werden sie damit ein wesentlich verschiedenes System geben. So sieht man, wie alle Erscheinungen nach der atomistischen Deutung durch klare und leicht verfolgbare Vorstellungen wohl zusammenhängen.

Ein anderer Fall: Substanzen gibt es, die ihren letzten Bestandteilen nach gleich zusammengesetzt sind, aber, mit denselben zersetzenden Substanzen zusammengebracht, sich in verschiedener Weise zersetzen. Atomistisch leicht dadurch erklärlich, daß vermöge der verschiedenen Gruppierung derselben Bestandteile gewisse Bestandteile in der einen, andere in der anderen Substanz fester zusammenhalten oder leichter abgegeben werden, dynamisch unerklärlich.

Zu solchen Körpern gehört die Verbindung C_6H_7NClBr, von welcher die eine Modifikation bei Einwirkung von Ätzkali Chlorkalium, die andere Bromkalium liefert, wonach die erste als chlorwasserstoffsaures Bromanilin durch $C_6H_6BrN + HCl$, die andere als bromwasserstoffsaures Chloranilin mit $C_6H_6ClN + HBr$ bezeichnet wird. Ähnlich die in drei Modifikation vorkommende, je nach den verschiedenen Produkten, die sie zu liefern vermag, als *Propionsäure, Essigsäuremethyläther, Ameisensäuremethyläther* bezeichnete Verbindung $C_3H_6O_2$.

Kekulé[7] gründet auf das Vorkommen solcher isomeren Verbindungen einen Vorzug der sogenannten rationellen chemischen Formeln, deren

Schreibweise gleich anzeigt, welche Atome mit besonderer Leichtigkeit gegen andere ausgetauscht werden können und welche Atomgruppen bei gewissen Reaktionen unangegriffen bleiben, vor den sogenannten empirischen Formeln, wo alle Bestandteile einfach nach ihrer Zahl eingehen. Die dynamische Ansicht hat überhaupt nur für letztere einen Gesichtspunkt.

Ich meine, wenn Atomistik und dynamische Ansicht einander im übrigen mit gleich wiegenden Gründen gegenübertreten, müßte schon der eine Fall der Isomerie mit seinen Unterfällen, diese Messerspitze voll Bruchstücken desselben Korns (im Sinne jenes Beispiels S. 12), hinreichen, für die Atomistik zu entscheiden. Bleibt man beim Groben der chemischen Erscheinungen stehen, so haben wieder beide gleiches Recht; es läßt sich bei den chemischen Erscheinungen im allgemeinen ebensowohl denken, daß die Körper sich gleichförmig durchdringen als sich mit ihren Teilen zwischeneinanderschieben. Aber es kommt ein Punkt in einer feineren Bestimmung der chemischen Erscheinungen, wo diese gleichgültige Substitution der einen für die andere aufhört, wo es Entscheidungen gibt. Ein solcher Fall liegt in der Isomerie. Die dynamische Ansicht reicht ebenso nur bis an die Isomerie, wie sie nur bis an die Farben des Prismas reicht; darin aber, daß die Atomistik die Farben und die Isomerie noch inbegreift, muß für jeden, der sich nach Tatsachen entscheiden will, die Entscheidung für die letzte liegen.

Man bemerke nun, wie Farben in dem Prisma und Isomerie sich für den ersten Anblick so gar nichts angehen, wie es ganz andere Forscher, ganz andere Lehren sind, die sich mit jenen und mit dieser beschäftigt haben, und dennoch bietet sich beiden mit gleicher Notwendigkeit die atomistische Erklärung dar.

Ich darf alle Gegner der Atomistik herausfordern, eine gleich klare, in sich zusammenhängende annehmliche Erklärung der eben besprochenen Erscheinungen zu geben, als die Atomistik gibt. Statt den Versuch zu wagen, wird man von vornherein darauf verzichten. Heißt das aber nicht, der Atomistik faktisch das Feld zu räumen?

2. Die Erscheinungen der Kristallisation nötigen im atomistischen Sinne jedenfalls, den Molekülen fester Körper bestimmte Gestalten beizulegen, und denken wir uns z. B., um der Deutlichkeit halber ein Extrem zu setzen, linear gestaltete Moleküle[8] homolog geordnet, so können natürlich nach der Längenrichtung der Moleküle nicht dieselben Eigenschaften erwartet werden als nach der queren Richtung, und es wird ein verschiedener Abstand der Moleküle und ein verschiedenes Verhalten des Äthers im Körper nach beiden Richtungen von selbst damit zusammenhängen müssen, sollen Gleichgewichtsverhältnisse bestehen.

Wirklich zeigen alle Kristalle, mit Ausnahme derer, welche zum regulären System gehören (wo auch eine reguläre Gestalt der Moleküle vorauszusetzen), Verschiedenheiten der Eigenschaften nach verschiedenen Richtungen, und zwar Maxima und Minima nach Richtung der Achsen. Sie zeigen eine verschiedene Härte, Spaltbarkeit, Elastizität, verschiedene optische Eigenschaften, verschiedene Ausdehnung durch die Wärme, Verschiedenheiten des Magnetismus und Diamagnetismus.

Die dynamische Ansicht kann nun freilich auch wieder leicht einen Ausdruck für solche Eigenschaftsunterschiede desselben Körpers nach verschiedenen Richtungen finden und diese mit anderen Ausdrücken durch neue Ausdrücke verknüpfen; das hat gar keine Schwierigkeit und kann sogar auf unendlich verschiedene Weise geschehen, die alle gleich viel leisten, d. h. für den Physiker nichts, weil sie mit dem Prinzip der Erklärung und Verknüpfung, was den ganzen Bau seiner Wissenschaft zusammenhält und weiterführt, nichts zu schaffen haben; dies ist das einfache Prinzip, daß nach Maßgabe als die Bedingungen in der Natur sich gleichen oder nicht gleichen, auch die Erfolge sich gleichen oder nicht gleichen. Nun aber kann der Dynamiker mit all seinen Ausdrücken nicht begreiflich machen, wie z. B. die Verschiedenheit der Ausdehnungserscheinungen je nach Verschiedenheit der Körper sich mit der Verschiedenheit der Ausdehnungserscheinungen je nach verschiedenen Richtungen des Körpers durch jenes Prinzip in Beziehung setzt, und so sind alle jene Ausdrücke für die Physik vergeblich. Statt es weiter im allgemeinen zu besprechen, wollen wir den Fall gleich im besonderen ins Auge fassen und hiermit des näheren deutlich machen, was wir meinen.

Die Kristalle werden durch die Wärme ungleich nach verschiedenen Richtungen ausgedehnt. Für die atomistische Ansicht stellt sich die Betrachtung hiervon so: Das Verhältnis, in welchem sich die Teilchen durch einen gegebenen Wärmeeinfluß entfernen, ist eine Funktion ihrer schon vorhandenen Entfernung, ihrer Stellung und chemischen Qualität (deren möglicherweise noch weitere Rückführbarkeit hier nicht in Betracht gezogen wird). Sofern verschiedene Körper sich in diesen Umständen voneinander unterscheiden, werden sie auch durch denselben Wärmeeinfluß verschieden ausgedehnt. Diese Verschiedenheiten, die zwischen den verschiedenen Körpern im *ganzen* bestehen, lassen sich nun auch nach der atomistischen Ansicht zwischen *verschiedenen Richtungen* desselben Körpers wiederfinden. Die Teilchen des Kristalls sind nach verschiedenen Richtungen schon verschieden voneinander entfernt, verschieden zueinander gestellt, das chemisch Differente darin verschieden in bezug zu den verschiedenen Richtungen geordnet. Sonach erfolgt auch die Ausdehnung nach verschiedenen Richtungen verschieden. Beide

Kreise von Erscheinungen, diejenigen, welche verschiedene Körper im ganzen, und welche die verschiedenen Richtungen desselben Körpers insbesondere betreffen, sind also durch die atomistische Auffassung nach dem allgemeinen Prinzip der Verknüpfung der Wissenschaft des Physischen verknüpft, in Realzusammenhang gebracht. Aber für die dynamische Ansicht hört *diese* Art Zusammenhang, um die es dem Physiker zu tun ist, auf. Jene Unterschiede, die für verschiedene Körper bestehen, fallen für verschiedene Richtungen desselben Körpers weg. Denn Dichtigkeit, Qualität, Austeilung der Materie sind danach in jedem Kristall nach allen Richtungen dieselben, von Gestalt und Lage der Materie innerhalb des Kristalls läßt sich gar nicht reden. So schweben jene Eigenschaftsunterschiede hier auf einmal abgerissen von dem, woran sie sich sonst halten, in der Luft an irgendeinem Worte, und große Kreise von Erscheinungen fallen für die Physik auseinander, die durch die atomistische Ansicht sich in ihrem Sinn und Geist verknüpfen.

Vielleicht zwar sagt der Dynamiker: Warum kann ich nicht von verschiedener Dichtigkeit und sonst verschiedenen Grundeigenschaften eines Kristalls nach verschiedenen Richtungen so gut sprechen als der Atomistiker und alles, was der Atomistiker damit in Beziehung setzt, davon abhängig macht, ebensogut damit in Beziehung setzen, davon abhängig machen? Es wird nur eine Übersetzung der atomistischen in die dynamische Fassungsweise gelten.

Wenn ein Kristall sich nach verschiedenen Richtungen verschieden durch die Wärme ausdehnt, so setzt der Atomistiker voraus, daß der schon vorher nach verschiedenen Richtungen ungleiche Abstand der Moleküle sich nun auch durch die Erwärmung in ungleichem Verhältnisse ändere, diese Änderung eine Funktion des schon vorhandenen ungleichen Abstandes sei; aber warum ist es nötig, hierbei auf einen ungleichen Abstand der Teile und Änderung dieses Abstandes zurückzugehen, von dem ich nichts sehe; kann ich nicht ebensogut sagen, daß eine von vornherein verschiedene Dichtigkeit nach verschiedenen Richtungen nun auch in ungleichem Verhältnisse nach diesen Richtungen zu- und abnimmt?

Sagen kann man es wohl; nur vorstellen, nur denken kann man sich nichts dabei, weil eine verschiedene Dichtigkeit nach verschiedenen Richtungen in einem und demselben Körper selbst gar nicht vorstellbar, denkbar ist, ohne dabei auf eine verschiedene Austeilung der Massen nach verschiedenen Richtungen zu rekurrieren. Man versuche es doch, einen Streifen so zu schwärzen, daß er nach der Breite schwarz und nach der Länge nur grau erscheint. Das wäre die verschiedene Dichtigkeit nach verschiedenen Richtungen im Sinne des Dynamikers.

Warum aber hat doch der Physiker darauf zu dringen und zu halten, bei alledem in der Vorstellung einen Anhalt zu behalten? Weil er nur vom Vorstellbaren wieder den Weg zum Vorstellbaren zu finden weiß und am Zusammenhang der Vorstellung für ihn der Zusammenhang der prinzipiellen Behandlung und des Schlusses hängt.

3. In dem Schreiben, welches *Weber* aufgrund der Vorlage der Hauptgesichtspunkte dieser Abhandlung an mich gerichtet hat, findet sich nach Erinnerung an einige Punkte, welche wohl noch zugunsten der Atomistik hätten angeführt oder weiter ausgeführt werden können, als von mir geschehen ist, deren Darstellung aber zum Teil Schwierigkeiten herbeigeführt haben würde, noch folgender hinzugefügt: „Es ließe sich endlich für die atomistische Ansicht auch noch die freie Oberfläche der Atmosphäre geltend machen. Die Begrenzung der Atmosphäre, sei es in zehn oder vierzehn Meilen Höhe über der Erdoberfläche, läßt sich als astronomisch bewiesen betrachten, und läßt sich natürlich leicht erklären, wenn man dem *Mariotteschen Gesetze*[9] eine beschränkte Gültigkeit zuschreibt. Zu einer solchen Beschränkung der Gültigkeit des Mariotteschen Gesetzes bei abnehmendem Druck scheint aber gar kein Grund vorhanden zu sein, zumal wenn man sich die Luft auch bei der größten Verdünnung als stetig verbreitet im Raum vorstellt. Denn alsdann handelt es sich gar nicht um Änderung der Entfernung, sondern bloß um Verkleinerung der Massen bei gleichen Entfernungen, wo es aller Analogie widersprechen würde, eine Abweichung der Kräfte von der Proportionalität mit den Massen einzuräumen. Was ganz anderes ist es, wenn die Luft aus kleinen, in einzelnen Punkten konzentrierten Massen besteht, die bei der Ausdehnung der Luft sich voneinander entfernen. Mit der Entfernung dieser Punkte muß ihre wechselseitige Abstoßung abnehmen, während die Anziehung der Erde (das Gewicht jedes Punktes) nahe unverändert bleibt; folglich muß es einen Grad der Ausdehnung geben, wo das Gewicht der äußersten Luftatome der Abstoßung der nächsten in einiger Entfernung darunter liegenden Luftatome das Gleichgewicht hält. Und man kann dabei behaupten, daß das Mariottesche Gesetz seine Gültigkeit nicht verliere, vielmehr leuchtet ein, daß nur der Begriff des Volumens einer Luftmasse einer schärferen Bestimmung bedarf. Es ist darunter nicht das Volumen der Atome selbst, was ganz außer der Betrachtung bleibt, zu verstehen, sondern Räume, in denen sich die Atome befinden, zu deren Begrenzung es aber einer gewissen Regel bedarf. Diese Regel kann so beschaffen sein, daß zu den äußersten Atomen ein unendlicher Raum gehört und daß dieser näheren Bestimmung von dem Begriff des Volumens gemäß das Mariottesche Gesetz selbst in dem äußersten Falle noch strenge Gültigkeit behält."

4. Irre ich nicht, so ist folgendes Argument von einer ähnlichen Natur als das vorige, einer populären Erörterung aber vielleicht etwas zugänglicher. Wenn man einen Faden *Gummi elastikum* oder einen Draht dehnt, wird er länger, doch bleibt ein kontinuierliches Ganzes. Es sieht das ganz aus wie im Sinne der dynamischen Ansicht: Man kann sagen, beinahe wie sie selbst. Aber wenn man ihn zu weit dehnt, reißt er. Ich meine, im Sinne einer konsequenten dynamischen Ansicht sollte er sich nur immer länger dehnen, und indem er reißt, reißt sie mit. Denn nach ihr bleibt die Materie des Fadens oder Drahtes bis zum Reißen fortgehends kontinuierlich, und nur die Dichtigkeit nimmt immer mehr ab; wie kann nun aus der Abnahme der Dichtigkeit auf einmal ein Reißen, eine Aufhebung der Kontinuität werden; die Kontinuität der dynamischen Ansicht wird hiermit selbst aufgehoben. Sogar von einem unendlichen Wachstum der dehnenden Kraft sollte man nach ihr nur eine unendliche Abnahme der Dichtigkeit des Fadens, aber kein Reißen erwarten. Sei auch der Draht von vornherein an einer Stelle minder widerstandsfähig als an anderen, so möchte er sich an solcher Stelle mehr verdünnen als an anderen, doch woher das Reißen? Für die atomistische Ansicht stellt sich das anders. Danach muß die von vornherein stattfindende Entfernung zwischen den Teilchen durch ihr Wachstum endlich so groß werden, daß sie sichtbar wird, und zuerst sichtbar werden, wo sie zuerst groß genug dazu wird. Damit zusammen stimmt die Vorstellung, daß die von der Distanz abhängige, nur auf unmerklich kleine Entfernungen merkliche Anziehungskraft mit den Wachstum der Entfernung endlich unmerklich wird. Nach der dynamischen Ansicht wird hingegen die in der Berührung der Teilchen begründete Kohäsionskraft plötzlich unmerklich, ohne daß die Berührung vorher irgendwie aufgehört hätte.

Überhaupt gilt es nach der atomistischen Ansicht beim Zerreißen wie Zerbrechen eines Körpers nur, einen Riß, der schon da ist, bis zum Sichtbaren und Dauernden zu erweitern; nach der dynamischen gilt es, plötzlich ihn als etwas ganz Neues zu machen. Nun kann ein Riß, der weder sichtbar noch unsichtbar vorhanden ist, auch durch Vergrößerung nicht sichtbar werden, ein Riß, der schon unsichtbar vorhanden ist, kann es. Jeder Bruch eines Körpers ist in der Tat ein *Salto mortale* für die dynamische Ansicht, indes er für die atomistische nur der *Saltus* ist, den das Sprichwort: „*Hic Rhodus, hic salta*" von ihr fordert. Zeige mir, heißt es, daß die Atome diskret sein können. Da faßt der Atomistiker einen Körper und zerbricht ihn. Mancher zerspringt gar von selbst. Und zwar an jener Stelle läßt er sich zerbrechen, weil der Sprung schon allseitig durch den Körper geht.

Derselbe Fall läßt sich auch so erläutern: Könnte man einen Körper von gleichmäßiger Beschaffenheit ganz gleichmäßig dehnen, so würde nach der atomistischen Ansicht endlich ein Punkt kommen, wo er in seine Atome oder Moleküle zerfiele.[10] Nur daß schon vorher an irgendeiner Stelle die Atome weiter voneinander entfernt sind als an den anderen, macht, daß der Riß an einer Stelle zuerst erfolgt. Aber nach der dynamischen Ansicht könnte jenes Zerfallen in Atome nie eintreten, der gleichförmige Körper müßte sich ewig fort gleichmäßig dehnen, weil ja kein Zerfallen in Atome möglich ist, weil es ja keine Atome gibt; weil der Körper, falls er überhaupt reißen sollte, an allen Stellen zugleich reißen müßte, was ein Unsinn ist. Nun sieht man nicht ein, da der Riß durch keine Kraft erfolgen kann, wenn alle Teile bis über eine gewisse Grenze gedehnt werden, wie er auf einmal erfolgen kann, wenn eine einzelne Stelle bis über eine gewisse Grenze gedehnt wird.

Hiergegen sagt der Dynamiker vielleicht: Aber wie kann man etwas auf Voraussetzungen bauen, die nicht stattfinden. Es gibt keinen ganz gleichförmigen Körper. Von dem, was bei ihm geschehen *würde*, wenn er existierte, kann man also auch nicht auf das schließen, was geschieht in dem, was wirklich existiert.

Darauf ist einfach zu sagen, daß keine Ansicht, und am wenigsten eine philosophische, etwas taugt, die nicht noch zulangt und in sich übereinstimmend bleibt, wenn man danach das in der Idee bis zur Grenze führt, was uns die Wirklichkeit nur in Annäherungen zeigt. Die Mathematik und Philosophie sollen eben in der Idee vollenden, wozu die Wirklichkeit nur Näherungen bietet. Die Philosophie wird dies auch sonst nicht anders fassen; vielleicht aber scheinen ihr der Atomistik gegenüber doch auch Waffen, wie sie in jener Ausflucht liegen, gut genug.

Nicht mindere Schwierigkeit als das Zerreißen und Zerbrechen hat es, das Zerdrücken dynamisch zu erklären, welches sich atomistisch leicht dadurch erklärt, daß die gewaltsame Näherung der Teilchen nach Richtung des Druckes mit einer Entfernung derselben nach der darauf senkrechten Richtung verbunden ist, die bis zum Reißen gehen kann.

Hierauf beruht es, daß Blei zwar durch Auswalzen im ganzen dichter, aber durch Hämmern öfters in seiner Dichtigkeit vermindert wird, weil es wegen seiner Weichheit leicht Risse an den durch den Hammerschlag vorzugsweise betroffenen Stellen bekommt.[11]

5. Man kann an die Betrachtungen über den mechanischen Riß leicht ähnliche über den chemischen knüpfen. Nach der dynamischen Ansicht ist der kohlensaure Kalk, z. B. Marmor, ein kontinuierlicher Körper, wo an jedem Punkte Kohlensäure und Kalk sich zu etwas Mittlerem identifiziert haben. Tritt nun das expandierende Prinzip der Wärme ein (das hier nur nach der faktischen Seite seiner Wirkung betrachtet werden mag, obwohl die Atomistik tiefer zu gehen vermag als zum bloßen Worte eines

expansiven Prinzips), so versteht sich wohl, wie dieser gleichförmige Stoff sich fort und fort mehr dehnen kann; aber wie von einem gewissen Punkte an die Kohlensäure auf einmal entweichen kann, versteht sich nicht. Nur eben bildeten ja Kalk und Kohlensäure noch ein in sich identisches Wesen, das sich als solches bis dahin in eins dehnte. Wie wird das bis dahin expandierende Prinzip auf einmal ein zerlegendes? Nach der atomistischen Ansicht sind Kohlensäure und Kalk schon getrennt im Marmor; indem der Marmor sich ausdehnt, geraten die Teilchen beider in immer weitere Entfernung, und von Anfang an verhalten sich die Teilchen der Kohlensäure hierbei anders als die des Kalkes; sie können es, weil sie eben kein identisch Wesen damit bilden. Nun versteht sich leicht, wie endlich ein Punkt kommen kann, wo das durch die Erwärmung gesteigerte Ausdehnungsbestreben der Kohlensäure das Übergewicht gegen die Anziehung zum Kalk gewinnt und macht, daß sie zwischen den Teilen des Kalkes heraus entweicht. Darum bleibt dieser auch als eine leicht zerreibliche Masse zurück; ja manche Körper zerfallen bei ähnlichem Entweichen eines flüchtigen Bestandteils geradezu in Pulver, indem die schon vorhandenen Lücken spürbar werden. Woher doch bei der dynamischen Ansicht jene Lockerung, dieses Pulver, wenn aus Kontinuierlichem nur Kontinuierliches entweicht?

Mit voriger Deutung hängt die Deutung anderer Erscheinungen unmittelbar zusammen. Eine der gewöhnlichsten Weisen, eine isomere oder allotrope Modifikation in eine andere zu verwandeln, ist die Erwärmung; auch können Kristalle, die bei verschiedenen Temperaturen verschieden kristallisieren, selbst schon in festem Zustand, durch Abänderung der Temperatur aus einer Kristallform in die andere übergehen, indem der ganze Kristall in ein Aggregat von Kristallen der anderen Form übergeht. Diese Erscheinungen erklären sich leicht im Zusammenhang mit dem Vorbetrachteten daraus, daß die Wärme die Körper nicht bloß im ganzen ausdehnt, sondern auf die Teilchen derselben je nach ihrer individuellen Art und Stellung besonders geartete Wirkung äußert. Für die dynamische Ansicht fehlt jeder vorstellbare Zusammenhang zwischen diesen Tatsachen und gibt es Sprünge im Felde jeder dieser Tatsachen selbst.

Man sagt vielleicht: Aber die atomistische Ansicht muß doch bei dem chemischen Risse im Momente, wo die Verwandtschaft z. B. der Kohlensäure zum Kalk durch das Ausdehnungsbestreben der Kohlensäure überwogen wird, auch einen Sprung in dem Vorgange anerkennen. Allerdings, aber nur einen solchen, wie wenn ein Waagebalken, der nach einer Seite hängt, durch fortgesetztes Zulegen von Gewichten auf die andere Seite plötzlich umschlägt, nachdem er sich zuvor zur waagrechten Lage erhoben; dergleichen Sprünge (falls sie diesen Namen verdienen) muß man allerdings anerkennen; aber nicht solche, wo zehn Pfund Zulage den Balken ganz auf derselben Stelle lassen, weder neigen noch biegen und ein Gran mehr ihn plötzlich umschlagen läßt. Damit vergleicht sich in der Tat, daß die Wärme lange zuwachsen soll, ohne daß Kohlensäure und Kalk im mindesten aufhören, im selben Raume sich genau zu durchdringen, vielmehr sich nur ganz in eins in einen größeren Umfang dehnen; ein wenig Wärme mehr, und plötzlich ist der Riß vorhanden. Das ist wie des Himmels Einfall. Wie wird das Instrument, was bis dahin bloß den Körper in eins zu dehnen vermochte, auf einmal ein Messer, was auch das durchschneidet, was es dehnt? Man sieht's nicht ein. Hat man sich freilich gewöhnt, die Dinge mit dunklen Begriffen zu beleuchten, so ist leicht zu helfen. Man kann da sagen: Von Anfang an äußert die Erwärmung mit der wirklichen Ausdehnung des ganzen Körpers die Tendenz, auch die Bestandteile desselben zu trennen, nur daß diese Tendenz anfangs gegen die überwiegende chemische Verwandtschaft nichts vermag; bis sie endlich groß genug geworden, um ihrerseits diese zu überwiegen. So haben wir auf dynamischem Wege dasselbe geleistet, was du auf atomistischem.

Unstreitig, wenn nur eben nicht eine Tendenz, die bis zu einem gewissen Punkte wächst, ohne daß sie dabei eine angebbare Wirkung äußert, eine Tendenz, die sich nur auf das beruft, was sie einst leisten wird, ein völlig dunkles Ding, oder sagen wir vielmehr ein Unding, wäre.

Wie, sagt man, und du denkst nicht daran, wie der Dampf im geschlossenen Kessel sich immer mehr spannt; erst wenn seine Spannung zu einer gewissen Grenze gelangt ist, reißt der Kessel, tritt eine Wirkung ein; und wirst du leugnen, daß die wachsende Spannung, das wachsende Expansionsbestreben bis dahin etwas mehr als ein Unding gewesen?

Wie, frage ich entgegen, so meinst du auch wohl, wenn das angebundene Pferd an der Leine zieht, stärker, immer stärker, bis sie reißt, die wachsende Spannung, das wachsende Expansionsbestreben der Leine habe vor dem Reißen sich in nichts geäußert, sie sei ein bloßes Gedankending gewesen wie deine mit der Wärme wachsende Spannung zwischen den chemischen Stoffen. Dann würde sicher auch die Leine nur in Gedanken reißen. Ich meine doch, die wachsende Spannung, die Tendenz zur Trennung hat sich in einem wachsenden Auseinanderziehen der Teile geäußert, das endlich bis zum Reißen gediehen ist, d. h., die Teilchen begannen sich schon mit der wachsenden Spannung immer mehr zu entfernen (man kann es mit dem Zirkel, dessen Spitzen man auf je zwei Punkte aufsetzt, beweisen), bis die Entfernung auch zwischen den zwei nächsten Teilchen ganz sichtbar und bleibend wird. Aber deine chemischen Stoffe sollen ja mit der wachsenden Tendenz zur Trennung noch ganz ungetrennt und unveränderlich denselben Raum erfüllen, bis auf einmal der Riß erfolgt. Zeige mir, wo es überhaupt irgendeine wachsende Spannung, einen wachsenden Druck, mit einem Wort eine wachsende Tendenz gibt, die endlich in einen sichtbaren Erfolg ausschlägt und die nicht zuvor schon einen angebbaren Erfolg in dieser Richtung geäußert, der mehr als ein Gedankenwesen. Auch der Kessel wird durch den wachsenden Druck nach seiner Fläche gedehnt, ehe er reißt, d. h., seine Teile werden immer mehr voneinander entfernt, bis die Entfernung irgendwo in einen sichtbaren Riß zwischen zwei nächsten Teilen ausschlägt. Sogar die geistigen Tendenzen des Menschen, ehe sie in äußere Handlungen ausschlagen, wirken mit spürbarer Macht auf den Körper des Menschen: Das Herz kann davon springen. Was also bedeutet jene mit der Wärme wachsende Tendenz, den Körper zu zersetzen, die doch nichts in ihrer Richtung wirkt? Ich meine eben nichts.

Sehen wir näher zu, so finden wir, die meisten Hebel, mit denen die dynamische Ansicht im Bereiche des Kleinsten operiert, sind solche Gedankendinge, die wirkliche Leistungen vollführen sollen, ohne daß sie etwas Wirkliches sind. Und wären es nur Gedankendinge; aber geht man ihnen auf den Grund, so liegen ihnen nicht einmal wirkliche, jedenfalls nicht klare Vorstellungen unter.

6. Um auf den gedehnten Faden oder Draht noch mit einigen Betrachtungen zurückzukommen, so zeigt er, noch bevor er reißt, eine Erscheinung, deren Erklärung in dynamischem Sinne wieder jene Vorstellung einer nach verschiedenen Richtungen verschiedenen Dichtigkeit heraufbeschwört, die wir oben durch einen nach einer Richtung schwarzen, nach der andern grauen Streifen erläuterten oder die dynamische Erklärung anderer damit zusammenhängender Phänomene unmöglich macht.

Cagniard de la Tour[12] und *Wertheim*[13] haben gefunden, daß ein Stab (Draht, Faden) von Metall wie von *Gummi elastikum* durch Dehnung nicht in demselben Verhältnisse dünner wird, als er länger wird,[14] sondern daß sein Totalvolumen dabei zunimmt, was atomistisch leicht dadurch zu repräsentieren ist, daß sich die Teilchen durch den Zug mehr nach der Längsrichtung voneinander entfernen als nach der Querrichtung einander nähern, der Stab also, bei Ausgang von einer anfangs gleichförmigen Dichtigkeit, minder dicht nach der Längsrichtung als nach der queren Richtung wird. Da aber der Dynamiker auf diese atomistische Repräsentation nicht eingehen und eine nach verschiedener Richtung verschiedene Dichtigkeit nicht faßlich machen kann, so mag er etwa sagen: Man begeht hierbei das *Proton pseudos,* daß man die Dichtigkeit überhaupt auf besondere Dimensionen beziehen und ihre Änderungen den Änderungen dieser Dimensionen besonders reziprok setzen will; indes sie nur auf die Totalität aller Dimensionen zu beziehen und dem Totalvolumen reziprok zu setzen ist, wonach kein Hindernis ist, sich den Stab (Draht oder Faden) durch den Zug im ganzen ausgedehnt und hiernach seine Dichtigkeit im ganzen vermindert zu denken. Von einer verschiedenen Dichtigkeit nach verschiedenen Dimensionen zu sprechen ist an sich absurd. Und in der Tat ist das der Fall in dynamischem Sinne, nicht mehr aber in atomistischem, wo die Dichtigkeit dem Abstande der Teilchen reziprok gesetzt werden kann. Wenn aber der Dynamiker, wie ich nicht zweifle, das Absurde dieser Vorstellung *hier* empfindet und geltend macht, so sollte er aber auch empfinden, daß dieselbe Absurdität der dynamischen Auffassung alle doch wirklich vorhandenen Eigenschaftsverschiedenheiten der Körper nach verschiedenen Richtungen, wovon wir oben gesprochen, in gleichem Grade und nach gleichem Prinzip trifft, und sich zum Bewußtsein bringen, daß, wenn Zusammendrückung oder Dehnung in gegebener Richtung die raumerfüllende Kraft nach allen Seiten gleich affiziert, gar kein Grund mehr vorliegt, dadurch Eigenschaftsverschiedenheiten nach verschiedener Richtung entwickelt zu sehen, während man doch weiß, daß optische Eigenschaften, Kohäsion, Elastizität und unstreitig noch andere Eigenschaften, die mit der Dichtigkeit zusammenhängen, durch Zug oder Druck in gegebener Richtung anderen Wert in Richtung des Zuges oder Druckes als in der darauf senkrechten Richtung annehmen.

So kann die dynamische Ansicht den Felsen der *Scylla* nur vermeiden, um in den Strudel der *Charybdis* zu versinken.

8. Rückblick

Man sieht nach allem, was ich vorweg sagte, die Atomistik erfreut sich einer doppelten Bewährung, einmal darin, daß man in das Tiefste, in das Feinste der Erscheinungen eingeht, dann, daß man zum allgemeinsten, umfassendsten Zusammenhange der Erscheinungen geht. Beides aber hängt zusammen. Denn sofern auf der feinen Gliederung der Materie auch eine Menge, ja ganze Gebiete feiner Erscheinungen beruhen, fallen diese notwendig außer den Zusammenhang der Wissenschaft, wenn diese die feine Gliederung der Materie nicht in ihren Zusammenhang aufnimmt, bleiben nur abgesonderte Tatsachen, statt Folgerungen für sie zu werden. Das Grobe der Erscheinungen bedarf der Atomistik so wenig als die Besonderheit der Erscheinungen. Die feinste Zergliederung und allgemeinste Verknüpfung aber bieten sich die Hand, die Atomistik zu fordern. Hierin liegt zugleich die Antwort auf die Frage, die man erheben kann, warum doch das Bedürfnis der Atomistik sich erst im Fortschritt der Naturwissenschaften geltend gemacht hat, nun aber fortgehends damit gewachsen ist. Überall fängt man mit dem Groben und Einzelnen an und schließt mit der feinsten Ausarbeitung und vollständigsten Verknüpfung. Wem dann freilich das Feine zu fein, der Zusammenhang zu hoch, dem bleibt auch die Atomistik zu fein und zu hoch.

Damit leugne ich nicht, habe vielmehr ausdrücklich zugestanden, daß die Philosophie auch im dynamischen Sinne für sämtliche in den verschiedenen Argumenten zur Sprache gebrachten Verhältnisse, die Licht- und Wärme-, die magnetischen Verhältnisse, die Isomerie, die Eigenschaftsunterschiede der Körper nach verschiedenen Richtungen u.s.w., irgendwelche Formeln finden kann, die sich in den oben angeführten oder ähnlichen Ausdrücken drehen; sie wird sogar damit viel schneller zur Hand und fertig sein als die Atomistik mit ihrer Auffassung und Darstellung derselben Verhältnisse, weil es natürlich viel leichter ist, gegebene Erscheinungsweisen allgemeinen Ausdrücken unterzuordnen, als durch in sich zusammenhängende bis ins Spezielle reichende und zutreffende Vorstellungen zu decken. Wer nun den Unterschied im Charakter und Erfolg beider Behandlungsweisen nicht zu würdigen weiß, wohl gar meint, an der Unklarheit, Unbestimmtheit, Vieldeutigkeit, Verflüchtigung in leere Abstraktionen, dem in sich Widerspruchsvollen jener Formeln hänge die Tiefe der Fassung, wird freilich auch in der strikten Weise, wie die Atomistik alle jene Verhältnisse durch eine einzige klare Grundvorstellung verknüpft und deckt, kein Argument für die Atomistik der Philosophie gegenüber finden können, weil es doch der letzten auch niemals an Worten fehlt, jene Verhältnisse zu fassen.

Für die Zwecke des Physikers aber ist die gänzliche Unfruchtbarkeit aller bisherigen philosophischen Auffassungen der physischen Dinge im dynamischen Sinne von *Kant* bis *Hegel, Herbart* und den Neuesten so wahr und evident, daß selbst diejenigen Physiker und Chemiker, welche die höheren Vorzüge und Vorteile der Atomistik nicht anzuerkennen wissen, ihr abgeneigt sind oder ihre Wahrheit dahinstellen, so viel es solcher etwa noch geben mag, sich wohl hüten, zu Auffassungen und Darstellungen jener Art ihre Zuflucht zu nehmen, indem sie doch im allgemeinen gestehen, daß die Atomistik mindestens die *bequemste* Weise sei, die Dinge darzustellen, und man sich ihrer Ausdrücke wohl bedienen könne, die Verhältnisse vorstellig zu machen, wollen sie auch keine Konsequenz daraus gezogen, der Vorstellungsweise keine Realität beigelegt wissen. So überwältigt sie der Geist der Atomistik. Sie erscheinen mir damit wie Personen, die sich zwar ihrer natürlichen Beine bedienen, weil sie die bequemsten Mittel sind, vorwärtszukommen, doch ohne damit im mindesten zu behaupten, daß das auch ihre wahren Beine sind, die vielmehr noch ganz im Verborgenen ruhen und hoffentlich einmal an das Licht kommen werden. Die Tatsache des Fortkommens genügt.

Was überhaupt manche Physiker veranlassen konnte, sich abweisend gegen die Atomistik zu verhalten, ist früher schon besprochen. Um so weniger aber hätten die Philosophen Ursache, eine Waffe daraus gegen die Atomistik zu machen, als sich bei näherer Betrachtung zeigt, daß es bei der Mehrzahl vielmehr die Feindschaft als Freundschaft mit der Philosophie ist, was sie abwendig von der Atomistik macht. Sie ist ihnen in der Tat noch zu philosophisch. Sie begnügen sich überhaupt, jene Fakten, welche durch die atomistische Ansicht in eins verknüpft werden, als unverknüpfte Fakten hinzunehmen oder Gesetze zu suchen, die für besondere Gebiete gelten, ohne sich um eine allgemeinere Verknüpfung dieser Gesetze selbst zu kümmern, indem sie im Sinne jener früher besprochenen Neigung, das Erfahrungsmäßige nicht zu verlassen, lieber die innere und nach unserer Ansicht wahrhaft philosophische Verknüpfung der empirischen Tatsachen und Gesetze durch die Atomistik missen als zu einer, wie ihnen dünkt, unerweislichen Hypothese ihre Zuflucht nehmen wollen. Aber Hypothesen können in der Physik überhaupt bloß durch Verknüpfung von Tatsachen oder von Gesetzen, die einem Kreise von Tatsachen genügen, bewiesen werden, und es wäre eine eigene Sache, wenn die Philosophen ihre Partei wirklich durch Naturforscher verstärkt glaubten, welche eine Verknüpfung zwischen empirischen Tatsachen und Gesetzen deshalb verwerfen, weil sie nicht selbst in gleicher Reihe mit denselben als empirische Tatsache aufzeigbar ist. Doch sonderbarerweise, indem sie sie verwerfen, berufen sie sich zugleich auf sie, denn in der Tat ist das eine der gewöhnlichen Weisen der Philosophen, der Atomistik zu begegnen, daß sie sagen, obwohl sie jetzt kaum noch recht haben, so zu sagen: Die Physiker selber halten nichts davon; es ist ihnen damit nicht ernst; sie brauchen nur ihre Worte, doch liegt ihnen nichts an der Sache.

In der Tat gab es wenigstens sonst, und mag es selbst jetzt noch manche Chemiker geben, die ganz vergnügt sind, ihre chemischen Proportionen nach der *Regeldetri*[1] berechnen zu können und in der Isomerie eine kuriose Tatsache zu erblicken; zu beidem braucht es keiner Atomistik; die Regeldetri, die Tatsache reicht eben hin; – Kristallographen, die, weil sie alle Kristallformen ganz ohne Atomistik in das vollendetste System bringen können, die Atomistik für das überflüssigste Hirngespinst erklären; sie lehrt ja weder einen Winkel genau messen noch eine Beziehung zwischen Achsen und Winkeln berechnen; – Physiker, welche, weil es Regeln gibt, wonach die Körper sich mit der Wärme ausdehnen und zusammenziehen, durch Zug und Druck sich dehnen und verdichten, die Atomistik, die zu diesen Regeln gar nichts beiträgt, für eine müßige Hypothese halten, durch die man nicht ein Haar mehr lernt, als man schon weiß. Ja seltsam, je mehr man die Gebiete vereinzelt, so überflüssiger scheint die Atomistik, die Lehre von dem Einzelnsten. Aber der Chemiker, Kristallograph, Physiker versuche doch einmal, die chemischen Proportionen, die Isomerie, die Kristallformen, die Blätterdurchgänge, die Ausdehnungs-, die Elastizitätsverhältnisse u.s.w. in *einen* vorstellbaren vernünftigen Zusammenhang zu bringen. Wie dann? Aber er versucht es nicht, der reine Empiriker, er ist eben nur empirischer, nicht philosophischer Physiker. Ja man möchte sagen: Indem er die Atomistik verwirft, beweist er sich selbst als der ärgste Atomistiker, der Atomistiker aber, indem er die Atomistik verteidigt, als das reine Gegenteil, wenn man nämlich Atomistik im Sinne der Gegner versteht, wo es mit zerstückelnder Ansicht gleichbedeutend ist.

So sehr ich nun die Physiker im allgemeinen gegen die Philosophen in Schutz nehme, ist es doch nicht ein solcher Geist derselben, der darin besteht, der Physik den Geist zu nehmen.

Nach all dem wollen wir doch selber die Atomistik nicht für etwas *absolut* Gewisses ausgeben, weder in dem Sinne, wie manche Philosophen von absoluter Gewißheit ihrer Systeme sprechen, noch in dem Sinne, wie etwas unmittelbar Erfahrenes als solches auch unmittelbar gewiß ist; es bleibt auch uns ein Platz noch für den Glauben, der in allen höchsten und letzten Dingen das Wissen ergänzen muß, in den materiellen nicht minder als in den geistigen; man soll sich nur im Versuch, die materiellen zu verknüpfen, an die Atomistik als an das Wahrscheinlichste, Zulänglichste halten, bis es etwas Wahrscheinlicheres, Zulänglicheres gibt, nur das hinzufügend, daß sie schon so viele zusammenstimmende und gegen gegenteilige Verknüpfungsweisen überwiegende Wahrscheinlichkeitsgründe für sich hat, daß es ganz unwahrscheinlich ist, es werde etwas von Grund aus Wahrscheinlicheres und Zulänglicheres gefunden werden; indes allerdings zu verlangen und zu hoffen ist, sie werde sich selbst immer noch zu größerer Wahrscheinlichkeit und Zulänglichkeit in sich erheben und begründen. Dabei werden wir dann ganz zufrieden sein, wenn dies so weit gelingt, sollte man es noch nicht für gelungen halten, daß ihre Wahrscheinlichkeit gleich der Hypothese der Drehung der Erde um die Sonne werde, mag sie auch immer ewig gleich dieser eine Hypothese heißen. Auf diesen Namen kommt es gar nicht an, sondern auf die Wirkung die man ihr beimißt, den Gang der Forschung, die Form und Methode der Darstellung, die Anknüpfungsweise an andere Gebiete, die Begründung allgemeiner Ansichten bestimmen zu dürfen. Das alles, sagen wir, soll die Atomistik als Baumeisterin des physischen Gebietes so lange dürfen, bis eine andere mehr als sie zu leisten vermag. Dann trete sie zurück; nur wolle keine sie verdrängen, die in den physischen Dingen auch nicht einmal das kleinste bisher geleistet hat, ja selbst von den Physikern, welche die Atomistik verwerfen, ebensowenig gebraucht wird als von denen, welche sie behaupten.

Nun kann der Philosoph noch sagen, und mancher scheut sich dessen nicht: Jene philosophischen Betrachtungsweisen der physischen Dinge, die der Physiker nicht brauchen kann, sind auch nicht für seinen Gebrauch bestimmt. Wohlan, so lasse man ihn aber das brauchen, was für ihn brauchbar ist, und überlege, was es sagen will, wenn eine Philosophie sich nicht anders zu rechtfertigen weiß als durch das eigene Geständnis, daß das, was sie über die physischen Dinge sagt, für die Wissenschaft des Physischen nicht brauchbar sei. Ich denke, eine entschiedenere Selbstverurteilung gibt es nicht.

9. Einwand, daß ein leerer Raum zwischen den Atomen nicht denkbar sei, weil der Raum nur in Ausdehnung der Materie bestehe

Zu den mannigfachen Einwänden, welche gegen die Atomistik, das abschließende Resultat unzähliger mühsamer Arbeiten am Experimentiertisch, leichten Wurfs vom Studiertisch her erhoben worden sind, gehört insbesondere auch der, daß der Raum als bloßer Formalbegriff gar nicht ohne Materie als haltgebenden Realbegriff gedacht werden könne, nur eben als *Ausdehnung der Materie* faßbar sei. Ja ich habe aus diesem Gesichtspunkte den Vorwurf hören müssen,[1] ich habe „gar keine Ahnung von dem Unterschiede des Real- und Formalbegriffes", wogegen ich nur erwidern kann, daß diesem Einwande gar keine Ahnung von dem unterliegt, worauf es hierbei ankommt.

Sei der Raum ein bloßer Formalbegriff und die Materie der zugehörige Realbegriff, denn ich hindere nicht, daß eine solche Unterscheidung gemacht werde, nur daß sie im Sinne der *faktischen* Verhältnisse von Raum und Materie gemacht werde, so fragt sich noch ganz, ob dieser Formalbegriff des Raumes in *solcher* Beziehung zum Realbegriffe der Materie zu denken ist, daß der Raum nur eben als *Ausdehnung* der Materie zu fassen. Dies aber folgt nicht logisch aus dem Begriffsverhältnis des Formalen und Realen, und es ist ein reiner Zirkel, das zu Beweisende hierbei als bewiesen vorauszusetzen. Nicht nur ist der Raum zwischen den Atomen trotz dem, daß er als bloßer Formalbegriff die Erfüllung durch Materie schon im Denken fordern soll, doch denkbar ohne ihn erfüllt zu denken, sonst hätte es zur Atomistik, die im Gedanken so vieler besteht, gar nicht kommen können, sondern andere fassen den Raum geradezu nur als Ordnungsbegriff, Beziehungsbegriff zwischen der Materie, was auch rein formale Begriffe bezüglich des Realbegriffes der Materie sind, die aber keine *Erfüllung* des Raumes durch die Materie voraussetzen. Auch der rein formale Charakter, den das mathematische *Größen*verhältnis zwischen zwei Körpern trägt, fordert nicht ihr Aneinanderhängen; und so sieht man nicht ein, wie aus dem bloß formalen Charakter des Raumes in Beziehung zur gedachten Materie überhaupt ein solcher Schluß daraus zu ziehen. Ebensogut kann man den entgegengesetzten

Schluß daraus ziehen; ja man hat ihn gezogen, indem *Lotze*[2] auf den nur anders gefaßten formalen Charakter des Raumes sogar die einfache Atomistik begründet; und es beweist sich hiermit, was ich immer von neuem urgiere, daß man mit anderer metaphysischer Fassung und Wendung der Begriffe so ziemlich alles beweisen kann, was man will.

„Das Ausgedehntsein wird nie denkbar werden, ohne daß wir einzelne Punkte voraussetzen, die außereinander, die durch Entfernungen voneinander getrennt sind, die endlich durch die Wirkung ihrer Kräfte oder durch ihre gegenseitigen Einflüsse überhaupt einander die Orte bestimmen, welche sie einnehmen. Diese Unterscheidbarkeit vieler Punkte ist nicht eine beiläufige Folge der Ausdehnung, sondern sie ist das, worin ihr Begriff selbst besteht; wer den Namen der Ausdehnung ausspricht, bezeichnet damit eine Eigenschaft, die nur gegenseitige Beziehungen von Mannigfachem, nur Nichteinheit, nur Wechselwirkung einer Vielheit ausdrückt."[3]

10. Einwurf, daß die Atomistik
die Schwierigkeit nur zurückverlege

Weiter macht man der atomistischen Ansicht den Vorwurf, daß sie eine Schwierigkeit der Betrachtung nur zurückverlege, die doch im Grunde der Sache übrigbleibe. Denn nachdem man zu Atomen gekommen, frage sich ja nun wieder, woraus die Atome bestehen; etwa aus kleineren Atomen mit neuen Zwischenräumen? Und woraus diese kleineren Atome? Endlich müsse man doch einmal zu kontinuierlichen Massen oder zu nichts kommen; warum nicht gleich bei den kontinuierlichen Massen stehenbleiben, die wir sehen?

Es wird sich zeigen, daß die Alternative gar nicht so besteht, wie sie hier gestellt wird, vielmehr gerade der Abschluß des physikalischen Atomismus in einem philosophischen durch einen Grundbegriff, den noch kein Philosoph ungültig erklärt hat, hierbei vernachlässigt ist; doch handelt es sich jetzt erst um den eines solchen Abschlusses in der Tat noch ermangelnden physikalischen Atomismus, wie er in der heutigen exakten Wissenschaft besteht, den man weder mit einem philosophischen verwechseln noch ihm widersprechend halten sollte: Genug, wenn er nur auf dem Wege dazu liegt.

Und so antwortet der Physiker: Wir bleiben deshalb nicht gleich bei den kontinuierlichen Massen, die wir sehen, stehen, weil es gar nicht von unserer Willkür abhängt, wo wir stehenzubleiben haben, und man den nächst notwendigen Schritt darum nicht lassen darf, weil es vielleicht noch nicht der letzte. Der Vorwurf wäre nur dann gerecht, wenn die Physik mit ihren Atomen als diskreten kleinen Massen, in die sich die gröberen gliedern, das absolut Letzte wirklich aufgestellt, den Begriff der Materie philosophisch aufgeschlossen oder abgeschlossen zu haben meinte, indes sie bloß das physikalisch Nächste hinter dem erscheinenden Kontinuum der gröberen Massen damit aufgestellt haben will, es dahinstellend, was in letzter philosophischer Instanz mit ihren Atomen zu machen. Denn darüber zu entscheiden, hat sie keine Mittel; indes sie allerdings die Mittel hat zu entscheiden, daß die gröberen Massen zunächst in kleinere diskrete geteilt zu denken sind, die jeder weiteren Auflösung durch irdische Kräfte, wenn auch vielleicht nicht durch Urweltkräfte noch durch den philosophischen Begriff widerstreben. Nichts weiter will und sagt die physikalische Atomistik. Was aber tut der Physiker damit anderes, als daß er mit dem Schlusse die Leistungen des Mikroskopes, das ihn die Gliederung der Materie schon weiter als das bloße Auge verfolgen läßt, nur weiter bis zu einer Grenze fortsetzt, wo der Schluß die Basis zu verlieren anfängt; wogegen der Philosoph die Gliederung genau bei der Tragweite des Mikroskopes begrenzt haben will. Mit welchem Rechte? Es läßt sich a priori behaupten, daß die Grenze überhaupt nicht aprioristisch bei einem empirischen Punkte bestimmt werden kann; und da wir sie nach oben nicht mit dem Fernrohr erreichen können, vielmehr unaufgelöste, ja endlich wohl noch ungesehene Sternennebel für dasselbe übrigbleiben, warum sollten wir sie nach unten mit dem Mikroskop erreichen oder ihr auch nur relativ näher kommen können? Vom mikroskopischen bis zum mathematischen Punkte ist es genau noch so weit als in umgekehrter Richtung von der teleskopischen bis zur Weltsphäre, d. h., das Verhältnis der Radien ist beidesfalls unendlich; was können also noch für Welten von diskreten Punkten in der mikroskopischen Punktsphäre liegen! Soll dieser ungeheure Raum mit Materie vielmehr gestopft als belebt sein? In der Tat liegt hierin kurz der Unterschied der dynamischen von der atomistischen Ansicht.

Gibt es Wesen, die so hoch über den Weltkörpern stehen wie wir über den Atomen, so könnten die Philosophen unter ihnen auch sagen: Warum doch erst die Welt in Weltkörper zerfällen, da ja doch die Frage erst wieder beginnt, ob die Weltkörper weiter zerfällbar sind? Bleiben wir also lieber gleich bei einer kontinuierlichen Welt stehen. Es leuchtet aber ein, daß ihre Erklärung der Erscheinungen, welche von der faktischen Zerfällbarkeit des Weltgebäudes in Weltkörper abhängen, nicht so triftig sein könnte als eine solche, welche auf diese Zerfällbarkeit Bezug nimmt. Die Erkenntnis, daß die Körper zunächst in Atome zerfallen, gleichviel woraus wieder die Atome bestehen, ist also nicht eine bloße Zurückverlegung der Schwierigkeit, sondern ein Fortschritt und ein Überwinden der Schwierigkeit bis zu dem Punkte, wo die Schwierigkeit wenigstens für den Physiker nicht mehr zu heben ist; aber auch kein Interesse mehr für ihn besteht, sie zu heben, insofern kein Einfluß auf die Erscheinungen mehr davon spürbar ist.

Wirft man der Philosophie vor, daß sie, nachdem sie so viel über Licht, Magnetismus, Elektrizität spekuliert, doch weder die Undulationen des Lichtes erkannt noch die *faktischen* Beziehungen der Elektrizität zum Magnetismus, welche die neuere Physik zutage gebracht, auch nur von ferne richtig geahnt, wiewohl es ihr freilich an *Wortbeziehungen,* die in keine Fakten übersetzbar waren, nie gefehlt hat, so ist die Antwort bereit, oder welche andere entschuldigende Antwort wäre möglich, daß es eben die Sache der Philosophie nicht sei, die Formen des Empirischen in spezielle Bestimmungen zu verfolgen; nur das Allgemeine und Letzte behält sie sich vor. Warum nicht in Betreff der Gliederung der Körper über das sichtbare Kontinuum hinaus, was in dieser Beziehung mit den Undulationen des Lichts, den feineren Wärmephänomenen auf ganz gleicher Stufe und im innigsten Verbande damit steht, dasselbe zugeben? Auch dies gehört zu den spezielleren Bestimmungen der Formen des Empirischen, ist es auch nicht selbst mehr unmittelbar empirisch. Der Physiker gesteht willig zu, daß er das *Letzte* hinter dem Empirischen nicht erkennen kann; möchten sie zugestehen, daß sie das *Nächste* dahinter nicht erkennen können!

An den Namen Atome, der ohnehin nicht von allen gebraucht wird, hat man sich nicht zu stoßen. Was der Physiker als Atomistiker verlangt, sind überhaupt nur diskrete, für uns endlich nicht weiter teilbare Massen, in welche die Körper oder zunächst das Molekül des Körpers zu zerfällen; ob sie an sich noch teilbar sind, ist, wie gesagt, nicht seine Sache zu beurteilen. Es kann sich möglicherweise damit ebenso verhalten wie mit den Weltkörpern, die in Bezug zu einander wahre Atome sind, weil es keine Kräfte gibt, etwas von dem einen auf den anderen überzuführen; doch sind sie teilbar an sich. Überhaupt drängt sich die Analogie der Atome mit den Weltkörpern dem Atomistiker vielfach und aus verschiedenen Gesichtspunkten auf, und oft haben wir schon Anlaß gefunden, darauf Bezug zu nehmen, obschon es doch weder diese Analogie ist, welche ihn auf die Atome geführt hat, noch zur Zeit gehörig von ihm beurteilt werden kann, wie weit sie reicht.

So kann der Physiker auch gar nicht zu behaupten wagen, daß der Raum zwischen den Atomen absolut leer, daß nicht vielmehr ein feines kontinuierliches Wesen sich noch zwischen ihnen erstreckt, was nur auf die Erscheinungen, die er beurteilen kann, keinen Einfluß mehr hat; wie zwischen den Weltkörpern sich der Äther erstreckt, der auf ihre Bewegungen keinen oder nur einen zweifelhaften merkbaren Einfluß hat und, wenn er nicht durch das Licht erkannt würde, geleugnet werden könnte. Auch zwischen den diskreten Ätheratomen, die der Physiker zur Repräsentierung der Lichterscheinungen noch nötig hat, könnte also nach all seinen Versuchen und Rechnungen noch ein feinerer kontinuierlicher Äther sein. Der Physiker spricht nur nicht von solchen Möglichkeiten, die ihm gleichgültig sind, weil sie ihm nichts leisten. Können sie aber dem Philosophen etwas leisten, so ist es seine Sache, sich damit zu befassen. Und es wäre Leistung genug für ihn, wenn sie ihn in den Stand setzten, sich dadurch mit den exakten Wissenschaften zu vertragen. Der Physiker braucht nur *zunächst* Atome, nicht *zuletzt* Atome. Gesteht der Philosoph dem Physiker seine Atome zunächst zu, so kann ihm dieser gern seine Raumerfüllung zuletzt zugestehen; beides widerspricht sich nicht. Was aber hat unter solchem Zugeständnis des Physikers, das ihn nichts kostet, da er dabei nichts aufgibt, der Philosoph dessen Atomen noch entgegenzusetzen, da er sie doch in letzter Instanz nur leugnet, weil sie seinen Begriffen von Raumerfüllung widerstreben? Ich finde nichts, was ihn nicht dann auch nötigte, dem Dasein der in gleichem Sinne diskreten, doch ebenso noch ein feines Fluidum zwischen sich habenden Weltkörpern zu widersprechen. Der Physiker aber wird seinerseits um so weniger Grund haben, einer philosophischen Raumerfüllung in letzter Instanz zu widersprechen, da sogar der Begriff der philosophischen Raumerfüllung überhaupt ganz hinter seinen Begriffen liegt. Es kann sich das nicht stoßen, was gar nicht aufeinandertrifft.

Nun meine ich zwar nicht wirklich, daß ein solcher zweimal abgezogener kontinuierlicher Äther zwischen den letzten Atomen die Grenzvorstellung ist, auf die man endlich kommen soll, weil sie in der Tat keine wahre Grenzvorstellung im Sinne des atomistischen Systems ist und der Atomismus sich unstreitig nicht durch eine Transaktion mit der dynamischen Ansicht, sondern nur durch eine reine Zuspitzung in sich zum philosophischen System gipfeln kann. Aber im Grunde kann die heutige Philosophie sich eben auch nur gegen einen solchen philosophischen Atomismus der Zukunft, wovon ich im folgenden Teile spreche, nicht gegen den heutigen physikalischen Atomismus wenden, der von unserer voraussetzlichen Grenze noch gar nichts weiß, bis zu etwas absolut Letztem gar nicht geht und hiermit der heutigen Philosophie noch jeden Raum für eine Hypostasierung ihrer raumerfüllenden Kräfte gibt. Sie fülle nur nicht mit ungreiflichen, zerfließlichen Begriffen den Raum, soweit die Wissenschaft des Greiflichen darin noch etwas greifen und fassen kann.

Nach allem ist nicht geleugnet, vielmehr von Anfang an und öfters willig zugestanden, daß die ganze physikalische Atomistik sich noch auf einem Zustand großer Unvollkommenheit befindet und noch eine Menge Probleme in ihr ungelöst liegen, die sich in der philosophischen Betrachtung der Dinge gar nicht einmal stellen, weil sie dieselben nur allgemein und obenhin ins Auge faßt. Sofern man auf dem einzig sicheren mathematischen Wege die näheren Verhältnisse der Atome aus den Erscheinungen rückwärts erschließen oder hypothetische Verhältnisse derselben durch Berechnung ihrer Folgerungen an den Erfahrungen prüfen will, findet man die Methoden der mathematischen und mechanischen

Wissenschaften selbst bei weitem noch nicht hinreichend dazu fortge-schritten; daher über die näheren Verhältnisse der Atome noch sehr schwankende Vorstellungen unter den Physikern selbst herrschen; aber auch recht wohl herrschen können, ohne daß durch diese Unsicherheit des besonderen die Sicherheit des allgemeinen Gesichtspunktes selbst ge-fährdet wird. Vielmehr wird sich jeder, der nicht sein Meinen von der Sa-che für die Sache erklärt, bescheiden, daß über Gestalt, Größe, Dichtig-keit, letzte Konstitution, das genaue Gesetz der Kräfte der Atome sich bis jetzt nichts im einzelnen Bestimmtes sagen läßt, obwohl soviel allgemein Bestimmtes, um die Folgerungen und Vorteile daraus ziehen zu können und sich aus den Gesichtspunkten daran gebunden halten zu müssen, die wir früher namhaft gemacht. Leistet die Atomistik noch nicht alles, was man einst von ihr zu erwarten hat, so ist daran zu denken, daß es kein Vorwurf ist, noch ein Kind zu sein; vielmehr daß sie als Kind schon so viel leistet, läßt von ihrer Zukunft alles noch erwarten.

11. Ästhetischer Gesichtspunkt. Vorwurf, daß die Atomistik eine zersplitternde oder materialistische Weltanschauung mitführe oder begünstige

Leichter und geläufiger, als die Atomistik durch wissenschaftliche Gründe zu widerlegen, ist es dem Philosophen von jeher gewesen, sie durch Bezeichnung derselben als einer groben, materialistischen, mechanischen, geistlosen, spieligen, willkürlichen dem ästhetischen Urteil zu verleiden; aber die Zurückwendung dieser Waffe ist nicht minder leicht. Zwar kann auf diesem Wege unstreitig überhaupt nichts entschieden werden, doch da der Gegner ihn so gern betritt, sich hier am meisten im Vorteil hält und namentlich es liebt, den außerhalb der Philosophie Stehenden einen ästhetischen Schreck vor der Atomistik einzujagen, muß es wohl erlaubt sein, ihm auch auf diesem Wege mit einigen Worten zu begegnen; es soll aber so geschehen, daß, statt uns in Allgemeinheiten zu ergehen, wir nichts tun als die Verhältnisse beider Ansichten anschaulich einander gegenüberstellen; denn die Anschauung ist ja der Boden des ästhetischen Urteils. Und ganz gleichgültig kann ein solches doch nicht gelten; denn die Schönheit ist ja der Wahrheit Schwester. Wir fragen also jetzt nicht mehr: Wie bewährt und beweist sich die Atomistik auf Unterlagen der Erfahrung dem prüfenden und sichtenden Verstande, der kombinierenden und richtenden Vernunft?, sondern einfach: Wie erscheint und gefällt sie dem gesunden Blick, wie spricht sie den Geist an, der in der Schönheit auch die Wahrheit ahnt? Aus diesem neuen Gesichtspunkte mögen die schon besprochenen Verhältnisse kurz noch einmal durchlaufen werden.

Und so frage ich zuvörderst dem Dynamiker entgegen, der das zerstückte Wesen der Atomenwelt schilt, indem er ihre durchsichtige Gliederung mit Zerstückelung verwechselt: Ist es denn eine schönere und erbaulichere Ansicht von der Welt, selbe mit einem zusammenhängenden Klebwerk ausgefüllt zu denken, wo nichts sich wahrhaft scheidet, nichts Platz hat, bei Bewegungen auszuweichen, es sei denn, daß es den Nachbar quetsche. Der Himmel, in dessen Ordnung wir den Gipfel der Schönheit und Erhabenheit sehen, mit seinen einzelnen Bällen, die sich so weit als möglich voneinander halten, gibt uns wohl ein ander Beispiel.

Warum nennt ihn der Dynamiker nicht auch eine zusammenhanglose, grobe, materialistische, mechanische, tote, spielige Veranstaltung? Er ist nichts als ein atomistisches System im großen, wie das des Physikers ein Kosmos, ein schmuckvoller Bau nur im kleinen.

Nach der atomistischen Ansicht ist jeder Körper ein System, sich gliedernd und untergliedernd in größere, kleinere Gruppen, endlich Teilchen, die sich durch wirksame Kräfte gegeneinander in Abstand, Ordnung, Schwebe halten, alles individualisiert bis ins Einzelnste und doch verbunden zum haltbarsten Ganzen. Jeder Anstoß eines Körpers regt jedes seiner Teilchen zu einer besonderen Bewegung an; aber die Kraft- und Gesetzesbeziehungen, in denen alle stehen, verknüpfen die Oszillationen aller zu einem gemeinschaftlichen und sukzessiven Tanze, mit dem der Ton sich gattet, im kleinen vorspielend, was im Menschenreiche im großen mit Sinn und Gefühl nachgetan wird. Jeder Ton, der einfach in den Raum hineinklingt, bezeugt nichts weiter als eben den Einklang der Bewegungen aller. Die Harmonie der Sphären, eine Fabel in der großen Welt, verwirklicht sich hier in der kleinen. Der Stoß in dieser Welt ist gar kein wahrer Stoß im Sinne des Dynamikers, woran dieser den Begriff des Mechanismus knüpft; in seiner Welt allein vermag er ihn zu finden. In der Atomenwelt weicht jedes Teilchen anmutig beiseite oder tritt zurück, je nachdem mehr Platz hier oder da, wenn sich ein anderes nähert, und gönnt ihm zeitweis seine Stelle, nur eben in der dynamischen Welt stößt, quetscht und zerquetscht sich das Nachbarliche. Doch ob das Teilchen seinen Ort zeitweis aufgibt, verlangt es ihn auch wieder und nimmt ihn wieder ein, solange die allgemeine Ordnung des Dinges nicht zerbricht oder sich nicht dauernd verschiebt (Elastizität und deren Grenze). Aber auch einträchtig rücken sie bald zusammen, bald voneinander, je nachdem es kalt oder warm, wie es die Menschen nachtun, und gatten sich wie sie und verkehren wie sie miteinander, nicht indem sie *durch* einander, sondern *zwischen* einander durchgehen und darum auch wieder ungeändert zwischen einander hervorgehen (chemische Verhältnisse). Und nicht bloß indem sie sich mit diesen oder jenen anderen zusammenstellen, auch indem dieselben sich in andere Ordnung stellen, gibt es ein ander Ding (Isomerie). Und wo sie sich nach einer Richtung anders ordnen als nach der anderen, erlangt das Ding nach verschiedenen Richtungen verschiedene Eigenschaften (Verschiedenheit der Ausdehnbarkeit, des Blätterdurchganges, der Härte usw.). Von der Sonne zur Erde stehen in langer Reihe die Boten und rufen sich des Lichtes Botschaft zu und rufen sie noch fort durch die Straßen der Luft und des Kristalls, bis sie gelangt in den inneren Haushalt der Erde, wo der Ruf darin sein Ende findet, daß er das Wirken und das Schaffen anregt (Fortpflanzung und Absorption des Lichts). Und wie im großen Haushalt des Himmels die großen Massen die kleineren an sich gefesselt halten nicht durch starre Bande, sondern in lebendigen Kreisen, so kreisen in dem kleinen irdischen Haushalt um wägbare Zentren die unwägbaren Zentren, ihre Bahnen bald erweiternd, bald verengend (gebundene Imponderabilien und Spiel derselben).

Wie licht ist es in allen Räumen der Atomistik! Wie im Kristallpalast sieht man durch lauter Fenster. Das, was wir Fenster nennen, hat da erst wahre Fenster; das, was wir dunkel nennen, strahlt doch von innerer Helle.

Der Geist tritt auf und fragt, was habe ich mit euch zu schaffen? Und die Atome sagen: Wir breiten unsere Einzelheiten deiner Einheit unter; das Gesetz ist der Heerführer unserer Scharen, du aber bist der König, in dessen Dienste er sie führt.

Dies alles, so organisch Gefügte und Geknüpfte, bis ins letzte abwärts Gegliederte, bis ins feinste Individualisierte, Ausgearbeitete, Geordnete, eine unendliche Tätigkeitsfülle Entwickelnde, im Begrifflichen handgreiflich, im Handgreiflichen begrifflich Bestimmte, jeder klaren Konstruktion sich Bietende, der Herrschaft von Zahl, Gesetz und endlich Geist sich Fügende, fließt für die *Anschauung* des Dynamikers klumpig zusammen und verflüchtigt sich für den *Begriff* in allgemeine, vieldeutige und vielspaltige Abstraktionen.[1] Und das sind keine leeren Insinuationen, sondern aufzeiglich ist es so. Und wenn er jenes alles eine Spielerei nennt, weil es in der Tat zu seiner Erbaulichkeit und Beschaulichkeit noch lustig und ergötzlich scheint, das Kind mit dem atomistischen Baukasten noch spielen möchte, so liegt doch ein hoher Ernst in diesem scheinbar kindischen Spiel, so haben doch die ernstesten und strengsten Betrachtungen darauf geführt, und das Größte in der Natur spiegelt sich nur im Kleinsten der Natur. Wie oft aber knüpft sich auch sonst ein Extrem an das andere. Ich sage, die ernstesten und strengsten Betrachtungen haben auf das geführt, was der Dynamiker für eine Spielerei ausgeben möchte, weil es nur dem Spiel der Dinge, nicht dem Spiel seiner Begriffe entspricht. Oder wollen die Dynamiker behaupten, daß die Forschungen eines *Laplace, Poisson, Fresnel, Cauchy, Weber* und so vieler anderer Mathematiker und Physiker, die diesen Weg gegangen, minder streng sind als die ihren, daß sie um Spielens willen ihn gegangen?

Blicken wir von der Welt des Kleinsten in die größere Welt, die wir nicht erst durch Schluß und Hypothese zu konstruieren nötig haben, in der wir wohnen, mit der wir durch Anschauung lebendig verkehren, so zeigt sich überall unmittelbar der Vorzug des atomistischen *Prinzips,* und das atomistische *System* tut eben weiter nichts als das, was uns im großen so vorzüglich scheint, bis in das Kleinste durchbilden oder bis zu seiner unteren Grenze und hiermit seinem unteren Grund verfolgen.

Eine Säulenreihe mit einzelnen Säulen ist doch schöner als eine zusammenhängende Wand; ein Klavier mit einzelnen Tasten und Saiten reicherer Harmonien der Melodien fähig als ein Brett, Balken und Seil; ein Buch mit einzelnen Blättern einsichtiger und inhaltsvoller als ein Stück Papiermaché! Ja wenn man sieht, wie sogar der Fluß der Melodien, die einheitlichen Harmonien der Musik selbst nicht aus fließenden, sondern atomistisch voneinander abgesetzten Tönen hervorgehen, die ganze Skala nur durch solche schreitet; wie der Geist, das einheitlichste Wesen, was es gibt, sich draußen an eine Zusammenstellung von diskreten Buchstaben, drinnen an eine Zusammenstellung von diskreten Hirnfasern knüpft; wie in der Menschheit die Menschen sich atomistisch gegeneinander stellen, eine Armee, von *einem* Geiste regiert, doch nur aus einzelnen Individuen besteht; wie jedes Menschen Schritte, Worte wieder das atomistische Prinzip befolgen; so sollte man an solchen Beispielen das atomistische Prinzip wohl anders würdigen lernen, als es vom Dynamiker geschieht. Alle Schönheit, alle Einheit, alle Kraft, aller Geist der Dinge hängt ja sichtlich am atomistischen Prinzip. Der Philosoph nennt die Atome Sand, und es sind Buchstaben der Dinge.

Nun freilich können die Atome weder die Schönheit noch die Einheit, noch die Kraft, noch den Geist der Welt durch sich selbst allein machen; sie können sich vielmehr all dem bloß unterbauen; sie sind nichts als das unterwürfigste Substrat; aber es zeigt sich doch, sie sind das passendste Substrat. Der Dynamiker aber will den Stoff gleich durch sich selber binden und wirft nun dem Atomistiker, der das Band erst höher hinauf sucht, vor, daß er die Welt zersplittert.

In der Tat, hört man den Dynamiker, so kann man freilich leicht glauben, der Streit zwischen dynamischer und atomistischer Ansicht sei wesentlich ein Streit um Zusammenhang und Zusammenhanglosigkeit der Welt; ja der Dynamiker legt gern einen Hauptgesichtspunkt des Streits hierin. Nun mag gegen manche ältere und namentlich die älteste Auffassung der Atomistik der Vorwurf wirklich gerecht sein, daß die Welt dadurch zu einem zusammenhanglosen Aggregat werde; allein wer hiergegen noch kämpfen wollte, würde nur gegen verfallene Windmühlen kämpfen. Die heutige Atomistik der Physiker trifft dieser Vorwurf nicht; das alte Korn, aus dem sie aufgewachsen, ist längst zergangen. Sie findet freilich keinen Zusammenhang in der Materie, noch sucht sie ihn darin, aber, wie schon angedeutet, über der Materie, in einem alle Materie und ihre Bewegung beherrschenden, ihren Kraftzusammenhang knüpfenden Gesetze; ist dies nicht Zusammenhang genug auf ihrem Gebiete? Und sie hindert dabei nicht, wie wir nur eben geltend gemacht, noch den anders oder höher liegenden Gesichtspunkt der Verknüpfung der Existenz in geistiger Einheit anzuerkennen; nur daß sie als eine Lehre vom Körperlichen sich hiermit nicht zu beschäftigen hat. Die Atome bleiben als solche immer nur Elemente der Körperwelt, die Physik hat sie also auch nur zu Konstruktionen des Körperlichen zu verwenden; doch leugnet sie darum noch nicht Geist und Gott und verlangt nur dagegen, daß man um Gottes und Geistes willen nicht die Atome leugne, die keinen Widerspruch dagegen enthalten, vielmehr den Boden pflastern, auf dem das Höchste steht und geht.

Es muß doch jedenfalls Wege geben, mit einer streng atomistischen Ansicht die Ansicht vom durchgreifendsten teleologischen, Kraft- und geistigen Zusammenhange zu vereinbaren, da ich selbst diese Möglichkeit mit meinen Ansichten verwirkliche. Nun mag man diesen Ansichten widersprechen, so widersprechen sie dafür anderen Ansichten.

Nachdem man schon ein Band der Welt erst in der Zeit, dann im Raume, dann in der Bewegung, dann in Kraft und Gesetz, dann in Geist und Gott hat, sollte man meinen, es wäre endlich daran genug und endlich nach allen Banden auch etwas erwünscht, ja notwendig anzunehmen, was gebunden wird; und mag sich vieles in der Welt wechselseitig binden, so ist doch Gott der absolut alles in sein Band Fassende, welchem gegenüber man nun auch etwas erwarten und fordern kann, was ohne Band an sich nur da ist, ins Band gefaßt zu werden, hiermit zugleich den Bändern der Welt feste und letzte Ansatzpunkte zu gewähren. Das sind die Atome. Was hat der Dynamiker dafür? So ist der Gegensatz der atomistischen und der dynamischen Welt in der Tat nicht der, daß jene ein zerfallenes, diese ein gebundenes Wesen, sondern daß jene ein ins letzte gegliedertes, diese ein verschwommenes Wesen, jene ein Wesen mit festem Knochenbau, diese ein Mollusk ist.

Wodurch unterscheidet sich doch ein lebendiger Mensch von einer marmornen oder töpfernen Statue? Zuvörderst unstreitig dadurch, daß ersterer Geist, Seele und willkürliche Bewegung hat, letztere nicht. Aber noch etwas: auch dadurch, daß jener bis ins Innerste und Feinste organisiert, gegliedert ist, letztere nur eine oberflächlich sichtbare Gliederung und Gelenkung zeigt. Und wer kann zweifeln, daß der Geist des Menschen selbst wesentlich mit solcher Organisation zusammenhängt. Im Verhältnis der atomistischen und dynamischen Welt findet man aber nur tiefer gefaßt ganz das Verhältnis zwischen der Gliederung des Organismus und der Töpferstatue wieder. Dort reicht sie bis ins Unbestimmte; hier bleibt sie bei einer im groben mit sinnlichen Augen sichtbaren Grenze stehen. Was hilft es nun, wenn man die Statue mit schönen Worten bearbeitet; sie bleibt ein totes, unaufgeschlossenes Werk, weil ihr die innere Ausarbeitung, Gliederung, individuelle Regsamkeit fehlt.

Die dynamische Ansicht erkennt die Zelle an; jeder Organismus ist eine Verknüpfung von unsäglich vielen Zellen. Also widerstrebt es der Idee des Organismus nicht, aus Einzelheiten verknüpft zu sein. Von jeher galt den Philosophen die Welt als ein nur allgemeinerer Organismus wie der unsere. Nach Maßgabe nun, als man vom menschlichen Organismus zu einer allgemeineren Verknüpfung mittelst der Philosophie aufsteigt, steigt man zugleich mittelst der atomistischen Ansicht zu einer feineren Gliederung ab. Die dynamische Ansicht steigt wohl zu derselben Höhe auf, aber indem sie in dieselbe Tiefe herabsteigen will, versinkt sie in den Sumpf der kontinuierlichen Materie.

Der Philosoph sagt etwa hiergegen: Mögen eure Atome noch so sehr durch Gesetz und Geist verknüpft erscheinen, aber die Begriffe Atom, Gesetz, Geist selbst sind nicht verknüpft; und können durch den Atomistiker überhaupt nur in äußeren Zusammenhang gebracht und ein solcher nur empirisch und äußerlich von ihm aufgezeigt oder begründet werden. Aber wenn sich doch der atomistische Zusammenhang empirisch aufzeigen oder begründen läßt, wie wir im bisherigen getan zu haben meinen, und weiter reicht die Aufgabe der Physik als solcher nicht, so muß er sich auch begrifflich aufzeigen und begründen lassen; und wenn es die Philosophie nicht tut, so tut sie eben nicht ihre Schuldigkeit, und wenn sie es nicht vermag, so zeigt sie damit eben ihr Unvermögen, beweist sie damit eben, daß sie im Leeren steht, und aus dem Leeren ins Leere baut. Gesetzt aber, der dialektische Zusammenhang im neueren Sinne, den manche unserer Gegner unstreitig als den allein bedeutsamen und wesenhaften im Auge haben, sei wirklich als solcher anzuerkennen, wo läge denn das Hindernis, die Atomistik auch in *diesen* Zusammenhang zu bringen, in den Formeln dieser Methode auszudrücken? Der Begriff der Diskontinuität der Materie ist gegen den dialektischen Prozeß nicht im mindesten spröder als der der Kontinuität; ein einziger Schlag der dialektischen Wippe reicht ja hin, das eine in das andere zu verkehren; ein jeder hat die Schläge, die Zahl, die Folge derselben ganz in seiner Hand; der Dialektiker ist überhaupt nach den bisherigen Erfahrungen darin Gott gleich, daß seine Macht so weit reicht als sein Wille. Ja, fragen wir die Dialektiker selbst auf das Gewissen, ob sie nicht schon vor Anwendung des dialektischen Prozesses über sein Resultat hinsichtlich der Atomenfrage mit sich im reinen waren. So führt sie nicht der dialektische Prozeß dazu, dessen Wirbeln sie, wie die Tischrückenden den Kreisbewegungen des Tisches, zu folgen scheinen und zu folgen meinen, indes er doch nur ihrem geheimen Impulse folgt. Ob aber rechts oder links, ist eines so leicht als das andere. In der Tat, nachdem das Schema und die Freiheit des dialektischen Prozesses kein Geheimnis sind, sehe ich nicht die geringste Schwierigkeit, das bindende Gesetz, den bindenden Geist als höhere Negationen oder Aufhebungen einer an sich diskontinuierlichen Hyle und diese selbst als Negation des leeren Raumkontinuums in irgendwelcher Stufenfolge so gut dialektisch abzuleiten, als nun eben die dialektischen Ableitungen sind. Ja statt der dialektischen Ableitung zu widersprechen, könnte die Atomistik fast zu einer solchen verführen; so leicht kann man durch Negationen, die aus der Tiefe metaphysischer Begriffe selbst herausgeholt scheinen, zu ihr gelangen, wenn man nur will. Gewiß zwar würde kein anderer Dialektiker, der seine Richtung schon anders genommen, etwas auf unsere Ableitung geben; aber eben damit würde sie ganz denselben Erfolg erreichen, den alle dialektischen Ableitungen einander gegenüber bisher erreicht haben, die des Meisters der Dialektik nicht ausgenommen, und hiermit um so mehr beweisen, daß sie im Geiste der wahren Dialektik ist.

Also man lege nicht als eine Unfähigkeit der Atomistik aus, was in der Tat nur eine Unwilligkeit von uns ist, die darin liegt, daß wir nicht eine Methode brauchen mögen, mit der man nicht nur die Atomistik, sondern überhaupt alles erreichen kann, was man will. Denn die Negation des Begriffes ist eine Nacht, in der nicht nur alle Kühe schwarz sind, sondern in die man auch alle Kühe einschwärzen und also freilich nach der Wiederaufhebung zum Tage den Begriff um sie bereichert wiederfinden kann; nur hat nicht die Aufhebung und Wiederaufhebung von Tag zu Nacht und Nacht zu Tag die Bereicherung gebracht, sondern die Kühe mußten sich vielmehr dazu auf ihre eigene Weise fortpflanzen und gehen dann freilich leicht, wohin man sie treibt.

Jedenfalls kann es so wenig gegen die Atomistik beweisen, daß sie bisher noch nicht dialektisch, überhaupt nicht metaphysisch, begründet worden ist, als es gegen die Undulationstheorie beweist, daß ihr dies noch nicht widerfahren ist. Die Undulationstheorie wird trotzdem ihren Platz behalten, und beides sind Lehren gleicher und in sich zusammenhängender Ordnung.

Aber warum haben doch alle Dialektiker es einstimmig verschmäht, sich auf die Atomistik einzulassen? Unstreitig darum, weil die Forderung fester Begriffe, welche die Atomistik stellt, die festen Anknüpfungspunkte der Betrachtung, die sie gewährt, der Flüssigkeit der Methode nicht zusagen; weil die Atome ihr wie Steine im Wege liegen. Man man noch andere Gründe finden; sie bedeuten aber alle ebensowenig eine Unfähigkeit der Atomistik, dialektisch bewiesen zu werden, als vielmehr nur die Unmöglichkeit, den *Geist* der Atomistik mit dem Geist der dialektischen Methode zu vereinbaren. Und hierin liegt kein Beweis *gegen* die Atomistik, sondern eben nur der Streit mit der Atomistik.

Daß die atomistische Ansicht nicht *materialistischer* als die dynamische ist, möchte wohl insofern selbstverständlich sein, als nach der atomistischen die Materie nur fein verteilt im Raume schwebt, des Leeren mehr ist als des Vollen (da die Dimensionen der Atome sehr klein, ja selbst verschwindend gegen ihre Abstände angenommen werden), indes nach der dynamischen der Raum mit Materie ganz ausgegossen ist. In der dynamischen Welt hat der Raum selber keinen Platz vor der Materie, und der Geist, anstatt den Raum frei durchfliegen zu können, wie in der Atomistik, mit immer neuen Ruhepunkten, kann ihn nur durchwaten. Zwar zwischen den Weltkörpern werden doch die meisten Dynamiker auch eine Leerheit von wägbarer Materie und, sofern sie dem Unwägbaren kein Stoffliches unterlegen, von Materie überhaupt zugestehen und nur jenes Hinüberreichen der Kräfte von einem Weltkörper zum anderen annehmen, was der Atomistiker ebenso und in demselben Sinne zwischen seinen Atomen nicht nur zugesteht, sondern fordert. Aber um so schlimmer für das Aussehen, was die dynamische Ansicht gewinnt, wenn der harte Gegensatz zwischen ganz kompakten Klumpen und ganz leerem Raume nun im großen zugestanden und im kleinen geleugnet wird; das heißt doch die Ansicht von der Welt recht im groben halten, das heißt die Welt aus Klötzen hauen; wogegen in der atomistischen Ansicht die Weltkörper gleich keine kompakten Klumpen sind, nur engere Systeme im weiteren Systeme. Der Dynamiker sollte in der Tat bedenken, daß er durch Verwerfung des feineren Atomismus dem allergröbsten anheimfällt. Oder wäre es eine feinere idealere Ansicht, vielmehr kompakte, den Raum erfüllende Atome so groß wie die Weltkörper als solche von unbestimmbarer Kleinheit anzunehmen? Und darauf läuft zuletzt der ganze sachliche Unterschied des dynamischen vom atomistischen System heraus.

Hierauf sagt nun wohl der Dynamiker: Für uns besteht zwischen den Weltkörpern und dem krafterfüllten Raum dazwischen von vornherein kein harter Gegensatz, weil es dieselben Kräfte sind, welche die Materie im Raume bilden, die dann auch durch den Raum durchwirken. Aber es fragt sich entgegen, was ihn dann hindert, dieselbe Betrachtung auch auf die Atomenwelt zu übertragen, was ihn veranlaßt, im Reiche des Kleinsten eine kontinuierliche kompakte Raumerfüllung der Art zu fordern, daß jeder Punkt als Kraftzentrum dienen könne, da er sich doch im Großen mit einer Raumerfüllung in weiten Distanzen durch nicht handgreifliche Kräfte in der Art begnügt, daß die Punkte im Zwischenraum *nicht* als Kraftzentren dienen können. Das ist der Punkt, um den sich's streitet. Verlangte der Dynamiker auch in der Atomenwelt zur Raumerfüllung nur ein Hinüberreichen der Kräfte von einem Zentrum zum anderen, wie zwischen den Weltkörpern, so wäre er ja ganz mit uns einig, denn diese Art Raumerfüllung geben wir auch in der Atomenwelt zu; nur wird jeder mit uns zugeben, daß beide Arten Raumerfüllung aus faktischen Gesichtspunkten sich unterscheiden lassen und also auch zu unterscheiden sind.

Nun freilich meint der Dynamiker darin selbst etwas vor dem Atomistiker voraus zu haben, daß er die Materie in letzter Instanz in Kräfte geistiger oder begrifflicher Natur auflöse. Aber das berührt die Atomenfrage gar nicht und würde, wenn es sonst statthaft wäre, durch die Atomistik nicht mehr gehindert als durch die Astronomie. In der Tat, da die großen Weltatome sich dieser Auflösung für den Dynamiker fügen, so könnten die kleinen Körperatome dieser Auflösung auch kein Hindernis entgegensetzen. Ein Sandkorn ist so leicht, ja leichter durch dieselben Mittel chemisch aufgelöst als ein großer Kiesel oder Fels. Der Physiker aber befaßt sich als solcher überhaupt nicht mit einer philosophischen Auflösung der Materie, so wenig als einem Baumeister einfallen kann, seinen Sand und seine Ziegel chemisch aufzulösen; das ist Sache des Chemikers, wie jenes Sache des Philosophen sein mag.

Liegt nicht aber darin selbst ein starker Materialismus, daß der Dynamiker seine Kräfte so faßt, daß sie in Materie überschlagen? Indem er durch Konstruktion der Materie aus ideellen Kräften oder Aufhebung ideeller Kräfte zur Materie die Materie zu vergeistigen sucht, vermaterialisiert er das Geistige, Ideelle. Die Kräfte des Physikers dagegen sind ganz inkommensurabel mit der Materie und können solche nie aus ihrem Schoße gebären noch in sie umschlagen; denn alle Kräfte führen sich für ihn zuletzt nur auf Hilfsbegriffe zur Darstellung der Gesetze des Gleichgewichts und der Bewegung zurück, zufolge deren aus bisherigen Stellungen und Bewegungen neue fließen oder die bisherigen beibehalten werden; sind nur Relationsbegriffe, die ihrer Natur nach etwas voraussetzen, wozwischen die Relation besteht.

Ich glaube endlich diesen Abschnitt nicht besser schließen zu können als mit folgender Stelle aus dem Schreiben *Webers* an mich, in der er seinerseits den Vorwurf eines groben Materialismus von der Atomistik ablehnt und auf die wir uns noch künftig zurückzubeziehen Anlaß finden werden.

„Es kommt", sagt er, „darauf an, in den Ursachen der Bewegungen einen solchen konstanten Teil auszusondern, daß der Rest zwar veränderlich ist, seine Veränderungen aber bloß von *meßbaren Raum- und Zeitverhältnissen* abhängig gedacht werden können. Auf diesem Wege gelangt man zu einem Begriff von Masse, an welcher die Vorstellung von räumlicher Ausdehnung gar nicht notwendig haftet. Konsequenterweise wird dann auch die *Größe* der Atome in der atomistischen Vorstellungsweise keineswegs nach räumlicher Ausdehnung, sondern nach ihrer Masse bemessen, d. i. nach dem bei jedem Atome konstanten Verhältnisse, in welchem bei diesem Atome die Kraft zur Beschleunigung immer steht. Der Begriff von Masse (sowie auch von Atomen) ist hiernach ebensowenig roh und materialistisch wie der Begriff von Kraft, sondern ist demselben an Feinheit und geistiger Klarheit vollkommen gleichzusetzen."

12. Beziehung der Atomistik zu den allgemeinsten, höchsten und letzten Dingen

Nachdem schon so manche Erörterungen, namentlich des vorigen Kapitels, der Erwägung vorgearbeitet haben oder darin eingegangen sind, wiefern die Atomistik sich mit unseren allgemeinen und höheren Interessen vertrage, schließen wir unsere Argumentation noch mit einigen Betrachtungen ab, geeignet ins Licht zu stellen, daß diese Verträglichkeit selbst bis zu den allgemeinsten und höchsten Interessen reicht; damit nicht nach allem jemand sage: Was helfe es mir, wenn ich die ganze Welt gewänne und litte doch Schaden an meiner Seele.

Leicht zeigt sich's, der so oft und allgemein erhobene Vorwurf des Gegenteils beruht nur darauf, daß die gegnerische Philosophie die Unverträglichkeit der Atomistik mit der Weise, wie sie selbst die allgemeinsten und höchsten Interessen zu befriedigen sucht, ohne weiteres als eine Unverträglichkeit mit diesen Interessen selbst faßt. Und wie weit liegt doch beides auseinander. Vielmehr würde die Atomistik umsonst versuchen, mehr im Sinne dieser Befriedigung zu leisten als die heutige Philosophie, wenn sie ihren Wegen folgen wollte.

Gehen wir mit einigen Worten näher auf die Punkte ein, die hierbei in Betracht kommen. Wird durch die dynamische Ansicht irgendein Blick in eine Tiefe der Dinge eröffnet, also daß man Neues, anderes, Feineres, mehr Verborgenes dadurch erblickte, bis wohin die Atomistik nicht nachzukommen vermöchte? Erscheint die Natur, der Geist, die Kraft, das Leben, die Organisation danach schöner, anmutiger, reicher, idealer, preiswürdiger, erhabener? Von all dem meine ich das Gegenteil gezeigt zu haben. Worin besteht also zuletzt der Vorzug der dynamischen und das Verbrechen der atomistischen Ansicht? Daß diese den Begriff einer raumerfüllenden Kraft in der Physik nicht dulden will, daß sie Materie, Kraft und Raum überhaupt begrifflich und sachlich anders gegeneinander stellt als die dynamische Ansicht. Aber was ist denn mit jenem dynamischen Begriffe der Raumerfüllung für die Menschheit gewonnen, was hat denn diese Begriffsstellung zur Orientierung in den Erscheinungen, zur klaren Vorstellbarkeit ihres Zusammenhanges, zur Voraussicht

derselben, zur Möglichkeit, sie auseinander zu folgern, beigetragen? –
Worte, wogegen die Atomistik Taten aufzeigen kann.

Nun gibt es noch manches, ja Höheres, was über das bloße Wissens-
interesse überhaupt hinaus liegt und welchem eigentlich die Atomenfrage
ziemlich fern liegt; doch weil alles, Wissen, Glauben, Tun, zuletzt zusammenhängt, nach Inhalt und Geist des einen das andere sich mit richten
muß, so kann man freilich auch fragen, wie sich die Atomenfrage, die
zunächst nur die Struktur der Körperwelt betrifft, zu den Fragen über die
höchsten und letzten Dinge stellt. So weit Gott und das Atom auseinan-
derliegt, eine Kette muß doch von einem zum anderen reichen, und wo
sie von einem zum anderen nicht zu finden, kann auch eins oder das andere nicht existieren. Derselbe Geist, der durch die Atomistik geht, muß
sich noch als ein Hauch desselben Geistes fassen lassen, der durch alle
Himmel geht, soll sie mit Gott, soll Gott mit ihr bestehen können. Ist es
der Fall? Aber ist es nötig, nochmals daran zu erinnern, daß die Atomenwelt tief unter unseren Augen am unteren Weltende nur zugleich der Widerschein und Abschluß derselben Welt ist, deren Bau im Himmel hoch
über uns wir bewundern; und wenn wir in dieser das Zeugnis der Größe
und Fülle göttlicher Macht und ordnenden Geistes erblicken, warum
doch weniger in jener? Verträgt sich die Astronomie mit Gott, warum
doch weniger die Atomistik, welche nur die Ergänzung zu jener ist, indem sie zeigt, die Natur, der Unterbau von Gott, ist nicht nur bis in
größte Weiten, sie ist auch noch in Tiefen, die unser sinnlicher Blick
nicht zu durchdringen vermag, ordnend ausgebaut.

Vielleicht auch bei der Frage, ob Leib und Seele, die hienieden so fest
verbunden miteinander bestehen und gehen, im selben Verbande miteinander untergehen, mag's einen Unterschied machen, ob der Leib ein Wesen ist, das schon jetzt ohne Verband an sich nur durch Kraft und Geist
zusammenhält und immer neu in seine Einzelheiten sich zerstreuend von
neuem sich daraus fügt, oder ob das Leibliche an sich ein Zusammenhän-
gendes, ein Fließendes, ein Ganzes. Ich meine aber, eine je härtere Spaltung und Zerstreuung der Materie wir den Geist schon jetzt überwinden
und überdauern sehen, so weniger haben wir von solcher im Tode zu be-
sorgen. Es zeigt sich, die Spaltung und Zerstreuung der Materie selbst ist
ebendas, was ihm zur Knüpfung und immer neuen Knüpfung Anlaß
gibt.

Erinnern wir beim Riß des Lebens an den Riß der Körper. Im Sinne
der Atomistik erweitert sich hierbei der schon vorhandene Abstand der
Atome nur rasch bis zum Sichtlichen; das ist das ganze Neue; im Sinne
der dynamischen Ansicht reißt die Kontinuität. So ist auch im Sinne der
atomistischen Ansicht der Tod nur eine rasche Vergrößerung derselben

Trennung und Zerstreuung der Atome unseres Leibes, die schon besteht und täglich vorgeht; das ist das ganz Neue. Im Sinne der dynamischen Ansicht reißt die bisherige Kontinuität. So ist die atomistische Ansicht eine Spinnerin, welche den Lebensfaden im Tode nur plötzlich lang auszieht, die dynamische eine Parze, welche ihn durchschneidet.

Auch an die Sittlichkeits- und Freiheitsfrage mag man die Atomenfrage halten. Ich sehe nichts, und niemand hat noch etwas gezeigt, was uns bei jenen Fragen schlimmer stellen könnte, wenn wir die materielle Welt lieber aus kraftverknüpften Einzelheiten als fließender Substanz bestehend denken. Vielmehr gewährt die Atomistik, indem sie das Prinzip der Individualität in der Körperwelt bis ins Unterste durchbildet und jeden individuellen Teil bei selbsteigenster Regung doch dem allgemeinen Gesetz und Verbande sich fügen läßt, noch in der Welt des Kleinsten die schönsten erläuternden Bilder für eine gesellschaftliche Organisation und Gliederung, wo jeder einzelne sein Recht und seine Pflicht und seine Tätigkeit nur nach der Stellung zu dem Ganzen hat. Höher kann ein Mensch es im Sittlichen gar nicht bringen als ein Atom in seinem Verbande, nur daß er es mit Freiheit dahin bringe. Daß aber mehr Freiheit der Bewegungen stattfindet, wenn jedes Teilchen einen Spielraum um sich hat, als wenn es an dem Nachbar klebt, versteht sich ohnedem, und ist die geistige Freiheit auch anderer Natur als diese körperliche, so hat sie doch in dieser das vollkommenste Instrument.

Diese flüchtigen Andeutungen – es schiene mir leicht, doch nutzlos, sie noch weiter auszuführen – mögen genügen, zu zeigen, daß die Atomistik sich auch über die Bedürfnisse der Physik hinaus mit allen Forderungen nicht nur wohl verträgt, sondern selbst denselben erfreulich und förderlich entgegenkommt, die wir in Betreff der höchsten und letzten Dinge stellen mögen.

Hierbei ist nochmals zu erinnern, daß die heutige Atomistik nicht mehr die alte Atomistik, auf welche manche Vorwürfe passen mögen, die die heutige nicht mehr treffen können.

Auch heutzutage freilich gibt es Atheisten und Unsterblichkeitsleugner unter den Atomisten; es gibt ihrer aber nicht minder unter den Gegner derselben. Unstreitig bringt die Atomistik, wie die Naturforschung überhaupt, deren Zweig sie ist, eine Gefahr mit, Gott und was mit Gott zusammenhängt, zu verlieren für den, der da vergißt, daß die Atomistik nur das letzte Gefüge der materiellen Welt, nicht die ideelle Einheit, Spitze und Wesenheit der Dinge betrifft, und etwa eins über dem anderen aus den Augen läßt oder durch das andere beseitigt und ausgeschlossen hält. Welches Moment der Wahrheit und Wirklichkeit aber ist nicht dem ausgesetzt, dadurch zum Irrtum zu verführen, daß ihm ein alleiniges

Gewicht beigelegt, die Totalität darin gesucht oder darauf gebaut wird? Von der anderen Seite gerät die Atomistik, die sich mit Gott nichts zu schaffen macht, weil das ganz außer ihrer Aufgabe liegt, viel weniger in Gefahr, Gott wegzuschaffen oder auf einen so leeren Begriff zu reduzieren oder in solcher Vermenschlichung aufgehen zu lassen als die philosophischen Richtungen, welche der Atomistik den Pferdefuß andichten. So liegt die Gefahr auf jeder Seite nur an einer anderen Stelle; dort in einer Negation, hier in Positionen; was ist schlimmer? Im Grunde aber ist es weder die Schuld der Atomistik noch Philosophie, sondern des Atomistikers oder Philosophen, die Gott verlieren oder seine Idee in Schein und Aberwitz verkehren läßt.

Im allgemeinen kann man wohl sagen, der Glaube an jene höchsten Ideen nimmt überhaupt die Wissenschaft vielmehr als Stab in die Hand, als daß er sich darauf wie auf einen Fuß stützte. Daß nun die Atomistik als Stab des Glaubens, falls man einen solchen sucht, mindestens so brauchbar ist als die dynamische Ansicht, meine ich mit vorigen Andeutungen jedenfalls gezeigt zu haben; es gehört nur der Wille dazu, sie dazu zu brauchen, genügt aber auch dazu. Ein anderer kann denselben Stab dann auch wohl brauchen, auf den Glauben loszuschlagen; es gehört auch nur der Wille dazu; die Atomistik an sich macht keinen Gott und leugnet keinen Gott. Doch bleibe ich dabei stehen: Eine atomistische Welt ist ein der erhabensten Idee von Gott würdigerer und ein unsagbar schönerer Bau als die dynamische.

Die dynamische Ansicht der Dinge gleicht dem Nebel, der in zusammenhängendem Schein die Gegend bedeckt und sein Wogen und Ziehen und Fliehen den Dingen substituiert, die er verdeckt. Der zusammenhängende Nebel muß sich in unzusammenhängende Regen- und Tautropfen auflösen; daraus kommt Fruchtbarkeit und Klarheit, und die Dinge erscheinen in ihrem Glanze.

13. Resümee der physikalischen Atomistik

Ziehen wir endlich noch kurz die Summe dessen, was wir bis jetzt von Hauptpunkten in Sachen der Atomistik als sicher oder mit überwiegender Wahrscheinlichkeit festgestellt halten dürfen, so scheint es uns folgendes zu sein; und nur dieser Kern und Grundstock der Atomistik aus unter sich zusammenhängenden, durch den Zusammenhang der Tatsachen selbst geforderten, von den vorzüglichsten Vertretern der Atomistik übereinstimmend anerkannten Sätzen ist es, auf den sich die Rechtfertigung in dieser Schrift bezieht; denn ich sage nochmals: Wir können weder Voreiligkeiten noch Absurditäten, wie sie in Sachen der Atomistik so gut als in jeder anderen Lehre aufgestellt sind, rechtfertigen wollen, und will der Philosoph sie angreifen, wir geben sie ihm preis, doch damit nicht die Atomistik.

Die wägbare Materie ist räumlich in diskrete Teile geteilt zu denken, wozwischen eine unwägbare Substanz (Äther) sich findet, über deren Natur und Verhältnisse zur wägbaren Materie zwar noch nach vieler Hinsicht Unsicherheit besteht, die aber jedenfalls nicht minder als jene räumlich zu lokalisieren und in diskrete Teile geteilt zu denken ist, wozwischen nun entweder ein absolut leerer Raum besteht oder nur ein Etwas ist, was von der Philosophie immerhin ihrer Idee der Raumerfüllung zuliebe angenommen werden mag, aber keinen Einfluß mehr auf die physischen Erscheinungen hat, also auch nicht vom Physiker berücksichtigt werden kann, oder nur in einer ähnlichen Weise den Raum erfüllt, als man von der Gravitation freilich auch sagen kann, sie erfülle und durchdringe mit ihrer Wirksamkeit den Raum, dessenungeachtet aber doch genötigt ist, sie noch an besondere diskrete Zentren anzuknüpfen, von denen aus sie als wirkend angesehen werden muß. Sämtliche kleinste Teile (Atome), sowohl die dem *Wägbaren als Unwägbaren* angehören, stehen wie die Weltkörper, an denen man überhaupt viele ihrer Verhältnisse erläutern kann, durch Kräfte miteinander in Beziehung und gehorchen denselben allgemeinsten *Gesetzen des Gleichgewichts und der Bewegung,* die in jeder exakten Mechanik für große und kleine, wägbare und unwägbare Massen als in eins geltend aufgestellt werden. Die letzten Atome sind entweder an sich unzerstörbar, oder es sind wenigstens im Bereiche der Physik und Chemie keine Mittel gegeben, sie zu zerstören, und liegen keine Gründe vor, eine je eintretende Zerstörung oder Verflüssigung derselben anzunehmen.

Von diesen letzten Atomen vereinigen sich im Gebiete des Wägbaren mehr oder weniger zu kleinen Gruppen (sogenannten Molekülen oder zusammengesetzten Atomen), die weiter voneinander entfernt sind als die Atome in jeder Gruppe für sich; eine Stufenleiter, die sich noch höher bauen kann, so daß kleinere Gruppen sich abermals zu größeren vereinigen. (Diejenigen Gruppen, in welche ein Körper zunächst zerfällbar, nennt man wohl seine *integrierenden* Partikeln). Diese zusammengesetzten Atome, Moleküle, können allerdings disaggregiert werden und ihre Bestandatome sich in neuen Verbindungen zusammenstellen.

In umgekehrter Richtung verfolgt, kann man sagen, die Körper gliedern und untergliedern sich im allgemeinen in größere und kleinere Gruppen von Teilchen, herab bis zu letzten Atomen, von denen wohl jene, aber nicht diese zerstörbar sind.

Vom Abstande der letzten Atome ist nur so viel gewiß, daß er sehr groß im Verhältnis zu den Dimensionen der betreffenden Atome. Von den absoluten Dimensionen der Atome, ja ob die letzten Atome angebbare Dimensionen haben, ist nichts bekannt.

Den Molekülen oder zusammengesetzten Atomen kann eine bestimmte Gestalt als Umriß der von ihnen befaßten Gruppe beigelegt werden, von der Gestalt der letzten Atome ist nichts bekannt.

Die Kräfte der Atome sind teils anziehender, teils abstoßender Natur; mindestens ist es bis jetzt noch nicht geglückt, sie auf bloß anziehende zurückzuführen. Sie wirken nach Funktionen der Distanz der Teilchen. Das genaue Gesetz der Kräfte ist nicht bekannt.

Im allgemeinen herrscht jetzt unter den Physikern die Annahme vor, daß die wägbaren Atome sich gegenseitig anziehen, die Ätheratome sich abstoßen, zwischen wägbaren Atomen und Ätheratomen aber Anziehung stattfindet. Jedes wägbare Atom oder Molekül hält man von einer verdichteten Ätheratmosphäre umgeben und die zwischen den Äthersphären stattfindende Abstoßung mit der Anziehung der wägbaren Kerne untereinander in Konflikt tretend.

Poisson, eine der vorzüglichsten Autoritäten in diesem Gebiete, siehe auch *Wilhelmi* in seinem „Versuch einer mathematisch-philosophischen Theorie der Wärme",[1] äußert sich über die Molekularkraft wörtlich wie folgt:

„Toutes les parties de la matière sont soumises à deux sortes d'actions mutuelles. L'une est attractive, indépendante de la nature des corps, proportionelle au produit des masses, et en raison inverse du carré des distances; elle s'étend indéfiniment dans l'espace et produit la pesanteur universelle et tous les phénomènes d'équilibre et de mouvement qui sont du ressort da la mécanique céleste. L'autre est attractive ou répulsive; elle dépend de la nature des particules et de leur quantité de chaleur: son intensité décroit très rapidement quand la distance augmente et devient insensible, dès que la distance a acquis une grandeur sensible. ... Indépendamment de la matière pondérable, dont elle est formée, chaque molécule renferme en outre une certaine quantité de la substance impondérable, à laquelle on attribue les phénomènes de la chaleur. Cette substance est retenue plus ou mois fortement dans la molécule par l'attraction de la matière pondérable. Une partie s'en échappe en chaque instant sous forme rayonnante; une autre partie provenante de ce rayonnement des autres particules, est absorbée et réfléchie à la rencontre de cette molécule. ... La quantité de calorique contenue dans le vide doit être regardée comme insensible en égard à celle qui s'attache aux particules matérielles, car d'après une expérience de *Gay-Lussac,* lorsqu'on diminue ou que l'on augmente sensiblement un espace vide, on ne voit se manifester aucune variation de chaleur, ni dans cet espace, ni dans les corps environnants, contrairement à ce qui arrive, dès que ce même espace contient un peu d'air ou d'un gaz quelconque. Il résulte de là que les forces répulsives que nous considérerons ne peuvent émaner que des points matérielles des corps, et nullement des espaces vides qui séparent les molécules. Celles-ci peuvent encore renfermer les fluides électriques ou magnétiques."[2]

Übrigens ist noch nicht ins Sichere und Klare gebracht, weder wie die Wirkungen des Ponderabeln und Imponderabeln in den Körpern auseinanderzuhalten noch wiefern die Molekularkräfte, auf die man rekurriert, Grundkräfte oder resultierende sind, noch wiefern die Körperwärme auf Schwingungen der wägbaren oder unwägbaren Atome oder beider zu beziehen sei und selbst wiefern es sich dabei wesentlich um Schwingungen handle. Insbesondere über die Wärme der Gase sind neuerdings (von *Krönig* und *Clausius)* eigentümliche, mindestens von gewisser Seite her sehr probable Ansichten aufgestellt worden, welche von vielen Physikern geteilt werden.[3]

Was die Konstitution des Äthers im Himmelsraume und in den Körpern insbesondere anlangt, so besteht er bemerktermaßen nicht minder als die wägbaren Körper aus Teilchen, die in Entfernungen voneinander befindlich sind. Diese Entfernungen sind so groß, daß die Dimensionen der Teilchen dagegen verschwinden. Eine Schwere des Äthers kann, wenn sie stattfindet, bei allen Erscheinungen des Lichts gegen die anderen Kräfte, wovon diese Erscheinungen abhängen, vernachlässigt werden, so daß der Äther in diesem Bezuge sich als nicht schwer ansehen läßt. Ob er den Bewegungen der Weltkörper einen Widerstand entgegensetzt, ist noch nicht ganz entschieden. Er ist zwar nicht ganz inkompressibel,[4] seine Teilchen lassen sich aber ohne Vergleich leichter gegeneinander verschieben als durch Zusammendrückung einander nähern. Er ist im Besitze der vollkommensten Elastizität, d. h., die Kraft, mit der ein aus der Lage seines Gleichgewichts (Ruhepunkt) gebrachtes Ätheratom in diese Lage zurückzukehren strebt, ist der Entfernung vom Ruhepunkte genau proportional. Vermöge seiner Elastizität sind die Teilchen des Äthers ebenso einer Schwingung fähig als die Teilchen der Luft, wenn sie durch irgendeine Ursache aus der Lage des Gleichgewichts gebracht sind, und diese Schwingungen pflanzen sich von Teilchen zu Teilchen auf analoge Weise fort als die Schallschwingungen in der Luft und bringen dadurch die Erscheinungen des Lichts und der Strahlwärme hervor, welche sich, wie es scheint, wesentlich nur durch eine verschiedene Schnelligkeit der Schwingungen unterscheiden. Die Schwingungen, durch welche diese Erscheinungen hervorgerufen werden, sind transversal, nicht longitudinal, d. h. nicht nach der Länge des Strahls, sondern quer dagegen gerichtet, und so klein, daß sie nur sehr wenig im Verhältnis zum gegenseitigen Abstande der Ätherteilchen betragen. Die Dichtigkeit und Elastizität des Äthers ist in Körpern von verschiedener Beschaffenheit verschieden. Man unterscheidet *absolute Elastizität* als die ganze Kraft, womit ein beliebiges Teilchen des Äthers in die Lage seines Gleichgewichts zurückkehrt, wenn es um eine gegebene kleine Weite aus dieser Lage abgelenkt wird, meßbar durch den kleinen Geschwindigkeitszuwachs, den es bei gegebener Ablenkung durch diese Kraft erhält, und *spezifische Elastizität*, d. i. die absolute Elastizität, dividiert durch die Dichtigkeit des Äthers, meßbar durch das Quadrat der Geschwindigkeit, mit welcher sich Schwingungen fortpflanzen, die in der Richtung geschehen, nach welcher die Elastizität betrachtet wird, als welche in doppelt brechenden Körpern nach verschiedener Richtung verschieden ist.[5] Die spezifische Elastizität ist in den brechenden Mitteln kleiner als im sog. leeren Raume;[6] inwiefern aber die Änderungen derselben vielmehr von Änderungen der absoluten Elastizität oder Dichtigkeit abhängen, ist nicht sicher entschieden.

Je nachdem man annimmt, daß die absolute Elastizität des Äthers in allen Körpern gleich und nur die Dichtigkeit veränderlich ist oder umgekehrt, hat man die Schwingungsrichtung für senkrecht auf die Polarisationsebene oder für koinzidierend damit anzusehen.[7] Erstere Ansicht wird von *Fresnel, Ångström, Guiidinger, Lorenz* und späterhin von *Cauchy*[8] vertreten, letztere von *Neumann,*[9] *Mac Cullagh, Jamin, Babinet, Holtzmann* und früherhin von *Cauchy.*[10] Neuere Versuche von *Quincke*[11] sprechen für die letztere Ansicht. Sie stützen sich auf das mindestens höchst wahrscheinliche Prinzip, daß die Phase von Strahlen, deren Schwingungen in der Einfallsebene liegen, sich mit dem Einfallswinkel mehr ändern muß als die der Strahlen mit Schwingungen senkrecht zur Einfallsebene, welche sogar wahrscheinlich bei allen Einfallswinkeln dieselbe Phasenänderung erleiden. Indessen wird dies Prinzip doch nicht von allen Physikern für ganz evident gehalten.

So sieht man nun freilich, was schon oben zugestanden worden, die Atomistik auf ihrem heutigen Stande läßt noch gar vieles unbestimmt; und gerade das, was der Philosoph am liebsten wissen möchte, um den Physiker dabei zu fassen, die Ansichten des Physikers über Gestalt, Größe, Dichtigkeit, Masse der letzten oder Grundatome, die Grundverhältnisse des Wägbaren und Unwägbaren, läßt sie bis jetzt dahingestellt, weil sie darüber noch nicht zu entscheiden weiß, wenn schon nicht ohne Hoffnung, es werde künftig noch gelingen.

Das ist nun einmal der Gang einer sicher fortschreitenden Erfahrungswissenschaft, Schritt für Schritt das Feld zu erobern, um nicht im Streben, auf einmal alles zu haben, auch Unsicherheit mit über das zu verbreiten, was man sicher hat.

Nun sagt vielleicht mancher Philosoph, unzufrieden, daß wir ihm nicht genug zu bestreiten übriglassen, ja wohl seine ganze Handhabe des Angriffs der Atomistik nehmen: Wie kommst du doch dazu, die Atomistik so zu beschneiden? Die heutige Atomistik ist gar nicht so bescheiden, wie sie hier dargestellt wird; denn da und dort, in hundert Schriften, ist von Gestalt und Größe, von anderen Eigenschaften der Atome die Rede. Du vertrittst hier wohl gar deine partikuläre Ansicht von der Atomistik, indem du sie auf jene paar Punkte reduzierst und zu jeder Bestimmtheit eine Unbestimmtheit fügst. So wenig du aber darauf eingehen magst, die partikulären Ansichten der einzelnen Philosophen zu berücksichtigen, vielmehr dich an die Philosophen im allgemeinen wendest, kannst du verlangen, daß dir's anders geht.

Aber das, was ich von der Atomistik hier aufgestellt und bisher verteidigt habe, ist keineswegs meine partikuläre Ansicht; sondern es ist eben von der Atomistik das, worin alle Atomistiker übereinstimmen, und nur eben das, worin sie nicht einstimmen, was Sache partikulärer Ansicht von diesem oder jenem ist, wird hier nicht in Schutz genommen, vielmehr dahingestellt. Und selbst darin steh' ich nicht allein, daß ich nur eben das von der Atomistik sicher halte. Vielmehr dürften gerade die hauptsächlichsten Vertreter und Förderer der Atomistik nicht mehr davon für gewiß halten (jedenfalls nehmen sie in ihren Forschungen auf wesentlich nicht mehr Bezug); und es gilt, wenn man eine Sache verteidigen oder bekämpfen will, nicht auf den Durchschnitt derer, die sie im Munde führen, sondern die hauptsächlichsten derer, die sie zu brauchen, zu handhaben und zu fördern wissen, zu achten. Wollen also die Philosophen jene Physiker bestreiten, die voreilig über Dinge entscheiden, die noch nicht zu entscheiden sind, so, um es zu wiederholen, bestreiten sie weder mich noch die festen Grundpunkte der Atomistik, für die ich streite, sondern bestreiten das, wogegen ich selber streite.

Aber, sagt der Philosoph, was hat eine Ansicht noch für Wert, die sich über die wichtigsten Punkte nicht entscheidet? Läßt sich doch gegen eine solche Ansicht gar nicht einmal streiten, wenn man die Punkte, um die sich's handelt, nicht bestimmt vor Augen hat.

Nun, dünkt dem Philosophen die heutige Atomistik noch nicht wertvoll genug, so würde auch der Physiker seinerseits es gern sehen, wenn ihn der Philosoph mit einer wertvolleren beschenkte. Aber soll er den Taler wegwerfen für einen leeren Beutel, der, wäre er voll, freilich dem Taler vorzuziehen? Wieviel Wert aber doch der Physiker und selbst der philosophische Physiker schon auf die Atomistik zu legen hat, so mangelhaft als sie noch heute ist, glaube ich im bisherigen zur Genüge gezeigt zu haben. In der Tat, alle erörterten Vorteile derselben für die Undulationstheorie, die Verknüpfung der Wärmephänomene, die Behandlung der Erscheinungen, die in Bezug zur Grundkonstitution der wägbaren Körper stehen, sind eben *nur* abhängig von der Annahme der Diskretion der Körper- und Ätherteile und jenen allgemeinsten Bestimmungen, die damit in Beziehung treten, nicht abhängig von der näheren Bestimmung, wie die *letzten* Teile nach Form, Masse, Größe sich verhalten, noch wie ihr Begriff in letzter Instanz philosophisch auszudeuten ist, noch welches Grundverhältnis zwischen Wägbarem und Unwägbarem besteht. Von solchen *näheren* Bestimmungen der Ansicht wird aber dereinst die *genauere* Erklärung des Details der Erscheinungen abhängen.

Sagt aber der Philosoph, gegen eine so unbestimmte Ansicht ist nicht zu streiten, warum doch streitet er dagegen, wenn er sie zu unbestimmt findet, um zu entscheiden, ob sie wahr oder falsch? Nun aber ist die Atomistik, wie sie oben aufgestellt worden ist, allerdings insoweit bestimmt genug, daß man ein Objekt einer eingehenden Prüfung daraus machen kann, vorausgesetzt, man hat die Vorkenntnisse dazu; wo nicht, so liegt die Unbestimmtheit vielmehr auf seiten derer, denen es daran fehlt. Gewiß ist sie so, wie sie ist, ein viel bestimmteres Objekt der Untersuchung als die gegenteilige Ansicht mit ihren zerfließlichen Begriffen.

14. Vorbetrachtung

Die folgenden Kapitel gehen auf manche Punkte ein, deren Betrachtung eigentlich über den Zweck einer Rechtfertigung der physikalischen Atomistik hinausgreift, auf deren Inbetrachtnahme aber hier kaum verzichtet werden konnte, weil sie gewöhnlich in untriftiger Vermengung mit denen, welche die physikalische Atomenfrage selbst betreffen, behandelt werden oder noch untriftiger die Atomenfrage gar von ihnen abhängig gemacht wird; und es daher nicht ohne Belang war zu zeigen, daß die Atomistik, wenn sie auch an jenen Punkten nicht hängt, doch eine Erörterung derselben nicht zu scheuen hat, die freilich dann auch eine sehr andere Gestalt als im Sinne der Gegner der Atomistik annehmen muß. Nicht in Abrede stelle ich, daß hierbei eigene philosophische Ansichten mit zum Vorschein kommen werden, die man eigentümlich nennen mag, insofern sie von den herrschenden dadurch sehr abweichen, daß sie sich den gültigen physikalischen genau anschließen; sondere aber deshalb diese Kapitel als Zusatzkapitel von den vorigen ab, welche die Begründung der physikalischen Atomistik ganz unabhängig von irgend welchen, also auch meinen eigenen, philosophischen Ansichten über das Wesen von Materie, Kraft, Gesetz usw. auf dem objektiven Boden physikalischer Tatsachen selbst betreffen. In der folgenden, speziell als philosophisch bezeichneten Abteilung würden diese Zusatzkapitel deshalb keine passende Stelle gefunden haben, weil es sich daselbst vielmehr um einen philosophischen *Abschluß* der physikalischen Atomistik als Erklärungen über philosophische *Grundbegriffe* handelt, wovon hier großenteils zu handeln sein wird.

Ich glaube nicht zu irren, wenn ich sage, daß so ziemlich in allem Streit der Philosophen untereinander wie mit den Philosophen ein guter Teil Wortstreit ist. Unstreitig ließe sich dieser vermeiden, wenn man sich vor dem Streite, was ein gegebener Begriff sei, immer erst darüber erklärte, was jeder unter dem dafür gebrauchten Worte verstehen will, wo sich dann der Streit gewöhnlich in der Hauptsache darauf reduzieren würde, ob man den Sprachgebrauch richtig anwendet oder recht hat, ihn zu verlassen. Denn das übrige würde sich meist als etwas Selbstverständliches oder nicht Auszumachendes finden, und sich zeigen, daß man zu einem Streit um etwas Tatsächliches gar nicht gekommen.

Was ist schön, was ist gut, was ist Geist, was ist Seele, was ist Materie, was ist Kraft, was ist Leben, was ist Sein, Schein, Freiheit, Wille, Individualität, Persönlichkeit, Pflanze, Tier, Zelle, Zellenkern usw. usw. Antworte mir erst, was du darunter verstehen willst; zeige mir es auf, wenn auch nicht mit Fingern, aber durch Worte, die nicht ins Unbestimmte neue Worterklärungen fordern, als etwas, was mehr als Wort; geh zurück bis zu etwas, wo die Vorstellung einen Anhalt findet; ist's ein Abstraktes, zeige mir den Kreis des Konkreten, aus dem es abstrahiert ist, in solcher Weise, daß die Abstraktion sich von selber wiederholt; ist's ein Verbindendes, den Kreis, wovon es das Band; eher läßt sich davon gar nicht reden. Dann wollen wir näher zusehen. Du ersparst das besondere Aufzeigen, wenn du stets das im Auge behältst, worauf der Sprachgebrauch schon weist, ist er nur selbst bestimmt, was er freilich meist nicht ist; aber auf etwas mußt du mit dem Worte weisen, und man muß wissen, was es ist; eher ist gar kein Streit und keine Untersuchung über die Sache möglich.

Dann aber, wenn man weiß, was du unter jenen Worten verstehen willst, läßt sich fragen, ob es auch so draußen oder drinnen existiert, wie du es vorstellst und der Vorstellung gibst, ob es auch die näheren Bestimmungen, Ursachen, Wirkungen, Zusammenhänge, tatsächlichen Beziehungen, Gesetze, Ziele in Wirklichkeit hat, wie du sie denkst, ob es auch den Wert hat, den du ihm beilegst, vorausgesetzt, man weiß erst, was du unter Wert verstehen willst. Und das nur eigentlich sind Dinge, um die es gälte zu streiten. Statt dessen streitet man, was schön, was gut, was Geist, was Materie, was Leben, was Sein usw. usw., indem ein jeder etwas anderes darunter versteht und verstanden wissen will, und der Streit betrifft gar nicht das Schöne, Gute, den Geist, die Materie, das Leben, das Sein selbst, sondern eben bloß die Worte, über die man sich nicht versteht.

In einer Schrift, betitelt „Das Sonnensystem oder neue Theorie vom Bau der Welten", von *Sachs,* worin den Astronomen alle möglichen Untriftigkeiten vorgeworfen werden und ein neues Weltsystem aufgestellt wird, kommt folgende Stelle vor:

„Wer steht uns dafür, daß der Stern, den die Astronomen für Uranus halten, auch wirklich Uranus sei?"[1]

Ich kann in der Tat den Unterschied dieser Frage von den meisten Haupt- und Streitfragen, um welche die Philosophie sich dreht, worin die verschiedenen Systeme einander hart entgegentreten, kaum entdecken, falls man nur recht zum Grunde des Streites geht. Nun ist es gar kein Wunder, daß, wenn jeder unter demselben Namen einen anderen Planeten versteht, wenn der eine den Neptun dahin, wohin der andere die Sonne setzt, das ganze Weltsystem in Frage und Streit gerät, ein Weltsystem immer das andere verdrängt, ja eine Menge zur selben Zeit sich den Platz streitig machen, eine Wechselforderung derselben zur gegenseitigen Ergänzung entsteht und statt der Schwierigkeit, ein neues zu entdecken, nur die Schwierigkeit besteht, der neuen Entdeckung eine Geltung zu verschaffen, die über den Entdecker selbst hinausreicht. Bei jedem meint man, man sei in einem anderen Himmel, und der eigentliche Erfolg ist doch nur, man weiß sich in dem alten und den anderen nicht mehr zurechtzufinden.

Indessen richtet der Astronom unberührt hiervon sein Fernrohr auf das eine System, was immer besteht, und sucht, ob er nicht einen neuen Bürger desselben finde.

Was ist der Grund, daß es also in der Philosophie steht? Daß man den Grund aller Betrachtung durch die Betrachtung für entbehrlich hält. Wir kommen immer auf diesen selben Grund zurück. Wenn die Begriffe über den Dingen schweben sollen, schwanger von denselben, ehe sie von denselben geboren oder ausgetragen worden, ist es unmöglich, nicht Worte mit Begriffen zu verwechseln, weil Worte wirklich in gewissem Sinne das leisten, was man von den Begriffen verlangt, d. h. über den Dingen schweben und alles von sich geben, was man aus denselben holen will. Aber die Dinge und die Verhältnisse der Dinge sind zahlreicher als die Worte, in jeder neuen Stellung kann ein Wort ein anderes bedeuten und muß es oft bedeuten; die Sprache reicht sonst nicht; so werden die Worte und mit den Worten die Begriffe, die man mit ihnen verwechselt, selbst verwechselbar. Wenn man nicht also endlich immer von den wechselbaren Worten auf unwechselbare, d. i. aufzeigbare Dinge und Verhältnisse der Dinge, die mit und in ihnen aufzeigbar, zurückgeht, in jedem neuen Zusammenhange danach aufs neue fragt, so kann der Streit um Worte kein Ende finden, und daß er ihn nicht findet, beweist eben, daß man nicht bis dahin zurückgeht.

Zwar gibt es ein Reich des Gedankens über den Dingen, über allem einzeln und handgreiflich Aufzeigbaren, ein Reich des Allgemeinen und Abstrakten; und auch das Abstrakte darf sich unter sich vernehmen; wie aus Blumen, die einzeln und fern voneinander stehen, Düfte aufsteigen, sich kreuzen und begegnen und dadurch einen Verkehr der Blumen über den Blumen selbst begründen. Wenn aber der Blumenrauch in größter Ausbreitung, Höhe und Verfeinerung nicht mehr zusammenhängt mit seiner Esse, ist's eben kein Verkehr der Blumen mehr, wird es die tote, willkürliche Mischung des Destillateurs und Pharmazeuten, wird es das Verfahren der Philosophie mit ihren abstrakten Worten und Begriffen; man kennt die Quelle derselben nicht mehr.

Muß es so sein? Aber betrachten wir doch der Philosophie die Mathematik gegenüber. Die abstrakten Begriffe und Operationen des Mathematikers, mit denen er weit über die Dinge hinaus einen Verkehr der Dinge selbst vermittelt, sind doch alle in letzter Instanz am Aufzeigbaren erläuterbar, die 1, die 2, das Zufügen, das Multiplizieren, die Unendlichkeit selber, als ein Gehen weiter, immer weiter und nimmer Fertigwerden, ein negativ Aufzeigbares insofern, als ein Ende eben *nicht* aufzeigbar, nicht vorstellbar einmal, also soll auch ein Ende beim Unendlichen nicht vorgestellt werden. Darum ist in der Mathematik ein Wortstreit kaum möglich, und hiermit bleibt beinahe kein Streit in ihr übrig; es handelt sich bloß um neue Entdeckungen und neue Methoden; und so meine ich auch, es würde in der Philosophie wenig Streit übrigbleiben, wenn man den Wortstreit überwunden hätte; es würde aber auch hiermit wenig von der ganzen bisherigen Philosophie übrigbleiben und die eigentliche Philosophie der Dinge erst beginnen.

Wieviel hat man darüber geschrieben, was der Philosophie not tut, in unseren Zeiten zumal, wo sie in so großer Not ist; wo hat man nicht ihren Hauptschaden gesucht; wieviel Vermittlungs- und Besserungsvorschläge hat man nicht gemacht; und das Grundübel, an dem alles hängt, mit dem wenigstens alles Übel in der Philosophie zusammenhängt, ohne dessen Hebung es nur anders, nicht besser werden kann, berührt man kaum, um nicht an den eigenen schweren Schaden mitzurühren: daß man die Worte ohne klare und bestimmte Erläuterung und Erläuterbarkeit durch Aufzeigbares und Vorstellbares verwendet. Man gibt das Dasein und den Übelstand des unklaren Wortverstandes und des Wortstreits zu, als hänge hier und da etwas daran, und sieht nicht, daß die Philosophie mit ihrer ganzen Tiefe in diesem Übelstande aufgeht; man gibt ihn zu wie einen Splitter, indes man selbst einen Balken dazu beiträgt, und aus solchen Balken ist das Haus der Philosophie gezimmert; das ist sein Fundament und Gipfel.

An den transzendenten Begriffen des Dinges an sich, des Ich, des Absoluten, des Seins, der einfachen Qualität hängen zuletzt die philosophischen Systeme; doch diese Nägel sind alle Luft in Luft geschlagen; denn was bedeuten diese Worte? Etwa Abstraktionen aus der Welt der Erscheinung? Dann möchten sie etwas Selbstverständliches, doch was nicht über das Selbstverständliche hinausführt, bedeuten; im transzendenten Sinne aber, in dem sie wirklich verstanden werden sollen, bedeuten sie etwas, was nicht verstanden werden kann oder auf unendlich verschiedene Weise verstanden werden kann und somit auch in das Unverständliche oder von jedem anders Verstandene hinausführt.

Man kann zugestehen, daß auch in dem Streite der atomistischen und der dynamischen Ansicht, wie er zumeist geführt wird, ein Teil nur Wortstreit sei, abhängig davon, daß die dynamische Ansicht die Worte Kraft, Materie, Raumerfüllung anders braucht und versteht als die atomistische Ansicht; ja es wäre eine sonderbare Ausnahme, wenn nicht in der Diskussion innerhalb oder mit der Philosophie hierüber wirklich das meiste zuletzt auf Wortstreit hinausliefe. Wir haben aber unsererseits im bisherigen gesucht, den Streit um Worte auf einen Streit um Tatsachen zu reduzieren, indem wir statt der Frage, was man unter jenen Worten verstehen will, ausdrücklich immer nur die Frage ins Auge gefaßt haben, ob das, was der Physiker nun einmal darunter versteht, auch nach Tatsachen existiert, so wie er es versteht. Was er aber unter den von ihm gebrauchten Worten versteht, unterliegt keiner Zweideutigkeit, weil er sie stets im Sinn des Sprachgebrauchs oder mit genauer und nicht mißzuverstehender Erklärung über etwaige Überschreitung desselben auf Aufzeigbares bezieht und dadurch erläutert. Die Worte bedeuten ihm eben nur das in solcher Weise Aufzeigbare und dadurch Erläuterbare. Die Atome selbst, obwohl nicht direkt als solche, d. h. nicht in Vereinzelung, dem Auge aufzeigbar, sind doch mit geistigen Händen der Vorstellung so leicht und fest zu greifen als ganze materielle Klumpen mit den leiblichen, weil sie eben nur als kleine Klumpen nach den großen vorzustellen und weil der Weg selbst klar vorstellbar ist, auf dem man von den größeren zu den kleinen kommt, durch fortgesetzte Teilung, bis es nicht weiter mit den Mitteln und den Kräften geht, die dem Physiker und Chemiker zu Gebote stehen.

Aber, sagt der Philosoph, ihr sprecht von Atomen als kleinen Teilen der Materie und wißt nicht einmal zu sagen, was Materie selber ist; so schweben eure atomistischen Vorstellungen doch zuletzt im Unsicheren und Leeren.

Im Gegenteil, die Materie ist dem Physiker das Handgreiflichste, was es gibt, indem eben das Handgreifliche die Materie des Physikers ist, und nur der Philosoph verflüchtigt ihren Begriff ins Unvorstellbare, Unsichere und Leere, zieht ihm die Basis unter den Füßen weg, stürzt ihn kopfüber.

Ich will, weil ich doch vorauszusetzen habe, daß der Philosoph den Physiker endlich dahin treiben wird, sich über den Begriff der Materie näher zu erklären, obwohl es vielmehr Sache des Philosophen als des Physikers ist, das Faktum der Materie auch begrifflich zu bearbeiten, kurz zeigen, wie es sich für den Physiker hiermit stellt; und wenn man die folgende Erklärung darüber nicht explizite in irgendeinem physikalischen Lehrbuch findet, so ist sie doch implizite in allen enthalten, indem sie nichts als die einfache Darstellung der Weise ist, wie der Physiker die Materie faktisch faßt und behandelt.

15. Über den Begriff der Materie und Substanz

Der Physiker versteht vor allem, ganz übereinstimmend mit dem gemeinsten Sprachgebrauch, mit dem er eben dadurch immer in Beziehung bleibt, unter Materie dasjenige, was sich dem Tastgefühle bemerklich macht, das ist eben das Handgreifliche;[1] und wenn schon ein Begriff selbst nichts Handgreifliches ist, sein kann und sein soll, so will doch auch das Handgreifliche, da es einmal in der Welt existiert, als Faktum anerkannt und in Betracht seiner großen Verbreitung unter einen allgemeinen Begriff gebracht sein.

Zunächst also ist und heißt ihm das Handgreifliche Materie, nimmt er Materie da an, wo man etwas greifen kann, gleichviel, was man hinter der Handgreiflichkeit, hinter Tasten, Fühlen, selbst noch suchen, aus welchen höheren Gründen man das Dasein eines Handgreiflichen ableiten mag. Die Handgreiflichkeit ist etwas Aufzeigbares, durch Erfahrung Faßbares und weiter Verfolgbares; und das genügt, dem Begriffe die für seine Zwecke erforderliche feste Unterlage zu geben. Doch gibt die Beziehung auf die Handgreiflichkeit eben bloß die Grundlage des Begriffes; der Physiker bleibt so wenig dabei stehen, als der Philosoph dabei stehenbleiben möchte (geht er schon in anderer Richtung darüber hinaus), und unterscheidet sich dadurch vom Wilden und vom Bauer, denen die Materie nichts als das Handgreifliche bleibt. Er findet erfahrungsmäßig, denn anders weiß er's nicht zu finden, daß mit der Eigenschaft, mit Händen gegriffen oder allgemeiner tastend gefühlt werden zu können, noch andere aufzeigbare Eigenschaften sich in solidarischer Verbindung zeigen, betreffend Gleichgewichts- und Bewegungserscheinungen,[2] die aber durch das Gesicht noch leichter als durch das Getast verfolgt werden können, und rechnet diese mit ihren erfahrungsmäßig gefundenen Gesetzen (welche den Begriff der Kräfte als Hilfsbegriff einschließen) dann auch zu den Bestimmungen der Materie (daher die Erklärung, die man wohl findet, sie sei das im Raum Bewegliche) und schließt nun auf das Dasein der Materie aus solchen Erscheinungen, wenn er sich nicht in die Verhältnisse versetzen kann, die Materie wirklich selbst unmittelbar tastend zu erfassen, sei es daß sie zu fern oder verdeckt oder auch daß sie zu verdünnt und zu verfeinert. Endlich findet er alle Sinneswahrnehmungen, auch Hören, Riechen, Schmecken, mit Getast- oder Gesichts-Erscheinungen und Verhältnissen jener Art, welche charakteristisch für das Dasein der Materie sind, in solcher solidarischen Beziehung, daß er endlich bei ihnen allen Materie als wesentlich im Spiele annimmt. Beim Tönen gibt es eine sichtbar und fühlbar schwingende Saite oder Glocke, der Duft der Blume läßt sich zur fühlbaren Flüssigkeit verdichten; das Schmeckende ist selbst sichtbar und fühlbar. Und wo nichts unmittelbar Sichtbares und Fühlbares dabei vorliegt, was das Dasein der Materie verrät, hängt doch die Erscheinung des Hörens, Riechens, Schmeckens *kausal* damit zusammen. So wird Materie die allgemeinste Unterlage der Naturerscheinung.

Nun liegen in jenen für das Dasein der Materie im allgemeinen charakteristischen Erscheinungen und Verhältnissen der Erscheinung doch wichtige Verschiedenheiten im Besonderen, so daß man veranlaßt ist, verschiedene Materien, sogenannte Substrate, zur Repräsentation derselben zu unterscheiden. Man kann aber zweifelhaft sein, ob die sog. unwägbaren Substrate oder Substanzen (oder ihr Gemeinschaftliches, der Äther), worauf man einen gewissen Kreis von Erscheinungen insbesondere zu beziehen Anlaß gefunden hat, auch noch den Namen Materie verdienen, sofern sie sich *nie* unter die Verhältnisse bringen lassen, getastet werden zu können, doch aber denselben allgemeinsten Gesetzen des Gleichgewichts und der Bewegung gehorchen als das Tastbare. Der Streit darum ist entweder ein Wortstreit, indem sich fragt, ob man Substanzen, die mit dem Tastbaren nur gewisse sehr allgemeine Eigenschaften, aber nicht die Tastbarkeit selbst teilen, auch noch Materie nennen *will* (jedes Wort schließt ja in seinem Gebrauche ursprünglich Willkür ein), oder ein Streit darum, ob jene Substanzen doch noch die Eigenschaft, getastet werden zu können, zeigen würden, wenn sie erforderlich verdichtet werden könnten, ja ob nicht wirklich die wägbaren Substanzen nur Verdichtungen, engere Zusammenballungen der unwägbaren sind (wie denn manche die ganzen Weltkörper sich aus dem Äther ballen lassen), die unwägbaren aber nur lose zwischen ihnen zurückgebliebener Atomenstaub; eine Frage, die wohl noch nicht als entschieden angesehen werden kann, daher wir auch nicht daran hängen, die Imponderabilien als Materie zu bezeichnen. Gleichviel aber ob sie Materie heißen oder nicht, so muß doch aus den früher erwähnten Gründen ihre Substanz ebenso lokalisiert und so diskret als die der wägbaren Substanz vorgestellt werden, sollen die Erscheinungen repräsentiert werden. Der Äther, mag er auf Tastbares reduziert werden können oder nicht, hat doch seinen Ort so gut zwischen den Weltkörpern, als wäre er eine tastbare Flüssigkeit, und seine Wellen sind so gut durch den Raum fortschreitend zu denken, als gälte es Meereswellen, und können endlich, wie gezeigt, nur Farben im Prisma und Polarisation geben, sofern die Schwingungen in diesen Wellen durch Kräfte entstehen, die zwischen diskreten Zentrenwirken, gleichviel wie man die Natur dieser Zentren selbst rückliegend fassen will.

Der Philosoph sagt nun etwa: Du hast die Materie auf das, was gefühlt werden kann, zurückgeführt; aber was ist das, was gefühlt wird, selbst, das Objekt des Fühlens hinter dem Fühlen? – Nichts, was den Physiker angeht, er weiß eben nur das davon, was er fühlt und was sich an das Fühlen von anderen Wahrnehmungen, Erscheinungen, assoziiert und gesetzlich möglicherweise unter anderen Umständen daran assoziieren kann und was aus der Gesamtheit davon abstrahierbar und nach der Gesamtheit davon erschließbar ist; auf nichts weiter bezieht sich die Physik; in diesem Kreise ist und bleibt ihre Aufgabe eingeschlossen; hierin will sie so orientiert sein und orientieren, daß jede gegebene Erscheinung der Totalität wirklicher und möglicher Erscheinungen nach Gesichtspunkten der Verwandtschaft, des Zusammenhangs und der Auseinanderfolge eingeordnet werden könne, und wenn die erscheinlichen Bedingungen gegeben sind, die erscheinlichen Folgen danach vorausgesehen werden können.

Dazu kann sie dann auch über das unmittelbar Erscheinliche hinausgehen und zu Grenzbetrachtungen des Erscheinlichen gehen, doch immer nur unter Festhaltung von Vorstellungen unter Form des Erscheinlichen und in der Absicht, auf das wirklich Erscheinliche zurückzukommen. Alle Begriffs-Fassungen und Stellungen, alle Konstruktionen und Methoden und Hypothesen der Physik und Naturwissenschaften überhaupt haben nur solchen Sinn und Zweck. Ihnen andere mit anderem Sinn und Zweck aufdringen wollen heißt ihre Aufgabe verkennen und verwirren. Und wenn auch andere anderwärts Platz finden mögen, so werden sie dem, was in dieser Hinsicht Klarheit in den Naturwissenschaften und dem Leben schafft – das Leben verdankt aber selbst den Naturwissenschaften die klarste Orientierung in den Erscheinungen –, nicht widersprechen dürfen, ohne Wissenschaft und Leben selbst zu verwirren, mag man es auch von vornherein möglich halten, daß eine Lehre, die tiefer als die Naturwissenschaft dringt, deren Begriffsfassungen und Stellungen, Konstruktionen und Methoden noch tiefer erfasse, begründe, erläutere, verallgemeinere.

Nun aber auch, wenn wir, um die tiefste Fassung des Materiebegriffs zu gewinnen, die Frage ganz allgemein stellen: Was ist das Objekt des Fühlens hinter dem Fühlen, abgesehen vom Fühlen, das reine Ansich der

Materie?, sie statt an den Physiker, der genug darauf geantwortet hat, indem er sagte: Ich weiß nichts von einem solchen Objekte, und es geht mich nichts an, an den Philosophen, an den Menschen im allgemeinen richten, so wird er nicht um ein Haar mehr noch anderes darauf zu antworten wissen als der Physiker, falls seine Worte mehr als Worte sein wollen. In der Tat ist *hinter* der Erscheinung, die das Fühlen gewährt, für den Philosophen so wenig als für den Physiker etwas zu finden, ist für den Menschen überhaupt nichts Erkennbares, Statuierbares, Besprechbares zu finden; aber im *Zusammenhang damit* und auf Grund dieses Zusammenhanges *darüber hinaus* ist viel davon für ihn zu finden, indem der Gesamtkreis der Erscheinungen für Abstraktionen und Gesichtspunkte höherer Art den Grund legt; und hierin liegt das einzige Objekt aller inhaltsvollen, das einzige Fundament aller höheren Betrachtung. Die Gesichtspunkte und Fäden sowohl des gleichzeitigen als Folge-Zusammenhanges der gesamten körperlichen und geistigen Erscheinungen hat nun der Mensch nach Tatsachen zu verfolgen, das Gleiche, Konstante, sich Wiederholende, nach Gesetzen Mögliche darin besonders ins Auge zu fassen und besonders zu benennen, das Einzelne darin im abwärts steigenden Gange durch immer schärfere Beobachtung zu analysieren, im aufwärts steigenden durch immer allgemeinere Begriffe und Gesetze zu verknüpfen, bis er zum Allgemeinsten und zum Letzten kommt, worunter sich alles Tatsächliche vereinigt, bis wohin die feinste Analyse dringt. Die Unzulänglichkeit der unmittelbaren Beobachtung, die Beschränktheit des Standpunktes, auf dem jeder einzelne steht, endlich hat er durch Schlüsse nach Regeln und Gesetzen zu ergänzen, die einer so weit als möglich getriebenen, so allgemein als möglich gemachten Beobachtung genügen, also daß die Lücken des beobachteten Zusammenhangs im Sinne desselben selbst erfüllt, die Grenzen nur in diesem Sinne überschritten werden.

Wie viel gibt's hier zu tun, wie hoch, wie tief, wie allgemein können diese Betrachtungen gehen, wie viel Unbekanntes, Ungeahntes ist auf diesem Wege zu finden; Gott und Unsterblichkeit selber entziehen sich ihm nicht; doch all das führt nicht hinter das Fühlen zurück, sondern nur über das Fühlen hinaus in einen allgemeineren Kreis von Erscheinungen, dem es angehört, zu Wesen mit und über uns, denen anderes und mehr als uns erscheinen mag, und zu Gesichtspunkten, unter denen sich ihre und unsere Erscheinungen verknüpfen, gewinnbar aus dem Gebiete der Erscheinungen selbst mit unserem sich selbst erscheinenden Geiste, doch aus nichts dahinter und mit nichts dahinter.

Dies ist in letzter Instanz die Stellung, die der Begriff der Materie für den Physiker, und nach klarer Fassung überhaupt, hat. Der Physiker und jeder klar Denkende geht darin von etwas Aufzeigbarem, hiermit ganz Bestimmtem aus; und wenn er über das Aufzeigbare hinausgeht, bleibt doch die Beziehung zum Aufzeigbaren, der Zusammenhang mit Aufzeigbarem, die Erläuterung durch Aufzeigbares stets bestehen und mit der Vorstellung klar zu verfolgen. Der Philosoph aber, indem er den Begriff der Materie hinter das Erscheinliche zurückzuverfolgen meint, verfolgt ihn in die Leere.

Wohl kann man sich hierbei leicht durch folgende Betrachtung beirrt finden. Das Tastbare, Handgreifliche (und verallgemeinert das sinnlich Wahrnehmbare überhaupt) soll nach obigem die nicht weiter rückführbare noch analysierbare Grundlage für den Begriff der Materie bilden; aber um etwas handgreiflich zu finden, muß meine ganze organisierte Hand dasein, müssen besondere Bedingungen dasein, unter denen sie mit dem Steine, dem Holze, das sie anfühlt, in Beziehung tritt; das alles, sagt man, steckt verborgen im Begriffe des Handgreiflichen; also ist es sächlich der allerzusammengesetzteste Begriff, der, statt ein Letztes in der Analyse des Materiebegriffes bilden zu können, die weitläufigste rückgehende Analyse erfordert, und wenn man auf sie eingeht, findet man, die Materie, die auf das Handgreifliche zurückgeführt werden soll, wird selbst erfordert, um die Hand zu geben, mit der man greift; so kommt man in einen reinen Zirkel der Betrachtung.

Aber dies ist gerade so, als wenn jemand sagte: Die einfachen Stoffe der Chemie sind nicht wahrhaft einfach, und man darf nicht auf sie als ein Letztes in der Chemie zurückgehen wollen; denn um sie darzustellen, sind die verwickeltsten Operationen mit sehr zusammengesetzten Tiegeln, Retorten, Filtern usw. nötig, in denen diese Stoffe selber schon enthalten sind. Vielmehr das selber, daß man diese Werkzeuge auch eben in nichts weiter analysieren kann als das, was man mittelst ihrer und anderer Körper gewinnt, ist ein Beweis, daß die ganze Körperwelt aus weiter nichts als diesen Stoffen besteht, daß sie das Letzte sind, worauf man kommen kann. So ist es nun auch wahr, daß die Hand, das Auge, mittelst deren ich Tast- und Gesichtsempfindung erlange, auch selber wieder nur durch Tast- und Gesichtsempfindung als Hand, als Auge erfaßt werden können; aber ebendas beweist nun auch, daß man überall in der Körperwelt zuletzt auf Tast- und Gesichtsempfindung als letzte Elemente, worein sich das Körperliche qualitativ auflösen läßt, kommt. So mag man auch untersuchen, was die einfachsten Tätigkeiten des Geistes sind; und man wird finden, es sind dieselben, die der Geist zu dieser Untersuchung braucht.

Man hüte sich überhaupt, die Einfachheit eines Begriffes oder einer Sache durch die Komplikation der Bedingungen, unter denen er nur gedacht werden oder sie nur hergestellt werden kann, gefährdet zu halten. Damit eine einfache Tastempfindung zustande komme, ist im Grunde nicht nur die Hand und ein Stein nötig, ist der ganze Weltzusammenhang nötig, ohne den Hand und Stein nicht existieren könnten. Aber dennoch bleibt das Tastgefühl ein Einfaches, nicht weiter Rückführbares, Analysierbares, das man als solches aus dem Weltzusammenhange aussondern und besonders ins Auge fassen, in seinen Abänderungen und Kombinationen verfolgen kann. Im Grunde ist überhaupt alles, was es gibt, nur im ganzen Zusammenhange dessen, was es gibt möglich; dennoch gilt es, in diesem Zusammenhange auch Einzelnes und Einfaches anzuerkennen und aufzusuchen.

Das selbst freilich, daß in der Welt der Erscheinung immer nur eins mit und durch das andere bestehen kann, kann leicht dazu führen, und hat dazu geführt, allen Erscheinungen überhaupt die eigentliche Existenz abzusprechen und als letzten haltbaren und Halt gewährenden Grund ihrer wechselnden Vielheit an sich bestehende, selbständig seiende feste Dinge dahinter anzunehmen, die mit ihrem Ansich nie in die Erscheinung treten können, vielmehr den ganzen unselbständigen Schein der Erscheinung sei es durch äußeres Wechselwirken ineinander hineinwerfen oder durch inneres Wirken in sich oder aus sich heraus erzeugen. Denn, sagt man, wenn sich eins hinsichtlich des Grundes seiner Existenz immer nur auf das andere berufen will, so fehlt zuletzt ein Grund für alle Existenz; spricht A, ich kann nur bestehen, sofern B besteht, und B hinwiederum, ich kann nur bestehen, sofern A besteht, so haben beide sich zuletzt auf nichts berufen. Hat *Herbart* sich doch durch diese Betrachtung zu einer ganz absonderlichen Metaphysik verleiten lassen. Aber statt daß A und B den Grund der Existenz, den sie nicht einseitig und wechselseitig ineinander finden können, nun weiter rückwärts in etwas hinter sich zu suchen haben, was ihrem Schein den Grund und Kern gebe, haben sie ihn in der Totalität zu suchen, von der sie beide Glieder sind; das Ganze ist der Halt und Kern des Ganzen und alles dessen, was darin. Wurzel, Stengel, Blatt und Blüte einer Pflanze können ihre Existenz nicht wechselseitig aufeinander begründen wollen, sie bestehen als Teile der ganzen Pflanze, die sich in sie geschieden oder vielmehr unter fortbestehendem Zusammenhange unterschieden hat; und die ganze Pflanze, so wie sie uns mit unseren Sinnen erscheint, zugleich mit unseren Sinnen als Teil und in Unterordnung der ganzen einheitlich gebundenen Welt und ihrer das Ganze übergreifenden Gesetze.[3] Im Ganzen hat man allen Grund des Einzelnen zu suchen, nicht in etwas Einzelnem dahinter noch anderem, nach dessen Grunde man von neuem zu fragen hätte; doch kann man untersuchen, wie und nach welchen Regeln sich das Einzelne zum Ganzen fügt und was die letzten Elemente. Im Lichte, was durch das Ganze scheint, hat man die Klarheit des Ganzen zu suchen, nicht in etwas Dunklem hinter Welt und Licht; doch kann man das Licht selbst mit höherem Licht erleuchten, indem man die Verhältnisse der Lichterscheinung in sich und zu dem, was sie bescheint, ergründet.

Also man lasse sich nicht dadurch irren, daß Sichtbares und Fühlbares und Sehen, Fühlen selbst doch nur möglich ist, nach Maßgabe als anderes Sichtbare und Fühlbare und sogar noch mehr als Sichtbares und Fühlbares und Sehen und Fühlen möglich ist, als existiere eigentlich nichts wahrhaft von all dem, sei noch etwas in seinem Rücken zu suchen, was durch sich existiert. Das, was allein durch sich existiert, ist nicht etwas außer all diesem Schein, ist vielmehr das Ganze, was all diesen Schein selbst einschließt und eben nur in dem Zusammenhange der Erscheinungen seine Existenz führt und beweist. Als Teile, Momente, Seiten von diesem an sich seienden Wirklichen hat dann aber auch der einzelnste Schein seine relative Wirklichkeit, und nur von solcher können wir dem Ganzen gegenüber sprechen. Indes das Ganze ewig bleibt und sich ewig evolviert, verschwindet und vergeht das Einzelne, sofern es nicht wie der Menschengeist zu den ewigen Evolutionsmomenten des Ganzen selbst gehört.

Bei all dem bleibt eine Erscheinung wohl von dem Gegenstande der Erscheinung zu unterscheiden, und indem wir die immer nur in irgendwelche Subjekte fallende Erscheinung der Materie für die Grundlage des Begriffes der Materie erklärten – kann man doch ohne sie gar nicht zu diesem Begriffe kommen –, erklärten wir sie noch nicht für die objektive Materie selbst. Was wir aber Objektives an einem materiellen Dinge finden können, beruht immer nicht in einem unabhängig von den Wahrnehmungen, Erscheinungen rückliegenden dunklen Dinge dahinter, sondern in einem über die Einzelwahrnehmungen, Einzelerscheinungen, welche das Ding gewährt, hinausreichenden solidarisch gesetzlichen Zusammenhange derselben, von dem jede Erscheinung einen Teil verwirklicht. Die Orange, die ich sehe, kann ich auch tasten, riechen, schmecken, einen Schall von ihr gewinnen, indem ich auf sie schlage, ich kann es nicht bloß jetzt, ich kann es wiederholt; nicht ich allein kann es, unzählige andere können es, und diese ganze gesetzlich in sich verknüpfte, doch begrenzte, auf eine zusammenhängende Raumerscheinung bezogene Möglichkeit unzähliger Erscheinungen repräsentiert uns das objektive materielle Ding, das sonach freilich aus mehr als der momentanen sinnlichen Einzelerscheinung oder aus irgendeiner endlichen Summe von solchen besteht. Vielmehr bleibt hinter allen Einzelerscheinungen des Dinges immer noch ein Etwas, was unzählige weitere Erscheinungen geben kann; und dies hypostasiert man nun leicht als ein unerkennbares Ding dahinter. Doch ist dies dunkle Etwas eben nichts anderes als die ungeklärte in sich zusammenhängende Möglichkeit dieser Erscheinungen selbst, die sich an die gegebene knüpfen können, von Erscheinungen nur gleicher Art, als man hier oder sonst vor sich hat; und man erklärt die in sich zusammenhängende Möglichkeit all dieser Erscheinungen nicht durch die Annahme eines festen Dinges *dahinter,* sondern man erklärt das Ding dahinter, wovon man sprechen mag, indem man es auf diese durch eine allgemeine Kausalität des Erscheinenden in Zusammenhang gegebene Möglichkeit zurückführt, indem man in den tatsächlichen Zusammenhang und die Gesetze der Auseinanderfolge des Erscheinens eingeht. So lernt man voraussehen, was sich finden wird, wenn man in den Körper eindringt, den man jetzt an der Oberfläche sieht und tastet, wenn man um ihn herumgeht, wie er erscheinen wird in anderem Lichte, was geschehen wird, wenn man ihn mit chemischen Mitteln behandelt; die Annahme eines Dinges dahinter erklärt und lehrt von all dem nichts; aber was erklärt und lehrt sie denn?

Hinter meiner Seele ist so wenig als hinter den Körpern ein dunkles Ding an sich zu suchen, was ihre mannigfaltigen und wechselnden Erscheinungen einheitlich zusammenhielte. Sondern was ihre Erscheinungen zusammenhält, ist etwas diesen Erscheinungen selbst Immanentes und zugleich das Klarste, was es gibt, ist das Bewußtsein der Erscheinungen, dessen Einheit in und mit ihnen erscheint. Wunderlich ist es in Wahrheit, zu dieser absoluten, hellen, lichten, klaren, lebendigen Einheit der Seele noch einen Grund in einem starren, dunklen, einfachen oder transzendenten Wesen dahinter zu suchen und zu meinen, daß man damit die Einheit des Bewußtseins klarer oder erklärlicher mache.[4]

Man darf dieser Betrachtung der Dinge nicht vorwerfen, daß sie uns mit dem Wegfall aller festen Anknüpfungspunkte der Erscheinungen in festen Dingen hinter den Erscheinungen in den Fluß, Strudel, Wechsel der Erscheinung rettungslos versenke. Im Gegenteile soll sie gerade dazu führen, wovon die Annahme der festen Dinge abführt, die allgemeinen und festen Einigungspunkte, Haltpunkte, Zielpunkte im Gebiete der Erscheinung aufzufinden. In den Gesetzen der Erscheinung, in der Erhaltung der Materie und wirkungsfähigen Kraft, in der Verknüpfung und Begegnung der Geister durch zusammenstimmende Zeit- und Raumvorstellungen, in den allgemeinen Kategorien des Denkens, in den sittlichen Ideen, und über alles in der Einigung des Bewußtseins mit ihrer geforderten Gipfelung in Gott liegen solche Punkte. Nun mag man immerhin in diesen höchsten, letzten, allgemeinsten Dingen das wahre Wesen der Welt sehen, und wo sich mehrere solche höhere Gesichtspunkte darbieten, die letzte Verkettung davon selbst noch aufsuchen; gewiß ist nur, daß dies alles doch nur eben als Kern, Gipfel, Ziel, Abstraktum, immanentes Moment, Band, Totalität einer inneren und äußeren Erscheinungswelt erfaßlich ist, daß es nur etwas Höheres, Allgemeineres, Zusammenfassendes der Erscheinung, nichts Unerkennbares, Unfaßliches hinter der Erscheinung ist.

Der Begriff einer *Substanz*, die, ohne Erscheinung zu sein, den Erscheinungen bleibend, ewig, unveränderlich bedingend unterliegt, bleibt damit immer noch bestehen; es wird sogar nicht möglich sein, ohne dies Wort oder ein anderes von entsprechender Bedeutung überhaupt auszukommen, weil es eine wirkliche Tatsache aufs kürzeste bezeichnet. Nur daß man seine Bedeutung immer eben nur auf diese ganz klare, allen triftigen Verwendungen des Wortes unterzulegende Tatsache statt auf ein dunkles, starres Wesen zurückzuführen hat, wenn es gilt, zur letzten philosophischen Tiefe zurückzugehen, auf die es doch nicht gilt, überall zurückzugehen. Ich sehe die Sonne; diese äußere sinnliche Erscheinung, die ganz in meine Seele fällt, ist nicht die Substanz der Sonne. Aber ich weiß und sage damit im wesentlichen nur schon Gesagtes, es besteht ein solidarisch gesetzlicher Zusammenhang dieser sinnlichen Erscheinung mit einer Möglichkeit unendlich vieler anderer sinnlicher Erscheinungen für mich und andere; das ist die mit der objektiven Materie sich identifizierende Substanz der Sonne, die wir im Raum lokalisieren, insofern die Nötigung für uns besteht, ihre Erscheinung auf einen bestimmten, nur *in continuo* veränderlichen Raum zu beziehen, dessen objektive Beschaffenheit seinerseits an dem solidarischen Zusammenhange aller Raumvorstellungen der verschiedensten Wesen (über alles voraussetzlich eines alle Raumvorstellungen zusammenfassenden göttlichen) hängt. Ich habe einen Gedanken, eine Empfindung; diese einzelne innere Erscheinung ist nicht die Substanz meiner Seele; aber es besteht ein solidarischer Zusammenhang dieser inneren Erscheinung mit unzähligen anderen inneren, d. h. durch dieselbe Bewußtseinseinheit verknüpften, Erscheinungen, das ist die Substanz meiner Seele, die psychische Substanz, wozu die physische Substanz meines Körpers gehört. Mein Körper besteht aber nicht aus *bleibender* materieller Substanz, und so fällt auch die Substanz meiner Seele nicht einfach mit der Substanz meines jetzigen Körpers zusammen, es ist nur der durch allen Wechsel der Materie bleibende organische Zusammenhang und die organische Auseinanderfolge der Tätigkeiten meines Körpers, womit der Zusammenhang der Tätigkeiten meiner Seele in solcher Wechselbedingtheit zusammenhängt, daß wir beides (Zusammenhang der äußeren und Zusammenhang der inneren Erscheinlichkeit) als Sache desselben Wesens fassen können; indem wir überall als Sache *desselben* Wesens betrachten, was untrennbar, solidarisch, gesetzlich zusammengehört, was genauer und weiter auszuführen jedoch hier nicht der Ort ist.

Bewegen sich zwei materielle Substanzen in Beziehung zueinander, so kann man dies freilich nicht unmittelbar darein übersetzen: Zwei Erscheinungszusammenhänge bewegen sich in Beziehung zueinander, wohl aber darein: Die Erscheinungen, die zu beiden gehören, ändern ihren bezugsweisen Ort in einer für die Raumerscheinungen aller Wesen zusammenhängenden Weise. Und so kann es überhaupt bei der Verwendung des geklärten Substanzbegriffes mancher Umstellung der Worte bedürfen, um die Klarheit dieses Begriffes auch seinen Verwendungen zugute kommen zu lassen, ohne daß dies etwas in der sachlichen Auffassung desselben ändert.

Wenn nun dies wirklich die letzte Tiefe ist, in die wir zurückzugehen haben, um den Substanzbegriff und hiermit Materiebegriff aufzuklären, so gilt es doch wie gesagt so wenig, *überall* in diese Tiefe zurückzugehen, als der Tischler auch nicht auf die letzten Bestandteile seiner Werkzeuge zurückzugehen hat, um etwas damit zu schaffen, genug nur, wenn der Chemiker darauf zurückzugehen weiß, und als man von Verhältnissen der Staaten sprechen kann und oft zu sprechen hat, ohne die Analyse der Staaten in ihre Bestandteile dazu mitzubringen, genug nur, wenn man sie dahinter vorzunehmen weiß. Nur dies *Dahinter* haben wir anzuerkennen, und so wird der Physiker und Chemiker von materiellen Substanzen, der Psychologe von psychologischen Substanzen, Seelen, sprechen können, wie er seither gesprochen hat; solange er nur so davon spricht, daß nichts jener Analyse des Substanzbegriffes Widersprechendes in seinen Aussagen enthalten sei.

16. Über den Begriff der *Kraft* und sein Verhältnis zum Begriffe der *Materie*

Sonderbar, im ganzen vorigen Kapitel, was von der Materie handelte, ja darüber philosophierte, war von der Kraft und ihrem Verhältnis zur Materie noch keine Rede; erst dies Kapitel ist dazu bestimmt. Wie aber war es möglich, von Materie zu sprechen, ohne von Kraft zu sprechen?

In der Tat, weder im Sinne der idealistischen Dynamiker noch nach dem *Schiboleth* der neueren Materialisten, „Stoff sei ohne Kraft nicht denkbar", wäre es möglich; nur dadurch ward es möglich, daß wir den Begriff der Materie ganz einfach in einer Klärung und Vertiefung des physikalischen Begriffes suchten; denn die Physiker wissen doch von einer Materie zu sprechen, ohne zuvor oder zugleich von ihrer *Kraft* zu sprechen. Wogegen der Dynamiker den Begriff der Materie dadurch philosophisch zu vertiefen meint, daß er sie aus raumerfüllenden Kräften konstruiert und die Äußerung der Kräfte als eine Äußerung des Wesens der Materie selbst faßt, hiermit das Wesen der Materie und Kraft identifiziert; der Materialist aber, wenn er auch *Stoff* nicht geradezu aus *Kraft* macht, doch beide im Begriffe für untrennbar erklärt, mindestens ihre Begriffe nicht zu trennen weiß, damit sich, wenn auch im Ausgange, doch kaum im Resultate von dem Dynamiker unterscheidet. Wonach auch das Folgende, indem es sich direkt gegen die dynamische Auffassung richtet, in wesentlichsten Punkten für die Auffassung der neueren Materialisten mit trifft.

Bekanntlich hat die dynamische Auffassung des Verhältnisses von *Kraft* und *Materie* von *Kant*[1] ihren Ausgang genommen; nur kann ich mich hier nicht auf die reine Kantsche Auffassung beziehen, weil sie ja von denen, die nach ihm das Szepter der dynamischen Ansicht in die Hand genommen, verschiedentlichst modifiziert worden ist, wie ich schon früher angeführt und belegt habe. Es genügt aber auch, sich auf obigen allgemeinen Grundpunkt der dynamischen Auffassung des Verhältnisses von Materie und Kraft zu beziehen, womit das Wesentlichste der dynamischenAnsicht in ihren verschiedenen Modifikationen gemeinsam zutreffend und genügend bezeichnet sein dürfte.

Der Zusammenhang von *Stoff* und *Kraft* ist von den Materialisten neuerdings fast noch öfter besprochen worden als von den Idealisten, ohne daß ich eine größere begriffliche Klarheit darüber bei jenen finden könnte als bei diesen, ja nicht einmal den Versuch der Klarheit. Denn was sagen Erklärungen wie die: „Keine Kraft ohne Stoff – kein Stoff ohne Kraft! Eins für sich ist so wenig denkbar als das andere für sich, auseinandergenommen fallen beide in leere Abstraktionen;"[2] oder: „Die Kraft ist kein stoßender Gott, kein von der stofflichen Grundlage getrenntes Wesen der Dinge. Sie ist des Stoffes unzertrennliche, ihm von Ewigkeit innewohnende Eigenschaft. ... Eine Kraft, die nicht an den Stoff gebunden wäre, die frei über dem Stoffe schwebte, ist eine ganz leere Vorstellung."[3] In der Tat spricht sich in derartigen Erklärungen, hinter die ich nirgends, soweit ich materialistische Darstellungen kenne, zurückgegangen finde, nicht einmal der Versuch aus, klarzumachen, wiefern die nicht ohne einander denkbaren Begriffe doch vom Physiker zu *unterscheiden* und besonders zu verwenden sind, was Materie einerseits und Kraft andererseits der Physik, auf deren Schultern der Materialismus zu stehen erklärt, bedeuten. Es hat daher natürlich auch folgends keine spezielle Rücksicht auf etwas genommen werden können, was nicht vorhanden ist.

Wollte der Materialist sich wirklich auf das einlassen, was er für seine Sache erklärt, seine Begriffe rein auf die Erfahrung zu begründen, so könnte er zu gar keiner anderen Auffassung von Stoff und Kraft kommen als zu der Auffassung des vorigen und dieses Kapitels, welche zu den erfahrungsmäßigen Grundtatsachen zurückgeht, ohne irgend dahinter zurückzugehen, worauf sich jene Begriffe *aufzeiglich* stützen. Nun wird er sich wohl hüten, es zu tun, um nicht damit in sein Gegenteil umzuschlagen.

Schopenhauer, dessen System jetzt so viel von sich reden macht, identifiziert das Wesen der Materie zwar nicht mit dem der Kraft, deren Wesen er vielmehr mit dem Wesen des Willens identifiziert, aber (in sehr analoger Weise als die Dynamiker mit der Kraft) mit dem *Wirken* oder der *Kausalität,* indem er u. a. sagt: „Wer das Gesetz der Kausalität erkannt hat, der hat damit das ganze Wesen der Materie als solcher erkannt; denn diese ist durch und durch nichts als Kausalität, welches jeder unmittelbar einsieht, sobald er sich besinnt. Ihr Sinn nämlich ist ihr Wirken. Kein anderer Sinn derselben ist nur zu denken möglich. Nur als wirkend füllt sie den Raum, füllt sie die Zeit. ... Das, worauf sie wirkt, ist allemal wieder Materie: Ihr ganzes Sein und Wirken besteht also nur in der gesetzmäßigen Veränderung, die *ein* Teil derselben im anderen hervorbringt, ist folglich gänzlich relativ, nach einer nur innerhalb ihrer Grenzen geltenden Relation."[4]

Hiernach bestände also das Wesen der Materie in der gesetzmäßigen Veränderung, den ein Teil dieser gesetzmäßigen Veränderung im andern hervorbringt. Wie ein System mit derartigen Erklärungen so manchen sonst klaren Köpfen zusagen kann, ist mir nicht wohl verständlich.

Von vornherein ist zu sagen, daß der Physiker gegen die dynamische Vertiefung des Materiebegriffes durch Konstruktion aus Kräften nichts haben kann, solange er den Begriff dieser Kräfte selbst zu keiner vollen Klarheit zu bringen vermag, als nur eben das, daß er es nicht vermag. Sowie das Wort Kraft vom Philosophen anders gefaßt wird als vom Physiker, kann es natürlich auch anders verwandt werden, und bei willkürlicher oder fließender Fassung muß es auch möglich sein, es zu jeder beliebigen Verwendung brauchbar zu machen, mithin auch zur Konstruktion der Materie. Soviel aber ist gewiß, daß der physikalische Begriff der Kraft bei seiner schärfsten Fassung, größten Klärung und Vertiefung nicht zuläßt, die Materie daraus zu konstruieren oder wesentlich damit zu identifizieren. Ja ich behaupte, daß nur eine Vertiefung in die unklare und rohe Fassung, die er nach der gemeinen Vorstellung hat, mit Steigerung dieser Unklarheit dahin führen konnte, ihn zur Konstruktion der Materie zu verwenden.

Insgemein nämlich betrachtet man die Kraft als etwas, was in der Materie sitze oder ihr wie eine äußerliche Eigenschaft anhafte; doch auch über sie hinaus sich in die Weite erstreckt und so das Dasein der Materie kund gibt. Statt dieser rohen, unklaren Vorstellung dadurch auf den Grund zu gehen, daß man nach dem Faktischen fragt, was unterliegt, und sie hiermit in eine klare, wahre zu übersetzen, vertieft sich der Philosoph in dieselbe, doch meint sie zu berichtigen, indem er ihr die faktische Basis vollends entzieht. Wozu noch etwas außer Kräften an der Materie annehmen, da sich ihr Dasein nur durch ihre Kräfte verrät. Statt zu sagen, die Kraft sitze in der Materie, statt zu denken, die Materie habe auch noch abgesehen von ihren Kräften Bestand, statt die Kräfte äußerlich an die Materie zu heften, werden wir sagen, Kraft und nichts als Kraft sei die Materie; und was sich über sie hinaus erstreckt, wesentlich dasselbe, als woraus sie besteht.

Inzwischen unterscheidet sich doch ein Himmelskörper von der Gravitation, die sich über ihn hinauserstreckt, und jede Materie von der über sie hinauswirkenden Kraft. Die Physik braucht Zentren für die Kraft, die nicht selbst als Kraft faßbar sein können, und es ist ein Bedürfnis, diesen Unterschied von Materie und Kraft statt zu verwischen auf eine klare Bedeutung zurückzuführen. Dies hat die dynamische Ansicht bisher nicht so vermocht, daß die Physik davon Gebrauch zu machen vermöchte, daß Übereinstimmung unter den Philosophen selbst und ein Zusammenhang mit dem lebendigen Sprachgebrauche erzielt worden wäre. Ein Konflikt *entgegengesetzter* Kräfte soll es nach den meisten Dynamikern sein, was aus der Kraft den Körper macht, doch weder dieser Konflikt noch die den Körpern vorgängigen Kräfte selbst waren je zur Klarheit zu bringen, fallen vielmehr in jenen transzendenten Äther, in dem die Worte umsonst herumschiffen, einen festen Ankerplatz zu finden.

Für die Physik stellt sich die Sache faktisch so: Sonne und Erde sind ihr als etwas Sichtbares und Fühlbares, im Raume Lokalisiertes und die Stellung zueinander Änderndes erfahrungsmäßig gegeben. Ebenso sind ihr Gesetze erfahrungsmäßig gegeben, nach welchen die Änderung der Stellung von der vorhandenen Stellung und den Massengrößen abhängt, die selbst nur aus Bewegungsverhältnissen des Sichtbaren und Fühlbaren erschlossen sind und für die Physik nichts weiter bedeuten können als eben das Faktische, woraus sie erschlossen sind und was von ihnen abhängt. Weiter ist nichts hierbei gegeben als Sichtbares und Fühlbares, Bewegungen und Gesetze der Bewegungen. *Wo* ist denn da von Kraft die Rede? Sie ist in der Tat weder in jenem rohen noch in jenem philosophischen Sinn zu finden. Kraft ist der Physik überhaupt weiter nichts als ein *Hilfsausdruck* zur Darstellung der Gesetze des Gleichgewichts und der Bewegung, und jede klare Fassung der physischen Kraft führt hierauf zurück. Wir sprechen von Gesetzen der Kraft; doch sehen wir näher zu, sind es nur Gesetze des Gleichgewichts und der Bewegung, welche beim Gegenüber von Materie und Materie gelten. Sonne und Erde äußern eine Anziehungskraft aufeinander heißt nichts weiter als: Sonne und Erde bewegen sich im Gegenübertreten gesetzlich nach einander hin; nichts als das Gesetz kennt der Physiker von der Kraft; durch nichts sonst weiß er sie zu charakterisieren.

Man muß hierbei den *Begriff* der Kraft vom *Maße* der Kraft unterscheiden. Während ersterer sich auf das Gesetz bezieht, bezieht sich das andere auf die Größe der gesetzlich erfolgenden Wirkung. Die Physik und Mechanik, wenn sie von Kräften schlechthin sprechen, haben es bald mit dem Begriffe, der Qualität, bald mit dem der Masse, der Quantität der Kraft zu tun, und man muß nicht eines mit dem anderen verwechseln. Wir haben es im folgenden hauptsächlich nur mit dem Begriffe der Kraft zu tun.

Man sagt, aber es muß doch ein Grund sein, daß sich Sonne und Erde nach einander hin bewegen, und diesen nennen wir vielmehr die Kraft. Dieser Grund ist aber physikalisch genommen eben nichts als das Gesetz; es besteht das Gesetz, daß, wenn diese Verhältnisse des Zusammenseins von Materie gegeben sind, diese neuen daraus folgen. Nun kann man noch weiter nach dem Grunde des Gesetzes fragen; ich komme selber darauf unten; aber dabei bleibt immer wahr, daß alles, was der Physiker aus Kräften ableitet, nur eine Ableitung aus Gesetzen mittelst des Hilfswortes

Kraft ist, wogegen er nicht umgekehrt den Begriff des Gesetzes auf den der Kraft zurückführen kann. Er setzt Kräfte zusammen, d. h., er zeigt, welche Bewegungen gesetzlich resultieren, wenn vorhandene Bewegungen oder Umstände, bei deren Dasein sie einzeln erfolgen würden, zusammentreffen. Er spricht außer von Bewegungskräften auch von Druckkräften, Widerstandskräften, weiß aber ihr Dasein nur zu beweisen und zu charakterisieren durch die Bewegungen oder Bewegungsveränderungen (Geschwindigkeitszuwüchse), die gesetzlich beim Wegfall gegebener Umstände eintreten würden, und diese Umstände, wodurch Bewegungen gehindert oder aufgehoben werden, sind ebenso nur in Verhältnissen sich gegenübertretender Materie zu suchen als die, wodurch sie erzeugt werden.

Anstatt daß also die physische Kraft in den Körpern besonders sitze und von dem einen auf den anderen hinüberwirke, statt daß sie an Orten wirke, wo sie nicht ist, statt daß sie in einem Körper latent sein könne, um erst bei Zutritt eines anderen Körpers wirksam zu werden, statt daß sie die Materie konstituiere, statt daß sie dialektisch darein überschlage, wovon eine Vorstellungsweise immer unklarer und in sich widerspruchsvoller als die andere ist, kommt alles, was man von ihr aussagen mag, faktisch wie klar begrifflich auf ein allgegenwärtiges Gesetz und dessen Befolgung zurück, vor dem keine Ferne und keine Nähe besteht, das aber die Abänderungen der Ferne und Nähe von den vorhandenen Verhältnissen der Ferne und Nähe abhängig macht und dadurch das Ferne und Nahe, die Zukunft und Vergangenheit selbst verknüpft. Sitzt die Kraft irgendwo, so sitzt sie nur im Gesetze, das Gesetz hat zugleich Gesetzeskraft, d. h., was es aussagt, wird geleistet. Was man jedem Körper an Kraft besonders beilegt, ist nur der Anteil, mit dem er je nach seiner Individualität und Stellung zu anderen Körpern zur Erfüllung des Gesetzes beiträgt, welches sich selbst, sofern es allgemein ist, auf alle Verhältnisse der Materie bezieht und daher jedem Körper vorschreibt, was er in seiner Zusammenstellung mit anderen zu leisten und zu erfahren hat. Dieser Anteil, mit dem jeder Körper und selbst jedes Element eines Körpers zur Verwirklichung des Gesetzes besonders beiträgt, kann dann allerdings von dem über alle Materie, alle Zeit und allen Raum übergreifenden allgemeinen Gesetze begrifflich unterschieden und auf den Körper respektiv das Element des Körpers als eine ihm eigene, wenn man will, darin sitzende Kraft besonders bezogen werden, bedeutet jedoch hiermit eben nur ein besonderes Abhängigkeitsverhältnis des Körperlichen in seinem Verhalten vom allgemeinen Gesetze, nichts, was ihm konstant und für sich selbst eigen zukäme, oder gar, woraus es bestände.

Kommen zwei Körper im Himmelsraume in doppelt so große Nähe, so vervierfacht sich ihre Kraft. Die Gravitationskraft geht gar in Kohäsionskraft über, wenn sie die materiellen Teile aus merklichen Entfernungen in unmerkliche gebracht hat. Durch solchen Übergang haben sich die Weltkörper zu kohärenten Massen geballt. Dieselben Materien, die in der Außenwelt nur eben noch den unorganischen Kräften derselben gehorchten, fallen der Wirkung der organischen anheim, sowie sie in eine organische Zusammenstellung eintreten. Dasselbe materielle Teilchen kann so nach und nach die allerverschiedensten Kräfte erfahren und äußern. Wie könnte das alles sein, wenn die Kraft das eigene Wesen der Körperteile selbst bedeutete oder ihnen als etwas Grundwesentliches konstant anhaftete? Dagegen ist es die natürliche Folgerung der Abhängigkeit des Kraftbegriffes vom Gesetzesbegriffe. Jede andere materielle Zusammenstellung hat nach allgemeinstem Gesetze eine andere Zusammenstellung als Folge, hat immer und überall, wenn und wo sie wiederkehrt, dieselbe Folge; diese Beziehung läßt sich für jede andere Zusammenstellung in einem anderen Satze, d. i. Gesetze aussprechen und hierdurch eine andere Kraft charakterisieren. Demnach waltet in jeder besonders gearteten Zusammenstellung auch eine besonders geartete Kraft, es gibt so vielerlei Kräfte als Zusammenstellungsweisen der Materie; man kann aber viele besondere Zusammenstellungsweisen unter allgemeine Begriffe bringen, demgemäß auch die zugehörigen Gesetze, demgemäß auch die zugehörigen Kräfte. Und so kann man die Gesetze und demgemäß Kräfte so sehr spezialisieren und so sehr verallgemeinern, als man will. Die Gravitationskraft, Elastizitätskraft, chemische Kraft, organische Kraft sind alles Kräfte, die sich jede auf gewisse Zusammenstellungsweisen in gewisser Allgemeinheit beziehen und noch Spezialkräfte unter sich und allgemeinere Kräfte über sich haben.

Wir haben im vorigen nichts weiter getan als den Kraftbegriff, wie früher den Materiebegriff, in dem Sinne exponiert, wie er in der Physik, wenn auch nicht mit Worten exponiert, aber von jeher faktisch verstanden und verwendet wird, und glauben hiernach recht zu haben, wenn wir sagten: Der Kraftbegriff des Physikers ist nicht geeignet, die Materie daraus zu konstruieren, jedenfalls nicht die Materie des Physikers daraus zu konstruieren. Die Kraft ruht in einem gesetzlichen Bezuge von Materien; aus einem gesetzlichen Bezuge zwischen Materien aber läßt sich nicht Materie machen. Es wäre ebensogut, als wenn jemand aus den Tonintervallen, die nur eine Relation von Tönen bedeuten, die Töne konstruieren wollte. Will also der Philosoph seine Materie aus Kräften konstruieren, so können beides, oder wenigstens eins, eben nur Wesen eigener Art sein, die mit der Materie und den Kräften des Physikers nichts gemein haben. Da aber der Philosoph doch die Physik mit seinen Begriffen Materie, Kraft erleuchten will, so verfehlt er von vornherein seinen Zweck, indem er

Worte , die in der Physik eine feste sachliche Bedeutung haben, in anderem Sinne verwendet, und es ist unmöglich, daß er sich mit ihr verstehe.

Täte aber der Physiker etwa gut, seinen Kraftbegriff, d. h. seine sachliche Bedeutung des Wortes Kraft, aufzugeben, um den des Philosophen dafür anzunehmen? An sich und in der Sache könnte er mit Änderung einer Wortbedeutung nichts gewinnen; doch würde es ratsam sein, darauf einzugehen, wenn die philosophische Bedeutung nicht nur selbst klar wäre, sondern auch in einen allgemeineren Zusammenhang von Bedeutungen einträte, welcher eine größere und höhere Klarheit über das Gebiet des Physikers verbreitete, als er mit seinem System des Wortgebrauchs bisher selbst erzielt hat, kurz wenn die Klarheit, die er bisher gehabt hat, nicht dabei vermindert, sondern vermehrt würde. Aber es ist gerade das Gegenteil.

Näher zugesehen stellt sich die Auffassung des Verhältnisses zwischen Materie und Kraft in der Philosophie und Physik gerade verkehrt. Nach der Philosophie ist die Materie in einem Bezuge oder Konflikte von Kräften (Anziehungskraft, Abstoßungskraft), nach der Physik die Kraft in einem (gesetzlichen) Bezuge von Materien begründet. Die Materie des Physikers ist als Tastbares, Erscheinliches oder Erscheinungen Bedingendes überhaupt unmittelbar aufzeigbar, sein Kraftbezug ist als Gesetzesbezug durch aufzeigbare Verhältnisse unmittelbar erläuterbar; hier ist alles klar; die der Materie aprioristischen Kräfte des Philosophen sind nicht unmittelbar aufzeigbar und bloß erläuterbar durch dieselben aposteriorischen Kräfte, welche der Physiker vor Augen hat; der Konflikt der Kräfte kann sich nur an unbestimmte Analogien lehnen. Mithin fällt die ganze Konstruktion der Materie aus einem Konflikte von ihr aprioristischen Kräften ins Unklare, und umsonst ist der Versuch ihrer Erläuterung durch das, was dadurch erläutert werden soll.

Es ist nun aber allerdings begreiflich, daß, wenn man die Materie aus Kräften konstruiert, die schon im Begriffe verschwimmen und zerfließen, außerdem das an sich richtige *Aperçu* festhält, daß die Kraft wie das Gesetz, von dem die Kraft abhängt, etwas Allgegenwärtiges, den Raum Alldurchdringendes ist, die aus den Kräften konstruierte Materie etwas Zerflossenes, Verschwommenes, den Raum Alldurchdringendes werden muß und die Atomistik nicht Platz finden kann; nur liegt nirgends ein Beweis dafür, daß eine Sache nicht stehen kann darin, daß sie nicht steht, wenn man ihr den festen Boden entzieht und sie auf den Kopf stellt.

Der Naturwissenschaft ist die Natur überhaupt nur eine Welt der äußeren sinnlichen Erscheinung, und hiernach nicht zu wundern, wenn der Stoff der Natur, die Materie, auch nur als Sache solcher Erscheinung von ihr gefaßt, behandelt, nur durch Erscheinung und deren Verhältnisse charakterisiert und die Kraft der Natur nur aus solchen Verhältnissen abstrahiert wird. Es liegt in ihrem Begriffe der Natur. Mag es noch andere Begriffe der Natur geben, aber sie gehen die Naturwissenschaft als solche nichts an, noch berühren sie unseren lebendigen Verkehr mit der Natur. Ebenso ist dann freilich auch nicht zu wundern, wenn die Philosophie, sofern sie unter Natur ein transzendentes Wesen hinter der Natur des Naturforschers versteht, auch unter Materie und Kraft der Natur transzendente Wesen hinter der Materie und Kraft des Naturforschers versteht; wenn sie die Begriffe der Materie und Kraft nicht durch Tastbarkeit, Sichtbarkeit, Verhältnisse davon und Abstraktionen daraus erschöpft oder ihrem Wesen nach auch nur berührt halten kann. Es liegt ebenso in ihrem Begriffe der Natur. Und nun ist endlich nicht zu wundern, wenn das, was der Philosoph über das Verhältnis von Materie und Kraft sagt, zu dem, was der Physiker darüber sagt, so wenig paßt, als spräche der eine von Rücken und der andere von Schneide. Und nur das ist zu wundern, wenn er den Rücken für die Schneide substituieren will. Die physikalische Fassung des Verhältnisses von Materie und Kraft gleicht einem Januskopf, die philosophische dem anderen. Beide sind mit der Gegenseite aneinandergeheftet und zeigen dieselbe Form in verkehrter Richtung. Der eine sieht nach vorn in das helle Gefilde der Erscheinung, der andere rückwärts in das transzendente Dunkel. Nun stört der zweite mit den Träumen, die in diesem Dunkel erwachen, immer die lichten Anschauungen des ersten und meint, er sähe in die geheimnisvolle Tiefe der Dinge und jener in ein blendendes Nichts. Und doch ist alles, was er träumt, ihm nur heimlich und verworren durch die Verbindung, in der er mit dem anderen steht, aus dessen Welt der Anschauung zugeflossen.

Nach allem höre ich noch sagen: Du willst die Kraft vom Gesetz abhängig machen, und wovon machst Du denn nun wieder das Gesetz abhängig; es muß doch ein Grund dasein, welcher das Gesetz selbst begründet, daß sich Materien im Gegenübertreten nach einander hin bewegen. Was ist also mit jener Zurückführung gewonnen als eine Zurückschiebung der Aufgabe? – In der Tat mag es nur eine Zurückschiebung der Aufgabe für den Philosophen sein, aber es ist ein klarer Ausdruck der Aufgabe für den Physiker, die der Physiker weiter rücklings gar nicht zu verfolgen hat, der Philosoph aber *nur in der angegebenen Richtung* weiter zu verfolgen hätte. Das allgemeinste Gesetz, was es gibt, ja was den Gesetzesbegriff selbst konstituiert, worunter sich alle einzelnen Gesetze und Kräfte subsumieren, ist überhaupt dieses, daß unter denselben Bedingungen immer und überall dasselbe, unter verschiedenen Verschiedenes erfolgt; und die Aufgabe des Physikers geht nun nicht weiter zurück, als zu ermitteln, was es nun eben ist, was unter jedweden gegebenen Bedingungen materieller Zusammenstellung und Bewegung immer und überall erfolgt, womit er zu seinen besonderen Gesetzen und Kräften gelangt. Nun wird niemand gehindert, sich über diese Aufgabe des Physikers hinaus die weitere Aufgabe zu stellen, was doch der Grund, sei es jener allgemeinen Gesetzlichkeit, sei es ihrer besonderen Gestaltung, sei. Mag es ein teleologischer, ein begrifflicher, ein dialektischer, ein supranaturalistischer, ein mystischer sein, man kann verschiedenes darüber aufstellen, je nachdem man den letzten Grund des Seins und Geschehens und das Wort Grund selbst verschieden faßt; – ich habe einen reinen Wortstreit deshalb bestehen müssen. Nur daß durch diese Frage und ihre Entscheidung, wie sie immer falle, die Zurückführung der unklaren Kraft auf das klare Gesetz ebensowenig in Frage gestellt oder ungültig werden kann, als sie ihrerseits nicht beanspruchen kann, das letzte Wort des Rätsels der Dinge zu sein, was ich mit dem Gesetze freilich nicht geben kann, da es überhaupt niemand geben kann. Und fragen wir doch die Philosophen und Theologen, die von uns den Grund des Gesetzes verlangen, was sie selbst dafür zu geben wissen, so werden wir auch nichts von ihnen darüber erfahren können, als daß es nun einmal bestehe oder daß es im Sinne der Idee sei oder daß es von Gott gegeben sei; und sie werden gestehen, daß hierauf noch hinter dem Gesetz zu rekurrieren mindestens dem Physiker als Physiker nichts fruchte und daß kein Rückgang dieser Art zum dynamischen Begriffe der Kräfte zu führen vermag.

Hiernach kann ich nur sonderbar finden, was man mehrseitig gegen unsere Auffassung der physikalischen Kräfte eingewandt. Man hat u. a. das Gesetz, auf welches ich provoziere, einen *Deus ex machina* genannt – ich würde es eher eine *machina in Deo* nennen –, als wenn ich es zur Erklärung sonst nicht vom Physiker erklärbarer Erscheinungen willkürlich zugezogen hätte, während das Naturgesetz doch faktisch besteht, faktisch jede physikalische Erklärung begründet und faktisch dabei den Begriff der physikalischen Kraft als Hilfsbegriff mitführt.

Einer von *Drobisch*[5] gegen obige Auffassung der Kraft erhobenen Opposition habe ich aus Gesichtspunkten, die im vorigen mit enthalten sind, ausführlich entgegnet.[6]

Schließlich wende ich mich noch zu einigen besonderen Auffassungen der Kraft, die zu den verbreitetsten gehören und die es deshalb nützlich sein dürfte, der unseren gegenüberzuhalten.

Von Physikern wird die Kraft nicht selten einfach als *Ursache der Bewegung* bezeichnet. Dies aber tritt ganz in unsere Erklärungen hinein, weil der Begriff der Ursache selbst mit dem Gesetzesbegriffe zusammenhängt oder davon abhängt. Denn nur dadurch unterscheidet sich das *propter hoc* vom *post hoc*, daß jenes gesetzlich erfolgt, dieses nicht, was ausführlicher von mir in einem Aufsatze *„Über das Kausalgesetz"*[7] besprochen ist.

Ein von einer gründlich physikalischen Auffassung weit abführender Ausfluß der gemeinen Vorstellung von der Kraft ist es dagegen, die Kraft nach Art des Lichtes von gegebenen Punkten aus *sich ausbreitend* zu denken; doch hat er die Ansicht mancher über die Beschaffenheit der Grundkräfte der Materie bestimmt und selbst manchen sogenannten metaphysischen Auffassungen der Kraft die Richtung gegeben.

So sagt *Grassmann* in seiner Schrift,[8] von der ich näher im historischen Kapitel der zweiten Abteilung berichte:

„Die Abnahme dieser Kraft (der allgemeinen Anziehung) ist die einfache Folge ihrer Ausdehnung in dem Raume. Denken wir uns von einem Körper die Anziehungskraft nach allen Seiten ausgehend und die gesamte Anziehungskraft des Körpers in jeder beliebigen Entfernung sich gleich bleibend, so verteilt sich diese gesamte Anziehungskraft in der doppelten Entfernung auf den vierfachen Raum usw. ... Auch für jede andere Kraft, welche sich über den ganzen Raum verbreitet, muß dasselbe Gesetz gelten, auch die Stärke des Lichtes, des Schalles, der Wärme, auch die Kraft der elektrischen Anziehung und Abstoßung nimmt ab nach dem Quader der Entfernung.“

Schyanoff[9] spricht von einer der Materie inhärenten Expansivkraft, „rayonnante et divergeant (d'un point donné *C*) dans toutes les directions, comme les rayons d'une sphère. ... A mesure que la matière concentrée en *C* se dilate et qu'elle envahit, progressivement, l'espace environnant, qui se matérialise en quelque sorte, la force expansive primitive de *C* se distribue sur un nombre de points de plus en plus grand. Elle *s'épuise* donc, proportionellement à l'effet, qu'elle produit, c'est-à-dire, dans le même rapport que croissent les volumes sphériques ayant *C* pour centre. Cela signifie, que la force expansive ou répulsive agit en raison inverse des cubes des distances.“

Unstreitig nun kommt die Abnahme der Gravitationskraft, elektrischen, magnetischen Kraft nach dem reziproken Quadrat der Entfernungen dieser Vorstellung nicht nur ungemein zustatten, sondern ist auch die hauptsächlichste Stütze derselben. Aber die Kraft braucht keine Zeit, sich fortzupflanzen, weil das Gesetz keine braucht, das Licht braucht Zeit dazu; schon hier hält die Analogie nicht Stich, auch sonst nicht, und möchte sie selbst noch weiter reichen, als sie reicht, so kann der Physiker faktisch nichts von dem, was aus Kräften abzuleiten ist, daraus ableiten, daß ein Etwas sich zwischen gegebenen Materien fortpflanze, sondern alles, was Kräfte ihm zu leisten haben, nur aus Gesetzen der Bewegung der Materien, zwischen denen sich das Etwas fortpflanzt, womit das sich fortpflanzende Etwas zu einem leeren Namen wird, gleichviel auch, ob man diesen Namen durch andere, wie Stoß, Impuls, Antrieb, ersetze.

Vielleicht der wichtigste Einwand gegen diese Auffassung aber ist dieser. Das Gesetz des reziproken Quadrats der Entfernungen ist bis jetzt bloß für Entfernungen, welche nicht unter die Merklichkeit fallen, erwiesen; und nach so manchen Andeutungen und der Vermutung sehr gründlicher Physiker wahrscheinlich bloß ein für solche gültiges Approximationsgesetz. Nun hat man sich wohl zu hüten, durch eine auf eine prekäre Analogie gestützte Vorstellung von der Natur der Kraft allgemeineren und weitertragenden Ansichten über die materiellen Grundkräfte den Weg zu verlegen.

Manche stellen sich die verschiedenen Kräfte, wie Gravitationskraft, Kohäsionskraft, magnetische, elektrische Kraft, sozusagen als selbständige mythologische Wesen vor, welche aus einem ideellen Reiche in die Körperwelt eingreifen und jede nach einer spezifischen konstanten Eigentümlichkeit die Verhältnisse in diesem oder jenem ihnen besonders untertanen Gebiete des Geschehens abändern und neue Verhältnisse darin hervorrufen. In der Tat aber hängen alle in der Materie waltenden Kräfte durchaus nicht minder von der vorhandenen Zusammenstellung der Materie ab, als die folgende Zusammenstellung von ihnen abhängt;[10] und bedeuten eben nur die Verwirklichung des gesetzlichen Bezuges zwischen aufeinanderfolgenden Zusammenstellungen, ändern daher auch ihren Begriff, wie sich die Zusammenstellung ändert, in der sie, wie man sagt, wirken, ja ändern ihn durch ihre eigene Wirkung, indem sie neue Zusammenstellungen hervorrufen oder die Teilchen, auf die sie sich beziehen, in neue Zusammenstellungen einführen.

Genötigt, dies wenigstens im allgemeinen zuzugeben, hat man jene Vorstellung doch exzeptionell für die sogenannte organische oder Lebenskraft festzuhalten gesucht, ja es besteht darin ein Grundzug der dynamischen Ansicht im weiteren Sinne. Die Abhängigkeit der in der Materie waltenden Kräfte von der vorhandenen materiellen Zusammenstellung wird zugegeben und Kräften dieser Art selbst in den Organismen ein gewisser Spielraum zugestanden, darüber hinaus aber eine *spezifisch* organische Kraft, Lebenskraft, als solche angenommen, welche, ohne von den materiellen Zusammenstellungen wesentlich abhängig zu sein, doch Änderungen darin aus teleologischem Gesichtspunkte von sich abhängig macht. Hierzu aber liegt von keiner Seite ein Grund vor. Zuvörderst ist die Teleologie aus allgemeinstem Gesichtspunkte nichts der organischen Welt Eigentümliches, sondern dem *Gesamtzusammenhange* der Weltkräfte oder Gesetze immanent, indes sie im Einzelnen mindestens *ebensooft* im Organischen als Unorganischen vermißt werden kann. Hierin also kann kein spezifischer Unterschied der einen und anderen Kräfte gesucht werden, ebensowenig aber der großen Verschiedenheit des davon abhängigen

Geschehens, da diese Verschiedenheit sich nach dem allgemeinen Prinzip der Abhängigkeit der Kräfte von den vorhandenen Zusammenstellungen aus der Verschiedenheit der organischen und unorganischen Zusammenstellung von selbst erklärt. Diese aber hängt, soweit wir es zu verfolgen wissen, rückwärts von entsprechenden Verschiedenheiten ab, deren Urentstehung wir freilich so wenig zu erklären wissen als die der Verschiedenheiten in jedem für sich. Wonach es untriftig ist zu sagen, schon zur Entstehung der Urverschiedenheit zwischen organischem und unorganischem Gebiete sei es nötig, in jenem vorzugsweise vor diesem Kräfte anzunehmen, die nicht von der materiellen Zusammenstellung abhängen. Vielmehr kann selbstverständlich, wenn überhaupt nach einer *ersten* Entstehung der materiellen Zusammenstellungen gefragt wird, *weder* die der organischen *noch* unorganischen von *vorgängigen* Anordnungen abhängen; auch hier ist also kein wesentlicher Unterschied zu finden, und es fragt sich nur, ob man überhaupt von einer *ersten* Entstehung sprechen kann. Darüber aber zu spekulieren kann man denen überlassen, die glauben, daß aus solchen Spekulationen etwas anderes als eben die Spekulation herauskommen könne. Gewiß ist, daß, nachdem einmal materielle Zusammenstellungen existieren, soweit wir es zu verfolgen vermögen, organische und unorganische Zusammenstellungen nach gleichem Prinzip der Abhängigkeit von den vorhandenen Zusammenstellungen sich ändern; und will man Schlüsse rückwärts machen, so wird man sie ins Unbestimmte nur auf dieser Basis rückwärts machen dürfen.

Erst dann würde man Anlaß haben, spezifisch organische Kräfte, welche aus dem allgemeinen Prinzip der Abhängigkeit von den vorhandenen Zusammenstellungen heraustreten, anzunehmen, wenn man je aus gleichen organischen Zusammenstellungen Verschiedenes oder aus verschiedenen Zusammenstellungen das Gleiche erfolgen sähe; aber soweit sich mit Erfahrung nachkommen läßt, ist das Gegenteil der Fall. Ja es gilt nicht nur im organischen Reiche *für sich* dasselbe allgemeine Gesetz als im unorganischen, daß gleiche oder ungleiche Änderungen gegebener Zusammenstellungen nur nach Maßgabe stattfinden, als diese Zusammenstellungen selbst gleich oder ungleich sind, sondern es erstreckt sich auch dies Gesetz *gemeinsam über beide Gebiete* in der Art, daß nach Maßgabe als organische Zusammenstellungen mit unorganischen übereinstimmen oder nicht übereinstimmen, auch gleiche oder ungleiche Erfolge in beiden eintreten, was nun aber eben nichts anderes heißt, als die Kräfte im Organischen und Unorganischen hängen gleichermaßen und nach gleichem Prinzip von den vorhandenen Zusammenstellungen ab und sind selbst nur nach Maßgabe der Verschiedenheit der organischen und unorganischen Zusammenstellungen verschieden. Zur Entwicklung einer Eiche gehört eine Eichel, zur Entwicklung einer Henne ein Hühnerei, und wer mag leugnen, daß diese Entwicklungen gesetzlich von der Organisation der Eichel, des Eies abhängen, wenn wir das Gesetz auch noch nicht auszusprechen wissen. Das Auge wirkt, insoweit es mit einer *Camera obscura* übereinstimmt, wie eine Camera obscura, die Luftröhre wie eine Pfeife, das Herz wie eine Pumpe, der ganze Körper mit seinem chemischen Prozeß wie ein geheizter Ofen, die ausdünstende Haut wie ein Kühlgefäß; insoweit sie aber nicht damit übereinstimmen, kann man auch die Übereinstimmung der Wirkung nicht fordern, und was sich wegen Komplikation der Bedingungen nicht als Wirkung derselben berechnen läßt, nicht als Wirkung derselben streichen. Zwar können wir in unseren Laboratorien keinen Samen und kein Ei aus den Bestandteilen derselben machen, und das scheint manchen der schlagendste Beweis, daß ein bildender Archäus oder eine bildnerische Lebenskraft den an sich toten Stoff in den Organismen beherrsche, ohne von seinen Verhältnissen abhängig zu sein. Aber wenn schon zur Fabrikation von formloser Schwefelsäure aus Schwefel und Sauerstoff eine Schwefelsäurefabrik gehört, d. h. besondere Bedingungen des Zusammentreffens der Bestandteile, so werden wir um so mehr zulassen müssen, daß zur Fabrikation des einen ganzen organischen Zellenbau einschließenden Samenkornes oder Eies eine Pflanze und ein Vogel als Fabriken gehören und nicht gegen das Prinzip selbst zu fordern haben, daß außerhalb des Organismus durch die einfachen Mittel unserer Laboratorien erzeugt werden könne, was die organische Welt selbst nur unter so komplizierten Bedingungen zu erzeugen vermag. Dies liegt so auf der Hand, daß man nur aus dem Mangel besserer Gründe für die gegenteilige Ansicht begreift, wie jener ganz nichtige immer von neuem dafür geltend gemacht werden kann. Konnten aber ein Vogel oder Ei in einer Urzeit einmal zuerst entstehen, so mußten überhaupt ganz andere und in anderer Weise zusammenhängende Urbedingungen, d. h. Zusammenstellungen der Materie, vorhanden sein, als jetzt bestehen, aus welchem Dunkel heraus sich weder etwas widerlegen noch beweisen läßt.

Daß die organische Welt mit bewußten Seelen in Beziehung steht, ändert nichts; insofern man die gesamte Welt mit einem bewußten Gotte in Beziehung denken kann und Zweck*ideen,* insofern sie als wirkend angesehen werden können, doch nur im Sinne der nun einmal bestehenden Gesetzlichkeit als wirkend angesehen werden können, ja nur eben damit den Charakter der Zweckmäßigkeit behaupten können. Ob nicht in freien Willensakten Exzeptionen von aller Gesetzlichkeit stattfinden können, untersuche ich hier nicht; aber den spezifisch organischen Kräften mutet man zu, unabhängig vom bewußten freien Willen nach anderem Prinzip zu wirken als den unorganischen, und hiergegen hat der Physiologe jedenfalls das Recht zu streiten. Eine Diskussion über die Freiheitsfrage hier aufzunehmen aber liefe wider die Beschränkung der Aufgabe dieser Schrift.

Man hat nun auch gemeint, die Organismen unterschieden sich von den nicht organischen Körpern grundwesentlich dadurch, daß jene durch *innere,* diese nur durch *äußere* Kräfte in Bewegung gesetzt würden, und sei ein grundwesentlicher Unterschied zwischen diesen Kräften selber. Der Organismus treibt sein Blut und regt die Glieder durch innerlich in ihm waltende Kräfte; der Planet, der fallende Stein, die Kanonenkugel wird durch die äußere Kraft der Sonne, der Erde, des explodierenden Pulvers in Bewegung gesetzt. Doch dieser Unterschied ist eitel. Jede äußere Kraft, die ein Körper erfährt und äußert, ist zugleich Moment einer inneren Kraft, der inneren Kraft des größeren Systems nämlich, dem der Körper angehört; und jeder gehört einem größeren System an, in dem eine innere Kraft waltet; jede innere Kraft eines Systems läßt sich umgekehrt in äußere Kräfte zerlegen, die äußeren Kräfte nämlich, welche seine Teile aufeinander üben. So ist die äußere Kraft, mit welcher der Planet der Sonne zustrebt, Moment einer inneren Kraft des Planetensystems, welche die Bewegung der Sonne und aller Planeten im Zusammenhange bewirkt; die äußere Kraft, mit der der Stein gegen die Erde gezogen wird, Moment der inneren Kraft, welche dem System von Stein und Erde inwohnt und wodurch die Erde im selben Momente so gut gegen den Stein als der Stein gegen die Erde gezogen wird; die äußere Kraft, welche die Kanonenkugel forttreibt, Moment der inneren Kraft, welche im System der Kanone, des Pulvers und der Kugel wirkt und wodurch die Kanone zugleich rückwärts getrieben wird, indes die Kugel vorwärts geht. Und umgekehrt ist die innere Kraft des Organismus zerlegbar in äußere Kräfte, welche die Teile des Organismus aufeinander üben, wobei Gleichheit der Aktion und Reaktion geradesogut besteht als in der unorganischen Außenwelt. Das Blut wird durch die von außen darauf wirkende Kraft des Herzens, im Grunde die des ganzen übrigen Organismus fortgetrieben; der Arm wird durch einen äußeren Antrieb vom Gehirn aus bewegt, zu dem der ganze übrige Organismus beiträgt; so wie aber ein Teil des Organismus Wirkungen von den übrigen Teilen her erfährt, äußert er zugleich Wirkungen auf die übrigen Teile; beide Wirkungen treten im Zusammenhange als innere Wirkungen des organischen Systems auf und können einer inneren Kraft desselben beigelegt werden. Die Elastizität ist eine innere Kraft; doch hindert nichts, auch sie in äußere Kräfte der Körperteile aufeinander zu zerlegen: So wird jeder Teil des elastischen Dampfes im Kessel durch die übrigen gedrückt; so jeder Teil einer Saite durch die Wirkung der übrigen zur Schwingung angetrieben.

Manche legen Gewicht darauf, daß wir im Willen, unseren Körper zu bewegen, den einzigen Fall haben, wo wir uns des Wirkens einer Kraft im Körpergebiete unmittelbar bewußt werden, und identifizieren demgemäß das Wesen der Kraft mit dem des Willens.[11] Nun ist die klare Auffassung der Tatsache, um die sich's dabei handelt, die, daß dem Willen als geistigem Phänomen eine körperliche Bewegung in unserem Gehirne gesetzlich zugehört, welche eine äußere Bewegung unseres Körpers gesetzlich nachzieht, insofern nicht solche ebenso gesetzlich durch äußere Umstände verhindert wird. Das ist's, was wir die Kraft des Willens *nennen*. Ob der Wille selbst deterministisch oder indeterministisch entstanden gedacht werden soll, kommt hierbei nicht in Frage; kurz, seine *Kraft* ruht nur in diesem gesetzlichen Bezuge; womit wir uns wieder auf die Abhängigkeit des Kraftbegriffes vom Gesetzesbegriffe zurückgeführt finden. Eine verschiedene Grundansicht über die Beziehung von Leib und Seele kann nichts in dieser Abhängigkeit ändern, sondern sie nur verschieden ausdrücken lassen.

Im übrigen kann die Betrachtung von jenem Ausgangspunkte aus eine doppelte Richtung nehmen, wozwischen zu entscheiden oder welche zu verfolgen zwar weder für den Physiker noch Physiologen als solche ein Interesse hat, wohl aber ein wichtiges allgemeines oder philosophisches Interesse hat, sofern sie die allgemeine Weltstellung der Kraft betrifft, daher zum Abschlusse unserer Betrachtungen über den Kraftbegriff noch einige Worte darüber:

Soll eine wesentliche Identifizierung der allgemeinen Naturkräfte mit unseren Willenskräften stattfinden, so kann man sich *einmal* denken, die uns unbewußt scheinenden Naturkräfte seien Sache eines nur unserem Bewußtsein unzugänglichen oder dasselbe überreichenden, durch die ganze Welt wirkenden Willens, ohne daß man dabei anzunehmen hätte, daß jedes einzelne Wirken einer Naturkraft einen einzelnen Willensakt bedeute. Vielmehr, da bei jedem unserer Willensakte ein großer Teil der Kräfte oder selbst die *gesamten* Kräfte unseres Körpers in bestimmter Richtung zusammengefaßt werden, hätte man auch nicht einzelne Kraftwirkungen, sondern nur Zusammenfassungen derselben im Sinne der Zwecke der Weltordnung als Sache des allgemeinen Willens anzusehen und könnte dabei noch insofern von unbewußt wirkenden Kräften der Natur sprechen, als eine Spinnerin, ohne an das Spinnen zu denken, unter dem Einfluß ihres allgemeinen Bewußtseins mechanisch fortspinnen kann, nachdem sie nur den Willen von Anfang an in diesem Sinne fixiert hat. Wonach sich auch das Naturwirken unter dem Einflusse eines über die Welt übergreifenden allgemeinen Bewußtseins in gleichem Sinne mechanisch unbewußt in der von Anfange herein gewollten und festgehaltenen Richtung fortspinnen könnte, indes die Ordnung und Lenkung der Geschicke und Geschichte der Gesamtheit bewußter Geschöpfe fortgehends dem Einflusse von oben darauf gerichteten *bewußten* Willens ebenso unterliegen bliebe als für uns das, was ferner zu gestalten unser Interesse ist. Nun gehen unsere eigenen Willensäußerungen wesentlich dahin, unseren Zustand zu verbessern, und es erfolgt dies um so langsamer, aber um so sicherer, je größer das zu hebende Übel einerseits, je größer der Bereich der uns dienstbaren Kräfte und die Tragweite unserer Einsicht andererseits ist. Wonach sich auch denken läßt, daß das nach einer metaphysischen Notwendigkeit in der Welt bestehende Übel von ungeheuren Dimensionen viel langsamer, aber viel sicherer im Laufe der Jahre durch Wirken des obersten Willens verbessert und gehoben werden wird als das, was wir durch kurzes beschränktes Wirken zu heben versuchen. Als das wesentlichste Mittel dazu aber wird anzusehen sein, daß der oberste Wille die Kräfte selbst, welche das Übel hervortreiben und die dem Übel unterliegen, in solcher Weise zusammenfaßt, daß sich das Übel durch sein eigenes Gegenwirken hebt und zerstört; wonach es keinen Widerspruch enthält, daß es dieselben Einzelkräfte sind, welche dem Übel und dem dagegen gerichteten Willen unterliegen. Wie denn die Herausarbeitung der Welt aus einem chaotischen Urzustande, das Wachstum und die zunehmende Ausbreitung richtiger Erkenntnisse, geordneter gesellschaftlicher Zustände, humaner Gesinnungen, reiner religiöser Vorstellungen ebenso beweist, daß eine Tendenz in Richtung des Besseren durch das Ganze geht, wie daß sie nicht erfolglos ist. Bei all dem haben die dem Willen untertanen materiellen Kräfte ins Spiel zu treten, sofern sie die Verhältnisse der materiellen Unterlage des Geistigen im Sinne seiner Tendenzen abzuändern haben, und ist der teleologische Charakter der Naturkräfte damit in Beziehung zu setzen.

Diese Auffassung hat sich auf das Zusammentreffen einer Analogie, die zu jedem Schlusse im Gebiete von Leib und Seele den Ausgang bilden muß, mit unseren höheren praktischen Forderungen zu stützen. Wohl verträglich mit den Forderungen der Naturwissenschaft, das teleologische und Kausalprinzip derselben unter einen Hut bringend, tritt sie zugleich hinein in die religiöse Forderung und Vorstellung eines allgegenwärtigen, allwaltenden, die Welt nach Zwecken ordnenden, dem bestmöglichen Zustande entgegenführenden, volles Vertrauen in dieser Hinsicht in Anspruch nehmenden Gottes, ohne dessen Willen kein Blatt vom Baume, kein Haar von unserem Haupte fällt, sofern die Kräfte, von denen diese Einzelerfolge abhängen, doch immer in irgendwelche Zusammenfassung, die einen Willen oder die Folge eines Willens bedeutet, eingehen werden. Dabei gestattet sie noch dieselbe Wahl zwischen deterministischer und indeterministischer Auffassung des göttlichen Willens, die bezüglich unseres Willens besteht, indem sie bloß aus höherem Gesichtspunkte dasselbe im Ganzen und Geiste des Ganzen wiederfindet, was wir nach einem kleinen niederen Maßstabe in uns, den Teilwesen dieses Ganzen, finden. So daß, wer eine überall unverbrüchliche, selbst unseren Willen bindende Gesetzlichkeit annimmt, nicht gehindert wird, sie auch für den höchsten Willen zu statuieren, mit dem Troste, sie sei der Art, daß sie uns des besten Zieles *versichert*; wer hingegen Akte unseres Willens für indeterministisch frei hält, um so leichter in der Führung der Geschichte und Geschicke wollender Wesen die Zeichen höherer Freiheit wiederfinden kann, indes er übrigens der mechanisch sich fortspinnenden Naturnotwendigkeit, welche festzuhalten des Naturforschers Interesse ist, ihr Recht läßt. Denn eine bindende Notwendigkeit ist in jener Führung keinesfalls *erweislich*, also auch vom Naturforscher, der sich überhaupt mit diesem Gebiete nicht zu beschäftigen hat, nicht für erwiesen zu erklären, wie gegenseits eine indeterministische Freiheit *nirgends* erweislich ist. Es gilt aber überhaupt, die Freiheitsfrage des Willens nicht, wie so oft, ja gewöhnlich geschieht, mit der Daseinsfrage des Willens zu verwechseln und zu vermengen. Wille bleibt jedenfalls – um nicht dem *Sachsschen Prinzip* anheimzufallen –, was wir in uns als Willen fühlen, so nennen und in seinen Folgen kennen; auch wenn wir über seinen letzten Grund und sein letztes Wesen noch Zweifel hegen.

Dies der eine Weg, den der Gedanke bezüglich des Verhältnisses von Wille und Kraft nehmen kann, derselbe, den ich selbst betrete und vertrete. Der andere Weg ist dieser:

Man kann sich *zweitens* denken, das *Bewußtsein* gehöre gar nicht wesentlich zur Natur des Willens, kann also die *Kraft* des Willens als trennbar vom Bewußtsein überhaupt ansehen, der Natur als unbewußter auch eine Willenskraft nur als unbewußte zugestehen und diese das Organ des Bewußtseins in menschlichen und tierischen Gehirnen erst erzeugen lassen, hierin das endliche Resultat oder den Schlußpunkt des Wirkens unbewußter Kräfte sehen. Dies die mit idealistischen Ausdrücken und Wendungen wesentlich zu den Konsequenzen des Materialismus zurückführende, Gott und Unsterblichkeit leugnende, pessimistische, *erklärt* deterministische Ansicht *Schopenhauers,* der mißbräuchlich die als unbewußt gedachte Naturkraft noch mit demselben Namen Willen bezeichnet, den man von jeher nur an die bewußte geknüpft hat, und, wenn schon ausgehend von der Tatsache unseres bewußten Willens, das, was in diesem als untrennbar erscheint, gewaltsam trennt, um die isoliert wirkende Kraft dasselbe *nachträglich* erst erzeugen zu lassen, womit es im Ausgange der Betrachtung von vornherein gegeben ist, und damit ihm etwas ganz Inadäquates erzeugen zu lassen.

Hier eine bezeichnende Stelle für *Schopenhauers* Auffassung: „Der Grundsatz meiner Lehre, welcher sie zu allen je dagewesenen in Gegensatz stellt, ist die gänzliche Sonderung des Willens von der Erkenntnis, welche beide alle mir vorhergegangenen Philosophen als unzertrennlich, jeden Willen als durch die Erkenntnis, die der Grundstoff unseres geistigen Wesens sei, bedingt und sogar meist als eine bloße Funktion derselben ansehen. Jene Trennung aber, jene Zersetzung des so lange unteilbar gewesenen Ichs oder Seele in zwei heterogene Bestandteile ist für die Philosophie das, was die Zersetzung des Wassers für die Chemie gewesen ist, wenn dies auch erst spät erkannt werden wird. Bei mir ist das Ewige und Unzerstörbare im Menschen, welches daher auch das Lebensprinzip in ihm ausmacht, nicht die Seele, sondern, mir einen chemischen Ausdruck zu gestatten, das Radikal der Seele, und dieses ist der *Wille*. Die sog. Seele ist schon zusammengesetzt; sie ist die Verbindung des Willens mit dem νους, Intellekt. Dieser Intellekt ist das Sekundäre, ist das Posterius des Organismus und, als eine bloße Gehirnfunktion, durch diese bedingt. Der Wille hingegen ist primär, ist das Prinzip des Organismus und dieser durch ihn bedingt. Denn der Wille ist dasjenige Wesen an sich, welches erst in der Vorstellung (jener bloßen Gehirnfunktion) sich als ein solcher organischer Leib darstellt: Nur vermöge der Formen der Erkenntnis (oder Gehirnfunktion), also nur in der Vorstellung, ist der Leib eines jeden ihm als ein Ausgedehntes, Gegliedertes, Organisches gegeben, nicht außerdem, nicht unmittelbar im Selbstbewußtsein. ... Ich setze also erstlich den *Willen*, als *Ding an sich*, völlig Ursprüngliches; zweitens seine bloße Sichtbarkeit, Objektivation, den Leib; und drittens die Erkenntnis, als bloße Funktion eines Teils dieses Leibes, usw.“[12]

17. Über den Realitätsbegriff in Beziehung zur Atomenfrage

Indem ein wirkliches Ding nicht bloß durch die Erscheinungen charakterisierbar ist, die es wirklich gibt, sondern auch, die es möglicherweise unter anderen Umständen (die selbst in letzter Instanz immer nur durch einen Zusammenhang und Verhältnisse von Erscheinungen charakterisierbar sind) geben kann, wird zur vollständigen Charakteristik eines Dinges erfordert, zu wissen, wie es sich unter jeder *denkbaren* Abänderung der Umstände bis zu den Grenzfällen der Abänderung darstellen wird; und je erschöpfender und gründlicher die Betrachtung sein soll, so mehr wird man sich dahin getrieben finden, die letzten Grenzen denkbarer Abänderung mit in Betracht zu ziehen, selbst wenn die Abänderung nicht bis dahin geschehen könnte, sofern das, was geschehen kann, in der Betrachtung und für den Schluß damit *in continuo* zusammenhängt.

Die Erscheinungen, wie sie an der Oberfläche der Erde vonstatten gehen, hängen zu großem Teile (nach allen die Schwere betreffenden Beziehungen) davon ab, daß Materie in einer Tiefe der Erde, bis zu der wir nie dringen können, enthalten ist; damit aber, daß wir doch solche tasten *würden*, wenn wir dahinab dringen könnten, hängt vieles einfach und leicht schließbar zusammen, was an der Oberfläche sichtbar und tastbar vonstatten geht, nachdem freilich erst verwickelte Schlüsse aus dem, was wir an der Oberfläche tasten, selbst zu jener Annahme der Materie in der Tiefe führen konnten.

Wie wir nun den Erdkörper erst vollständig erkannt zu haben glauben dürfen, wenn wir wissen, was uns erscheinen würde, wenn wir in seine größte Tiefe drängen, der Himmel, wenn wir wissen, was uns erscheinen würde, wenn wir die Kraft unserer Fernrohre ins Unbestimmte vergrößern oder unserem Auge eine unendliche Tragweite zu erteilen vermöchten; so gehört nun auch zur vollständigen und erschöpfenden Charakteristik der körperlichen Dinge überhaupt, daß wir einen der wichtigsten Grenzfälle in Betracht ziehen, daß wir uns fragen, wie würden die Körper erscheinen, wenn wir unsere Sinne, die wir schon mit dem Mikroskop bis zu gewissen Grenzen verfeinern und verschärfen können, bis ins Unbestimmte verfeinern und verschärfen könnten. Und wir haben hierauf die Antwort gegeben: Dann würden die Teilchen, die jetzt zusammenhängend erscheinen, gesondert erscheinen, als Atome. Ungeachtet nun unsere Sinne immer zu grob bleiben werden, die Atome als solche gesondert zu sehen, behalten doch die Atome in Rücksicht jener Weise, wie alle wirklichen Dinge charakterisiert werden (nicht bloß nach dem, wie sie wirklich erscheinen, sondern auch wie sie unter Umständen erscheinen würden, die vorstellbar mit den vorhandenen zusammenhängen), den Charakter der Wirklichkeit. Und ungeachtet wir erst durch verwickelte Schlüsse von dem, was jedem ins Gesicht und Getast fällt, zur Annahme der Atome gelangen mußten, vereinfacht und klärt sich doch, nachdem wir dazu gelangt sind, nun dadurch die Betrachtung dessen, was jedem in Auge und Getast fällt, selbst, gewinnen wir dadurch Brücken des Zusammenhangs für die Vorstellung, wie früher gezeigt worden.

Im übrigen aber wird nichts hindern, allem, was nur als Grenzvorstellung des wirklich Erscheinlichen, doch jenseits aller Möglichkeit der wirklichen Erscheinung liegt, statt des Namens eines physisch Wirklichen den eines metaphysisch Wirklichen zu geben (was zuletzt Sache der Definition, vgl. die philosophische Abteilung dieser Schrift); und also, falls eine so große Verschärfung der Sinne absolut nicht möglich wäre, um die Atome je als das, was sie sind, d. h. in ihrer Diskretion zu sehen und zu fühlen, solchen nur eine metaphysische statt physische Wirklichkeit beizulegen. Das Aufsuchen solcher metaphysischen Realitäten belohnt sich jedenfalls durch die fruchtbaren und klaren Folgerungen für die physische Realität selbst, die wir darauf zu begründen wissen, und rechtfertigt sich nach Maßgabe, als es der Fall. Hier läge von gewisser Seite eine Annäherung an die bisherige Philosophie, deren metaphysische Realität auch nicht mit der gemeinen sinnlichen zusammenfällt und worin sie Fundament und Abschluß der gemeinen sucht. Nur mit dem Unterschiede, daß die unsere nichts hinter, vor oder über der gemeinen erfahrbaren Wirklichkeit mit der Bedeutung sein soll, daß diese zu einem leeren Schein erniedrigt oder verflüchtigt würde, sondern die gedankenmäßige Grenze der erfahrbaren Wirklichkeit selbst, eine Grenze, von und zu der ein Fluß der Vorstellung und des Schlusses durch die erfahrbare Wirklichkeit geht.

Zuletzt führt aller Streit überhaupt, ob die Atome ein Wirkliches sind oder nicht, zur Klippe des Wortstreits zurück, wenn man sich eben nicht verständigt, was man wirklich nennen *will*, und es kommt wie immer auf das Wort eigentlich nichts an, sondern nur auf die Sache. Mit aller Behauptung, daß diskrete Atome wirklich sind, können wir nicht machen, daß diskrete Atome wirklich sind, können wir nicht machen, daß wir sie als solche wirklich sehen und fühlen, mit aller Behauptung, daß die Atome nicht wirklich sind, können die Gegner nicht wegbringen, daß wir durch ihre Vorstellung uns im Sichtbaren und Fühlbaren besser orientieren, als wenn wir sie uns nicht vorstellen; nicht wegbringen, daß ihre Vorstellung nach denselben Schlußprinzipien aus Verhältnissen der erscheinlichen Wirklichkeit folgt, nach denen wir diese selbst erschließen; daß umgekehrt Ableitungen dessen, was in die erscheinliche Wirklichkeit fällt, auf ihre Vorstellung begründet werden können. Dieser Zusammenhang, in dem sie durch Vorstellung und Schluß mit der erscheinlichen Wirklichkeit stehen, diese Leistungen für die erscheinliche Wirklichkeit sind jedenfalls wirkliche und werden dadurch nicht im mindesten verkürzt und verkümmert, daß man die Atome nicht wirklich nennt; auch übertreffen sie darin die Begriffe, welche die Philosophie an ihre Stelle zur Orientierung in den Erscheinungen setzen möchte; und das ist der durchschlagende Grund, sie diesen vorzuziehen. Hier ist das Sachliche, um das sich's handelt; das Wort *wirklich* tut nichts dazu und nichts davon. Doch bleiben wir im Zusammenhange des Sprachgebrauchs, wenn wir die Atome mit solchem Charakter und solchen Leistungen wirkliche nennen. Sie *wirken* Erscheinungen, sie bedingen Erscheinungen, das ist genug, wenn sie auch nicht selbst erscheinen; der Sprachgebrauch verlangt es nicht. In diesem Sinne haben wir oben und überall darauf bestanden und werden ferner darauf bestehen, daß die Atome wirkliche Dinge sind.

In gewisser Weise tritt bei dieser Frage ein analoger Fall ein als bei jener Frage, ob man die Imponderabilien Materie nennen soll, da sie doch die Eigenschaft nicht aufzeiglich besitzen, an welche sich ursprünglich der Begriff der Materie knüpfte, die Tastbarkeit, indes sie die allgemeinen Gleichgewichts- und Bewegungsverhältnisse mit dem Tastbaren teilen, nach denen wir sonst das Dasein der Materie beurteilen. Immerhin bleibt die Behandlung der Imponderabilien aus den gemeinsamen Gesichtspunkten, die für sie mit den Ponderabilien bestehen, nützlich und nötig. So möchten wir zweifeln, ob wir diskrete Atome noch wirkliche Dinge nennen sollen, da sie die Erscheinlichkeit, die Basis aller Wirklichkeit, nicht aufzeiglich mehr besitzen; aber da sie alles, wonach wir sonst das Wirkliche beurteilen, besitzen, sind sie doch aus den gemeinsamen Gesichtspunkten, die sie mit denselben teilen, auch zu behandeln.

Dabei sind wir gern bereit, in *Herbarts* Sinne zuzugeben, daß die Atome wirklich nur ein widerspruchsvoller Schein, ganz fern von aller wahren Wirklichkeit. Denn da er alles, was man im gewöhnlichen Sprachgebrauche seiend nennt, nach jenem *Sachsschen Prinzip* als widerspruchsvollen Schein erklärt und hinterwirkliche, in sich widerspruchs-volle Begriffe als wahre Realität, so wollen wir ausdrücklich die Atome zu dem widerspruchsvollen Scheine, nicht zu der Realität in *Herbarts* Sinne gerechnet wissen. Sie sollen nur wirklich sein in dem Sinne, wie jeder außer Herbart die Wirklichkeit, Herbart aber die Unwirklichkeit versteht.

Auch in *Hegels* Sinne mögen sie nicht existieren; da in diesem Sinne nur das wahrhaft existiert, was dialektisch aus der Selbstentwicklung des Seinsbegriffes hervorgeht, bisher aber sich weder in einem der Dialektiker vom Fache noch in uns selbst der Seinsbegriff zu Atomen entfaltet hat; wenn auch, wie schon gesagt, nicht zu bezweifeln, daß er es ganz gut vermöchte, wenn ihn die Neigung zu dieser Richtung der Selbstbewegung anwandelte. Bis dahin mögen sie mit zu den dem Begriffe unadäquaten in sich zerfallenen Scheinexistenzen gehören, von denen die Natur ja nach Hegel selbst so voll ist; ja wovon voll zu sein zum Begriffe der Natur nach Hegel gehört.

18. Schlußbetrachtungen

Schließen wir die vorigen Kapitel noch mit einigen allgemeinsten und rekapitulierenden Betrachtungen ab.

Wenn wir uns nach allem in Natur- und Geisteswissenschaft überall weigern, hinter das Aufzeigbare, die Erscheinung und das im Sinne derselben Vorstellbare zurückzugehen, selbst der Philosophie ein solches Recht nicht, weil die Kraft nicht, zuerkennen mögen, nur Abstraktionen, Verallgemeinerungen, Verknüpfungen, Gesetze, Grenzen, die vom Aufzeigbaren und danach Vorstellbaren über dasselbe hinausführen, ohne sich vom Bezuge dazu lösen zu können, statuieren, so fragt sich, was bleibt zuletzt für das Bedürfnis einer tiefergehenden Betrachtung, ein ideelleres Interesse, eine nicht bloß mit dem Gegebenen befriedigte Sehnsucht übrig; und nimmer wird man den menschlichen Geist und das menschliche Gemüt in die Erscheinung so einsperren, daß er sich in dieser Gefangenschaft begnügt fände, nicht zum tieferen Wesen zurückverlangte, nicht zu etwas Übersinnlichem strebte, nicht Ungesehenes auch wirklich halten sollte.

Aber dies ganze Bedürfnis, Interesse, Verlangen wird, indem es in die rechten Schranken seiner möglichen Befriedigung gewiesen wird, in vollerem Maße befriedigt als durch Vorspiegelung von Aussichten ins Unmögliche und Leere. Denn indem die Betrachtung sich weigert, hinter die Erscheinung und das dadurch Vorstellbare zurückzugehen, weigert sie sich doch nicht, das Vorstellbare bis ins Letzte zu analysieren, also daß zum Kleinsten wie zum Größten, was in die Erscheinung treten kann, die Elemente wie Methoden des Baues gewonnen werden; indem sie von einer Qualität, einem Wesen rücklings der Erscheinung nichts weiß und nur leere Worte darin findet, verzichtet sie doch nicht, das Wesentliche aller Erscheinung zu erkennen, d. h., das in aller Erscheinung Konstante, Gesetzliche, Allgemeine, ewig Bleibende, und mit Bezug darauf auch jede einzelne Erscheinung abzuwägen; indem sie mit etwas Höchstem und Unendlichem nichts anzufangen weiß, blickt sie danach doch als nach einem Ziele; indem sie keine Ahnung von etwas zu haben bekennt, das nie in die Erscheinung treten kann noch aus ihr zu gewinnen ist, und selbst eine Idee für Nichts hält, die nicht in einem Geiste erscheint, so trachtet sie um so mehr danach, aus dem, was heute, hier und mir und dir und möglichst vielen erscheint, zu erforschen, was anderswo und anderswann und unter jedweden anderen Bedingungen und anderen Wesen erscheinen kann, und dem Dasein anderer Wesen selbst nachzuforschen; so treten Jenseits, Gott und Seelen gegenüber, ob und wie sie sind, das heißt, wie sie sich selbst erscheinen und erscheinen können, in den Kreis der Betrachtung auf Grund der Verallgemeinerung, Erweiterung, Steigerung, Gipfelung dessen, was uns erscheint und wie wir uns erscheinen. Wer von anderem Übersinnlichen oder vom Übersinnlichen anders spricht, als was im Kreise des hier aufgeführten Erscheinlichen und daraus Gewinnbaren enthalten ist, weiß nicht, was er spricht, weiß nicht, was er sucht.

Das bleiben die Grundprinzipien alles haltbaren Wissens: vor allem das Gegebene fest-, die Vorstellung davon klarzustellen, davon zu sammeln, was zu sammeln möglich ist, aus dem Gegebenen das Nichtgegebene, aus dem Vorstellbaren anderes Vorstellbare zu finden, nie umgekehrt aus dem Nichtgegebenen das Gegebene, nie aus dem Unvorstellbaren das Vorstellbare finden zu wollen, das Höchste auf das Niedrigste, das Allgemeinste auf das Besonderste zu stützen, dem Abstraktesten nur in Beziehung zu seinen *Konkreta* Bedeutung beizulegen, die Begriffe nach den Dingen und dann erst die Dinge nach den Begriffen zu konstruieren, kein Wort zu brauchen, ohne es, sei es für sich, sei es im Zusammenhange, auf etwas in Wirklichkeit oder danach in der Vorstellung Aufzeigbares oder klar Erläuterbares zu beziehen; mit Rücksicht auf alles dies aber in allem das Allgemeinste, Höchste, Letzte, Eine, Ewige zu suchen und nichts Einzelnes, Niedriges, Endliches ohne den Bezug dazu und den Abschluß in solchem zu gestatten.

Indem ich unter diesen Forderungen die stelle, das Höchste auf das Niedrigste, das Allgemeinste auf das Besonderste zu stützen, behaupte ich damit nicht, daß die Philosophie, als Wissenschaft der Wissenschaften, nichts weiter als eine Zusammenstellung nur eben des Einzelnen, Niedrigen, Endlichen sein soll, auf dessen Grunde sie erst aufzusteigen hat. Sondern es hat mir immer folgendes Bild treffend geschienen: Man muß einen Turm von der breiten Basis, nicht von der Spitze aus erbauen, und je höher der Turm werden soll, so breiter muß die Basis sein; ist man aber auf die Spitze gelangt, ja auf jeder Stufe zur Spitze, kann man sich viel weiter ins Land umsehen als auf allen tieferen Stufen, die doch erst zur Spitze führen mußten. Weiter umsehen, sage ich, und die allgemeinen Verhältnisse hiermit richtiger fassen, obwohl, wer im Lande selber geht, immer das Einzelne noch triftiger fassen wird als wer es auf dem Turme von oben ansieht. Auch mag man nach der Spitze des Turmes zum voraus den Gedanken richten, ehe man den Turm dahin geführt hat, doch vielmehr eine Aussicht auf höhere und weitere Aussichten in das Land als solche selbst dadurch schon begründet halten und vor allem im Träumen über idealen Aussichten nicht die wirklichen aus dem Auge verlieren.

Es gibt aber allerdings eine Weise, den Turm auf der Spitze zu erbauen, ja rasch zu schwindelnder Höhe aufsteigen zu lassen, so daß er doch so fest zu stehen scheint, als wurzele er im Boden, und alle seine Klammern so haltbar scheinen, als wären sie von Stahl und Eisen. In der Wirklichkeit erzeugt man diesen Schein dadurch, daß man den Turm in einem Hohlspiegel betrachtet, in der Philosophie dadurch, daß man die Welt im Spiegel des *Schellingschen, Hegelschen* oder *Herbartschen* Systems betrachtet, die sich in der Hauptsache dadurch unterscheiden, daß erstere beide die verkehrte Lage des Turms für die wahre, letztere den Schein für den Turm und den Turm für den Schein ausgibt; daß die Spitze der ersteren ganz in der Luft schwebt, die des letzteren den festen Boden doch leise berührt.

Worin ist denn nun der wirkliche Turm dem Scheinbild vorzuziehen? Man kann auf seine Stufen wirklich treten, seine Glocken läuten wirklich in das Land, von seinem Gipfel kann man wirklich Neues sehen; das Scheinbild ist nur da, es selber anzusehen.

Gewiß sind von Schelling und Hegel große Blicke ausgegangen. Aber alles zerrinnt ins Vergebliche oder bedarf erst der festen Gestaltung und Gründung, weil ihr Blick, anstatt sich auf die Dinge scharf zu richten, die Dinge selbst hervorzaubern will. Immerhin zieh' ich den kühn ausschauenden, weittragenden Blick von Schelling und Hegel weit vor dem spintisierenden, das Enge noch verengenden von Herbart, ihre Welt voll gewaltiger, einander fassender, haltender, tragender Nebelbilder den einzelnen Nebelbläschen, in die er die Welt zerfällt, die Hand, die sich ins Blaue streckt, die Welt mit einem Griffe zu umspannen, der Hand, die sich anschickt, sie in Staub zu zerreiben; beides ein gleich vergebliches Bemühen; doch jenes Streben ist wenigstens gerichtet auf das, was ist, das Hohe, das Ewige, das Unendliche, das Ganze, und die Menschenhand verwechselt sich nur bald mit Gottes Hand, bald das Greifen nach dem ganzen Weltinhalt mit dem ganzen Inhalt; indessen die andere das Werk von Gottes Hand zertrümmert und Gott selbst als ein Stäubchen mit unter die Trümmer wirft. Doch, wie ich das Blatt wende, bedenke ich auch wieder, Herbart zerreibt doch die Welt nur deshalb, um das nicht weiter Zerreibliche zu finden, tritt doch ursprünglich auf ein Festes, ist's auch nur, um es zu zertreten, indes man in der flüssigen Welt von jenen umsonst nach dem Strohhalm sucht, an dem sich zu halten. Und so ist's freilich kein Wunder, wenn mancher, um dem Ertrinken zu entgehen, sich lieber auf den Sand werfen läßt, hat er schon darauf statt des Ertrinkens nur das Verhungern zu erwarten.

Nichts hindert, da alle Erscheinung es doch nur durch ein Bewußtsein ist, in das sie fällt, da die verschiedensten Erscheinungen dies und nur eben dies gemein haben, da das Bewußtsein seinerseits nur als Verknüpfung einer Mannigfaltigkeit und eines Wechsels von Erscheinungen besteht, nichts, sage ich, hindert, die Totalität des Erscheinens und hiermit den Realgrund aller Dinge, alles Geschehens in ein einziges, ewiges, allumfassendes Bewußtsein selbst zu verlegen, was alles zeitliche Erscheinen aus sich selbst gebiert und in sich zurücknimmt und dessen Einheit letzter Halt und Kern und Knoten aller Dinge ist, also daß daran zuletzt auch alle einheitlichen Bezugspunkte hängen, durch die sich die Erscheinungen zu sogenannten Dingen außer uns und zu Gedanken in uns verknüpfen. Daß sich unser Bewußtsein bei äußerer Wahrnehmung äußerlich bestimmt fühlt, hinge nur davon ab, daß das allgemeine Bewußtsein, indem es über das unsere hinausgreift, mit dem, was es mehr als unseres hat, bestimmend auf das unsere wirkt, wie schon in unserem Bewußtsein jedes Moment durch die Totalität der übrigen bestimmt wird. Doch darein weiter einzugehen ist hier nicht der Ort.

Nachdem ich so geschlossen, kann man sagen: Ist solcher Idealismus, in den das Ganze ausläuft, noch ein Anschluß an die geltenden physikalischen Ansichten zu nennen?

In der Tat, nicht dieser Abschluß ist ein Anschluß daran zu nennen; aber der ganze Weg, der dazu führt. Denn nirgends ist auf diesem Wege über die Erfahrung hinausgegangen als mit Klärung der Begriffe, unter welchen die Erfahrungen sich verknüpfen, und mit verallgemeinernder Auffassung der Erfahrung. Im übrigen fordert dieser Idealismus so sehr zu seinem Bestande die Materie und gibt der Abhängigkeit des Geistes von der Materie so volles Recht, sonst hätte eine Psychophysik daraus nicht fließen können, daß man ihn von einer anderen Seite mit Materialismus verwechseln könnte, wenn nicht der Glaube an ein göttliches bewußtes Wesen, was die Materie nur als immanente Bedingung seines Daseins einschließt, und an die ewige Fortdauer unseres Geistes, die sich als Verallgemeinerungen auf unserem Wege gewinnen lassen, den scheidenden Charakter unserer Weltansicht von der materialistischen böte. Ihre zusammenhängende Entwicklung aber gehört nicht hierher.[1]

Teil Zwei

Über die philosophische Atomenlehre

(Einfache Atomistik)

1. Eingang

Der Physiker hat dem Philosophen eingehalten: Wollt ihr uns die Atome nehmen, ersetzt sie uns; behauptet nicht bloß, *daß*, sondern zeigt uns, *wie* wir das gleiche, wo nicht ein mehreres auch ohne Atome leisten, unseren Real- und Formalzusammenhang ohne sie begründen, behaupten und fortentwickeln können, mit einem Wort, wie wir sie missen und doch noch eine Physik, die diesen Namen verdient, behalten können.

Unstreitig nun kann der Philosoph dem Physiker etwas Entsprechendes entgegenhalten: Wollt ihr uns Atome aufdringen, sagt nicht bloß, *daß*, sondern zeigt uns, *wie* ein philosophisches System damit möglich, eine philosophische Naturansicht damit konstruierbar ist. Ganz abgesehen aber von dem Streit, ob eine solche dialektisch zu konstruieren sei oder nicht, genügt dazu nicht, auf eine physische Grenze zu gehen, von wo an der Schluß aus der Erfahrung den Dienst versagt, wie in der physikalischen Atomistik geschieht; es gilt, eine wahre, vom Begriffe selbst angesetze Grenze anzugeben. Bei allem Streit der philosophischen Systeme werden sie das doch einstimmig fordern, weil es im Begriffe der Philosophie selbst liegt. Der Physiker mag sich hinter seine Unfähigkeit verschanzen, über das, was mit der Erfahrung in verfolgbarem Bezuge steht, hinauszugehen; für den Philosophen liegt darin der Beruf. Worauf also sollen die kleinen Massen endlich führen, bei denen der Physiker mittelwegs stehenbleibt; sie sind noch nicht das Letzte, bei dem man stehenbleiben kann. Sei physikalisch in ihnen ein Fortschritt gewonnen, philosophisch bleiben sie nur ein Zurückgeschobenes, und das Ziel liegt nach ihnen noch so weit als zuvor. Ein Gang ist aber nur gerechtfertigt, wenn er überhaupt ein Ziel hat, und auch mittelwegs soll man danach blicken, sonst tappt man mit offenen Augen schlimmer als im Finstern. Und läßt sich kein haltbares Ziel finden, soll man den Weg verlassen, wie viel Verlockung auch auf dem Wege liegt.

Wohlan, bestreiten wir der Philosophie das Recht nicht, auf ein Letztes in der Analyse der materiellen Welt zu dringen und selbst zu gehen, was die Wissenschaft des Materiellen selbst zur Zeit noch nicht zu erreichen vermag; und lassen wir sie immerhin dieser zu Gemüte führen, daß sie sich deshalb doch nicht ganz unbekümmert um dasselbe zu zeigen habe. Halten wir in dieser Beziehung auch eine Anmutung an uns gestellt. Ein philosophisches System zwar hier von vorn an neu aufzubauen wird man uns nicht zumuten; man würde doch keine Geduld haben, es anzuhören; der Forderung aber, einen philosophischen Abschluß der physikalischen Atomistik, bei dem sich begrifflich Ruhe fassen und zugleich Anknüpfung an Allgemeineres gewinnen läßt, aufzustellen, mögen wir wohl entsprechen. Man muß nur nicht verlangen, daß dieser Abschluß und diese Anknüpfung nun auch gerade in das System dieses oder jenes Philosophen besonders hineinpasse; was dem einen paßt, würde ja doch dem anderen nicht passen; genug, daß abgesehen von dem physikalischen Zwange, der auf dem Wege dazu liegt, mit solchem Abschluß und solcher Anknüpfung der allgemeinen philosophischen Forderung, worin alle Philosophen übereinstimmen, und hiermit dem Begriff der Philosophie selbst genügt wird. Mag es auch sein, daß damit auf ein neues philosophisches System wirklich gezielt wird, so ist es eben Schicksal der Philosophie, in neuen Systemen fortzuschreiten; und verlangt man doch für ein neues die Fortentwicklung auf einer alten Basis, wohlan, die ganzen exakten Wissenschaften gehören uns zu dieser Basis. Das Neue der Metaphysik, die wir im Auge haben, denn um Metaphysik handelt sich's doch zunächst, liegt in der Tat nur darin, nach so manchen versuchten Grundlagen der Metaphysik auch einmal die Wissenschaft des Physischen (obwohl nicht ohne die des Psychischen) dazu zu machen und hiermit den Namen der Metaphysik zur Tat zu erheben, d. h., sie wirklich zu etwas *nach* der Physik, statt zu einem *a priori* oder *hinter* der Physik zu machen.

Zwar welcher Metaphysiker wird nicht behaupten, auch er mache die Betrachtung des Physischen zu einer seiner unteren Grundlagen; nur das bleibt eigen und fast schwer zu deuten, daß man der *Wissenschaft* des Physischen die *rohe unmittelbare Betrachtung* des Physischen als eine solche Grundlage vorzieht, als stände man noch auf dem Ausgangsstandpunkt der Naturphilosophie, wo die Wissenschaft des Physischen mit dessen roher Betrachtung noch fast unmittelbar zusammenfiel und darum freilich ihr nicht vorgezogen werden konnte.

Jetzt ist die Wissenschaft da, hat sich hoch entwickelt, doch man bleibt auf jenem Standpunkt stehen und jauchzt *Goethe* zu, da er auf den alten Stein seinen Lorbeer legt. Wir aber wollen die ganze entwickelte Wissenschaft des Physischen der Metaphysik unterbauen, diese nur die letzten Spitzen dieser Wissenschaft erkennen und mit anderen Spitzen zur letzten Spitze knüpfen lassen. Auf diesem Wege liegt die Atomistik und gipfelt sich noch mit in dieser Spitze. Gerade jetzt aber dürfte eine solche Metaphysik als Gegensatz gefordert sein, nachdem *Herbarts Metaphysik* sich nur eben auf den gänzlichen Ruin alles dessen, worauf die exakte Wissenschaft baut, die gänzliche Zerstörung ihrer Grundbegriffe gestützt und den Namen des zerstörten Reiches angemaßt hat. Nun wandeln im Hades des Seins, den sie damit geschaffen, als ungreifliche Gespenster die Monaden, die bei uns im vollen Reich des Lichtes gehen, ja durch ihren Schwingenschlag dasselbe selbst erzeugen.

Nach allem suche ich die Aufgabe der Metaphysik darin, die allgemeinsten und die Grenzbegriffe des Gegebenen zu finden und in ihren allgemeinsten Beziehungen und Verknüpfungen zu erforschen, zu verfolgen, darzulegen, und die Methode dazu in einer Verallgemeinerung und Fortführung des durch Erfahrung, Erfahrungsschluß, und Rechnung Gefundenen, Bewährbaren und Bewährten über das erfahrungsmäßig und mathematisch Verfolgbare und Bewährbare hinaus bis zu der Grenze, die das Denken fordert, so daß die Bedingung selbst, ein Allgemeinstes und Letztes zu gewinnen, die Form, die Herkunft vom Erfahrungsmäßigen den Inhalt der gefundenen Begriffe bestimmt; oder kurz: in einer Ergreifung der allgemeinsten und der Grenzbegriffe des Gegebenen durch Fortgang und Fortschluß auf Grund des Gegebenen selbst bis zum Allgemeinsten und Letzten.

Dieser Weg, indem er zugestandenermaßen über das durch Erfahrung und Rechnung Bewährbare hinausführt und sein Ziel nur halb durch einen Vernunftschluß, halb durch eine Vernunftforderung findet, kann nun freilich nicht die Sicherheit haben, welche die exakten Methoden selbst haben und welche die dialektische Methode sich beilegt. Was die exakten Wissenschaften unsicher lassen, kann die Metaphysik nicht exakt sicher machen, sonst gehörte sie den exakten Wissenschaften selbst an. Sie kann die Vernunft nicht zwingen wie der exakte Schluß, sondern nur ein größeres und weiter reichendes Bedürfnis derselben befriedigen, als der exakte Schluß vermag. Und somit bleibt das, was wir als metaphysische Idee darbieten werden, physikalisch genommen immer nur eine Hypothese, die sich zwar vielleicht auch einmal exakt wird beweisen oder, sei es, widerlegen lassen, wenn die Physik an ihrem letzten Ziele die Metaphysik wird eingeholt haben, für jetzt aber nur dienen kann, eine Aussicht, nicht eine Einsicht für dieselbe zu eröffnen. Man verlange also auch keinen anderen physikalischen Beweis dafür, als daß sie den begrifflichen Schluß des physikalisch Erwiesenen bildet. Das selber aber ist nicht mehr Physik.

Inzwischen wird diesem Beweise ein anderer von selbst entgegenkommen. Es wird sich zeigen, wie derselbe Abschluß, zu welchem man sich gedrängt findet, indem man einer von der Philosophie an die Physik gestellten Forderung zu genügen sucht, so reine Begriffe in solchem Gegensatz, solcher gegenseitigen Ergänzung und einheitlichen Verknüpfung an die Spitze der Betrachtung der Naturdinge stellt, daß damit auch der günstigste Ausgangs- und Anknüpfungspunkt für eine allgemeinere Betrachtung der Naturverhältnisse gewonnen scheint. Die Ansicht, die wir im folgenden vortragen, fußt auf dem Zusammentreffen und Zusammenhange dieser beiden Gesichtspunkte, deren jeder für sich allein immerhin ungenügend scheinen mag, ihr Halt zu geben:

1) *Man kommt zu ihr, indem man den Weg, den die exakte Wissenschaft mit Sicherheit geht, in der Idee zu Ende führt.*

2) *Mit diesem Ende eröffnet sich die günstigste Sachlage der Begriffe, unter welche die Realverhältnisse der Natur in allgemeinster Weise zu fassen, für die Philosophie.*

2. Grundgesichtspunkte

Das vorige vorausgesetzt, sage ich nun: Anstatt, wie man der Atomistik vorwirft, auf halbem Weg stehenzubleiben oder endlich zu nichts zu kommen und hiermit entweder physikalisch bleiben oder nihilistisch werden zu müssen, bleibt noch ein Drittes als philosophischer Abschluß der physikalischen Atomistik übrig, d. i., daß man zu *einfachen* Wesen kommt, die nur noch einen Ort, aber keine Ausdehnung mehr haben, indes sie durch ihre Distanz verstatten, daß die aus ihnen bestehenden Systeme noch solche haben.

Einfach ist noch nicht nichts; man hüte sich, beides zu verwechseln, es sind sehr verschiedene Kategorien; wozu und woher auch sonst zwei Worte dafür und die verschiedene Physiognomie, womit sie uns entgegentreten?

Nichts häufiger freilich als ebendiese Verwechslung, ja unter allen gegen die einfache Atomistik vorgebrachten Einwänden ist mir keiner häufiger begegnet als dieser, daß man die Atome durch Reduktion auf einfache Wesen auf nichts reduziere. Stellen wir jedoch Einwürfe dieser Art für den Augenblick dahin, um im folgenden Kapitel darauf zurückzukommen; zunächst aber nur die allgemeinsten Gesichtspunkte der Ansicht selbst darzulegen, die wir hier vertreten.

Sofern sich bei den Atomen als kleinen ausgedehnten Massen nicht als einem Letzten philosophisch stehenbleiben ließ, stand allgemein gesprochen allerdings die doppelte Möglichkeit offen, die ganze Ausdehnung des Raums mit Materie zu erfüllen und die Ausdehnung der Materie auf nichts zu reduzieren. Die dynamische Ansicht hat den ersten Weg eingeschlagen, und *a priori* könnte sie so gut recht haben als unsere einfache Atomistik. Nun aber nötigt nicht nur die Gesamtheit der Betrachtungen der vorigen Abteilung *a posteriori,* vielmehr auf den zweiten Weg einzugehen, sondern alles Folgende wird auch zeigen, daß wir im Felde allgemeiner philosophischer Zusammenhänge besser mit dieser als der dynamischen Vorstellung fahren.

Man mag die einfachen Wesen materielle Punkte, Kraftmittelpunkte, punktuelle Intensitäten, substantielle Einheiten, einfache Realen, Monaden nennen, der Name ist gleichgültig. Ihre Natur, Bedeutung, Begriff, Verwendung und Verwertung aber bestimmt sich dadurch und eben nur dadurch, daß sie als Grenze der Zerlegung des aufzeigbaren und mit aufzeigbaren Eigenschaften begabten objektiv (sinnlich äußerlich) erfaßlichen realen Rauminhalts auftreten. Nur in solcher Beziehung zum erfahrungsmäßig Gegebenen sind sie zu definieren, hiernach sind sie vorzustellen, als Punkte nicht hinter oder außer Zeit und Raum, sondern in Zeit und Raum, nur mit Bedacht, daß, wie klein man diese Punkte vorstellen will, es immer noch nicht reicht; die Mathematik hat an dergleichen schon gewöhnt; wir bleiben stets in ihrer Sicht, wo nicht an ihrer Hand; wonach übrigens nichts hindert, noch weiter über die Natur dieser Produkte zu spekulieren, ja mit einer Ableitung von oben der Ableitung von unten entgegenzukommen, wenn man Zutrauen dazu hat; für uns aber bleiben sie nur eine für die Konstruktion des Gegebenen notwendige Grenzvorstellung des Gegebenen, die letzten Bausteine des Gegebenen, aus denen es erbaut, weil in sie zerfällt werden kann.

Nun freilich gehört zum Bau jedes Hauses außer den Steinen noch Raum, Zeit, Maß, Regel, Plan und zu all dem Äußeren einer, für den das ganze Haus gebaut wird, der es baut und der es bewohnt. Die Bausteine tun's nicht allein noch durch sich selber; weder das Verbinden noch Zerfällen ist ihre Tat; sie sind nur eben das Zerfällte; und das Allgemeinste, Höchste, Beste, was zum Bau gehört, ging bei der Zerfällung des Baues verloren, ist in den Steinen nicht mehr zu finden; doch gibt's auch keinen Bau ohne die Bausteine, und man wird bei den großen so lange zu fragen haben, aus was und wie sie sich wieder bauten oder gebaut wurden, bis der Begriff selbst die Grenze der Frage stellt. Diese Grenze ist endlich beim Einfachen zu finden, und nur bei ihm zu finden.

Der Vorstellung werden sich die einfachen Atome immer nur als die kleinsten *sichtbaren* und *tastbaren* Punkte darbieten können; mit dem Geständnis aber darzubieten haben, daß sie doch noch kleiner sind, als das Kleinste, was wir mit unseren Augen und Händen wirklich sehen, tasten und danach vorstellen können, wodurch sie aus physisch eben metaphysisch werden. Doch reicht voraussetzlich ein Atom in der Beziehung zu dem Atomsystem unserer Nerven schon hin, durch die Erzitterung oder den Widerstand, den es darin begründet, ein Element oder Differential der Empfindung zu begründen, was nur der Summierung bedarf, um die endliche Empfindung zu geben, deren wir empirisch bedürfen. Man hat sich aber deshalb bei den Konstruktionen im körperlichen Gebiet an die Formen des Sichtbaren und Tastbaren, nicht Hörbaren, Riechbaren, Schmeckbaren zu halten, weil erstere, nicht letztere, Messung, Zählung, klare Bestimmung gestatten.

Wenn man die Verhältnisse unserer einfachen Atome den daraus zusammengesetzten Körpern gegenüber betrachtet, so wird man finden, daß ihnen eine Menge Eigenschaften fehlen, die den letzteren zukommen, indem sie erst mit der Verbindung der Atome entstehen; und sofern sich der Begriff des Körpers doch nur mit Rücksicht auf diese Eigenschaften gebildet hat, hindert nichts zu sagen, daß die Atome unkörperlich seien und die Körper also aus unkörperlichen zusammengesetzt seien, was keinen größeren Widerspruch enthält, als wenn man sagt, eine Gesellschaft werde aus Personen gebildet, die nicht selbst eine Gesellschaft sind, ein Baum werde aus Zellen gebildet, denen der Begriff des Baums noch fernliegt. Von anderer Seite wird aber auch nichts hindern, die Atome als wesentlichste Elemente des Körperlichen auch schon körperlich zu nennen, ohne daß man deshalb die ganzen Eigenschaften der Körper in ihnen zu suchen hat. Sich über diese Bezeichnung, ob körperlich oder unkörperlich, zu streiten wäre reiner Wortstreit; sie sind das eine oder das andere je nach der Beziehung, in der man die Worte verstehen will, oder dem Zusammenhange, in dem man sie braucht. Es mag aber nützlich sein, das Verhältnis der Atome und der Körper hinsichtlich ihrer Eigenschaften noch mit ein paar Worten näher zu erläutern.

Daß unsere einfachen Wesen keine Ausdehnung und Gestalt haben, hindert nicht, daß die aus ihnen bestehenden Körper eine Ausdehnung und Gestalt haben; man bestimmt ja auch die Ausdehnung und den Umriß eines Waldes nicht durch die Ausdehnung und den Umriß der Stämme, woraus er besteht, sondern des Platzes, den sie in ihrer Gesamtheit einnehmen. Die einfachen Wesen mögen keine Dichtigkeit haben, so hindert dies doch nicht, daß die aus ihnen bestehenden Körper eine Dichtigkeit haben; man mißt ja auch die Dichtigkeit der Bevölkerung nicht nach der Dichtigkeit der einzelnen Menschen, sondern nach der Menge derselben, die auf einem gegebenen Raume bestehen. Sie mögen an sich qualitätslos oder von gleichgültiger Qualität sein, so hindert dies doch nicht, daß die aus ihnen gebildeten Körper je nach der verschiedenen Anordnung und Bewegung der einfachen Wesen verschiedene Qualitäten haben; bestehen doch Menschen, Tiere, Pflanzen selber aus gleichen Stoffen; nur deren unterschiedene Anordnung und Bewegung gibt ihnen verschiedene Qualitäten. Sie mögen für sich geistlose Wesen sein, so hindert dies doch nicht, daß sich Geist an ihre Kombinationen knüpfe; auch bei dem Menschen hängt der Geist an der Kombination, nicht an den Stücken.

Nicht ohne Interesse dürfte man folgende, mit der unserigen ganz gut zusammenstimmende Auffassung des *Begriffes* der einfachen Atome seitens *Boscovichs*, des ersten Urhebers der physikalischen einfachen Atomistik, hier finden.

„§ 133. Ad concipiendum punctum indivisibile et inextensum non debemus consulere ideas, quas immediate per sensus hausimus; sed eam nobis debemus efformare per reflexionem. Reflexione adhibita non ita difficulter efformabimus nobis ideam ejusmodi. Nam imprimis ubi et extensionem et partium compositionem conceperimus; si utramque negemus; jam inextensi et indivisibilis ideam quandam nobis comparabimus per negationem illam ipsam eorum, quorum habemus ideam; uti foraminis ideam habemus utique negando existentiam illius materiae, quae deest in loco foraminis.

§ 134. Verum et positivam quandam indivisibilis et inextensi puncti ideam poterimus comparare nobis ope Geometriae ... "[1]

Boscovich führt nun aus, wie man sich eine Ebene, z. B. die Ebene eines Tisches, kreuzweis durchschnitten denken könne und im Durchschnittspunkt einen einfachen Punkt habe, der, vorausgesetzt, daß man sich die durchschnitten gedachten Teile aneinandergelegt denke, mit der Ebene zugleich beweglich sei und dabei eine Linie beschreibe, welche nur Länge, nicht Breite habe, und fährt dann weiter fort:

„§ 136. Post hujusmodi ideam acquisitam illud unum intererit inter geometricum punctum et punctum physicum materiae, quod hoc secundum habebit proprietates reales vis inertiae et virium illarum activarum, quae cogent duo puncta ad se invicem accedere vel a se invicem recedere, unde fiet, ut ubi satis accesserint ad organa nostrorum sensuum, possint in iis excitare motus, qui propagati ad cerebrum perceptiones ibi eliciant in anima, quo pacto sensibilia erunt adeoque materialia et realia non pure imaginaria."[2]

3. Unterstützende Gesichtspunkte und Einwände

Vielfach ist man geneigt, die einfachen Atome für Nichts zu erklären, weil sie keine Ausdehnung haben. Nun aber berechtigt von vornherein nichts, in räumlicher Ausdehnung eine wesentliche Kategorie der Existenz zu sehen. Auch dem Geiste spricht man keine räumliche Ausdehnung zu, und manche reduzieren sogar die Seelen selbst geradezu auf einfache unausgedehnte, doch räumlich lokalisierte Wesen. Was könnte auch noch für ein *philosophischer* Anstoß in der Annahme einfacher realer Wesen liegen, nachdem man die *Leibnizschen* Monaden und *Herbartschen* einfachen Wesen geduldet, wenigstens nicht um ihrer Einfachheit willen verworfen hat? Kam doch auch schon *Kant* vor uns auf die Annahme einfacher diskreter Atome, eine Annahme, die er freilich später verlassen hat; hat doch *Lotze* unabhängig von uns ein System auf solche Annahme gegründet. Also muß es doch möglich sein, sie unter philosophische Gesichtspunkte zu fassen.

Hart freilich widerspricht die Annahme einfacher Atome der Ansicht jener Philosophen, welche sich den Geist selbst wie ein fließendes Wesen und die Schöpfung der materiellen Welt gleichsam als die *Solidifikation* seines Willens vorstellen. Aber ist es nötig, es sich so zu denken, um nicht im Sinne von Leibniz, Herbart, Lotze zu denken, in deren Sinne ich freilich auch nicht denke, welche die einfachen Körperwesen mit Seelen, Geistern selbst identifizieren? Sogar rein idealistisch kann man es sich noch anders denken, wie denn ich selbst im Sinne der idealistischen Auffassung des 18. Kapitels die einfachen Atome vielmehr zum geistigen Inhalt rechne, sofern „der Geist sie im Bedenken und Analysieren seines eigenen Erfahrungsinhaltes als feste, aber notwendige letzte Ansatz- und Haltepunkte des Zusammenhanges und zusammenhängenden Bedenkens desjenigen (sogenannten äußeren) Erscheinungskreises findet, in dem sich die einzelnen Geister zu begegnen haben"[1]. – Nur daß solche Betrachtungen die Physik als solche nichts angehen, welche den Begriff der einfachen Atome auf ihrem eigenen Gebiete *im Zusammenhang mit ihren übrigen Grundbegriffen so* festzustellen hat, daß sie der philosophischen Vertiefung nur nicht widerstreben.

Wie Gott die einfachen Atome geschaffen hat, vermag ich freilich nicht zu erklären, noch ob sie überhaupt geschaffen sind, zu entscheiden. Aber vermag man dies besser mit der fließenden Materie? Fragt man aber, wozu sie geschaffen sind oder wozu sie da sind, so läßt sich auf alles hinweisen, was mit ihnen besteht und was nicht mit ihnen bestehen kann.

Im allgemeinen und von vornherein wird man freilich zuzugestehen haben, daß der Begriff absolut einfacher, punktueller, im strengsten Sinne unendlich kleiner Wesen von derselben Schwierigkeit gedrückt bleibt als der Begriff einer unendlich großen Welt, sofern ihm die Vorstellung nie erschöpfend nachkommen kann. Wir können aber den Begriff des Unendlichkleinen ebensowenig als den des Unendlichgroßen in der Mathematik und Weltbetrachtung missen, und anstatt ihn zu verbannen, gilt es nur, ihn an der Stelle einzuführen, wo er Frucht bringt, man ohne ihn weniger leistet als mit ihm. Alles Bedenken muß schwinden, wenn wir gestatten, die Sache so zu fassen: Die Resultate, die man in Betreff der erscheinlichen Wirklichkeit aus der Annahme von Atomen ableitet, werden sich ohne Grenze um so genauer finden, je kleiner man die letzten Atome denkt. Dies drücken wir kurz dadurch aus, daß wir sagen: Sie sind Punkte. Wenn man will, kann man alles Folgende im Sinne solcher Fassung umschreiben; aber es würde damit nur die Umständlichkeit der Darstellung wachsen und die Schärfe der Fassung abnehmen.

Eine *mathematische* Schwierigkeit kann in der Annahme einfacher Atome jedenfalls nicht liegen. Das Einfachste, womit die Geometrie zu tun hat, ist der Punkt. Sehr untriftig hat man behauptet,[2] daß der Punkt sich *nur* als Grenze einer Linie fassen lasse.[3] Die einfachsten geometrischen Verhältnisse sind die, welche durch den kontinuierlichen Raum zwischen isolierten Punkten stattfinden. Es gibt in diesem Sinne eine reine Geometrie der Punkte, die nur eben durch die einfache Atomistik zu einer reinen Mechanik der Punkte wird.

Sehr wohl kann etwas mathematisch aus einem Gesichtspunkte oder nach einer Seite, in einer Richtung null, in einer anderen *endlich* oder *unendlich* sein, wie jede Linie und Fläche beweist, die in ihrer Dickenausdehnung null, nach ihrer Längen- oder Flächenausdehnung aber *endlich* oder *unendlich* ist. Und so kann *endlich* etwas auch in Betreff seiner *ganzen* räumlichen Ausdehnung null, in Betreff seines Ortes und seiner die Sinneswahrnehmungen bedingenden Intensität ein ganz reales Wesen sein.

Jeder Einwand, den man daraus erheben möchte, daß einfache Atome doch absolut nicht rein *vorstellbar* sind, würde ebenso gegen die Anwendung der Differentiale von Zeit- und Raumgrößen für Darstellung der Bewegungsgesetze laufen. Sowenig wir aber dieser zur genauesten Darstellung der Gesetze kontinuierlicher Bewegungen missen können, so wenig dürften wir der reinen Punkte zur genauesten Darstellung des Diskontinuierlichen und Bewegten missen können.

Schyanoff[4] überträgt gewissermaßen den Begriff des Differentiales auf das Atom selbst, indem er unter anderem, was ich nicht unterschreibe, die atomistisch gedachten letzten Elemente der Körperwelt als Partikeln erklärt, welche unendlich dicht, unendlich klein, aber doch nach drei Dimensionen ausgedehnt, also nicht als Punkte zu fassen sind, wobei er sich zur Erläuterung darauf beruft, daß ein Kreisbogen unendlich klein im Verhältnis zum *Sinus versus* sein könne. Auch er identifiziert ein punktförmiges Atom mit einem Nichts. Hingegen kann ich meinerseits den Begriff eines Unendlichkleinen, was nicht mit einem Punkt zusammenfällt, nur auf das Element eines Kontinuums, was Atome nicht sein sollen, anwendbar finden; und das Erläuterungsbeispiel Schyanoffs paßt eben deshalb nicht auf Atome, weil es sich auf das Element eines Kontinuums bezieht. Der Raum, den ein unendlichkleines Atom einnimmt, kann aber unmöglich mit dem unendlich kleinen Element eines Kreises identifiziert werden, sondern nur allenfalls mit dem Raume, den ein unendlichkleiner isolierter Kreis einnimmt; dieser aber wird seiner Größe nach mathematisch nicht durch ein Differential, wofür allerdings Verhältnisse obiger Art gelten, sondern durch Null dargestellt. Dabei bemerke man, daß dieser Nullwert sich eben nur auf die räumliche Ausdehnung bezieht und daß die Mathematik nicht nur die Orte solcher Nullen durch Koordinaten zu bezeichnen vermag, sondern auch nicht hindert, daß diese Orte durch Intensitäten von beliebigem Größenverhältnisse gegeneinander erfüllt gedacht werden, was hingegen beides hindert, in diesem Erfüllenden ein Nichts zu sehen.

Daß aus allgemeinem Gesichtspunkte seitens der *Physik* der Annahme einfacher Atome nichts entgegensteht, dafür läßt sich zuvörderst geltend machen, daß schon vor uns nicht nur achtungswerte Physiker und Mathematiker des Auslandes, wie *Boscovich, Ampère, Cauchy, Séguin, Moigno, Saint Venant,* die Existenz einfacher Atome behauptet, sondern auch bei einheimischen Physikern der Gedanke einfacher Atome immer häufiger auftritt, wenn schon meist ebenso wie bei uns nur als Gedanke dessen, wobei man schließlich stehenbleiben wird. In diesem Sinne hat *Weber* in seinem Schreiben an mich die Möglichkeit derselben statuiert, beruft sich *Helmholtz*[5] auf die Möglichkeit einfacher Atome als geeignet, eine Schwierigkeit der Gastheorie zu erklären, nimmt *Hoppe* in einer unten von mir wörtlich anzuführenden Stelle darauf Bezug. Abgesehen von Autoritäten aber kann man die Behauptung, daß nichts dem Geist und der Behandlung der Physik Widersprechendes darin liege, den Ort der

Materie in ausdehnungslosen diskreten Punkten zu suchen, dadurch gerechtfertigt finden, daß die Physik ja sogar die Masse ganzer ausgedehnter Körper, z. B. der Sonne und Erde, bei Berechnung der Hauptgröße ihrer wechselseitigen Anziehung auf Punkte reduziert oder in Punkten (den Schwerpunkten) konzentriert setzt und für ihre Distanz den Abstand dieser Punkte nimmt.

Freilich ist das uneigentlich nur eine Fiktion, um die Darstellung der Erscheinungen bei zusammengesetzten Körpern unbeschadet der Vorstelligkeit zu erleichtern; aber um so weniger kann es dem Geiste der Physik widerstreben, dieselbe Vorstellung bei den Elementen der Körper als wahr gelten zu lassen und hiermit für die Fiktion eine reale Grundlage im Metaphysischen zu erhalten.

Man kann die Bemerkung hinzufügen daß die Anziehung der Körper als Funktion ihres Abstandes überhaupt gar nicht anders denn als eine Anziehung von Punkt zu Punkt gefaßt werden kann, weil nur zwischen Punkt und Punkt ein bestimmter Abstand stattfindet, mithin auch die Funktion des Abstandes nur hiermit eine bestimmte wird. Und es ließe sich fragen, ob eine Funktion, die sich ihrem Begriff und Wesen nach auf Punkte bezieht, nicht auch von selbst die Diskretion dieser Punkte voraussetzt, weil ein Punkt weder an sich ein Kontinuum sein noch durch Zusammensetzung mit anderen Punkten ein solches geben noch durch Analyse eines solchen hervorgehen kann. Inzwischen wollen wir auf derartige Betrachtungen, die immerhin einiges Dunkle behalten, keinen Beweis zu begründen versuchen, wie es wohl geschehen ist.[6]

Von einer anderen Seite bietet sich folgende Betrachtung dar. Unter Voraussetzung diskreter einfacher Atome berechnet sich die Anziehung zweier ganzer endlicher Körper zueinander einfach und rein aufgehend durch die Summation der Anziehungen einer endlichen Zahl bestimmter Punkte in bestimmten Abständen. Sollten die letzten Atome noch eine kleine Ausdehnung haben, so würde die Anziehung zweier ganzer endlicher Körper sich nur halb durch solche endliche Summation, halb durch infinitesimale Integration (des Kontinuums halber, was jedes Atom noch einschließt) zu berechnen haben. Sollte endlich die dynamische Ansicht richtig sein, so würde man, wie es wenigstens zunächst scheint, zur Berechnung der Anziehung zweier Körpermassen bloß Integration nötig haben. Unstreitig nun kann sich aus formellem Gesichtspunkte das erste mit dem letzten dieser drei Prinzipien streiten, das Prinzip der bloß endlichen Summation mit dem der Integration, ja für den ersten Anblick und aus gewissem Gesichtspunkte die Integration noch mehr für sich zu scheinen als die endliche Summation; aber es wäre jedenfalls kein formell günstiges Verhältnis, wenn (im Sinne des zweiten Prinzips) die Berechnung halb auf endliche Summation, halb auf infinitesimale Integration gestellt werden müßte, wie es der Fall, wenn man diskreten Atomen noch eine Ausdehnung beilegt. Dagegen gewinnen wir in der Idee bei absolut einfachen Atomen ein reines und rein durch die ganze materielle Welt durchführbares Prinzip der Berechnung. Alles reduziert sich jetzt im Bereiche der Anziehung endlicher Körper auf rein aufgehende endliche Summation der Wirkungen der kleinsten Teile. Wenn aber die Integration im Sinne der dynamischen Ansicht denselben Vorteil eines rein durchführbaren Prinzips darzubieten und insofern noch vorzuziehen scheint, als man in der Ausführung der Anziehungsrechnungen doch immer zur Integration seine Zuflucht zu nehmen veranlaßt sein wird, so ist, ganz ohne Rücksicht auf die im vorigen Teile entwickelten sachlichen Gründe, welche nun einmal nicht gestatten, sich den dynamischen Voraussetzungen zu fügen, folgendes in Rücksicht zu ziehen:

Die Integration bei Berechnung der Anziehung zweier Körper ist überhaupt streng und eigentlich nur auf vollkommen homogene oder solche Körper anwendbar, in denen die Dichtigkeit sich nach einem angebbaren Gesetze kontinuierlich in unmerklichen Übergängen von Punkt zu Punkt ändert, ein Fall, der in Wirklichkeit überhaupt gar nicht vorkommt, und jedenfalls ist ganz unmöglich, die Integration im Zusammenhang durch die ganze materielle Welt durchzuführen, wo sich so viele heterogene Körper voneinander absetzen. Möchte man auch die Anziehung von Mond und Erde gegeneinander im Sinne der dynamischen Voraussetzung so berechnen können, daß man sowohl Erde als Mond kontinuierlich mit gleichförmiger Materie gefüllt dächte und demgemäß integrierte, so hört die Möglichkeit dazu auf, sowie man die Anziehung von Mond und Erde zusammen auf einen dritten Himmelskörper berechnen will; hier kann man bloß summieren, und es geschieht dies überall. Also fällt man doch mit der dynamischen Ansicht notwendig in das zweite Prinzip zurück, nach welchem endliche Summation mit infinitesimaler Integration sich vermengt. Die endliche Summation läßt sich selbst für Approximationen gar nicht allgemein durch Integration ersetzen; dagegen jede Integration in unbestimmter Annäherung auf endliche Summation zurückgeführt werden kann; ja sogar in der Ausführung fast immer darauf zurückgeführt werden muß; denn man muß bedenken, daß ein Integrationszeichen noch keine Integration ist; und die Integration meist nur durch Quadraturen oder die Summation einer endlichen Zahl Glieder einer unendlichen Reihe bewirkt werden kann. Und wo auch die Integration rein ausführbar ist, kann sie doch den Resultaten nach in der Erfahrung nicht von der endlichen Summation unterschieden werden, so daß hiernach stets die Wahl bleibt, was an sich richtiger. Man gewinnt also nach der dynamischen Ansicht doch kein rein durchführbares Prinzip, die Anziehungswirkungen zu berechnen, weder in der Idee noch in der Ausführung; dagegen man nach der atomistischen allerdings ein solches wenigstens in der Idee gewinnt, indem man danach überall die Summation der Anziehungswirkungen für das eigentlich Richtige und die Integration nur für eine Approximation zur Wirklichkeit anzusehen hat, welche der Summation in gewissen Fällen ohne einen in der Erfahrung merklichen Irrtum substituiert werden kann. Dies so anzusehen hat nichts Widerstrebendes, da man ohnehin überall bei Berechnungen, die sich auf das Naturgebiet beziehen, auf Approximation gewiesen ist und selbst wenn die dynamische Ansicht richtig wäre, die Berechnung der Anziehung des Erdkörpers durch reine Integration nur als eine Approximation anzusehen haben würde, indem die dynamische Ansicht doch ebensowenig die Zusammensetzung des Erdkörpers aus heterogenen Massen, deren Wirkung sich nicht unter ein Integral vereinigen läßt, als die Ungleichförmigkeiten seiner Oberfläche, die ebensowenig dadurch faßbar sind, wegzubringen vermag. Man könnte also auch hier sagen, die Integration gewährt eine vom Richtigen nicht merklich für die Erfahrung abweichende Approximation.

Ganz anders als in Bezug zur Materie stellt sich die Infinitesimalrechnung in Bezug auf Raum und Zeit. Diese sind wesentlich gleichförmig und kontinuierlich und lassen sich nicht anders denken; und so liegt keine Unangemessenheit darin zu glauben, daß der Berechnung von Flächen, Linien und Volumen andere Gesichtspunkte unterliegen als von Anziehungsgrößen und sonstigen Verhältnissen der Materie.

Die Einwände, welche man doch auch von einigen Seiten aus physikalischem Gesichtspunkte gegen die einfachen Atome erhoben, sind leicht zu heben. *Liebig* sagt: „Es ist für den Verstand durchaus unmöglich, sich kleine Teilchen Materie zu denken, welche absolut unteilbar sind; im mathematischen Sinne unendlich klein, ohne alle Ausdehnung können sie nicht sein, weil sie Gewicht besitzen,[7]" und wesentlich damit stimmt der anderwärts[8] gemachte Einwand überein, daß die Atome nicht ausdehnungslos sein könnten, weil sie *Masse* besitzen. Wogegen zu sagen ist, daß Ausdehnung überhaupt nichts mit Gewicht noch Masse zu schaffen hat, insofern man nur eben unter Masse das versteht, was der Physiker darunter versteht.

Zu der Äußerung *Webers* in dieser Beziehung füge ich noch die Äußerung eines anderen gründlichen Forschers mit seinem Urteil über die einfache Atomistik überhaupt.

Hoppe sagt in einer Abhandlung „Über Bewegung und Beschaffenheit der Atome":

„Der Begriff der Materie kann in der Theorie der Atome kein anderer sein als in der Mechanik, da in jener alle nicht mechanischen Elemente auf rein mechanische zurückgeführt werden sollen. In der Mechanik tritt die Materie nur in zwei Beziehungen auf, sie hat Masse und Kräfte. Die Masse, als die Fähigkeit, im ruhigen oder bewegten Sein zu beharren, ist eine bloße Quantität, bestimmt durch die erforderliche Kraft, welche Bewegung in ihr erzeugt oder verändert, und hat außerdem als Merkmal nur einen Ort im Raume. Die Kraft, als die Fähigkeit einer Materie, anziehend oder abstoßend die Bewegung einer zweiten zu verändern, ist eine Quantität und hat Bezug auf zwei Orte, einen, von dem aus, und einen, auf den sie wirkt. In keiner dieser Beziehungen ist räumliche Ausdehnung enthalten. Im Gegenteil ist es nur möglich, die genannten Begriffe in der erforderlichen Schärfe und Einfachheit zu fassen, wenn man die Orte als Punkte denkt. Der Begriff in bezug auf räumlich ausgedehnte Orte läßt sich erst aus diesem einfachen ableiten.

Es beruht auf einem Irrtum, wenn man die Sperrbarkeit der Materie als Beweis für ihre räumliche Ausdehnung anführt. Keine Masse kann durch sich selbst einer anderen hindernd in den Weg treten, sondern durch abstoßende Kräfte; und diese sind allein fähig, die Durchdringung zweier Massen zu verhindern; die Raumerfüllung trägt nichts dazu bei."[9]

Jemand machte mir mündlich den Einwand, der Widerstand der Trägheit sei nicht mit der einfachen Atomistik verträglich; und dieser Einwand kann für des ersten Anblick einigen Schein haben. Gesetzt, eine endliche Masse erhalte einen Stoß durch eine andere endliche Masse oder überhaupt einen endlichen Kraftanstoß, so wird sie eine endliche Geschwindigkeit erlangen. Die halbe Masse würde durch denselben Kraftanstoß die doppelte Geschwindigkeit, also eine unendlich kleine Masse, ein einfaches Atom, nach Proportion eine unendliche Geschwindigkeit annehmen müssen, woraus dann aber für eine endliche Masse, als doch nur bestehend aus einer *endlichen* Zahl einfacher Atome, keine, nach Proportion der Masse abnehmende endliche Geschwindigkeit, kurz kein Trägheitswiderstand zu folgern wäre, wie er doch besteht. Der Fehler dieser Betrachtung aber liegt darin, daß aus dem Tatbestande des Trägheitswiderstandes für einen ganzen Körper eine unendliche Geschwindigkeit für ein einfaches Teilchen gefolgert wird. Sei eine endliche Masse beispielsweise aus einer Million einfacher Atome gegeben. Nach dem Gesetze des Trägheitswiderstandes wird die Hälfte dieser Masse unter dem Einfluß derselben Stoßkraft die doppelte Geschwindigkeit und ein Millionstel der Masse, d. i. ein einfaches Atom, nur die millionenfache Geschwindigkeit der ganzen Masse, aber nicht eine unendliche Geschwindigkeit annehmen; womit sich der ganze Einwand von selbst hebt.

Ein leicht sich darbietender *populärer* Einwand ist dieser, daß unter Annahme einfacher Atome selbst der dickste Körper uns ganz durchsichtig und lose erscheinen müßte, Undurchsichtigkeit überhaupt gar nicht existieren könnte, weil einfache Atome, so viele und in so viel Schichten man sie hintereinander denken will, doch alle zusammen keinen Raum von merklicher Größe einnehmen, also der Lichtstrahl den Weg von den hintersten Schichten durch die vordersten in keiner Weise versperrt finden kann. Aber die Undurchsichtigkeit erklärt sich daraus, daß Lichtstrahlen, die von hinten auf die Hinterfläche eines Körpers fallen, durch die Wirkung der bezüglich zu uns vorderen Schichten nach den Gesetzen der Absorption (durch Übergang in Wärmeschwingungen) ausgelöscht werden; daß uns aber die vorderen Schichten nicht als etwas ganz Loses erscheinen, zunächst daraus, daß jeder sichtbare Punkt einen Lichtkegel in unser Auge sendet, der, statt sich wieder in einen Punkt auf unserer Netzhaut zu vereinigen, einen kleinen Kreis darauf bildet, der mit den Nachbarkreisen verfließt. Nun freilich besteht auch unsere Netzhaut, unser Gehirn, unser ganzer Körper aus einfachen diskontinuierlichen Atomen, und so kann man meinen, trotz des Ineinandergreifens der kleinen Kreise auf unserer Netzhaut, deren jeder eine Vielzahl einfacher Atome umfaßt, müßte doch jede sichtbare Erscheinung, ja jede sinnliche Erscheinung überhaupt, insofern ihre Schwingungen unserer Nervenelemente unterliegen, als etwas ganz Loses erscheinen. Aber das gehört in das Kapitel der Beziehung von Leib und Seele und tritt nur in das allgemeine Gesetz dieser Beziehung hinein, was ich im zweiten Teile meiner *Psychophysik* [10] ausführlich behandelt habe, daß die Seele überhaupt das, was nach Seiten ihrer äußeren Erscheinlichkeit als körperlich vieles erscheint, in einfachen Resultaten zusammenfaßt, wie denn der einfachsten Sinnesempfindung ein zusammengesetzter körperlicher Prozeß unterliegt. Betrachtungen, die in dies Gebiet greifen, muß man ebenso von Erklärungsprinzipien der Physik, die sich rein auf Verhältnisse des äußerlich Erscheinlichen bezieht, als von Einwänden gegen physikalische Erklärungen fernhalten.

4. Philosophische Bezugspunkte

Das einfache Atom ist erstens der letzte Grenzwert, zu dem wir uns durch das Bedürfnis eines philosophischen Abschlusses der physikalischen Atomistik getrieben finden, zweitens der reinste Gegensatz und die vollständigste Ergänzung zu Raum und Zeit, drittens der engste Knotenpunkt, faktisch die reinste Hypostase einer ganzen Reihe fundamentaler Begriffe, welche sich auf diesen Gegensatz und diese Ergänzung beziehen. Der erste Punkt ist selbstverständlich, wonach wir hier nur von den beiden letzten in dem Zusammenhange, in dem sie natürlicherweise stehen, zu handeln haben.

Unter *Hypostase* verstehe ich eine in das äußere Erfahrungsgebiet gehörige, sei es in die Erfahrung unmittelbar eintretende oder aus dem Erfahrungszusammenhange erschließbare, Verwirklichung eines Allgemeinbegriffes.

Mit dem Begriffe der absoluten *Einfachheit* unserer Atome steht der Begriff ihrer absoluten *Diskontinuität* in unmittelbarem Zusammenhang; denn sofern sie ohne Vielheit von Teilen und Seiten sind, können sie auch weder ein Kontinuum an sich sein noch nach Teilen oder Seiten mit etwas anderem, sondern jedes nur ganz mit sich selbst zusammenfallen. Umgekehrt sind sie als absolut diskontinuierliche Wesen notwendig absolut einfach zu denken. Unsere realen Wesen sind absolut einfach und diskontinuierlich in eins. Es ist mit diesen und anderen Eigenschaften der einfachen Wesen, auf die wir fernerhin zu sprechen kommen, wie mit den Eigenschaften eines Kreises, die ohne begrifflich *dasselbe* zu sein, doch sich begrifflich und faktisch einander mitführen und fordern, indem sie in etwas Identischem zusammenhängen. Bemerken wir nun, daß alle Diskontinuität, die wir in der Welt des Raumes und der Zeit finden mögen, wirklich nicht durch Raum und Zeit selbst, sondern durch etwas hineinkommt, was wir uns als in Zeit und Raum zu denken haben. *Die Diskontinuität ist eine Sache des Raum- und Zeit-Inhalts, nicht des Raums und der Zeit selbst;* und mag die Diskontinuität, die uns zwischen verschiedenen Körpern und Bewegungen begegnet, auch zunächst nur eine scheinbare genannt werden (sofern selbst die diskontinuierlichen Himmelskörper noch durch den Äther zusammenhängen), so sehen wir nun aber den Grund der relativen oder scheinbaren Diskontinuität in unseren einfachen Wesen auf ein Absolutes zurückgeführt. *Raum und Zeit sind das absolut Kontinuierliche, die Materie das absolut Diskontinuierliche;* und geht man auf den Grund der Sache, so ist selbst die *scheinbar* kontinuierliche Materie doch wahrhaft diskontinuierlich. Wie der Begriff der Kontinuität sich in Raum und Zeit rein hypostasiert, so der Begriff der Diskontinuität in der Materie.

Indes der Zeit und dem Raum für sich absolute Kontinuität, den einfachen Elementen der Materie für sich absolute Diskontinuität zukommt, kommen in der Körperwelt, welche Materie und Raum zugleich einschließt, Relationen von Kontinuität und Diskontinuität zur Sprache, und es handelt sich überhaupt überall, solange man nicht bis zum Letzten geht, nicht um absolute, sondern nur um relative Kontinuität und Diskontinuität in der Körperwelt. Durch relative Kontinuität hängt jeder Körper in sich zusammen, durch relative Diskontinuität schließt sich jeder von seiner Umgebung ab und gewinnt Abteilungen, eine Gliederung in sich.

Ruht eine Luftmasse über einer Wassermasse, so ist jede von beiden, trotzdem daß ihre Atome absolut genommen diskontinuierlich gegeneinander sind, doch relativ genommen kontinuierlich *in sich*, insofern der Abstand und die Anordnung der Atome oder Moleküle durch die Ausdehnung jeder Masse hindurch kontinuierlich dieselbe bleibt oder sich nur in unmerklichen Übergängen ändert; sie sind dagegen relativ diskontinuierlich und hiermit abgegrenzt *gegeneinander* insofern, als im Übergang von einem zum anderen Körper in den Abstands- oder Anordnungsverhältnissen der Atome, respektiv Moleküle, ein merklicher Sprung eintritt.

Auch bei Bewegungen, in welche die Zeit zugleich mit Raum und Materie eingeht, kommt der Begriff relativer Kontinuität und Diskontinuität zwischen Körpern in Betracht, und es kann auch von dieser Seite zur Diskontinuität zwischen den Körpern beigetragen werden, sofern ihre Atome oder Moleküle in abweichenden Bewegungszuständen sind.

Vielleicht bestreitet man das wesentliche Zusammengehör der Begriffe absoluter Einfachheit und Diskontinuität dadurch, daß einfache Raumpunkte doch kontinuierlich mit anderen zusammenhängen. Also könne das Einfache auch kontinuierlich sein. Aber es ist vielmehr mathematisch anerkannt, daß der Raum sich als kein Kontinuum von Punkten repräsentieren läßt, sondern nur als ein Kontinuum von Kontinuen, das ebenso ohne Grenze noch weiter teilbar als ohne Grenze noch weiter erweiterbar zu denken.

Das hindert nicht, daß man an jede beliebige Stelle des Raums, die man ins Auge fassen mag, einen Punkt hindenke; aber so viel Punkte an so viel Stellen man denken mag, man kann kein Raumkontinuum damit erzeugen, den Raum nicht nur nicht damit erschöpfen, sondern nicht einmal eine endliche Raumgröße damit hervorbringen. Jede Berührung von Punkten ist Zusammenfallen derselben. *Der Punkt kann eben nur in den kontinuierlichen Raum gesetzt, aber der kontinuierliche Raum nicht aus Punkten zusammengesetzt werden.* Findet man einen Widerspruch darin, daß man überallhin Punkte in den kontinuierlichen Raum denken und doch den kontinuierlichen Raum nicht mit Punkten erfüllen kann, so vergißt man, daß *überallhin* nach dem Begriff des Punktes und Kontinuums selbst gar nicht ausführbar ist, indem, wie eng man auch Punkte denken will, solange es nur Punkte bleiben, unendlich viel andere Punkte noch zwischen ihnen gedacht werden können, so fort bis ins Unbestimmte. Der scheinbare Widerspruch entsteht nur durch die dem Begriff des Punktes widersprechende Voraussetzung, die man von vornherein stellte: Einen Punkt an jede beliebige Stelle hindenken heißt noch nicht ihn überall hindenken; jenes kann man, dieses nicht. Der Begriff des Punktes und Kontinuums sind nun einmal inkommensurabel, und man leistet mit noch so vielen Punkten nicht mehr als mit einem einzigen zur Erschöpfung des Kontinuums; das verlangte Überall schwindet, insofern man es mit Punkten auszuführen sucht, stets in summiertes Nichts zusammen.

Sofern nach unserer Vorstellung die Materie bloß in Punkten enthalten ist, folgt also auch, daß, wollte man alle Materie der Welt bis zur Berührung zusammenpressen, man sie in einen Punkt zusammenpressen würde. Der Schein ihrer Ausdehnung hängt an ihrer Zerstreuung. Es sind aber Kräfte vorhanden, die sie in dieser Zerstreuung erhalten; d. h. Regeln, nach denen sie sich nur so bewegen können, daß sie nie zu wirklicher Berührung kommen.

Schon im großen Weltenraum kann ein Zusammentreffen zweier Weltkörper kaum zustande kommen; und wenn auch einmal ein Meteorstein auf die Erde fällt, ist doch das Zusammentreffen nur scheinbar; es geht nur bis zum Abstand der Atome. In der Atomenwelt selbst ist ein Zusammentreffen unstreitig unmöglich.

Man fragt vielleicht, wie kommt es aber, daß der Begriff des Diskontinuierlichen sich nur in *einer* Weise als Materie, der des Kontinuierlichen in doppelter Weise als Zeit und Raum hypostasiert. Das scheint doch gar nicht im Sinne eines reinen Gegensatzes der Begriffe; scheint gar nicht so symmetrisch, nicht so selbstverständlich, wie man es im Reiche der letzten Grundbegriffe und höchsten Gegensätze erwarten und fordern möchte, vielmehr wie eine aus falscher Fassung oder Stellung derselben erwachsene Disharmonie. Setzen wir dagegen die Materie selbst so kontinuierlich als Raum und Zeit, so durchdringen sich damit drei Kontinuitäten zur vollen Existenz der materiellen Welt, und die Drei zeigt sich ja auch sonst als die Norm aller Weltgliederung.

Das letzte zugegeben, obwohl ich meine, es ist nicht viel darauf zu geben, so läge aber darin bei näherem Zusehen nur ein hinderlicher Knoten für die dynamische Ansicht und ein neuer Verknüpfungsknoten der unseren. Denn die Materie würde ja doch die Kontinuität, die man ihr beilegen möchte, nur als *räumliche*, nur vom Raum oder, will man es umkehren, der Raum von ihr haben; beider Kontinuität wäre eine und dieselbe, indes der Raum keinesweges seine Kontinuität von der Zeit noch umgekehrt entlehnt, beide ihre Kontinuität an sich haben; so hätte man auch nach der dynamischen Ansicht nur zwei grundwesentliche Kontinuen statt der geliebten drei; der Begriff des Kontinuums fällt nun einmal nicht in den Materiebegriff an sich. Für uns aber knüpfen sich Materie, Zeit und Raum zum metaphysischen Dreiklang durch Unterordnung unter die drei Haupt- und Grenzbegriffe der Quantität, Nichts, Einheit und Unendlichkeit. Denn in unseren einfachen Wesen haben wir etwas, was schlechthin ein und eben nur ein Kontinuum ist, das ist die eine Richtung, in der die Zeit läuft; im Raum etwas, was nach unendlichen Beziehungen und Richtungen ein Kontinuum, eine Unendlichkeit von Kontinuen, ein Kontinuum von Kontinuen ist oder solches einschließt.

Die drei Dimensionen des Raums bezeichnen nur drei *Haupt*richtungen des Raums, in der Tat aber kann man unendlich viele Richtungen in ihm verfolgen.

Mittelpunkt, Radius und Peripherie einer Kugel versinnlichen gewissermaßen in eins die Einfachheit und Richtungslosigkeit des materiellen Punkts, die nach einer Richtung sich streckende Zeit und den nach unendlichen Richtungen gedehnten Raum. Man wolle nur dies Schema nicht ausbeuten, weitere Verhältnisse von Materie, Raum und Zeit daraus abzuleiten, als denselben nun eben zukommen. Ein Schema kann nicht beweisen, nur erläutern, und es darf von vornherein nicht erwartet werden, daß ein ganz in das Räumliche fallendes Schema das Verhältnis des Raums zu dem, was nicht Raum ist, nach allen Seiten zulänglich repräsentiere.

Daß es an sich nicht möglich ist, sich Raum und Zeit anders als kontinuierlich vorzustellen, beweist sich auch darin, daß wir dem Raum und der Zeit keine Grenze beilegen, uns einen Anfang und ein Ende derselben gar nicht zu denken vermögen, sofern an der Grenze die Kontinuität abbricht; dagegen es, vorausgesetzt selbst, daß die Materie kontinuierlich wäre, recht wohl möglich ist, sie diskontinuierlich vorzustellen; wir tun es überall mit den Weltkörpern im Großen und können uns auch recht wohl an einer materiellen Weltgrenze stehend in den unbegrenzten leeren Raum hinausblickend denken; das beweist doch, daß die Kontinuität und hiermit Unbegrenztheit nicht so wesentlich zum Begriffe der Materie als der Zeit und des Raums gehören kann. Auch kommt alle Begrenzung in Raum und Zeit nur durch die Materie.

Dies leitet uns auf einen neuen Gegensatz oder eine neue Auffassung des Gegensatzes der einfachen Wesen gegen Raum und Zeit. Ein einfaches Atom ist, trotzdem daß seine Ausdehnung nichts ist, nicht selber nichts; es hypostasiert aber die letzte Grenze des *Seienden* in quantitativer Hinsicht, ist ein *unendlich Kleines* im strengsten Sinne. Wogegen Zeit und Raum ein *unendlich Großes, schlechthin Unbegrenztes* sind, respektiv nach einer und nach unendlich vielen Richtungen.

Die unendlich kleinen Linien-, respektiv Flächen-, Körperelemente, mit denen die höhere Geometrie zu tun hat, sind nichts *absolut* unendlich Kleines, sondern nur ein *relativ* unendlich Kleines, indem sie zwar unendlich klein gegen alle *endlichen* Raumgrößen (Linien, Flächen, Körper), wie diese gegen den unendlichen Raum sind, aber ihrerseits im Verhältnis der Unendlichkeit zu Räumlichkeiten von einer Kleinheit höherer Ordnung, so fort bis ins Unbestimmte stehen und endliche Größenrelationen unter sich haben. Der Punkt allein, der aber eben hiermit vielmehr die Grenze der Raumgrößen als selbst eine Raumgröße bildet, steht zu allen unendlichkleinen Räumlichkeiten beliebiger Ordnung selbst im Verhältnis des Unendlichkleinen, ist das einzige Kleine, das nichts Kleineres mehr unter sich noch in sich hat, ein Unendlichkleines unendlicher Ordnung, und gestattet keinen endlichen Größenvergleich mehr. Er kann aber, wie bemerkt, nicht durch den Raum, sondern nur in den Raum gesetzt werden, sein Begriff liegt nicht mehr *eingeschlossen im* Raumbegriffe, welcher durch Kontinuität und Außereinander gegeben ist, sondern bildet eine *Grenze* des Raumbegriffes, wo etwas anderes als Raum angeht, und dies andere ist eben die Materie.

Wie nach einer Seite der Begriff der Unbegrenztheit, so hängt nach einer anderen Seite der Begriff der *Teilbarkeit ins Unbestimmte* mit dem der absoluten Kontinuität zusammen. Wollte man einen Teil des Kontinuums denken, der nicht selbst mehr als ein Kontinuum von Teilen faßbar, so bräche die Kontinuität sozusagen ebenso nach unten ab, wie sie nach oben abbräche, wenn man sich das Kontinuum begrenzt denken wollte. Raum und Zeit als absolut kontinuierlich sind also auch absolut ins Unendliche teilbar; dagegen die einfachen Wesen als absolut diskontinuierlich auch absolut nicht teilbar, sozusagen absolut harte Wesen sind.

Man kann bloß zwischen die Atome, nicht in die Atome schneiden. Dagegen ist der Raum das Weichste, was es gibt, und wird überall ohne Widerstand von der Diamantspitze des Atoms geschnitten.

Vielleicht, indem man die metaphysischen Begriffe einander passend gegenüberzustellen sucht, ist man geneigter, dem Kontinuum der Zeit und des Raums die Diskontinuität der Zahl als der Materie gegenüberzustellen und den Begriff der Diskontinuität vielmehr in jener als in dieser rein hypostasiert zu halten. Scheidet sich doch auch die Mathematik in einen Teil, der vom kontinuierlichen Raum, und einen anderen, der von der diskontinuierlichen Zahl handelt; dies scheint doch zu beweisen, daß vielmehr Raum und Zahl als Raum und Materie den reinen Gegensatz von Kontinuität und Diskontinuität vertreten.

Doch auch dieser Einwand hebt sich leicht bei näherem Zusehen und führt nur zu einer neuen Bekräftigung und Bereicherung unseres metaphysischen Begriffkomplexes. Unstreitig besteht der Gegensatz von Diskontinuität und Kontinuität zwischen Zahl einerseits, Raum und Zeit andererseits; nur tritt nicht die bloß denkbare abstrakte Zahl dem Raum und der Zeit als Ergänzung zur Realität und der Natur gegenüber; man schreibe denkbare Zahlen, so viel man will, in Raum und Zeit, und man hat noch nichts; sondern statt der abstrakten Zahl das real Zählbare. Was aber ist das? Im Himmel sind's die Sterne; mit diesen schreibt sich der Begriff des Zählbaren zuoberst in Raum und Zeit real ein; was aber sind die Sterne anderes als materielle Bälle; so sind wir wieder bei der Materie und finden in ihr den Repräsentanten des Zählbaren. Doch sind die Sterne nicht das Letzte; was sie aus der Ferne scheinen, rein zählbare Punkte, sind endlich erst die einfachen Atome wirklich; aus ihnen konstruieren sich endlich alle realen Zahlen, die Sternenheere selber, mit dem, was zwischen ihnen. Schön aber bleibt's, wie diese uns in der Nacht leuchtend über unseren Häuptern spiegeln, was in einer tieferen Nacht des Seins dem Auge unerkennbar wirklich ist. Man weiß ja, daß selbst dem Fernrohre der ferne Stern ein Punkt bleibt, der keine Messung, nur Zählung verträgt.

Nach vorigem finden wir also auch den Begriff des *Zählbaren* in unseren Atomen in reinster Weise real hypostasiert, indes zugleich der Begriff des *Meßbaren* sich in Raum und Zeit rein hypostasiert. Was meßbar ist, ist es bloß nach Seite dessen, was an ihm kontinuierlich; was zählbar ist, ist es bloß nach Seite dessen, was an ihm diskontinuierlich. Raum und Zeit stellen das schlechthin Meßbare, unsere einfachen Wesen das schlechthin Zählbare vor. Die dynamische Ansicht von der Raumerfüllung hat eine reine Hypostase in der Welt des Realen überhaupt nur für den Begriff des Meßbaren, nicht den Begriff des Zählbaren; die Augen auf dem Würfel aber bilden schon im Spiele gröblich das Einfache, Diskrete ab, was aller Zählbarkeit zugrunde liegt.

Vielleicht kann man bestreiten, daß zum Begriffe der Zahl der Begriff der Diskontinuität wesentlich ist, sofern sich zwischen je zwei ganzen Zahlen ein Übergang durch unendlich viele Bruchzahlen finden läßt. Aber man muß nicht außer acht lassen, daß dies nur mittelst irrationaler, also unvollendbarer Zahlen möglich ist, und wo man in den Dezimalen mit einer solchen Zahl abbrechen mag, um sie auf eine Zahl zu reduzieren, mit der man wirklich zählen kann, sie bleibt diskontinuierlich gegen jede noch so nahe genommene abgekürzte Bruchzahl; man hat damit eben nur dasselbe, als wenn man versucht, die Kontinuität des Raums durch immer enger gestellte Punkte herzustellen. Ein irrational ausgedrücktes Verhältnis bedeutet in der Tat nur ein Verhältnis, was überhaupt nicht genau, sondern nur mit wachsender Annäherung durch Zahlen ausdrückbar ist, die den Begriff der Zahl erfüllen.

Ein System vieler einfacher Wesen kann man wieder als zählbare Einheit anderen solchen Systemen gegenüber betrachten. Ein jeder Himmelskörper ist eine solche Einheit; ein jeder Menschenkörper eine kleinere. Die absolute Eins aber, die sich schlechthin nur als solche, nicht auch als Vielheit fassen läßt, ist nur das Einfache. Die dynamische Ansicht hat keine absolute Eins. Das All ist freilich auch eine Einheit; doch keine zählbare Einheit den anderen gegenüber; das ist die Eins.

Unser menschliches Zahlensystem hat 10 Ziffern, die zu allen menschlichen Rechnungen reichen. Das Zahlensystem der Natur hat nur eine Ziffer, das Atom, und reicht damit zu den Rechnungen des Alls. Unser Zahlensystem ist aber willkürlich, nur gebildet nach unseren 10 Fingern; man könnte mit 9, mit 8, mit 2 Ziffern reichen, *Leibniz* hat sich viel mit dem dyadischen Zahlensystem beschäftigt. Aber könnte man nicht noch weiter gehen, mit *einer* Ziffer reichen? In der Tat könnte man es, indem man für 10 zehn Punkte, für 100 hundert Punkte schriebe. So kommt man zum monadischen Zahlensystem wo die Zahl der Ziffern in jedem Falle so groß, als es die dadurch auszudrückende Summe besagt; das ist das Zahlensystem der Natur; das einfachst mögliche, womit sie zu allen ihren Rechnungen reicht. Wir gewinnen hier wieder eine absolute Grenzvorstellung.

Warum bedient sich der Mensch nicht dieses einfachst möglichen Systems? Weil die Zahlen damit für ihn zu lang und die Übersicht zu schwer wird. In der Natur aber fehlt es nicht an Platz; der Raum ist eine unendliche Rechentafel, und eine Schwierigkeit der Übersicht der Zahlen besteht für den Geist nicht, weil sich das Fazit derselben von selbst in ihm zieht, weil er in gewisser Hinsicht das innerlich erscheinende Fazit des äußerlich erscheinenden atomistischen Systems selbst ist. Dies aber näher zu begründen oder weiter zu verfolgen ist hier nicht der Ort.

Soll man die einfachen Atome für absolut unzählbar halten? Wären sie es nicht, so hätte der unendliche Raum eine bloß endliche Fülle, und so scheint die Unzählbarkeit der Atome als das Zugehörige zur Unmeßbarkeit des Raumes gefordert. Was sollte auch nach dem Gesetz des zureichenden Grundes bei einer bestimmten Anzahl Atome stehenbleiben! Aber eine fertige Unzählbarkeit ist in keiner Weise denkbar. Auch kann man vielleicht zur absoluten Begrenzung des einfachen Atoms die absolute Begrenzung der Zahl der einfachen Atome als Gegensatz zur Unendlichkeit von Zeit und Raum gefordert halten. Ich mag nichts entscheiden. Übrigens trifft diese Antinomie die nicht atomistische und atomistische Auffassung der Körperwelt in gleichem Grade. Denn auch wenn man die Körperwelt kontinuierlich denkt, so fragt sich, wie kann sie unbegrenzt gedacht werden, und was konnte sie begrenzen?

Auch die Begriffe der *Verbindung und des an sich unverbundenen Stoffes* finden mit den vorigen zugleich ihre Hypostase, weil sie im Wesen mit ihnen zusammenhängen. Raum und Zeit sind selbst nur die allgemeinsten Verbindungsweisen im Reiche des Realen; ihr Kontinuum ist absolute Verbindung an und in sich, und was überhaupt als real verbunden gedacht werden soll, muß vor allem durch Raum und Zeit verbunden gedacht werden; und hierauf tragen sich erst besondere Verbindungsweisen auf; wozu aber schon der Zutritt eines Inhalts in Raum und Zeit gehört.

Dem Begriff der Verbindungsweise kann man den der Form substituieren. Raum und Zeit sind die allgemeinsten Formen, in denen das Existierende auftritt, Raum die Form des Nebeneinander, Zeit die Form des Nacheinander, was übrigens nur andere Worte für Raum und Zeit sind; da man umgekehrt für Nebeneinander und Nacheinander Räumlichkeit und Zeitlichkeit sagen kann; auch ist jede besondere Form es nur als besondere Bestimmung von Raum und Zeit.

Man hat Raum und Zeit *Anschauungsformen* genannt; auch hindert nichts, es zu tun, in Rücksicht dessen, daß die ganze Natur wesentlich nur Sache der Anschauung oder sinnlichen Erscheinung ist; wonach auch die allgemeinsten Formen, in denen die Natur erscheint, nur Anschauungsformen sein können. Diese Anschauungsformen nehmen einen *objektiven Charakter* an, sofern man den solidarisch gesetzlichen Zusammenhang aller Raumanschauungen der verschiedensten Wesen (über allen voraussetzlich Gottes) im Auge hat; einen *subjektiven,* sofern man sich auf die Raumanschauung eines einzelnen Geschöpfes bezieht.

Dem Raum und der Zeit gegenüber sind die einfachen Wesen an sich etwas absolut Unverbundenes. Mit nichts sind sie an sich selbst verbunden, nichts ist in ihnen selbst verbunden, indes sie sich aber jeder Verbindungsweise *mittelst* der Zeit und des Raumes fügen. So entsprechen sie dem reinsten Begriff des an sich formlosen, doch für jede Form, d. h. Verbindungsweise verfügbaren *Stoffes*. Auch kommt hiermit unsere Atomistik nur dem Instinkt des Sprachgebrauchs entgegen, der Materie und Stoff ohnehin in gleicher Bedeutung zu verwenden pflegt.

Es ist zwar wahr, den Ton, aus dem man eine Statue modelliert, denkt man sich vielmehr zusammenhängend. Aber er ist insofern eben kein reiner Stoff; bringt vielmehr schon etwas von Form, d. h. Zusammenhangsweise, in die Hand des Künstlers mit und kommt dadurch der Formung von gewisser Seite entgegen, indes er sie zugleich nach anderer Seite beschränkt. Was für unzählige Gestalten kann ein Wimpel, der im Winde flattert, annehmen; aber alle kann er nicht annehmen, bloß so viele, daß doch der Zusammenhang gewahrt bleibt. Der Ton gewährt darin schon mehr Freiheit; aber volle kann er nicht gewähren, diese hat man eben erst mit einem Stoffe, wo jedes Teilchen an sich ganz zusammenhangslos mit dem anderen. Die dynamische Ansicht macht die Welt aus Ton, denn sie erkennt einen gewissen Zusammenhang des Stoffes von vornherein an und hält ihn wesentlich dem Stoffe, wenn schon die Zerreißbarkeit der Körper, wie wir gesehen haben, dem widerspricht. Unsere Atomistik allein nimmt einen Stoff nach dem reinen Begriffe des Stoffes dazu.

Indes *Zeit* und *Raum* an sich absolute Formen sind, geben sie mit der Materie zusammen Formen von relativer Bedeutung, sofern durch das Dasein der materiellen Punkte die unendliche Möglichkeit räumlicher und zeitlicher Verbindungsweisen nach dieser oder jener Beziehung im besonderen bestimmt und gegen andere Möglichkeiten abgegrenzt wird.

Die äußere Form eines Körpers ist durch die räumliche Verbindungsweise der materiellen Teile seiner Oberfläche gegeben, die dadurch entsteht, daß sich die Materie des Körpers durch relative Kontinuität zusammenschließt, indes sie sich zugleich durch relative Diskontinuität gegen die Umgebung abgrenzt. Die diskontinuierliche Materie an sich selbst trägt aber hierbei zum zusammenhängenden Zuge der Oberfläche nichts bei, sondern gewährt bloß Bestimmungspunkte dafür, womit die Formen in der Natur eine viel idealere Bedeutung erhalten als in der dynamischen Ansicht. Diese hat kompakte, massive, bleierne Formen, unsere Ansicht hat bloß gedachte, indem die Vorstellung Linien und Flächen zwischen den Grenzatomen des Körpers zieht. Hierin kommt unsere Atomistik wiederum dem Sprachgebrauch nur entgegen, der wie *stofflich* und *materiell*, so *formell* und *ideell* gern verwechselt. Und wie der Himmel sonst die Atomistik vielfach spiegelt, so läßt sich auch an den Sternbildern auf unseren Sternkarten sehen, wie es sich mit dem Zuge der Körperformen in Wirklichkeit verhält.

Der Zug der Figur durch die Sterne ließe sich freilich auch anders legen. Und überhaupt kann durch jede Anordnung von Punkten eine unbegrenzte Möglichkeit verschiedenster Formen repräsentiert werden. Die Aufgabe, solche hindurchzuziehen, ist an sich unbestimmt; doch nicht absolut unbestimmt, nur einer Ergänzung zur Bestimmung bedürfend wie eine solche entgegen bietend. Jede Regel, wie Punkte *überhaupt* zur Bestimmung einer Figur dienen sollen, gewährt eine solche Ergänzung; denn es reicht hin, eine solche zu geben, um fortan mit jeder anderen bestimmten Anordnung der Punkte eine andere bestimmte Figur oder Klasse von Figuren gegeben zu haben. Die Regel täte es nicht alleine die Punkte täten es nicht allein; die Regel mit den Punkten tut es. Und wie man die Regel wechselt, werden alle Figuren anders, doch alle wieder in bestimmter Weise anders. Hiermit bietet die Atomistik die denkbar allgemeinste Unterlage für eine allgemeine Formenlage dar, indes die dynamische bloß einzelne Beispiele dafür bietet. Der Geist wird übrigens im allgemeinen immer seine Gründe und Zwecke haben, sich an diese oder jene Bestimmungsweise vor anderen zu halten, und wo kein besonderer Grund und Zweck vorliegt, die einfachste und leichteste als die *natürlichste* vorziehen.

Die einfachste Regel und der einfachste Weg, durch eine gegebene Anordnung von Punkten eine Figur fest zu bestimmen, besteht darin, in jedem Falle das relative Minimum des Raums zur Verknüpfung der Punkte zu verwenden, nachdem die Punkte selbst als Punkte schon das absolute Minimum einnehmen, d. i., sie durch gerade Linien und durch Ebenen zu verbinden. Diese haben zugleich die Eigenschaft, den strengen Mittel- oder Grenzfall zwischen allen möglichen symmetrisch gleichen Linien oder Flächen zu bilden, die sich rings um eine Linie oder nach beiden Seiten einer Fläche legen lassen. Beides, daß die Vorstellung solchergestalt auf kürzestem Wege zum Ziel kommt und daß sie nach zureichendem Grunde keinen Anlaß findet, nach einer Seite vor der anderen davon abzuweichen, mag zusammenwirken, daß der Geist diese Bestimmungsweise überall als die natürlichste vorzieht, wo kein besonderer Grund zu einer anderen Bestimmungsweise vorhanden ist, d. h. gegebene Punkte von selbst in der Vorstellung vielmehr durch gerade Linien und Ebenen als krumme Linien oder Flächen zu verbinden geneigt ist. Man kann demnach, wo kein anderer bestimmender Grund vorliegt, diese Bestimmungsweise überall als die schlechthin gültige und überhaupt als fundamentale betrachten; die Kristalle geben die Naturmodelle dazu. Auch lassen sich die krummlinigen und krummflächigen Formen als höhere Grenzformen der geradlinigen und ebenflächigen betrachten, sofern sie entstehen, wenn die Zahl der geraden Seiten oder ebenen Flächen unendlich groß, ihre Größe unendlich klein wird; indes man nicht umgekehrt das Gerade als obere Grenze des Krummen betrachten kann, wenn man Bestimmtheit in der unteren Grenze verlangt, weil das Gerade die Grenzform unbestimmt vieler krummen Formen sein kann.

Inzwischen bleibt dem Geiste allgemein gesprochen immer die Möglichkeit und Freiheit, auch nach beliebigem Motiv oder beliebiger selbstgemachter Regel durch gegebene Punkte von endlicher Distanz beliebige Figuren zu ziehen. Wo sie nun nicht nach einfachster Regel zu Ecken verwandt werden, liegt es am nächsten, Maxima und Minima der Krümmung, Wendepunkte, singuläre Punkte damit zu bezeichnen, und so geschieht's nicht selten.

Daß der Geist bei Abwesenheit besonderer (ausnahmsweiser) Bestimmungsgründe es stets vorzieht, distante Punkte vielmehr durch gerade Linien und durch Ebenen als durch krumme Linien und krumme Flächen vorstellend zu verbinden, läßt sich durch hinreichende Induktion beweisen. Sind nur zwei Punkte (z. B. zwei Sterne am Himmel) gegeben, so stellt man ihre Verbindungslinie zweifellos als eine gerade vor; drei Punkte bestimmen für uns stets eine Ebene, ungeachtet man ebensogut jene zwei Punkte durch eine krumme Linie, die drei durch eine krumme Fläche verbunden denken könnte. Wo sich irgendeine Mehrheit von Punkten, zugleich ins Auge gefaßt, durch *eine* gerade Linie oder Ebene verbinden *läßt,* da wird es der Geist auch sicher tun, statt eine Wellenlinie oder Wellenfläche durch sie zu legen. So, wenn man die Blätterdurchgänge der Kristalle atomistisch repräsentiert sieht. Drei beliebig geordnete Punkte sind an sich ebensogut zu Bestimmungspunkten eines Kreises als eines Dreiecks tauglich; doch wird man stets dadurch ein Dreieck wie durch vier Punkte in einer Ebene ein Viereck bestimmt halten. Die acht Würfelecken könnten auch eine Kugelfläche bestimmen; aber jeder denkt bei ihrer Lage, auch wenn der Würfel nicht voll noch der Umriß voll gezogen ist, an einen Würfel. Wenn aber viele im Kreis gestellte Punkte uns doch auch einen Kreis recht wohl repräsentieren können, so hängt dies mit dem bemerkten Umstande zusammen, daß Polygone von sehr großer Zahl und Kleinheit der Seiten mit krummlinigen Figuren merklich zusammenfallen.

Zwar könnte man meinen, es käme in diesem Falle wie in anderen Fällen mit dem Prinzip, durch möglichste Verkürzung der Verbindungslinien den Aufwand an Vorstellungstätigkeit möglichst zu verkleinern, ein anderes Prinzip in Konflikt und überwöge diesfalls, wonach zu jedem scharfen Richtungswechsel lebendige Kraft verbraucht wird, so daß man bei häufigem Richtungswechsel es doch leichter fände, eine längere krumme als eine kürzere vieleckige gerade Linie zu ziehen. Aber zuvörderst nimmt mit zunehmender Kleinheit und Mehrheit der Seiten einer Figur auch die Schärfe ihres Richtungswechsels ab; und dann finde ich nicht, daß man irgendwie weniger geneigt ist, drei oder vier Punkte als Dreieck oder Viereck aufzufassen, und irgendwie mehr geneigt, sie durch eine krumme Linie in der Vorstellung zu verbinden, wenn man sie recht nahe, als wenn man sie recht weit voneinander stellt, ungeachtet hier der Aufwand an lebendiger Kraft durch die scharfe Wendung an den Ecken relativ größer gegen die durch die Länge des Weges werden müßte, was beweist, daß das betreffende Prinzip hierbei gar nicht in Betracht kommt.

Man kann dies auffallend finden; es liegt aber unstreitig darin und beweist gegen die Ansichten von manchen (was sich freilich auch noch sonst auf mehr als eine Weise beweisen läßt), daß wir den Gesichtseindruck von Figuren, die auf einmal in das Auge fallen, überhaupt nicht sowohl durch sukzessiven Verfolg derselben als durch ein gleichzeitiges Zusammenwirken ihrer Teile empfangen; denn sonst würde das Auge oder die Einbildungskraft bei Darbietung von beispielsweise drei oder vier Punkten sicher die scharfe Wendung an den Ecken scheuen und lieber in sanftem krummem Wege durch die Punkte gehen. Die Bewegung der Augen ist nur dazu nötig, eine erst im Ganzen undeutlich erfaßte Figur dann im Einzelnen deutlicher zu fassen. Ließe sich doch auch mit bloßer sukzessiver Verfolgung der Punkte des Gesichtsfeldes bei noch so raschen hin- und hergehenden Bewegungen des Auges höchstens der Eindruck einer sehr geschlängelten Linie, nicht einer Fläche erhalten. Ungeachtet daher dem Auge sicher auch die sukzessive Auffassung einer Figur zu Gebote steht, geschieht doch die erste Auffassung ebenso sicher simultan. Und was für die direkte Sinnesauffassung gilt, gilt für die Vorstellung oder Einbildung, die es ihr nachtut. Anstatt also zu sagen: Der Geist, die Vorstellung, die Einbildungskraft *zieht* Linien zwischen gegebenen Punkten, wäre es eigentlich richtiger zu sagen: Es entsteht durch das Zusammen der Punkte der Eindruck oder die Vorstellung einer verbindenden Linie zugleich mit. Hiernach wird man den kürzeren Ausdruck überall in den wahren zu übersetzen haben.

Man kann bemerken, wie mit unserer Auffassung ein Zusammenhang zwischen äußerer Form und innerer Struktur entsteht. Indes die äußere Form durch die Linien und Flächen (respektiv Geraden und Ebenen) bestimmt wird, die man durch die Grenzpunkte des Körpers legt, kann man auch Linien und Flächen durch die Punkte des Inneren legen, und die Linien, Flächen, die man in ersterem Sinne legt, bilden nur ein gemeinschaftliches System mit denen, die man in letzterem Sinne legt. Treten doch auch in der Mathematik die verbindenden Geraden und Ebenen, die man durch den Umfang und das Innere eines Systems von Punkten legt, unter gemeinsame Gesichtspunkte und Formeln. Für die dynamische Ansicht dagegen behalten die äußere Oberfläche und das innere Gefüge immer etwas Inkommensurables.

Das Gerüst, was nach unserer Auffassung das Innere jedes Körpers durchzieht und sich mit der Oberfläche durch die Grenzpunkte verkettet, kann als Ausdruck einer dritten Dimension der Körperform betrachtet werden. Die dynamische Ansicht, indem sie den Raum in seiner ganzen Tiefe mit körperlicher Substanz durchdringt, muß dafür mit der Körperform bei der Oberfläche stehenbleiben. Nach unserer Auffassung ist alle Materie des Körpers unmittelbar *in Form* aufgehoben, indem sie eben deren Bestimmungspunkte bildet, nach der dynamischen Ansicht ist sie in der Form nur wie in einem äußeren Sacke enthalten.

Sofern man von jedem Atom der Oberfläche wie des Inneren eines Körpers nach *jedem* anderen (nicht bloß dem nächsten, sondern auch dem fernsten) eine Gerade und nach *je zwei* anderen eine Ebene legen kann, stellt sich nach *allgemeinster* Formbestimmung durch Gerade und Ebenen die Struktur jedes Körpers als ein höchst verwickeltes Maschenwerk dar. Insofern aber die Anordnung der Atome als willkürlich gedacht wird, kann man fragen, wie sie zu bestimmen sei, um bei gegebenem Totalvolumen des Körpers den kleinstmöglichen Aufwand von Räumlichkeit zu den verbindenden Geraden und Ebenen zu erfordern. Es ist die regelmäßige, indem bei ihr nicht nur viele sonst divergierende Verbindungslinien und Ebenen zusammenfallen, sondern überhaupt die Summe der verbindenden Linien und Ebenen die kleinstmögliche wird. (Um einen einfachsten Fall zu nehmen, so ist in einem Quadrate, der regelmäßigsten Figur, die durch vier Punkte in einer Ebene bestimmt werden kann, die Summe der Seiten und Diagonalen, wie auch schon der Seiten für sich, kleiner als in jedem Rechteck oder unregelmäßigen Viereck von gleichem Inhalt.) Auch ist dies wieder der Grenzfall zwischen allen gleich möglichen Verschiebungen der Atome nach verschiedenen Richtungen um gleiche Größen (z. B. der Grenzfall zwischen solcher Verschiebung von vier Atomen, daß einmal ein stehendes, das anderes Mal ein liegendes Rechteck dadurch entsteht). Durch die regelmäßige Anordnung vereinfacht sich also das Maschenwerk der Struktur; und jede Annäherung an die Regelmäßigkeit ist zugleich eine Annäherung an die Einfachheit derselben. Und so kann man überhaupt, ungeachtet der an sich unendlich mannigfaltigen Möglichkeit der Formbestimmung durch Punkte, immer Grenzbestimmungen aus diesem oder jenem Gesichtspunkte erhalten, die teils durch die Annäherung, welche die Natur daran zeigt, teils durch die Tendenz, welche der Geist hat, sich an sie zu halten, von fundamentaler Wichtigkeit sind.

Nicht minder als eine zusammenhängende Form entsteht, wenn man die Lagen, welche von verschiedenen Punkten *zugleich* eingenommen werden, in der Vorstellung verbindet, entsteht eine solche, wenn man die Lagen, die derselbe Punkt sukzessiv einnimmt, in der Vorstellung verbindet, d. h., man kann auch Formen durch Bewegung gewinnen. Hier ist es augenscheinlich, daß die Form nur etwas Gedankenmäßiges ist; denn nur nach Maßgabe als man in Gedanken das Gewesene mit dem Jetzigen verbindet, entsteht die Form bei der Bewegung. Die Gestirne spiegeln uns auch diese Art Formen in einfachster Weise vor, d. i. in ihren himmlischen Bahnen.

Der Dynamiker mag freilich sagen, wenn die Materie in der Bewegung kontinuierlich verschiedene Lagen *nacheinander* einnimmt, so ist es nur entsprechend, daß sie solche in der Raumerfüllung auch *zugleich* einnimmt. Aber wenn sie wirklich die verschiedenen Lagen, die sie in der Bewegung nacheinander einnimmt, vermöge der Raumerfüllung schon alle zugleich einnähme, so würde es eben weder der *Bewegung* bedürfen, sie noch nacheinander einzunehmen, noch würde ohne Zuziehung der Durchdringlichkeit der Materie eine Bewegung *möglich* sein in einem Raume, der schon eingenommen ist. Der Raum bedarf vielmehr der Bewegung zur Erfüllung seiner Leere, und die Bewegung bedarf des leeren Raumes zu ihrer Bahn. Der Raum ist nicht der Affe der Zeit, sondern das Weib der Zeit; ihr ähnlich in vielen Stücken, sich damit ergänzend in anderen.

Die Formen, die durch Bewegung der einfachen Atome entstehen, sind nur lineare, indes die Formen, die durch räumliche Zusammenordnung der Atome entstehen (sofern man die Struktur mit darunter faßt), durch die Tiefe der drei Dimensionen gehen. Das hängt unstreitig damit zusammen, daß die Zeit nur eine, der Raum drei Dimensionen hat. Die Formen durch Bewegung sind ferner an sich bestimmte, indes die Raumformen an sich unbestimmte und nur relativ bestimmbare sind.

Zum Stoff und zur Form können wir noch ein Drittes, ein formendes Prinzip, verlangen, was die Atome ordnet, sie ihre Bahnen führt. An einem solchen Prinzip fehlt es nicht, es liegt in den Kräften, und wir wissen, Kräfte sind Vertreter von Gesetzen, und alle Gesetze stehen letztlich unter einem höchsten. So ist das Wesen der Form ein Gedanke, der Grund der Form ein Gesetz. Daß eine Pflanze sich so baut und umbaut, hängt daran, daß Atome sich nach diesem Gesetz ordnen und bewegen. Auch die Freiheit kann nur auf Grund des Gesetzes oder selbst als gesetzgebend zugleich formgebend sein.

Womit bindet denn die dynamische Ansicht ihren Ton? Wieder durch Ton, denn die Kräfte, welche die Materie zusammenhalten und bewegen, schlagen ja nach ihr selbst in Materie über.

Weiter finden sich mit vorigem zusammenhängend auch die Begriffe der absoluten *Extension* und *Intension* hypostasiert. Raum und Zeit sind ein reines Außereinander, die einfachen realen Wesen sind ein reines In-sich. Allerdings stehen die verschiedenen einfachen Wesen auch im Verhältnis des relativen Außereinander; aber der Bestand keines derselben ist an dieses Außereinander geknüpft, während der Bestand des Raumes wie der Zeit wesentlich im Außereinander selber liegt; auch wird jenes Außereinander der einfachen Wesen nur durch den Raum vermittelt.

Die dynamische Ansicht hat bloß eine reine Hypostase für die Extension. Das Geistige selber kann nicht als etwas rein Intensives gelten, weil es der Zeit bedarf, seinem Wesen nach ein zeitlich Ausgedehntes ist. In einem Augenblicke läßt sich nichts fühlen und nichts denken.

Als rein extensiv können Raum und Zeit keinen Inhalt darstellen, geben; man kann von Raum und Zeit nicht sagen, daß sie in etwas wären, dagegen alles, was ist, in Raum oder Zeit oder beidem gedacht werden muß. Umgekehrt können die einfachen Wesen nur Inhalt darstellen, geben, aber nicht selbst haben. Hiermit sind Raum und Zeit an sich zugleich das absolute *Leere,* die einfachen Wesen das, was die Fülle in diese Leere bringt.

Indem die einfachen Wesen den Raum füllen, erfüllen sie ihn doch nicht. Sollte dies der Fall sein, so würde der Raum sie nicht als Inhalt, wie es ihr Begriffsverhältnis fordert, *einschließen,* sondern sie würden den Raum *decken.* Was einen Kreisumfang deckt, ist nicht in ihm, aber Punkte können in beliebiger Zahl in ihm sein. Statt Kreisumfang setze Raum. Auch würde die Fülle, die in der Menge des Unterscheidbaren besteht, mit der absoluten Erfüllung des Raums schwinden. Die unendliche Fülle, welche die einfachen Wesen in den Raum bringen, ist eben nur mit der Nichterfüllung des Raums möglich.

Anstatt daß der Raum durch die Materie erfüllt würde, kann man aus gewissem (freilich auch nur gewissem) Gesichtspunkte sagen, er bleibt mit ihrem Dasein so leer als ohne ihr Dasein; weil alle einfachen Wesen als Punkte zusammengenommen immer wieder nur zu einem Punkte zusammengehen, der keine Ausdehnung repräsentiert.

Die Zeit wird durch das Dasein der Materie nicht mehr erfüllt als der Raum; denn *in der Zeit sein* ist so wenig mit *Erfüllen der Zeit* als *im Raum sein* mit *Erfüllen des Raums* zu verwechseln. Eine gemeinsame Erfüllung von Raum und Zeit erfolgt aber, wenn man so will, durch die Bewegung. Sollte ein einfaches Wesen einmal völlig ruhen (es gibt aber keine absolute

Ruhe), so würde es währenddessen auch die Zeit mit Nichts erfüllen. Es ist jedoch nicht das einfache Wesen, was in der Bewegung Zeit und Raum erfüllt; sondern eben nur die Bewegung des einfachen Wesens erfüllt Zeit und Raum, insofern als sie ein Produkt beider ist.

Wir haben im vorigen gesehen, was wir voraussagten, wie eine Reihe der wichtigsten Begriffe, unter welche die Existenz nach Seiten ihrer äußeren Erscheinlichkeit zu fassen ist, im einfachen Atom gleichsam wie in einem identischen Zentrum zusammenlaufen und darin eine gemeinsame reine Hypostase finden, als da sind die Begriffe des *Einfachen, Diskontinuierlichen, Unendlichkleinen, Unteilbaren Zählbaren, Stofflichen, Intensiven, Füllenden,* und wie sie sich darin mit den gegensätzlichen Bestimmungen von Zeit und Raum ergänzen.

Ohne das einfache Atom ginge dieser ganze *Nexus* zugleich und sich ergänzende Gegensatz verloren. Wir haben, wenn die Materie den Raum erfüllt, eine nach einer Richtung sich streckende Zeit, einen nach unendlichen Richtungen sich streckenden Raum und eine ebenso sich nach unendlichen Richtungen streckende Materie. Die Materie, statt der Unendlichkeit durch ihre unendliche Kleinheit den Widerpart zu halten und damit die Relationen der Endlichkeit zu geben, wird von gewisser Seite eine Tautologie des Raumes, von anderer Seite verdrängt sie den Raum und verlegt sich ihn für die Bewegung.

Wenn die bisherigen Versuche, die Atomistik recht weit zurückzuführen, im allgemeinen nur ins Dunkle und Wirre geführt haben, so lag der Grund nur darin, daß man sie noch nicht weit genug zurückgeführt hat, vielmehr vor dem letzten Schritte zurückgescheut ist, der auf einmal aus dem Dunkel und der Wirre in das helle Licht führt. Solange die letzten Atome noch endlich bleiben, ist man noch nicht am Ende und bleibt man genötigt, das zu Erklärende in das Erklärungsmittel aufs neue zu verlegen. Die Welt in letzter Instanz aus kleinen Kugeln bauen wollen, was manche als den Schluß atomistischer Weisheit betrachtet haben, heißt ein Haus statt aus Steinen aus kleinen Häusern bauen wollen. Nun gar Tetraeder und Würfel dazu verwenden wollen heißt zum Weltbau einen Kinderspielkasten nehmen.

Nur erst sowie die letzten Atome einfach werden, tritt mit der einfachsten zugleich die großartigste, mit der erhabensten zugleich die feinste Bauweise der Welt uns entgegen. Alle Last, die jene kleinen Lasten noch dem bauenden Geiste aufbürdeten, ist in nichts geschwunden, alle Hemmnis, die ihre starre Undurchdringlichkeit in den Weg legte, ist in Kraft verwandelt, mit der sich die einfachen Wesen unter Führung des Gesetzes zum schmuckvollen Baue, zum Kosmos, fügen.

5. Über die Bewegung der einfachen Atome

Es genügt nicht zur Bestimmung des Verhaltens eines einfachen Wesens, zu sagen, daß es nur an einem Raumpunkte ist, sondern gehört noch dazu, daß es nur einen Moment an einem Raumpunkte ist. Die Materie ist überall bewegt; man weiß, daß alle Ruhe nur eine relative. Was sich nicht gegen das andere bewegt, bewegt sich mit dem anderen. Jeder einfache Materiepunkt nimmt seinen einfachen Raumpunkt nur einen einfachen Zeitpunkt ein und ist in jedem anderen Moment an einem anderen Orte. Wie aber die Zeit kontinuierlich schreitet, so schreitet er auch im Raume nur kontinuierlich fort.

In der Bahn des einfachen Atoms ist der Begriff der Bahn überhaupt in reinster Weise hypostasiert. Die Bewegung jedes ganzen Körpers wird zerlegt in eine Fortbewegung seines Schwerpunkts, diese gibt die Bahn und eine Bewegung seiner Teile in Bezug zum Schwerpunkt (bei einem festen Körper Drehung um eine durch den Schwerpunkt gehende Achse). Die erste wird durch die Bewegung eines einfachen Atoms schon für sich dargestellt. Letztere kann, weil sie eine Mehrheit von Teilen und einen Wechselhalt derselben voraussetzt, nicht im einfachen Atome wiedergefunden werden, sondern tritt nur als eine neue Bestimmung in den Kombinationen der Atome auf; wie wir denn schon erinnert haben, daß im einfachen Atom nicht alles, was im Körper, wiedergefunden werden kann, weil dieser eben wesentlich eine Kombination aus einer Mehrheit von Atomen ist; und auch die Mehrheit hat ihre Bedeutung und ihren Erfolg.

Obwohl ein einfaches Wesen an einem einfachen Raumpunkte nur einen einfachen Moment ist, scheint es doch nach der verschiedenen Geschwindigkeit, welche die einfachen Wesen haben können, daß ihr Verweilen an demselben Punkte eine verschiedene Dauer haben kann und man somit zu einem Widerspruch in sich selbst geführt wird, denn ein momentanes und ein dauerndes Verweilen schließt sich aus; aber weil wir solche Widersprüche weder in *Herbarts* noch *Hegels* Sinne für triftige Fortschrittsmittel, sondern zu beseitigende untriftige Begriffsstellungen halten, so meinen wir, daß der Begriff selbst der elementaren Geschwindigkeit nie auf das Verweilen der Materie in einem Zeit- und Raum-*punkte*, worin es in der Tat kein Verweilen gibt, sondern nur in einem Zeit- und Raum-*Elemente*, das noch ein Neben und Nach einschließt und nicht etwa nur aus zwei Punkten besteht, sondern solche zum Anfang und Ende hat, bezogen werden dürfte. Raum- und Zeitpunkt für sich, wie sie aber nicht bestehen, sind in der Tat nur noch die Asche von Raum und Zeit, nicht Elemente, wie schon früher geltend gemacht; nur Herbart, nicht die Mathematik, weiß aus Punkten ohne Kontinuität das Kontinuierliche zu machen. Die Raum- und Zeit-Elemente selbst, mit denen die exakte Bewegungslehre, welche der schärfsten Auffassungen bedarf, zu tun hat, stellen sich nicht als unteilbare Punkte dar, sondern sind noch selbst unendlich teilbar und quantitativ vergleichbar und geben dadurch höheren Differentialen Raum. Nun aber liegt kein Widerspruch darin, daß ein einfaches Wesen zur Zurücklegung eines wenn auch noch so kleinen kontinuierlichen Raums eine andere kleine Zeit brauche als ein anderes, und es hindert nichts, zwischen diesen kleinen Räumen und Zeiten alle möglichen quantitativen Verhältnisse zu denken.

Nach der Bewegung bedarf es zur vollständigen Bestimmung des Verhaltens der einfachen Realen noch des Gesetzes der Bewegung und ihrer Änderungen, womit, wie früher gezeigt wurde, zugleich der Begriff ihrer Kräfte gedeckt ist; denn alles, was man auf das Wirken von Kräften in der Körperwelt schreibt, läßt sich zurückführen auf das Gesetz der Abänderung oder Erhaltung von Bewegungs- oder Gleichgewichtszuständen im Gegenüber der Körper oder ihrer Teile.

Aus Raum, Zeit, den einfachen Wesen, ihren Bewegungen, den Verhältnissen dazwischen und den Gesetzen darüber läßt sich dann voraussetzlich alles konstruieren, was überhaupt im materiellen oder objektiven Naturgebiete mathematisch, mechanisch, physikalisch, chemisch, organisch konstruierbar ist.

Knüpfen wir hieran exkursweise noch einige allgemeine begriffliche Betrachtungen über die Bewegung. In gewissem, wenn schon nur gewissem, Sinne wird man sagen können, daß der Begriff der Bewegung ein *Produkt* aus dem Begriffe von Zeit und Raum sei.

Eine ganz analoge Gedankenoperation nämlich, wenn ich 5 sechsmal denke, ist es, wenn ich das räumliche Nebeneinander nacheinander denke; hiermit aber vollziehe ich den Begriff der Bewegung; und ebenso wie das Produkt 5 mal 6 dem Produkt 6 mal 5 gleich ist, gibt auch ein Nacheinander nebeneinander gedacht denselben Begriff der Bewegung, als ein Nebeneinander nacheinander gedacht

Wenn ich eine Linie in zwei Teile teile und den einen *Vorn*, den anderen *Hinten* nenne, so ist das Lagenverhältnis von Vorn zu Hinten das entgegengesetzte als das von Hinten zu Vorn[1]; und wenn ich eine Zeitstrecke in zwei Teile teile, so ist das Verhältnis des früheren zum späteren Teil das entgegengesetzte als das des späteren zum früheren. Man kann diesen Gegensatz beidesfalls wie bei Zahlen durch einen Gegensatz des Vorzeichens bezeichnen. Mit Rücksicht hierauf läßt sich die Analogie zwischen dem Zahlenprodukt und dem Zeit-Raum-Produkt noch weiter verfolgen. Wenn man nämlich bei einem Produkt zweier Zahlen das Vorzeichen beider Faktoren wechselt, so ändert sich das Vorzeichen des Produkts nicht. So bleibt die Bewegung *früher rechts, später links* unverändert, wenn ich alle Ausdrücke in die entgegengesetzten verwandle; indem ich dann erhalte *später links, früher rechts,* wogegen die Umkehrung der Ausdrücke entweder bloß für Zeit oder bloß für Raum die entgegengesetzte Bewegung gibt.

Solange ich nun mit dem Namen *Produkt* überhaupt nichts anderes ausdrücken will, als daß das damit Bezeichnete überall das Ergebnis einer gleich unmittelbaren Wechselbestimmtheit zweier Begriffe durch einander ist, wird der Ausdruck einwurfsfrei sein. In diesem Sinne kann ich auch die Position, welche aus Negation der Negation hervorgeht, ein Produkt beider Negationen nennen, wie denn dies Produkt auch unverändert bleibt, wenn ich das Vorzeichen beider Faktoren umkehre, dagegen in den Gegensatz überschlägt, wenn ich das Vorzeichen bloß des einen wechsle. Aber man würde irren, wenn man aus dem gemeinsamen Namen mehr Gemeinsames ableiten wollte als das, woraus er abgeleitet ist; vielmehr muß man die Eigenschaften der Produkte besonders untersuchen und nicht den Algorithmus, der für Zahlenprodukte gilt, sofort auf andere Produkte übertragen wollen.

Unstreitig nämlich hängt die Beschaffenheit der Produkte nicht bloß von der Beschaffenheit der Funktion, wodurch sich ihre Faktoren verknüpfen, sondern auch der Beschaffenheit der Faktoren selbst ab. Im Zahlenprodukt nun hat man es mit homogenen, qualitativ gleichen, quantitativ vergleichbaren Faktoren zu tun; in der Bewegung als Produkt von Nebeneinander und Nacheinander mit nicht homogenen, qualitativ ungleichen, quantitativ unvergleichbaren Faktoren. Nun versteht es sich aber keineswegs von selbst, daß zwei Produkte, die sich in Betreff der Faktoren so verschieden verhalten, nach allen Beziehungen gleiche Eigenschaften und gleiche Verwendbarkeit zeigen.

Wie vorsichtig man sein muß, nicht auf den Namen *Produkt* übereilte Anwendungen zu gründen, zeigt folgendes Beispiel. Um ein Zahlenprodukt zu verdoppeln, hat man zwei gleiche Zahlenprodukte zu addieren, um eine Bewegung zu verdoppeln, zwei gleiche Bewegungen zu addieren, z. B. zwei gleiche Schritte; aber beim Zahlenprodukt kommt dies auf eine Verdoppelung bloß eines von beiden Faktoren heraus, beliebig welchen man dafür nehmen will; bei der Bewegung verdoppeln sich beide Faktoren; der doppelte Schritt enthält den doppelten Raum und die doppelte Zeit. Es hängt dies aber natürlicherweise daran, daß die Verdoppelung einer Bewegung gar nicht auf eine Verdoppelung der Qualität des Nebeneinander oder Nacheinander geht, welche das Begriffsprodukt der Bewegung geben, sondern auf die Quantität derselben geht; indes bei dem Zahlenprodukt die Verdoppelung allerdings auf die quantitativen Faktoren selbst geht, welche das Produkt geben; so daß hier nichts Vergleichbares vorliegt.

Man könnte noch einen Unterschied der Bewegung als Produkt von Raum und Zeit vom Zahlenprodukt darin suchen, daß Zahlen an sich Abstrakta, nur im Denken gültig, Zeit und Raum aber konkrete Formen der äußeren Wirklichkeit seien. Aber dieser Unterschied ist nur scheinbar. Die Sechs auf dem Würfel ist eine konkrete Zahl so gut, als die Würfelfläche, auf der sie ist, ein konkreter Raum ist; der Begriff des Nebeneinander andererseits ist so gut ein abstrakter Raum, als der Begriff der Zahl eine abstrakte Zahl ist. Auch kann ich das Zahlenprodukt 5×6 ebensogut als die Bewegung einmal im Denken abstrakt, ein anderes Mal in der anschaulichen Wirklichkeit konkret darstellen.

Die scheinbaren Produkte von Raum und Zeit, mit denen die mathematische Mechanik operiert, sind vielmehr Produkte der Zahlen, wodurch Zeit und Raum gemessen werden, als Produkte von Zeit und Raum selbst im bisherigen Sinne, und man muß sie nicht damit verwechseln. Entsprechendes gilt von den Quotienten von Raum und Zeit, womit Physik und Mathematik zu tun haben. Die Mathematik hat überhaupt nichts mit Produkten noch Quotienten von qualitativen Faktoren zu schaffen, kennt solche nicht, und die Erweiterung des Begriffes Produkt, die wir hier als eine mögliche in gewissem Sinne statuieren, berührt sie nicht, kann ihr aber auch nicht widerstreben, solange wir jene Vorsicht beim Gebrauch des Namens *Produkt,* wodurch der Konflikt mit ihr ausgeschlossen wird, nur nie vergessen. Zuletzt ist es nur Sache der Definition oder eines weiteren oder engeren Begriffsgebrauchs, respektiv Wortgebrauchs, ob wir den Namen *Produkt* über die Mathematik hinaus anwendbar halten wollen. Gewiß ist, daß die Denkoperation, wodurch ein Produkt in der Mathematik entsteht, über die Mathematik hinausreicht; von der anderen Seite jedoch ebenso anzuerkennen, daß die Erweiterung des Wortgebrauchs *Produkt* über sie hinaus insofern bedenklich bleibt, als sie leicht verführen kann, alles, was vom mathematischen Produkte gilt, auf andere Produkte zu übertragen.

Sofern Raum und Zeit quantitativ an sich unvergleichbar sind, fragt sich, wie man zum Begriffe der Geschwindigkeit kommt. Ist nicht Geschwindigkeit ein quantitatives Verhältnis des durchlaufenen Raums zu der Zeit, die gebraucht wird, ihn zu durchlaufen?

Ein direktes Verhältnis der Art findet jedenfalls nicht statt, vielmehr können Raum wie Zeit jedes direkt bloß mit einer Einheit ihrer Art quantitativ verglichen werden. Man kann aber zwei beliebige zu einer Bewegung zusammengehörige Teile des Raums und der Zeit als zusammengehörige Einheiten von Raum und Zeit betrachten, und indem man dann von irgendeiner anderen Bewegung den Raum mit jener Raumeseinheit, die Zeit mit jener Zeiteinheit vergleicht, erhält man für beide besondere Maßzahlen, deren Verhältnis die Geschwindigkeit gibt.

Soll also der Begriff der Geschwindigkeit in einem Vergleichsverhältnis zwischen dem Raum und der zur Durchlaufung nötigen Zeit gesucht werden, so kann es nur insofern sein, als man einen mittelbaren Vergleich hierbei vor Augen hat. Dieser aber wird dadurch möglich, daß Raum und Zeit, obwohl als Nebeneinander und Nacheinander verschieden, doch darin übereinstimmen, daß sie beide gleich homogene Kontinuen sind und daß die Bewegung, worin sie zusammentreffen, ein Bindeglied zwischen ihnen erzeugt.

Übrigens leuchtet hieraus von neuem ein, daß von einer Geschwindigkeit in einem Raumpunkt und in einem Zeitpunkt nicht die Rede sein kann.

Bewegung läßt sich zwar abstrakt als zeitlicher Verfolg eines räumlichen Nebeneinander denken, ohne ein Bewegtes (wenigstens deutlich) mitzudenken, nicht minder Materie als ein Diskretes denken, ohne Bewegung mitzudenken; sofern wir aber die Bewegung und Materie konkret fassen, wie sie in der Natur vorkommen und unseren Abstraktionen real unterliegen, kommt Bewegung nicht ohne Materie, die sich bewegt, und Materie nicht ohne Bewegung, in der sie begriffen ist, vor. Es wird dann nichts hindern zu sagen, die bewegte Materie oder die konkrete Bewegung sei ein Produkt aller drei Grundfaktoren der Natur, Raum, Zeit, Materie.

Zwar können hier begriffliche Schwierigkeiten erhoben werden. Wenn die Materie ein Diskontinuierliches an sich ist, wie kann sie mit den an sich kontinuierlichen Faktoren Raum und Zeit ein gemeinsames Produkt geben? Das Diskontinuierliche kontinuierlich und sogar im doppelten Sinne zugleich kontinuierlich gedacht widerspricht sich. So scheint es wenigstens. Man kann darauf nur antworten: Sieh zu, wie es sich in der Wirklichkeit macht; diese löst den scheinbaren Widerspruch in der Bewegung. In der Tat aber ist der Widerspruch nur scheinbar; und mit der Weisheit, die man in Widersprüchen finden will, ist es hier, wie überall, nichts. Denn das Atom bleibt in der Bewegung so diskontinuierlich gegen andere Atome, als ohne Bewegung gedacht; Raum und Zeit bleiben so kontinuierlich in sich, als ohne Atome gedacht; aber es entsteht eine Wechselbestimmtheit aller drei, die sich in der Natur als bewegte Materie oder konkrete Bewegung darstellt, und nach der Anschauung hiervon ist der Begriff der bewegten Materie zu bilden. Ein eigentlicher Widerspruch fände bloß dann statt, wenn das diskontinuierliche Atom als *dasselbe* mit der kontinuierlichen Zeit oder dem kontinuierlichen Raum erklärt würde; aber es ist nur von einer Wechselbestimmtheit die Rede. So ist es mit allen Produkten. Die Faktoren identifizieren sich nicht, sondern bestimmen sich zu etwas Neuem; man muß nachsehen, was es ist.

Dies ist auch im Auge zu behalten, wenn man überlegt, was etwa die Produkte von Raum und Materie, Zeit und Materie gegenüber dem Produkt von Raum und Zeit für sich sein könnten. Man muß nicht dabei verlangen, daß das an sich Diskontinuierliche kontinuierlich werde, hiernach etwa meinen, das Produkt von Raum und Materie gebe die Raumerfüllung. Dies hieße einen wahren Widerspruch setzen, indem hiermit das an sich Diskontinuierliche durch etwas Kontinuierliches nicht bestimmt, sondern damit identifiziert würde. Vielmehr, man muß in der Wirklichkeit nachsehen, wie es sich ausnimmt, wenn sich das Kontinuierliche durch das Diskontinuierliche, das Diskontinuierliche durch das Kontinuierliche unmittelbar bestimmt findet.

Hiernach kann man die Körperlichkeit, in der die diskreten Atome durch die Raumkontinuität verbunden, umgekehrt in den zusammenhängenden Raum durch die Körperatome eine Diskretion gebracht wird, als das ansehen, worin sich Raum und Materie wechselbestimmt. Alle Eigenschaften der Materie hängen an Relationen dieser Wechselbestimmtheit. Von anderer Seite hat jedes Atom, immer einfach dasselbe und diskontinuierlich gegen alle anderen bleibend, eine unbeschränkte Dauer. Auch die Kontinuität der Zeit geht nicht an das Atom selbst über, sondern ist als eine Bestimmtheit des einfach bleibenden Atoms zu fassen, die nur ganz anderer Art ist als die Bestimmtheit durch den Raum, eine intensive, indes letztere eine ebenso unbeschränkte extensive.

In das dreifache Produkt bewegter Materie, wie es sich in der konkreten Naturwirklichkeit darstellt, gehen nun solidarisch alle drei binären Produkte, je zwei einen gemeinsamen Faktor beitragend, ein und lassen sich daraus besonders abstrahieren. Es gehört zur konkreten Bewegung die Bewegung in abstrakter Fassung als Zeit-Raum-Produkt. Es gehört dazu eine räumliche Vereinigung mehrerer Atome; denn nur durch *Wechselwirkung* der Atome entsteht konkrete Bewegung, und nur in abgeänderter räumlicher Relation von Atom zu Atom besteht konkrete Bewegung; endlich gehört zum Begriffe der Bewegung, daß nicht in jedem neuen Momente ein neues Atom an der Stelle des alten entstehe, sondern daß es immer dieselben Atome seien, welche in neue Räume übergehen, die Atome also eine Dauer haben.

Im übrigen kann man wieder zweifelhaft sein, ob der Name Produkt auf das Erzeugnis der Wechselbestimmtheit an sich grundgegensätzlicher Begriffe wie Raum und Materie noch ebenso anwendbar sei als auf das Erzeugnis der Wechselbestimmtheit von Raum und Zeit, welche bei aller qualitativen Verschiedenheit doch die Kontinuität miteinander gemein haben, und es ist dies zuletzt wieder nur eine Frage danach, wie weit man den Begriff Produkt fassen *will;* ableiten läßt sich aus dem Namen überall nichts; sondern nur das wieder herausnehmen, was man hineingetan hat; und man darf also nie vergessen, was dies gewesen ist.

6. Über die Qualität und Kräfte der einfachen Atome

Ob man die einfachen Wesen als quantitativ und qualitativ gleichartig oder gleichzeitig zu halten habe, kann noch zweifelhaft erscheinen. Wenn man, wie ich mit *Herbart,* wenn schon in anderem Sinne, tue, das Gegebene als Ausgang und Anhalt nimmt, so muß man sich eben auch nach den Forderungen des Gegebenen richten, darf aber doch, solange diese Forderungen nicht entschieden sind, immer das Einfachstmögliche im Auge behalten. Und das sind einfache Wesen, die gar keinen Anhaltspunkt zum Vergleich in sich schließen. Jede Ungleichheit würde mindestens noch eine Zerlegung nach zufälliger Ansicht in Herbarts Sinne gestatten, die wir vielleicht entbehren können. Und so sage ich, die Erfahrung *zwingt* wenigstens bis jetzt noch nicht, diese einfachste Vorstellung als *unmöglich* zu verwerfen. Für jedes Atom von verschiedener Größe, Masse, Gestalt, chemischer oder dynamischer Beschaffenheit, was der Physiker, Chemiker, Kristallograph jetzt der Erklärung der Erscheinungen zuliebe supponiert, läßt sich immer ein Molekül, eine Gruppe von verschiedener Ausdehnung, Gedrängtheit, Anordnung, relativer Bewegung unserer einfachen Wesen substituiert denken; und wenn man sich erinnert einerseits, daß die Erscheinungen der Chemie ohnehin zur Annahme zusammengesetzter Moleküle nötigen, andererseits daß schon so auffallende und mannigfache qualitative Verschiedenheiten, wie zwischen den einzelnen Farben, den einzelnen Tönen bestehen, auf Verschiedenheiten von Schwingungsverhältnissen haben zurückgeführt werden können, die nur abhängig sind von einer verschiedenen (die Spannung bedingenden) Anordnung ohne Rücksicht auf eine verschiedene Grundqualität der schwingenden Materie, so liegt bei unserer Unbekanntschaft mit den letzten Grundgesetzen des Molekularen auch *allgemein gesprochen* noch die Möglichkeit vor, daß alle sekundären Qualitäten, die uns die Körperwelt darbietet, aus verschiedenen Anordnungen und davon abhängigen Bewegungen einfacher Wesen von an sich gleichgültiger Qualität nach dafür bestehenden Gesetzen ableitbar sind. Aber die Aussichtslosigkeit, dies mit unseren *jetzigen* Kenntnissen zu bewirken, ist anzuerkennen, und es liegt hierin überhaupt keine Lebensfrage für den Bestand, sondern nur für die einfachstmögliche Gestaltungsweise der atomistischen Grundansicht.

Kann es nun in einer Darstellung der exakten Physik kein sonderliches Interesse haben, sich mit Andeutungen, Möglichkeiten, allgemeinen Fragen dieser Art, die bis jetzt keiner Entscheidung fähig sind, zu beschäftigen, so kann es doch hier einiges Interesse haben, wo es sich überhaupt handelt, über das physikalisch Feste im Verfolg der Richtung, die schon feststeht, hinauszugehen; und so mögen nachfolgende Erörterungen über hierbei einschlagende Gesichtspunkte und Tatsachen noch Platz finden.

Schon mehrfach und von mehreren Seiten hat sich den Physikern und Chemikern der Gedanke aufgedrängt, unsere *einfachen* Grundstoffe könnten noch zusammengesetzt sein. Wären sie es aber, so ließe sich auch denken, daß es vielmehr eine verschiedene Zahl und Anordnung als eine qualitative Verschiedenheit der Grundatome wäre, was sie verschieden machte. Insbesondere sind es die einfachen rationalen Verhältnisse zwischen den Atomgewichten vieler einfacher Stoffe, welche auf solche Gedanken führen können. Und wenn sich doch nicht alle Atomgewichte als einfache Vielfache von dem kleinsten bekannten Atomgewichte, dem des Wasserstoffs, darstellen lassen, wie das *Proutsche* Gesetz verlangt, so könnte dies darauf beruhen, daß auch der Wasserstoff noch aus Molekülen von einer Mehrzahl Atomen bestehend gedacht werden kann; wie denn *Dumas,* einer der eifrigsten Verteidiger des Proutschen Gesetzes statt des gewöhnlichen angenommenen Atomgewichtes des Wasserstoffes nur die Hälfte oder gar ein Viertel desselben den Atomgewichten anderer Körper als Einheit zugrunde legt.

Freilich scheint dies noch nicht überall auszureichen, und namentlich hat neuerdings *Stas*[1] auf Grund genauer Versuche mit einigen Stoffen dem Proutschen Gesetze, selbst mit der Modifikation durch Dumas, widersprochen, und *Marignac*[2] unter Bezugnahme auf von ihm selbst angestellte, mit Stas' Resultaten nahe übereinstimmende Atomgewichtsbestimmungen die Unwahrscheinlichkeit erörtert, daß spätere Versuche eine bessere Übereinstimmung mit dem Proutschen Gesetz ergeben werden.

Wird das Atomgewicht des Sauerstoffs gleich 8 gesetzt, so folgt aus den Versuchen von Stas als Atomgewicht für folgende Elemente:
Ag = 107,943; Cl = 35,46; K = 39,13; Na = 23,05; N = 14,04; S = 16,037; Pb = 103,453.

Erdmann, mit dem ich mich über diesen Gegenstand unterhielt, hob besonders das Atomgewicht des Kupfers als Schwierigkeiten machend hervor.

Inzwischen nimmt *Marignac* selbst Anstand, das *Proutsche* Gesetz geradezu für eine Täuschung zu erklären; indem er, unter Erinnerung an Tatsachen, zu bedenken gibt, ob nicht Verbindungen von konstanter Zusammensetzung einen normalen kleinen Überschuß eines Bestandteils enthalten können, der die Atomgewichtsbestimmung beeinflusse. Auch sind bei mehreren der *Stasschen* Bestimmungen die Abweichungen vom Proutschen Gesetz doch nur sehr gering.

Natürlich würde alle Schwierigkeit wegfallen, wenn man das Wasserstoffmolekül selbst für noch zusammengesetzter ansehen dürfte, als es Dumas schon anzunehmen geneigt ist, indem sich das einfachste Atomgewicht, worauf alle anderen zu beziehen, damit so weit verkleinern würde, um, mit Rücksicht auf die doch nie ganz zu vermeidenden Bestimmungsfehler der Atomgewichte, in allen Atomgewichten das einfache Vielfache des einfachsten sehen zu können. Nun mag ich hierbei wohl daran erinnern, daß aus den im folgenden Kapitel aufgestellten Ansichten über die Natur der molekularen Grundkräfte von selbst folgen würde, daß kein wägbares Molekül, also auch das des Wasserstoffs nicht, weniger als 8 Atome enthalten dürfte; nur bin ich weit entfernt, das Hypothetische dieser Ansichten zu verkennen, welches selbst vielmehr der Stütze bedarf, als daß sich sichere Folgerungen darauf gründen ließen. Inzwischen wird doch, wenn man einmal an eine Zusammensetzung des Wasserstoffmoleküls zu denken hat, dieselbe durch keinen *positiven* Grund auf die Zahl von 2, 3 oder 4 Atomen eingeschränkt, und dies gibt folgender Betrachtung Raum:

Gewiß bleibt, daß *für eine nicht geringe Zahl* von Stoffen, darunter alle die, welche die organische Substanz bilden, Sauerstoff, Wasserstoff, Kohlenstoff und Stickstoff, einfache rationale Verhältnisse der Atomgewichte sich durch den Versuch so *approximativ genau* ergeben haben, daß man eine wirkliche Genauigkeit mit überwiegender Wahrscheinlichkeit als in der Natur begründet halten darf. Ist aber dies der Fall, so muß man auch ein in der Natur begründetes Prinzip dazu voraussetzen, und da sich die Exzeptionen davon durch die freistehende Annahme einer hinreichenden Vielzahligkeit des Wasserstoffmoleküls immer als scheinbar deuten lassen, so möchte auf die Fälle des Zutreffens des Proutschen Gesetzes mehr Gewicht zu legen sein als auf die Exzeptionen; zumal die Atomgewichte mehrerer einfacher Stoffe anerkanntermaßen geradezu gleich sind, d. h. durch den Versuch eine so geringe Verschiedenheit ergeben haben, daß man keinen Grund hat, an der wirklichen Gleichheit zu zweifeln. Die Gleichheit der Atomgewichte ist nämlich nur der einfachste Fall eines rationalen Verhältnisses, und ihr Statthaben in mehrfachen Fällen bliebe ganz unverständlich, wenn man nicht die chemische und physikalische Verschiedenheit solcher Stoffe auf Verschiedenheiten in der Anordnung ihrer Grundatome schreiben, mithin den Grundfall der Allotropie darin sehen wollte. Zu Hilfe kommt noch, daß die Stoffe, die dies Verhältnis zeigen, gewöhnlich in Verbindung vorkommen und in vielen Eigenschaften übereinstimmen. Es sind namentlich folgende:

1) Platin, Iridium, Osmium,
2) Palladium, Rhodium, Ruthenium,
3) Kobalt und Nickel (beide magnetisch).

Auch von anderen Gesichtspunkten hat sich der Gedanke einer Zusammensetzung der sog. einfachen Grundstoffe mehrfach dargeboten.

So hat *Clausius*[3] die Beziehungen, die zwischen dem Volumen der einfachen und zusammengesetzten Gase bestehen, überhaupt durch die Annahme zu erklären gesucht, daß in den sogenannten einfachen Gasen mehrere Atome zu einem Molekül verbunden sind, und auf dieselbe Annahme sind unabhängig von Clausius aus ganz anderen rein chemischen Gesichtspunkten auch *Laurent* und *Gerhard*[4] sowie *Kekulé*[5] gekommen.

Dumas macht auf eine gewisse Beziehung zwischen den zusammengesetzten Radikalen der organischen Chemie und den bisher als unzerlegt betrachteten Elementen der unorganischen Chemie aufmerksam, nach welcher er geneigt ist, die letzten nicht als wahre Elemente, sondern nur als für unsere Hilfsmittel unzerlegbar zu betrachten.[6]

Der Sauerstoff ist bekanntlich durch verschiedene Mittel (namentlich Einwirkung von feuchtem Phosphor oder Elektrizität) der Umwandlung in einen Stoff von wesentlich anderen Eigenschaften, *Ozon*, oder nach neueren Entdeckungen von Schönbein vielmehr in zwei Stoffe, *Ozon* und *Antozon*, fähig, wovon jedoch letzteres bis jetzt bloß in Verbindungen, nicht isoliert dargestellt ist. Beide zusammen bezeichnet man als *aktiven* Sauerstoff; durch Vereinigung bilden sie wieder gewöhnlichen Sauerstoff. Man hat dies *(Weltzien*[7], *von Babo*[8]*)* dadurch zu repräsentieren versucht, daß der gewöhnliche Sauerstoff aus einfachen Atomen und das Ozon aus zweiatomigen Molekülen bestehe, wogegen Clausius in mehreren Abhandlungen[9] die umgekehrte Ansicht durchgeführt hat, die er schließlich wie folgt resümiert: „Die Moleküle des gewöhnlichen Sauerstoffs sind zweiatomig und enthalten je ein elektropositives und ein elektronegatives Atom. Der aktive Sauerstoff besteht aus ungepaarten Atomen, welche entweder frei oder lose gebunden sein können, und je nachdem diese Atome elektronegativ oder elektropositiv sind, bilden sie Ozon oder Antozon."

Die Frage, ob alle Grundatome gleichartiger Natur sind, hängt oder fällt in gewissem Sinne zusammen mit der Frage, ob allen Atomen dieselben Grundkräfte zukommen, weil eine Ungleichheit der Atome sich nicht wohl anders als in einer Verschiedenheit des Gesetzes oder der Größe der Grundkräfte äußern könnte. Und so hat schon *Boscovich*[10] als einen freilich nicht durchschlagenden, aber doch gut mit der Annahme überall gleichartiger (wägbarer) Grundatome stimmenden Umstand geltend gemacht, daß die Schwerkraft bei aller scheinbaren Verschiedenheit der Körper den letzten Teilchen derselben in gleicher Weise zugeschrieben werden muß, nicht minder die Undurchdringlichkeit aller Körper auf eine in größte Nähe allen gemeinsam zukommende Repulsivkraft hinweist.

Größere Schwierigkeit freilich, als alle *wägbaren* Materien auf gleichartige Atome zurückzuführen oder doch zurückführbar zu halten, hat es, dies gemeinsam für die wägbaren und unwägbaren Stoffe zu leisten; indem bis jetzt noch kein bestimmter Gedanke zu fassen ist, wie diese Zurückführung gegenüber folgender Schwierigkeit geschehen könnte. Dadurch, daß man einen Körper elektrisch oder magnetisch macht, kann man höchst beträchtliche Änderungen an den Anziehungs- und Abstoßungserscheinungen desselben gegen andere elektrische und magnetische Körper hervorbringen, ohne daß etwas Wägbares zutritt oder weggeht und mithin ohne daß das Gewicht desselben sich dadurch ändert. Indem man nun der Elektrizität, dem Magnetismus ein besonderes Substrat unterlegt, kann man sagen, daß wegen der verschiedenen Qualität dieses Substrates von dem der wägbaren Stoffe die Anziehung und Abstoßung desselben gegen andere elektrische und magnetische Substanzen auch bei unmerklichem Gewichte, d. h. unmerklicher Anziehungsgröße gegen das Wägbare aus der Ferne, sehr stark sein könne; welche Anziehung oder Abstoßung zwischen den unwägbaren Substanzen sich dann auf die wägbaren, mit denen sie durch Anziehungskraft aus der Nähe in Verbindung stehen, überpflanze. Sollten aber die Erscheinungen des Wägbaren und Unwägbaren von derselben Materie abhängen, so müßte man annehmen, daß durch irgendwelche unbekannte Veränderungen in der Anordnung oder im Bewegungszustande der letzten Teile der Materie, welche bei den Wirkungen des Imponderabeln ins Spiel treten, große Änderungen in den nach außen wirkenden Kräften erzeugt werden könnten, was sich aber bis jetzt nicht mit bekannten Gesetzen in Zusammenhang bringen läßt. Nur muß man auch hier im Auge behalten, daß, solange die letzten Grundkräfte des Molekularen noch nicht bekannt sind, eine ferne Möglichkeit in dieser Beziehung nicht ganz ausgeschlossen bleibt. Nachdem *Weber* gefunden, daß die elektro-dynamischen Erscheinungen der Einführung früher unbekannter, von relativer Geschwindigkeit, Beschleunigung, Richtung der Bewegung abhängiger Kräfte bedürfen, ließe sich vielleicht denken, daß durch eine weitere Entwicklung der

Vorstellungen in dieser Richtung noch das Problem, um das es sich handelt, gelöst werden könnte, ohne daß freilich auf eine so unbestimmte Möglichkeit sonderliches Gewicht zu legen.

Nach all dem hat man sich zu erinnern, daß, wenn bis jetzt keine irgendwie versprechende Aussicht vorhanden ist, die denkbar einfachste Ansicht zu verwirklichen, eine metaphysische *Notwendigkeit* dazu auch nicht vorliegt.

Die Frage, ob allen Atomen dieselben Grundkräfte zukommen, leitet zu der allgemeineren Frage über, ob sich alle Kräfte der Atome auf eine einzige Grundkraft reduzieren lassen oder nicht wenigstens die bisher angenommenen Grundkräfte auf eine geringere Zahl herabbringen lassen.

Man spricht zuvörderst von Anziehungs- und Abstoßungskräften. Nachdem aber die bestbestimmte Kraft zwischen wägbaren Teilchen, die Gravitationskraft, eine anziehende ist, kann man fragen, ob nicht *alle* Kraft überhaupt auf anziehende zu reduzieren und die scheinbaren Abstoßungskräfte durch geeignete Betrachtungen zu eliminieren seien. In der Tat hat man dies mehrfach versucht, und es bietet sich dazu zunächst folgender Gesichtspunkt dar.

Scheinbare Abstoßungswirkungen können auf doppelte Weise unter dem Einfluß bloß anziehender Kräfte zustande kommen, einmal so, daß ein Körper stärker nach einer als der entgegengesetzten Richtung angezogen wird, mithin den schwächer anziehenden Körper zu fliehen scheint; zweitens so, daß durch Zusammensetzung der Anziehung mit den Wirkungen der Beharrung, in Folge eines anfänglichen seitlichen Impulses, der Körper eine krumme Bahn beschreibt, die ihn zeitweise oder vielleicht ins Unbestimmte von dem anziehenden Körper abführt, wie es bei den himmlischen Bewegungen der Fall. Es läßt sich zur Zeit schwerlich berechnen, wie viel von den in der Natur vorkommenden scheinbaren Abstoßungswirkungen auf Rechnung solcher Ursachen zu schreiben.

Jedenfalls reicht die zweite Ursache allein schon hin, die Entfernungsbewegung im großen Weltraume eine genau ebensogroße Rolle spielen zu lassen als die Näherungsbewegung. Beides kompensiert sich in der Tat bei den himmlischen Bewegungen vollkommen. Bei oberflächlicher Betrachtung, und wie die Sache von den meisten Naturphilosophen wirklich gefaßt wird, könnte man hiernach gerade ebensogut im Weltenraume eine anziehende und abstoßende Grundkraft (Schwerkraft und Fliehkraft), die sich die Waage halten, annehmen, als man zwei entgegengesetzte magnetische und elektrische Grundkräfte, die sich im ganzen kompensieren, annimmt. Da sich nun aber doch im großen Weltraum diese scheinbar polare Doppelkraft, unter Rücksichtnahme auf die Beharrung, auf eine einfache Anziehungskraft reduzieren läßt, ja reduziert werden muß, um eine genaue und klare Analyse der Erscheinungen und Anwendung der Rechnung zu gestatten, so wäre es fraglich, ob nicht dasselbe auch mit der Doppelkraft, welche die Erscheinungen im Kleinsten zu fordern scheinen, der Fall ist, und weiter könnte man dann fragen, ob nicht das Gesetz dieser anziehenden Kraft überall auf das Gravitationsgesetz zurückkommt.

Ich selbst habe früherhin[11] aus diesem Gesichtspunkte einen Versuch gemacht, die Abstoßungskräfte aus der Welt des Kleinsten unter Zuziehung von Bewegungen des Kleinsten zu eliminieren und damit die Wirkungen des Ponderablen und Imponderablen von einer gemeinsamen Anziehungskraft, Gravitationskraft, abhängig zu machen. Einen anderen dahin zielenden Versuch, welcher in gewissen Gesichtspunkten mit dem meinigen zusammentrifft, hat *Séguin* gemacht.[12] Aber ich kann diesen Versuchen keine Bedeutung mehr beilegen. Weder die elektrischen Abstoßungskräfte und elektrischen Kräfte auf große Distanzen überhaupt noch die bei den elektro-dynamischen Erscheinungen tätigen Kräfte können meines Erachtens durch das bloße Gravitationsgesetz repräsentiert werden, wenn schon möglicherweise die den wägbaren Teilchen in Bezug zueinander zuzuschreibenden Kräfte.

Inzwischen ist auch dies noch zweifelhaft. An sich kann es nicht wahrscheinlich erscheinen, daß es zwei Arten von Atomen gibt, eine (ponderable) *bloß* mit Anziehungskräften, die andere (imponderable) mit Anziehungs- und Abstoßungskräften begabt. Und wenn schon die exaktesten mathematischen Physiker, wie namentlich *Poisson*, diese Vorstellung jetzt zugrunde legen, geschieht dies doch nicht mit der Behauptung, daß man darin die *letzten Grundkräfte* der Materie zu sehen habe.

Allgemein gesprochen kann man weiter fragen: Wenn sich ohne Abstoßungskräfte neben Anziehungskräften nicht auskommen läßt, ob sich die Anziehungskraft in Abstoßungskraft durch Änderung der Teilchen oder durch Änderung der Distanz oder Bewegungsverhältnisse verwandelt und ob man nicht durch eine Verwandlung letzter Art eine Verwandlung erster Art ersparen kann.

Nun ist jedenfalls gewiß, daß in einem gewissen Gebiete durch bloße Änderung der *Bewegungsverhältnisse* Anziehung in Abstoßung übergeht. So nämlich im Gebiete der elektro-dynamischen Erscheinungen. Daß auch bei bloßer Änderung der *Distanz* ein solcher Umschlag erfolgen könne, erscheint von vornherein nicht wahrscheinlich. Bei der genannten Erscheinung knüpft sich der Umschlag der Richtung der Kraft an den Umschlag in der Richtung der relativen Bewegung; aber welcher rationelle Gesichtspunkt soll sich dafür aufstellen lassen, daß die Kraft bei Änderung der Entfernung ihr Vorzeichen wechsle? *Challis*[13] sagt geradezu:

„Wenn Kraft eine den Teilchen inwohnende Eigenschaft ist, so muß sie *in ihrem Ursprunge* (in its origin) entweder anziehend oder abstoßend sein, und es scheint unmöglich, wie sie durch Ausbreitung in eine Ferne (by emanation to a distance) ihre Beschaffenheit ändern kann."

Inzwischen habe ich auf die Unhaltbarkeit der *Challisschen* Auffassung der Kraft nach dem, was im 16. Kapitel darüber gesagt worden, nicht nötig zurückzukommen; und werde im folgenden Kapitel zeigen, daß sich doch wirklich ein rationeller Gesichtspunkt für eine Änderung des Vorzeichens der Kraft mit der Distanz angeben läßt. Auch wird man da finden, daß es an älteren und neueren Physikern nicht gefehlt hat, welche eine solche Änderung statuieren. Überhaupt aber scheint mir die Weise, die Sache zu fassen, die ich im folgenden Kapitel entwickeln werde, bezüglich der betreffenden Frage am meisten für sich zu behalten, indem sie Allgemeinheit mit Bestimmtheit und Einfachheit der Gesichtspunkte verbindet und weitgreifenden Bedürfnissen der Physik entgegenzukommen verspricht. Doch bleibt das Prinzip davon bis auf weiteres hypothetisch und seine Tragweite noch nicht zu übersehen. Auch bleiben noch folgende allgemeine Möglichkeiten, die Sache zu fassen.

Wie das Beharrungsvermögen jedes Atom für sich oder sofern es nur nach seiner Beziehung zum unendlichen Raume gefaßt wird, bloß nötigt, in der einmal angenommenen Richtung und Geschwindigkeit zu verharren, diese aber uranfänglich die mannigfaltigsten für verschiedene Atome sein können und unstreitig sind; so nötigt vielleicht auch das allgemeinste Kraftgesetz, welches das Verhalten der Atome in Bezug zueinander beherrscht, nur dazu, daß der Zuwachs von Geschwindigkeit, den je zwei in Bezug zueinander erhalten, derselbe für dieselben Atome bei demselben Abstand bleibe und bei verhältnismäßiger Vermehrung oder Verminderung des Abstandes überall und immer in demselben Verhältnis sich vermindere oder vermehre. Aber sowohl die ursprüngliche Richtung der relativen Geschwindigkeit als die Größe derselben kann für je zwei verschiedene Atome uranfänglich verschieden sein, d. h. mit anderen Worten, die verschiedenen Atome können sich zueinander teils anziehend, teils abstoßend verhalten, auch dasselbe Atom sich anziehend gegen das eine, abstoßend gegen das andere verhalten (wie bei den beiden Elektrizitäten der Fall), und können die verschiedensten Stärken der absoluten Kraft gegeneinander haben (wie sich in den chemischen Verwandtschaftsverhältnissen anzudeuten scheint), nur immer in der Art, daß sie ihr einmal angenommenes Verhalten in dieser Hinsicht so gut fest beibehalten wie jedes im Beharren seine einmal angenommene Geschwindigkeit und Richtung.

Nun würde nichts hindern, hiernach wirklich den verschiedenen Atomen eine uranfänglich verschiedene Grundqualität und Grundquantität beizulegen, nur daß solche nicht wie *Herbarts* Qualität eine besondere Beschaffenheit der Atome an und für sich bedeutete, sondern nur in ihren Beziehungen sich verriete und in Änderung ihrer Beziehungen äußerte, wie die beiden Elektrizitäten für sich gleicher Beschaffenheit erschienen und nur in Beziehung zueinander eine verschiedene Qualität verraten, die selber in nichts anderem besteht, als daß sie ihre Beziehung zueinander unter denselben Umständen der Lage und Distanz verschieden ändern und eben damit beweisen, daß außer den Umständen der Lage und Distanz noch ein nicht darauf zurückführbarer Umstand stattfindet, wovon die Erscheinungen abhängen.

Man sieht jedenfalls aus vorigem, daß dem Gedanken, alle Kräfte der Atome müßten in letzter Instanz auf eine einzige anziehende Grundkraft zurückkommen, wozu das Streben, die einfachsten und einheitlichsten Grund- und Grenzvorstellungen zu gewinnen, leicht führen kann, doch auch eine andere Vorstellungsweise als möglich gegenübertritt. Unstreitig ist die Wurzel der großen Mannigfaltigkeit der Naturerscheinungen und Naturereignisse schon in deren Grenz- und Grundverhältnissen zu suchen; und es ist sehr fraglich, ob die verschiedene Urausteilung und Bewegung von Atomen, die sich den Kräften, d. h. dem gesetzlichen Verhalten nach, in nichts unterscheiden, hinreichend ist, sie zu bedingen; auch sieht man *a priori* keinen Grund, warum bei der gleichen Denkbarkeit, daß zwei Atome sich in der Richtung ihrer Verbindungslinie voneinander entfernen und daß sie sich einander nähern, das eine Verhältnis vor dem anderen bevorzugt worden sein sollte. Auf der anderen Seite wäre es ebenso untriftig, aus der gleichen Denkbarkeit auf eine gleiche Wirklichkeit zu schließen. Ein Rad kann ebensoleicht vorwärts als rückwärts rollend gedacht werden, aber die Weltentwicklung geht doch stets im ganzen nur vorwärts, und so wäre es auch möglich, daß, wenn schon die Grundtendenz der Dinge ebensowohl als eine solche, sich zu fliehen, als sich zu verbinden, gedacht werden könnte, doch in Wirklichkeit nur die eine stattfände und Hand in Hand mit jenem Prinzip des Fortschritts ginge; was sich so ausdrücken ließe: Zum Grundprinzip des Fortschritts besteht ein Grundprinzip der Liebe, aber nicht des Hasses in der Welt. Wo Haß erscheint, geht er aus dem Konflikt verschiedener Richtungen der Liebe hervor. Unstreitig aber läßt sich nach derartigen Betrachtungen, die sich so und so wenden lassen, überhaupt nichts über diesen Gegenstand entscheiden.

Wie schön wäre es, wenn wir bei der Ungewißheit, in der wir noch seitens der exakten Wissenschaft über diese fundamentalen Verhältnisse schweben, uns einer sicheren Entscheidung seitens der Philosophie erfreuen könnten. Aber je leichter es ihr fallen mag, eine solche zu geben, desto leichter wird sie leider wiegen.

7. Hypothese über das
allgemeine Kraftgesetz der Natur

Nach allen im vorigen Kapitel gepflogenen Erörterungen ist nicht anzunehmen, daß sich die Naturerscheinungen bloß mit Hilfe der Gravitation und Beharrung werden konstruieren lassen. Ehe man sich aber entschließt, Grundkräfte zuzulassen, die mit einer verschiedenen Grundqualität der Materie in Beziehung stehen, kann noch folgender Weg versucht werden.

Es ließe sich denken, daß die Gravitation, ohne selbst die allgemeinste Kraft zu sein, welche das Geschehen in der Natur beherrscht, nur einen besonderen Fall einer allgemeinsten Kraft oder, was dasselbe sagt, das Gravitationsgesetz nur einen besonderen Fall eines allgemeinsten Gesetzes darstellte, unter welchem alles Geschehen in der Natur steht, den Fall nämlich, der für merkliche und übermerkliche Entfernungen der materiellen Teilchen gilt, indes das allgemeine Gesetz für so kleine Entfernungen, wie sie bei den Molekularerscheinungen in Betracht kommen, Wirkungen bemerklich werden ließe, die für jede größere Entfernung verschwinden und sich also unter dem Gravitationsgesetz nicht inbegriffen zeigen. Das Gravitationsgesetze wäre hiernach eigentlich nur ein Annäherungsgesetz, um so richtiger, je größer die Entfernung der Teilchen, doch schon merklich genau bei jeder merklichen Entfernung der Teilchen. Wie aber das Gravitationsgesetz auf eine verschiedene Grundqualität der Materie nicht Bezug nimmt, könnte dasselbe auch von dem allgemeinsten Gesetze gelten, dem es sich unterordnet.

In der Tat hat man schon mehrfach versucht, die allgemeine Kraft durch eine unendliche Reihe von Gliedern auszudrücken, die nach Potenzen des Abstandes der Teilchen voneinander aufsteigen, indem sie diesen Potenzen umgekehrt proportional (reziprok) sind. Das erste dem Quadrat des Abstandes reziproke Glied sollte die Gravitation bedeuten, gegen welches die folgenden Glieder bei merklichem Abstande der Teilchen verschwänden, indes umgekehrt bei molekularen Abständen die folgenden Glieder eine überwiegende Größe erhielten. Durch Abwechslung der Vorzeichen ließen sich abstoßende mit anziehenden Kraftgliedern in derselben Reihe vereinigen, von denen je nach den Verhältnissen des Abstandes bald die einen, bald die anderen überwiegen könnten.

So hat schon *Boscovich* in Zusammenhang mit seiner einfachen Atomistik eine solche Vorstellung von der Beschaffenheit der allgemeinen Grundkräfte gehegt und ist in mannigfache Erörterungen darüber eingegangen;[1] ohne jedoch, soviel ich aus seiner „Theoria" ersehe, die Potenzenreihe näher zu bestimmen. Auf eine ähnliche Vorstellung ist *Buys Ballot*,[2] wie er bemerkt, unabhängig von Boscovich gekommen, bezieht jedoch die Form des Gesetzes (eine Reihe, nach reziproken Werten von r^2, r^3, r^4 ... aufsteigend) nicht auf Grundkräfte, sondern resultierende Kräfte und setzt demgemäß die Konstanten der das Gesetz ausdrückenden Reihe je nach Berücksichtigung von mehr oder weniger Teilchen veränderlich. Auch sonst erinnere ich mich, gelegentlich hier und da auf ähnliche Vorstellungen gestoßen zu sein, als geeignet, die Molekularkräfte mit der Gravitation unter einem gemeinsamen Gesichtspunkt zu vereinigen, nirgends aber auf ein rationelles Prinzip der Aufstellung eines solchen Gesetzes. Nicht leugnen kann man doch, daß ein so kompliziertes Gesetz in Widerspruch mit der Einfachheit zu stehen scheint, die man sonst gewohnt ist, von letzten Gründen der Erklärung im Naturgebiet zu fordern, und namentlich die Annahme eines Vorzeichenwechsels der Kraft bloß nach Verhältnissen der Entfernung der Teilchen von vornherein etwas sehr Widerstrebendes hat. Auch glaube ich nicht, daß die bisherige Weise, den Gegenstand zu fassen, das Rechte trifft, stelle aber im folgenden ein Prinzip auf, was zwar nicht zu demselben, aber doch einem verwandten Resultate führt, indem es höhere Potenzen als die zweite mit Vorzeichenwechsel in solcher Weise einführt, daß die Komplikation nur in den *Folgen* des einfachen Prinzips und dieses als eine Verallgemeinerung dessen erscheint, was bei der Gravitation als einem Einzelfalle, der sich dem Prinzipe unterordnet, gilt.

Für den ersten Anblick zwar könnte man fast bedauern, daß ein so einfaches Gesetz wie das Gravitationsgesetz nicht zugleich das allgemeinste sein soll, indes wird sich zeigen, daß seine Einfachheit in der Tat nur eine Dürftigkeit ist und daß unser Prinzip einen kaum minder einfachen, aber höheren und allgemeineren Gesichtspunkt stellt, der einer Entfaltung in einen unsäglich größeren Reichtum besonderer Gesetzesfälle fähig ist als das Gravitationsgesetz, welches selbst nur den zweiten der bisher bekannten Fälle dieses Gesetzes darstellt. – Hierzu führt folgende Betrachtung.

Gewöhnlich faßt man Beharrung und Kraft als etwas grundwesentlich Verschiedenes auf. Indes ist doch der Erfolg der Beharrung mit den Erfolgen der Kraft geradeso und nach denselben Regeln zusammensetzbar (beispielweise in der Wurfbewegung) als die Erfolge der Kräfte unter sich; auch läßt sich ein begrifflicher Bezug zwischen Beharrung und Kraft durch den Gesichtspunkt finden, daß das Gesetz der Beharrung das Verhalten *eines* Teilchens für sich ohne Rücksicht auf sein Zusammensein mit anderen bestimmt, das Gesetz für die Kraft aber das Verhalten je eines Teilchens im Zusammensein mit je *einem* anderen, aber ohne Rücksicht auf sein Zusammensein mit noch mehreren und ohne Rücksicht auf das vorige Gesetz. Da das Kraftgesetz das Verhalten je eines Teilchens zum anderen wechselseitig und solidarisch bestimmt, hindert nichts, auch zu sagen: Das Beharrungsgesetz bestimme das Verhalten je *eines* Teilchens für sich ohne Rücksicht auf sein Zusammensein mit anderen; das Kraftgesetz das Verhalten je *zweier* Teilchen in Verbindung ohne Rücksicht auf ihr Zusammensein mit noch mehreren wie ohne Rücksicht auf das erste Gesetz. Die Erfolge beider Gesetze setzen sich dann aber an jedem Teilchen zusammen.

Wir haben hier zwei erste Stufen einer Gesetzesreihe; läßt sich dieselbe nicht weiter fortsetzen?

Gibt es ein Gesetz, was das Verhalten je eines Teilchens für sich bestimmt, ein solches vom vorigen zu trennendes, was das Verhalten je zweier Teilchen in Verbindung bestimmt, dessen Erfolge sich aber mit denen des vorigen zusammensetzen, warum nicht ferner ebenso für je 3 Teilchen besonders, für je 4 Teilchen besonders usw., Gesetze, die von den vorigen zu trennen sind, deren Erfolge sich aber mit den Erfolgen der vorigen zusammensetzen?

Bisher hat man das, was in einer Kombination z. B. von drei Teilchen geschieht, rein aus der Zusammensetzung der Erfolge abgeleitet, welche durch die für je ein Teilchen und je zwei Teilchen geltenden Gesetze bestimmt werden. Es ist gewiß, daß dies für alle Berechnungen der himmlischen Erscheinungen ausreicht; aber reicht es auch für die Molekularerscheinungen aus? Können nicht eben hier Erfolge bemerklich werden, die von Kräften abhängen, welche solidarisch durch das Zusammensein von mehr als zwei Teilchen bestimmt werden?

Hat sich doch nach *W. Webers* Untersuchungen im Gebiete der Elektrizität die Notwendigkeit wirklich schon *herausgestellt,* Kräfte anzunehmen, die nicht bloß durch das Zusammensein je zweier Teilchen, sondern auch das Mitdasein der anderen bestimmt werden.[3]

Gehen wir also dem Gedanken solcher Kräfte weiter nach, indem wir das Verhältnis, was schon zwischen dem ersten und zweiten Gesetz besteht, im Fortschritt zu den weiteren Gesetzen zu verallgemeinern suchen.

Das erste Gesetz bestimmt das Verhalten eines Teilchens für sich; das zweite Gesetz bestimmt das Verhalten desselben Teilchens nach den Verhältnissen seines Zusammenseins mit je einem anderen, weist ihm eine demgemäße Geschwindigkeit und Richtung an, die mit der durch das erste Gesetz bestimmten nicht allgemein zusammenfällt, aber sich damit zusammensetzt, sowie auch die verschiedenen Richtungen und Geschwindigkeiten, die das zweite Gesetz dem Teilchen anweist, je nachdem dasselbe mit diesem oder jenem anderen Teilchen zusammengefaßt wird, sich zusammensetzen; das dritte Gesetz wird nun das Verhalten des Teilchens nach den Verhältnissen seines Zusammenseins mit je zwei anderen solidarisch bestimmen (wozu wir unten die Regeln näher zu ermitteln versuchen), ihm eine demgemäße Geschwindigkeit und Richtung anweisen, die mit der durch die beiden vorigen Gesetze bestimmten nicht allgemein zusammenfällt, aber sich damit zusammensetzt, sowie auch die verschiedenen Richtungen und Geschwindigkeiten, die das dritte Gesetz dem Teilchen anweist, je nachdem dasselbe mit diesen oder jenen zwei anderen Teilchen zusammengefaßt wird, sich zusammensetzen werden und so fort auch bei den Kräften, die durch das Zusammensein von je vier Teilchen, je fünf Teilchen usw. bestimmt werden; allgemein in der Art: *daß immer der Erfolg der höheren Gesetze, anstatt als eine Zusammensetzung des Erfolges der niederen gefaßt werden zu können, sich mit den Erfolgen der niederen Gesetze selbst zusammensetzt.*

Soll eine solche Ansicht statthaft erscheinen, so gehört noch dazu, daß die Kräfte, welche durch die höheren (d. h. aus mehr Teilchen bestehenden) Kombinationen bestimmt werden, um so rascher mit der Entfernung abnehmen, je höher die Kombination, so daß alle Kräfte, welche die Gravitation übersteigen, für die Bewegung der so fernen Himmelskörper außer acht gelassen werden können, indes sie im Gebiete des Molekularen eine große und selbst größere Rolle als die Gravitation spielen könnten. Es wird sich aber unten zeigen, wie dies aus dem Verallgemeinerungsprinzip, was der ganzen Ansicht zugrunde liegt, von selbst folgt, indem sich danach schon für die ternäre Kraft eine Reziprozität mit der sechsten Distanzpotenz ergibt.

Auch im Gebiete des Molekularen können solchergestalt, je nach den Abstandsverhältnissen der Teilchen oder Moleküle, bald niedere Kräfte gegen höhere, bald höhere gegen niedere verschwinden und relativ isolierte Kombinationen in Betreff des Verhaltens ihrer Teilchen zueinander als bloß ihren eigenen inneren Kräften überlassen gedacht werden, ungeachtet streng genommen jede Kombination als Glied der allgemeinen Weltkombination selbst den höchsten Weltkräften mit unterliegt.

Ehe wir das so im allgemeinen aufgestellte Prinzip näher zu bestimmen und in Folgerungen zu entwickeln versuchen, lassen wir einige allgemeinere Betrachtungen zu seinen Gunsten sprechen.

Von vornherein liegt keine aprioristische Notwendigkeit vor, das Verhalten eines Teilchens unmittelbar nur nach seinem Bestehen für sich und seinem Zusammensein mit je *einem* anderen Teilchen gesetzlich bestimmt zu denken und alles bloß von *Zusammensetzung* so gewonnener Bestimmungen abhängig zu machen, da jedes Teilchen doch ebenso als für sich und als mit je *einem* auch mit je *zwei*, mit je drei anderen Teilchen usw. unmittelbar zusammen und zusammenfaßbar ist; ja es kann von vornherein wenig wahrscheinlich erscheinen, daß die Natur sich mit den zwei ersten Schritten auf einem Wege, der ins Unendliche freisteht, begnügt haben sollte.

Dieser allgemeinen Betrachtung kommt entgegen, daß die höheren Kräfte, auf die wir so geführt werden, sich zur Befriedigung wirklicher *Bedürfnisse* der Physik auch wirklich geeignet zeigen, wie dies beim näheren Eingehen auf die Folgerungen unseres Prinzips erhellen wird. Es fragt sich in der Tat eigentlich nicht, ob wir noch andere Kräfte als die Gravitation haben wollen, sondern wie wir solche in Verhältnis und Zusammenhang mit der Gravitation denken und des näheren bestimmen sollen, und in dieser Beziehung dürfte unser Prinzip die günstigstmöglichen Bedingungen darbieten.

Erinnern wir hier nur ganz vorgreiflich an einige Punkte, wo unser Prinzip versprechende Aussichten eröffnet.

Für nichts scheint die Annahme von Kräften, welche solidarisch von den Verhältnissen des Zusammenseins aller Teile eines Systems abhängen, oder, was dasselbe sagt, von Gesetzen, welche das Verhalten aller Teile desselben solidarisch bestimmen, willkommener als für die Deutung der Erscheinungen, welche die Organismen darbieten. In der Tat scheint es kaum denkbar, daß man das Spiel dieser Erscheinungen bloß von einer Zusammensetzung von Kräften, welche von je einem Teilchen zum anderen herüberwirken, sollte abhängig machen können, dagegen es im Sinne unserer Hypothese für die Gesamtheit der Teile eines Organismus eine Kraft gibt, welche deren Verhältnisse im Zusammenhange beherrscht, mit vielen untergeordneten Kräften für die besonders untergeordneten Systeme, die in der allgemeinen Zusammenstellung inbegriffen sind.

Nicht minder ist die Deutung der verschiedenen Qualität der chemisch *einfachen* Stoffe leicht mit unserem Prinzip in Beziehung zu setzen, falls man im Sinne der früher entwickelten Vorstellung nur die einfachsten Kombinationen des einfachsten Stoffes darin sucht, sofern es gestattet, ihre Hauptverschiedenheit in der Verschiedenheit des Gesetzes zu sehen, was in den ihnen unterliegenden Molekülen je nach der Zahl der darin befaßten Atome waltet.

So verspricht unser Prinzip von vornherein ebenso für die Repräsentation der verwickeltsten Anordnungen der Natur, d. i. der organischen, wie der einfachsten Anordnungen, d. i. der Moleküle der *einfachen* chemischen Stoffe, Dienste zu leisten; was gewissermaßen die Grenzfälle des Gebiets sind, das damit zu decken ist.

Um jedoch einen bestimmteren Anhalt zur Beurteilung der Tragweite und Leistungen unseres Prinzips zu gewinnen, wird es gelten, dasselbe erst näher zu bestimmen, d. h., die Abhängigkeit der Kräfte, die es unter sich faßt, von den Verhältnissen des Zusammenseins der Teilchen in entsprechender Weise *allgemein* festzustellen, wie es für die Gravitation schon im *besonderen* stattfindet; und hierzu dürfte der beste, wo nicht einzige Weg der sein, daß wir eben durch eine verallgemeinernde Fassung des Gravitationsgesetzes selbst dazu zu gelangen suchen. Die gewöhnliche Ausdrucksweise des für je zwei Teilchen geltenden Gravitationsgesetzes gestattet nun freilich keine Verallgemeinerung für mehr als zwei Teilchen, und dies hat unstreitig beigetragen, den Gedanken an ein allgemeines Gesetz wie das unsrige zurückzudrängen; aber es ist leicht, die gewöhnliche Ausdrucksweise in eine andere zu übersetzen, welche dem Faktischen ebensogut genügt und das Verlangte leistet.

Nach der gewöhnlichen Fassung des Gravitationsgesetzes ist die Kraft jedes Teilchens nach der Verbindungslinie der Teilchen gerichtet, d. h., es strebt sich in Richtung dieser Linie nach dem anderen Teilchen hin zu bewegen. Aber da in einer Kombination von drei Teilchen jedes Teilchen mit je zwei anderen verbunden ist, so kann die Kraft dritter Stufe, welche durch das Zusammensein aller drei gemeinschaftlich bestimmt sein soll, weder im Sinne der einen noch anderen Verbindungslinie gerichtet sein, da natürlich keine etwas vor der anderen voraus hat. Welches wird ihre Richtung sein? Da der gewöhnliche Ausdruck des Gravitationsgesetzes in dieser Beziehung keine Verallgemeinerung zuläßt, so übersetzen wir ihn in einen anderen, welcher das Faktische noch ebensogut als der erste trifft, aber nun die Übertragung auf die Kombination von drei und mehr Teilchen gestattet. Wir sagen nicht mehr, die Kraft jedes Teilchens ist nach dem anderen Teilchen, sondern sie ist nach dem gemeinsamen Schwerpunkt beider Teilchen gerichtet, als wenn dieser der sie gemeinsam anziehende Mittelpunkt wäre. Im Faktischen kommt dies in der Tat auf dasselbe hinaus, kann aber nun auf jede beliebige Anzahl Teilchen übertragen werden.

Auch bei einer Kombination von drei Teilchen, von vier Teilchen usw. wird also die durch das Zusammensein der Teilchen gemeinsam bestimmte Kraft überall gegen den Schwerpunkt der Kombination gerichtet sein oder, sofern sich später auch abstoßende Kräfte unter der Reihe der höheren Kräfte von selbst ergeben werden, von ihm weg gerichtet sein, als wenn die ganze anziehende oder abstoßende Kraft des Systems von da ausginge. Da übrigens die Zusammensetzung der Gravitationswirkungen in Kombinationen aus drei und mehr Teilchen jedes Teilchen ebenfalls gegen den Schwerpunkt treibt, so wird durch die höhere Kraft schließlich eigentlich keine neue Richtung eingeführt, sondern die einfache Wirkung derselben addiert sich oder (im Fall abstoßender Kräfte) subtrahiert sich nur zu oder von der zusammengesetzten Wirkung der Gravitation, ohne doch mit ihr identifiziert werden zu können.

Die Vorstellung, daß die Richtung der Kraft jedes Teilchens einer Kombination statt in Bezug zu einem anderen Teilchen vielmehr in Bezug zum gemeinsamen Schwerpunkt aller Teilchen der Kombination bestimmt ist, kann Schwierigkeit für den haben, der die Kraft als etwas in den Teilchen besonders Sitzendes, auf andere Teilchen Hinüberwirkendes ansieht, eine Schwierigkeit, die natürlich wegfällt, wenn man diese an sich unklare Vorstellung verläßt, um die Kraft, so wie von uns schon früher geschehen ist, vom Gesetzesbegriff abhängig zu machen. Hier zeigt sich der faktische Vorteil begrifflicher Klarheit. Wir sagen: Körper äußern eine Kraft aufeinander, wenn sie sich nach einem auf die Verhältnisse ihres Zusammenseins bezüglichen Gesetze von oder gegen einander bewegen. Da hiernach die Kraft selbst erst durch das Zusammensein der Teilchen entsteht und bestimmt wird, insofern das Gesetz eben nur für ein gegebenes Zusammensein eine gegebene Kraftwirkung aussagt, erscheint es auch ganz angemessen, daß die Richtung eines Teilchens durch die Kraftwirkung nicht einseitig in Bezug zum anderen, sondern in Bezug auf ein durch ihr gemeinsames Dasein gesetztes Ziel bestimmt ist, wie denn auch die Teilchen das gemeinsame Ziel, den gemeinsamen Schwerpunkt, wirklich erreichen würden, wenn sie ohne ablenkenden Impuls der alleinigen Wirkung anziehender Kräfte überlassen blieben.

Jedenfalls ist gewiß, daß das *Faktische* der bis jetzt bekannten Kraftwirkungen ebensowohl den einen als anderen Ausdruck duldet, so daß von hier aus kein Einwand gegen unsere Auffassungsweise möglich ist. Mit bloßen Ansichten aber lassen sich Ansichten nicht widerlegen.

Unstreitig zwar wird nichts hindern, unsere einfach gegen den Schwerpunkt der Kombination gerichtet gedachten höheren Kräfte auch nach den Verbindungslinien der Teilchen *zerlegt* zu denken; aber weder konnte von einer solchen Auffassung bei der Herleitung der Wirkungsweise der höheren Kräfte ausgegangen werden, sofern sie einheitlich durch das Zusammensein mehrerer Teilchen bestimmt sein sollen, noch würde sich die allgemeine Betrachtung der Erscheinungen dadurch vereinfachen; wenn schon, wie nicht bestritten wird, für das Bedürfnis der Rechnung eine solche Zerlegung nötig sein kann.

Die Abhängigkeit der Kraft vom *Abstande* der Teilchen wird für die Gravitation gewöhnlich so ausgedrückt: Die Kraft sei umgekehrt proportional oder reziprok dem Quadrat des Abstandes. Da es aber schon bei drei Teilchen drei Abstände statt eines gibt, erleidet dieser Ausdruck wieder keine Übertragung auf die höheren Kräfte. Aber wir können ihn in folgenden übersetzen: Statt zu sagen, die Größe der Kraft, welche in einer Kombination von zwei Teilchen a und b wirkt, sei reziprok dem Quadrat ihres Abstandes, kann ich ebensogut sagen, sie sei reziprok dem Produkte aus dem Abstande von a zu b in den Abstand von b zu a, überhaupt dem Produkte der irgendwie von Teilchen zu Teilchen nehmenden Abstände. Danach wird dann die Kraft in einer Kombination z. B. aus drei Teilchen reziprok sein einem Produkt aus sechs einfachen Distanzen[4] oder drei Distanzquadraten, d. i. im Fall der Gleichheit der Abstände der sechsten Potenz des Abstandes; in einer Kombination aus vier Teilchen einem Produkt aus zwölf einfachen Distanzen oder sechs Distanzquadraten usf.

Dieses Ergebnis ist insofern sehr befriedigend, als sich hiermit die große Schwächung der molekularen Kräfte mit der Entfernung, welche die Erfahrungen fordern, von selbst ergibt.

Führt man die Bestimmung für Kombinationen von noch mehr Teilchen aus, so wird man zu einer aus folgender Tabelle von selbst einleuchtenden allgemeinen Regel geführt, wodurch sich ohne Rechnung aus der Zahl der Atome, die in die Kombination eingehen, sofort die Zahl der Distanzfaktoren ergibt, die in das Produkt eingehen, welchem die Kraft reziprok ist; eine Regel, die sich übrigens auch durch eine einfache Anwendung der Kombinationsrechnung ergibt. Man erhält nämlich:

Zahl der Teilchen der Kombination	Zahl der Distanzfaktoren, welche in das der Kraft reziproke Produkt eingehen.
1	0. 1 = 0
2	1. 2 = 2
3	2. 3 = 6
4	3. 4 = 12
5	4. 5 = 20
6	5. 6 = 30
7	6. 7 = 42 usf.

Geht man zu den Quadraten über, so hat man natürlich die Hälfte der in der zweiten Kolumne gegebenen Zahlen zu nehmen, was die Reihe gibt
$$0, 1, 3, 6, 10, 15, 21 \text{ usf.,}$$
worin je zwei ungerade und zwei gerade Zahlen aufeinanderfolgen, was für eine später zu ziehende Folgerung wichtig ist.

Bei der Gravitation werden je zwei gleichwertige Teilchen durch die in ihrer Kombination wirkende Kraft mit gleicher Beschleunigung nach einander oder nach dem gemeinsamen Schwerpunkt hingetrieben, so daß die Lage dieses Schwerpunktes unverrückt bleibt. Soll bei Kombinationen aus mehr als zwei gleichen Teilchen unter dem Einfluß der darin waltenden höheren Kräfte die Lage des Schwerpunktes ebenfalls unverrückt bleiben, so kann die Beschleunigung nicht mehr für alle gleich sein, sondern muß im Verhältnis des Abstandes vom Schwerpunkt stehen, so daß sich die Teilchen von der Ruhe ab mit Geschwindigkeiten, welche diesen Abständen proportional sind, nach demselben hinbewegen. Da also bei den höheren Kombinationen nicht mehr wie bei den binären beide Bedingungen, gleiche Beschleunigung der gleichen Teilchen und Erhaltung der Lage ihres Schwerpunktes, zusammentreffen, so hat man sich zu entscheiden, welche von beiden festzuhalten ist. Unstreitig die letztere, weil wir kein System kennen, in welchem durch die Wirkung seiner eigenen Molekularkräfte der Schwerpunkt verrückt zu werden vermöchte. Die gleiche Beschleunigung der gleichmassigen Teilchen im Falle der Gravitation wäre dann nur als ein besonderer Fall anzusehen, welcher von dem gleichen Abstande derselben vom Schwerpunkte abhängt. Da die Richtung der Kraft auf den Schwerpunkt zu beziehen ist, muß ohnehin erwartet werden, daß der relative Abstand der Teilchen davon auf die relative Geschwindigkeit, mit der die Teilchen ihm zustreben, nicht ohne Einfluß sein werde; und wenn die größere Distanz der Teilchen voneinander die Beschleunigung für alle Teilchen *gemeinsam* schwächt, so ist dies kein Hindernis, daß sich die *Relation* ihrer Beschleunigung nach dem Verhältnis des Abstandes vom Schwerpunkt richte. Dieser wird demnach in diesem Sinne mit in den Ausdruck der Kraft aufzunehmen sein.

Insofern wir geneigt sind anzunehmen, daß alle Atome in allen Kombinationen gleichwertig sind, wird die Kraft, von welcher die einfachen Atome in irgendwelcher Kombination sollizitiert werden, unabhängig von den Massen der Atome, sofern die Masse jedes Atoms = 1 gesetzt werden kann und das Produkt noch so vieler Massen dann auch 1 bleibt.

Das vorige hat noch nicht auf den Unterschied von Anziehungs- und Abstoßungskräften geführt. Man kommt aber leicht in folgender Weise auf einen solchen Unterschied.

Die Richtung der Kraft, ob anziehend, ob abstoßend, läßt sich bestimmt halten durch das respektiv negative (Verkleinerung des Abstandes bedeutende) oder positive (Vergrößerung des Abstandes bedeutende) Vorzeichen des aus den gesamten Distanzen erhaltenen Produkts. Dieses Vorzeichen ist immer für je zwei aufeinanderfolgende Kraftstufen dasselbe und wechselt im Übergange zu den nächstfolgenden zwei Kraftstufen, wie sich leicht so ergibt:

Nimmt man bei zwei Atomen a, b die Richtung von a nach b positiv, so ist die von b nach a negativ, das Distanzprodukt also negativ, mithin die Gravitation anziehend. Alle Quadrate der Distanzen sind aus gleichem Grunde überhaupt negativ, ebenso alle Distanzprodukte, in welche eine ungerade Zahl von Quadraten eingeht, und da in das Distanzprodukt für 3 Atome 3 Quadrate eingehen, so ist auch das Distanzprodukt für 3 Atome negativ, mithin die ternäre Kraft ebenfalls anziehend. In das Distanzprodukt für 4 Atome dagegen gehen 6, in das für 5 Atome 10 Quadrate ein; also werden die Distanzprodukte hier positiv, und die betreffenden Kräfte sind abstoßender Natur. Das oben angeführte Gesetz, wie die Distanzprodukte fortschreiten, führt von selbst mit, daß der Wechsel mit Aufsteigen in der Stufenreihe der Kräfte stets in voriger Weise fortgeht.

Jede höhere Kraft in einer Kombination schließt notwendig das Mitbestehen aller niederen innerhalb derselben Kombination ein; da ja natürlich eine Verbindung z. B. aus 5 Atomen auch Kombinationen aus 4, aus 3, aus 2 Teilchen bis zu 1 herab einschließt; dagegen nicht umgekehrt. Die höchste Kraft in jeder Kombination kommt *insofern* immer nur einfach vor, als sie durch das Zusammensein *sämtlicher* Teilchen der Kombination bestimmt wird, obschon natürlich jedes Teilchen nach den angegebenen Regeln davon ergriffen wird; die niederen Kräfte aber kommen insofern mehrfach vor, als in jeder höheren Kombination sich mehrere niedere Kombinationen derselben Stufe finden lassen, und setzen sich in ihrer Wirkung untereinander und mit der ersten an jedem Teilchen zusammen.

So unterliegt z. B. in einer Kombination von drei Teilchen jedes Teilchen 1) einer einfachen Kraft dritter Stufe; 2) einer Zusammensetzung zweier Kräfte zweiter Stufe (weil es zwei Kombinationen zweiter Stufe zugleich angehört); und 3) einer einfachen Kraft erster Stufe, sofern man das Wort Kraft hier noch brauchen will, oder der Beharrung. Diese drei Kräfte, von denen Nr. 2 selbst zusammengesetzt ist, setzen sich schließlich in eine gemeinsame Resultante zusammen.

In einer Kombination von vier Atomen unterliegt ebenso jedes Teilchen 1) einer einfachen Kraft vierter Stufe; 2) einer Zusammensetzung zweier Kräfte dritter Stufe; 3) einer Zusammensetzung dreier Kräfte zweiter Stufe; 4) einer einfachen Kraft erster Stufe, die sich wiederum sämtlich zusammensetzen usf.

Es ist nicht unwichtig zu bemerken, daß die Zusammensetzung aller niederen Kräfte (mit Ausnahme der Beharrung aufgrund einer etwaigen *Urbewegung*) den Schwerpunkt der ganzen Kombination ebensowenig verrücken kann, als er auch durch die höchste Kraft selbst nicht verrückt werden kann; wie sich daraus ergibt, daß jede niedere Kraft für sich den Schwerpunkt der partiellen Kombination, in der sie wirkt, unverändert läßt; denn hiernach kann auch die Zusammensetzung dieser in verschiedenen partiellen Kombinationen wirkenden Kräfte nichts zur Verrückung des resultierenden Schwerpunkts der ganzen Kombination leisten.

Fassen wir das Wesentlichste der vorigen Bestimmungen kurz zusammen: In jeder Kombination aus irgend viel Teilchen waltet eine Kraft, welche ihrer Größe und Richtung nach durch die Verhältnisse des Zusammenseins aller Teilchen auf einmal bestimmt wird und die Bedeutung hat, daß ihrer Größe proportional die Geschwindigkeit aller Teilchen zugleich nach der Richtung, in der sie durch die Kraft getrieben werden, wächst oder abnimmt. Der Größe nach ist sie reziprok dem Produkt aus den Quadraten aller Abstände, die sich von je einem Teilchen zum anderen nehmen lassen. Der Richtung nach treibt sie die Teilchen als anziehende Kraft gegen den gemeinsamen Schwerpunkt oder als abstoßende vom gemeinsamen Schwerpunkt weg, je nachdem jenes Produkt negativ oder positiv ausfällt, wenn man jedes Quadrat selbst negativ setzt. Die Verteilung der Wirkung dieser Kraft auf die einzelnen Teilchen, d. h. die Bewegung der einzelnen Teilchen vermöge dieser Kraft, erfolgt so, daß das Prinzip der Erhaltung des Schwerpunkts dabei besteht, wonach sie, von der Ruhe ab gerechnet, dem Schwerpunkt mit Geschwindigkeiten zustreben oder von demselben mit Geschwindigkeiten wegstreben, welche ihrem Abstande vom Schwerpunkt direkt proportional sind. Sofern jede höhere Kombination (d. i. aus mehr Teilchen) alle niederen Kombinationsstufen (mit weniger Teilchen) einschließt, mithin jedes Teilchen im allgemeinen mehreren niederen und höheren Kombinationen und einer höchsten zugleich angehört, sind alle die Bewegungen, die es vermöge seines Inbegriffenseins in jeder dieser Kombinationen für *sich* annehmen würde, besonders zu bestimmen, nun aber untereinander und mit der, die ihm durch Beharrung zukommt, nach der Regel des Parallelogramms der Kräfte zusammenzusetzen.

Vergleichen wir die von uns aufgestellte Kraftreihe mit der zu Anfang dieses Kapitels erwähnten, an die man schon früher gedacht hat, so liegt der unseren insofern ein anderer, höherer und allgemeinerer Gesichtspunkt unter, als in unserer Reihe die höheren Kraftglieder nicht von den Verhältnissen derselben zwei Teilchen zueinander abhängig gemacht und nach der Verbindungslinie derselben gerichtet gedacht werden als die niederen, sondern sich sukzessiv auf Kombinationen von immer mehr Teilchen beziehen und danach auch immer neue Richtungen, jedesmal nämlich nach dem Schwerpunkt, gewinnen. Auch liegt der unseren ein rationelles Prinzip unter, nach dem die den Kräften reziproken Distanzprodukte so rasch, wie es die Erfahrung fordert, aufsteigen und anziehende und abstoßende Kräfte wechseln, indes es in der bisherigen Aufstellung der Reihe an einem Prinzipe dafür fehlte.

Hierzu tritt noch ein wichtiger Unterschied, der aber weniger die allgemeine Auffassung des Gesetzes der Kraftreihe als den mathematischen Ausdruck und die mathematische Verwendbarkeit desselben betrifft, daher seine Betrachtung hierher verschoben werden konnte, darin ruhend, daß der zur Repräsentation der Gesetze kontinuierlich sich ändernder Geschwindigkeiten statuierte und notwendig zu statuierende Unterschied zwischen Änderungen niederer und höherer Ordnung, bisher nur bis zu Änderungen zweiter Ordnung fortgeführt, in unserer Kraftreihe weitergeführt wird, indem jene Beschränkung mit der Beschränkung auf binäre Kräfte natürlicherweise zusammenhängt.

Nach dem Beharrungsgesetze wird in jedem kleinen Zeitelement Δt ein kleines Raumelement Δr durchlaufen, und das Maß der Kraft ist, wenn man Beharrung als Kraft fassen will, durch $\frac{\Delta r}{\Delta t} = c$ ausdrückbar, d. h. durch das konstante Verhältnis zwischen dem Raumelemente und dem zu seiner Durchlaufung gebrauchten Zeitelemente; die Kraft hingegen, die zwischen zwei Teilchen besteht, ist nicht mehr durch Bezugnahme auf Raum- und Zeitelemente bloß erster Ordnung, sondern nur zweiter Ordnung ausdrückbar, durch $\frac{\Delta^2 r}{\Delta t^2}$, d. h. durch das Raumelement von einer Größe zweiter Ordnung, welches in einem Zeitelement von der Größe zweiter Ordnung in Richtung der Kraft durchlaufen wird. Wenn nun die Wirkung der Beharrung mit der Wirkung der Kraft zusammengesetzt wird, muß also auch prinzipiell diese Zusammensetzung in Zeitelementen und zwischen Raumelementen zweiter Ordnung vollzogen gedacht und durch Integration das Resultat für endliche Zeiten und Räume abgeleitet werden. Geht man verallgemeinernd in demselben Sinne weiter, so wird die Kraft dritter Ordnung durch $\frac{\Delta^3 r}{\Delta t^3}$ zu messen und, insofern von einer Zusammensetzung ihrer Wirkung mit den Wirkungen der Kräfte niederer Ordnung die Rede ist, diese Zusammensetzung in Zeitelementen und zwischen Raumelementen dritter Ordnung mathematisch zu vollziehen sein usf. Nach der bisherigen Auffassung aber, die bloß bis zu binären Kräften geht, wird auch bloß bis zu Änderungen zweiter Ordnung gegangen, und die ganze Reihe reziproker Distanzpotenzen, die wir unsererseits auf die Reihe der sukzessiven Kräfte, mithin Differentialquotienten fallen lassen, auf die Kraft zweiter Ordnung, mithin den Quotienten $\frac{\Delta^2 r}{\Delta t^2}$ übertragen. Muß es aber nicht von vornherein befremdlich erscheinen, daß die Natur bis zu Kräften gegangen ist, die ihren Ausdruck durch die Differentialquotienten der beiden ersten Ordnungen finden, und nicht darüber hinausgegangen ist? Ein aprioristischer oder aus den allgemeinen Prinzipien der Mechanik fließender Grund liegt unstreitig nicht dazu vor. Wenn man aber an die Einführung höherer Differentialquotienten denken will, wird sich sicher kein anderer Weg finden lassen, als sie mit der Einführung höherer als binärer Kräfte in Beziehung zu setzen.

Nun übersieht sich freilich leicht, daß, allereinfachste Fälle etwa ausgenommen, eine wirkliche Ausführung von Rechnungen auf Grundlage unseres Prinzips nach dem jetzigen Zustande der Mathematik unübersteigbaren Hindernissen unterliegt. Schon die allgemeine Behandlung des Problems der 3 Körper auf bloßer Grundlage des binären Gravitationsgesetzes unterliegt solchen, geschweige bei Zuziehung von mehr als binären Kräften. Ist aber deshalb die Aufstellung unseres Prinzips müßig? Ich glaube nicht.

Einmal kann die Schwierigkeit einer Aufgabe nicht ersparen, den Gesichtspunkt derselben zu stellen, wenn er in der Natur der Sache begründet ist, wäre es auch nur, um Versuche der Lösung aus untriftigen Gesichtspunkten zu verhüten oder zu beseitigen. Zweitens könnten bei Verzichtleistung darauf, die durch unser Prinzip gestellte mathematische Aufgabe je allgemein lösen zu können, doch besondere Fälle einer sei es genauen oder approximativen Lösung fähig sein; wie dies ja auch bei Behandlung des Problems der drei Körper aufgrund des Gravitationsgesetzes der Fall ist. Drittens läßt sich von Fortschritten der Mathematik die Lösung mancher Aufgaben hoffen, die jetzt unmöglich scheint. Viertens können ohne Hilfe der Mathematik doch gar manche allgemeine Folgerungen aus unserem Prinzip gezogen oder Anknüpfungspunkte von Tatsachen daran gewonnen werden, worauf ich unten komme. Über all das endlich ist in Betracht zu ziehen, daß unser Prinzip, ganz abgesehen von allen mathematisch daraus ziehbaren Folgerungen, eine sehr allgemeine Aufklärung über die Natur und den Zusammenhang der Naturkräfte enthält, die sicher nicht zu verachten wäre, falls sie stichhaltig sein sollte, wobei nur zu bedauern ist, daß sich das bis jetzt nicht sicher beweisen, sondern nur durch den Zusammenhang der von uns angeführten Gründe probabel machen läßt. Könnte ich es freilich beweisen, so würde ich mich kühn neben *Newton* stellen.

Sollte nicht aber wirklich die mathematische Aufgabe sich für viele der wichtigsten Fälle sehr vereinfachen? Zum Beispiel: Wenn die Moleküle der *einfachen* Stoffe wie unteilbare Ganze in chemische Verbindungen eingehen, so bleiben sie dabei unstreitig immer noch sehr entfernt im Verhältnis zu der Entfernung, welche die Atome jedes Moleküls unter sich haben; und die Berechnung der Kräfte, unter deren Einfluß diese Prozesse stehen, sollte je an eine Berechnung derselben gedacht werden, wird also so stattfinden können, als wenn alle Atome jedes Moleküls in einem Punkte vereinigt wären; nur daß wir statt bloß binärer Kräfte zwischen je zwei solchen Kollektivpunkten die höheren Kräfte mit einzuführen haben, die daraus hervorgehen, daß jeder derselben eine Verbindung von Punkten repräsentiert, die zu denen des anderen Punkts in solche Nähe gekommen sind, daß höhere Kräfte als binäre, niedere Kräfte aber als die inneren Kräfte des Moleküls merklich werden, welche letztere zu berechnen überhaupt kein Interesse vorliegen dürfte. Eine ähnliche Betrachtung dürfte auf die Moleküle der anerkannt zusammengesetzten Stoffe Anwendung finden, wenn es gilt, die Kräfte zu berechnen, von welchen die Erscheinungen der Elastizität abhängen usw.

Ich habe unser Prinzip in Zusammenhang mit der einfachen Atomistik vorgetragen, und bei einiger Überlegung zeigt es sich auch nur mit ihr verträglich. Setzen wir Atome endlicher Größe, die mit Masse kontinuierlich erfüllt sind, so sind nicht nur die binären Kräfte je zweier sich berührender Teilchen jedes Atoms und alle höheren Kräfte, welche sie mit den entfernteren Teilchen *desselben* Atoms geben, sondern auch die höheren Kräfte, welche sie mit den Teilchen *anderer* Atome geben, bei jedem endlichen Abstande dieser anderen Atome unendlich, weil je zwei sich berührende Teilchen einen Distanzfaktor null zu dem Totalprodukt beitragen, mit welchem die multiple Kraft reziprok ist. Der reziproke Wert von null ist aber unendlich. Sofern nun die Totalwirkung zweier Atome aufeinander aus der Zusammensetzung der Wirkungen aller niederen und höheren Kräfte ihrer Teilchen abhängt, gäbe es gar keine Totalwirkung endlicher Größe zwischen Atomen bei endlichem Abstande derselben, wie es doch der Fall ist. Sollte sich also unsere Hypothese irgendwie durch die Erfahrung bestätigen lassen, so würde hiermit zugleich für die Annahme einfacher Atome entschieden sein.

Was ich vorläufig noch von besonderen Betrachtungen an das Gesetz zu knüpfen wüßte, möchte etwa folgendes sein; bis jetzt freilich nur mehr in Andeutungen zur Anbahnung einer genaueren Prüfung als strengeren Entwicklungen bestehend.

Elastizität. Daraus, daß mit zunehmender Nähe der Teilchen, also Verdichtung der Körper, immer höhere Kräfte spürbar und endlich über die mit der Nähe der Teilchen langsamer wachsenden niederen überwiegend werden, die Kräfte aber im Aufsteigen nach je zwei Stufen ihr Vorzeichen wechseln, folgt, daß mit zunehmender Nähe der Teilchen abwechselnd eine anziehende und weiterhin wieder abstoßende Kraft größer als alle übrigen wird,[5] sowie auch daß die Summe der anziehenden und abstoßenden Kräfte (da es nicht bloß auf die stärkste ankommt) abwechselnd überwiegt. Unter dem Einfluß dieses Übergewichts werden sich die Teilchen so lange fortfahren zu nähern oder zu entfernen, bis

Gleichgewicht, und zwar ein Fall stabilen Gleichgewichts, zwischen beiden eingetreten ist, d. h., wo bei weiterer Näherung die Summe der abstoßenden, bei größerer Entfernung die Summe der anziehenden Kräfte überwiegend wird. Dies ist der Fall der Elastizität.

Kristallisation. Damit die Teilchen eines seinen eigenen Kräften überlassenen Körpers in stabilem Gleichgewicht sind, wird nicht notwendig erfordert, daß sie alle gleich weit voneinander entfernt sind. Sie könnten sich z. B. nach einer Richtung so nahe sein, daß Gleichgewicht unter dem Einflusse sehr hoher anziehender und abstoßender Kräfte stattfände, indes sie nach der darauf senkrechten Richtung bei größerem Abstande unter dem Einflusse niederer Kräfte im Gleichgewicht wären. Dann wird der Körper nach letzter Richtung leichter spaltbar sein als nach erster, weil die niederen Kräfte der Entfernung der Teilchen aus der Gleichgewichtslage weniger Widerstand entgegensetzen als die höheren, da sie sich weniger rasch mit der Entfernung ändern. Dies gibt den allgemeinen Gesichtspunkt für das Gefüge oder die Blätterdurchgänge der Körper. Da an den Grenzen des Körpers sich die Teilchen unter anderen Verhältnissen befinden als im Inneren, so wird die Lage der Teilchen hier noch besondere Bedingungen erfüllen müssen, wenn sie sich in stabilem Gleichgewicht befinden sollen, und es läßt sich im allgemeinen übersehen, wenn schon der genauere Nachweis noch zu führen ist, daß hierzu gewisse Symmetriebedingungen der Stellung wesentlich sind; was den Gesichtspunkt der Kristallformen stellt.

Unstreitig sind in allen Kristallen Kräfte höherer Stufe wenigstens mit tätig, als welche die Adhäsion der Körper aneinander bewirken, die wahrscheinlich in der Hauptsache die Kraft dritter Stufe ist. Nun hindert nichts, daß kleine Kristalle noch in unregelmäßiger Weise durch diese Adhäsion vereinigt werden und so die scheinbar nicht kristallinischen Körper bilden.

Maß-Einheiten. Es ist bisher nicht gelungen, eine absolut konstante Größe in der Natur zu entdecken, auf die man überall und immer wieder zurückzukommen vermöchte und die somit als Grundlage absoluten Maßes dienen könnte. Auf der Erde ist man geneigt, ein absolutes Maß von den Dimensionen der Erde oder der unter konstanten Verhältnissen bestimmten Pendellänge zu entlehnen; aber die Dimensionen der Erde sind in Betracht ihrer allmählich fortschreitenden Erkaltung nicht absolut fest und die Pendellänge demgemäß auch nicht absolut unveränderlich; überdies wäre ein nur für Erdbewohner brauchbares Maß im günstigsten Fall noch kein absolutes Maß. Unser Prinzip aber gewährt das Mittel, ein solches aufzustellen, welches für alle Zeiten, auf allen Weltkörpern, bei allen Veränderungen derselben unveränderlich als dasselbe besteht, nur daß es freilich der feinsten und für jetzt noch nicht durchführbaren Untersuchungen bedürfen wird, das Verhältnis einer bekannten Größe dazu zu vermitteln; ohne daß übrigens die Hoffnung dazu überhaupt aufgegeben zu werden brauchte.

Nach Symmetriebedingungen darf man annehmen, daß ein Würfel aus 8 Atomen, d. h., dessen 8 Ecken respektiv von 8 Atomen eingenommen werden, als Molekül bestehen kann.[6] Er kann aber, sollen die Attraktivkräfte mit den Repulsivkräften im Gleichgewicht sein, nur bei gewissen Dimensionen bestehen, die überall und immer dieselben bleiben werden. Dieser Würfel kann demnach mit seiner Seite, Seitenfläche und kubischem Inhalt zugleich die Einheit des Längenmaßes, Flächenmaßes und Körpermaßes darbieten. Sein Gewicht wird zugleich als Gewichtseinheit, seine Dichtigkeit als Dichtigkeitseinheit dienen können. Die Zeiteinheit wird man durch die Dauer der Schwingungen erhalten, in welche der Würfel (zwischen Expansion und Kontraktion wechselnd) gerät, wenn man seine Teilchen unendlich wenig in der Richtung nach dem Schwerpunkt verrückt denkt; wobei man sich zu erinnern hat, daß die Dauer unendlich kleiner Schwingungen (als Grenzbegriff) doch endlich ist. Insofern Wärme, Magnetismus und Elektrizität sich, wie vielleicht nicht unwahrscheinlich, nur durch verschiedenartige Schwingungen unterscheiden sollten, würde man auch hierfür absolute Maßeinheiten von dem Würfel gewinnen können. Für die räumlichen Einheiten wird vorausgesetzt, daß der Würfel absolut kalt, unelektrisch, unmagnetisch sei, d. h., alle Teilchen desselben in völliger Ruhe, weil der Schwingungszustand wahrscheinlich Änderungen in der Mittellage der Atome hervorbringt. Vielleicht fällt der Würfel, um den es sich hierbei handelt, mit dem Molekül des relativ einfachsten chemischen Stoffes zusammen, wie im folgenden betrachtet wird.

Chemisch einfache Stoffe. Nach der schon oben berührten Auffassung beruht ihre Verschiedenheit darauf, daß ihnen Moleküle von einer verschiedenen Anzahl einfacher Atome unterliegen. Da sie durch die uns zu Gebote stehenden Kräfte nicht zersetzbar sind, müssen die inneren Kräfte, durch die sie zusammengehalten werden, sehr stark in Verhältnis zu den äußeren Kräften sein, die auf sie einwirken können; was sich nicht wohl anders repräsentieren läßt als so: Die Moleküle der *einfachen* Stoffe bestehen aus einer so hohen Kombination, d. h. so großen Anzahl, einfacher Atome, daß höhere Kräfte in ihnen tätig werden, welche mit der Nähe sehr stark zunehmen; und die Moleküle sind so dicht, daß diese Kräfte wirklich eine sehr starke Wirkung erlangen. Indem sich nach den bei der Elastizität und Kristallisation erörterten Prinzipien die anziehenden und abstoßenden Kräfte hierbei ins Gleichgewicht setzen, nimmt jedes Molekül eine gewisse kristallinische Grundform an.

Denken wir uns die Atome der Welt anfangs in sehr mannigfaltiger Anordnung, so konnten solche Moleküle *einfacher* Stoffe sich an sehr verschiedenen Stellen identisch bilden, da es nur galt, daß die hinreichende Anzahl Atome dazu in hinreichender relativer Nähe zueinander und hinreichender Entfernung von anderen zusammentraf, um nicht durch deren Wirken in Bildung des Moleküls gestört zu werden. Nachdem aber diese Moleküle einmal gebildet sind, können sie nicht so leicht wieder zerstört werden, da, wenn sich zwei oder mehr solcher Moleküle einander aus großer Entfernung nähern, Gleichgewicht der anziehenden und abstoßenden Kräfte zwischen ihnen schon unter dem Einfluß niederer Kräfte, als in ihnen selbst walten, und bei größeren Abständen, als zwischen ihren eigenen Teilchen bestehen, eintreten wird, so daß ohne eine gewaltsame Annäherung, wozu wir keine Mittel kennen, jedes Molekül seinen Bestand behält, ohne mit dem anderen zusammenzufließen oder sich mit ihm zu zersetzen.

Die nächstliegende wichtige Folgerung vorstehender Auffassung der *einfachen* Stoffe ist diese: Wenn selbst das Molekül des relativ einfachsten Stoffes, auf unserer Erde des Wasserstoffes, noch zusammengesetzt ist, so wird es prinzipiell genommen überhaupt nicht zweckmäßig sein, das Atom-Gewicht irgendeines der chemisch *einfachen* Stoffe als Grundeinheit des Atomgewichts anzusehen, sondern das Gewicht des einfachen Atoms selbst. Die Atomgewichte oder eigentlicher Molekülgewichte aller *einfachen* Stoffe werden dann mit der Zahl der Atome zu bezeichnen sein, die respektiv in das Molekül eines jeden eingehen. Hiernach kann man sich die Aufgabe stellen, die jetzt angenommenen Molekülgewichte, welche auf eins unter ihnen als Einheit bezogen werden, mit einem solchen gemeinschaftlichen Faktor zu multiplizieren, daß der Rationalität ihrer Verhältnisse durch kleinstmögliche Zahlen in hinreichender Annäherung genügt werde, um die übrigbleibende Abweichung auf Rechnung von Beobachtungsfehlern schreiben zu können; womit man dann hoffen könnte, die absoluten Atom- oder Molekülgewichte der *einfachen* Stoffe gefunden zu haben. Unstreitig würden damit manche Inkongruenzen verschwinden, die daran hängen, daß man das Gewicht eines an sich noch zusammengesetzten Moleküls als Einheit annimmt.

Dieser Untersuchung auf einem Wege *a posteriori* läßt sich aber mit Betrachtungen *a priori* entgegenkommen, welche vorweg eine untere Grenze setzen, unter die das Molekülgewicht des relativ einfachsten Stoffes (bezogen auf das Gewicht des einfachen Atoms als 1) nicht gehen kann.

Da die abstoßenden Kräfte erst mit der vierten Stufe beginnen, so ist *a priori* nicht möglich, daß sich ein Molekül von weniger als 4 distanten

Atomen durch eigene Kräfte in stabilem Geichgewichtszustande seiner Teile erhält; und das Molekülgewicht des einfachsten Stoffes kann daher nicht unter 4 betragen. Die Kristallgestalt hiervon wäre ein Tetraeder. Indes ist wohl nicht daran zu denken, daß ein Molekül aus bloß 4 Atomen, in dem also eine abstoßende Kraft vierter Stufe den niederen anziehenden Kräften bei gegebenem Abstande das Gleichgewicht hält, dauernd besteht, da die chemischen Verbindungs- und Zersetzungserscheinungen, in welche die Moleküle der *einfachen* Stoffe unverändert eingehen, selbst zum *mindesten* das merkbare Spiel der anziehenden Kraft dritter und abstoßenden Kraft vierter Stufe und hiermit eine Annäherung zwischen den Molekülen voraussetzen würde, welche der Nähe der Atome in den Molekülen aus 4 Teilchen entspräche, so daß ein getrenntes Bestehen derselben nicht möglich wäre. Da übrigens schon für die Erscheinungen der gewöhnlichen Elastizität die abstoßende Kraft vierter Stufe als das mindeste in Anspruch genommen ist, kann sogar für die chemischen Erscheinungen die Kraft vierter Stufe nicht reichen, und um so mehr muß die Bildung der Moleküle der *einfachen,* d. i. durch unsere chemischen Operationen unzersetzbaren, Stoffe auf noch höheren Kräften beruhen, d. h. noch mehr als 4 Teilchen in den einfachsten derselben eingehen. Während nun die abstoßende Kraft vierter und fünfter Stufe der anziehenden zweiter und dritter Stufe das Gleichgewicht halten kann, so wird dagegen, um mit höheren über der fünften einen Zustand stabilen Gleichgewichts für die Teilchen eines Moleküls zu erhalten, den anziehenden Kräften sechster und siebenter Stufe durch eine abstoßende Kraft achter Stufe das Gleichgewicht gehalten werden müssen, denn wenn einmal die anziehende Kraft sechster Stufe das Übergewicht gewonnen hat, so werden sich die Teilchen vermöge derselben unter Wachstum dieser Kraft so lange zu nähern fortfahren, bis die Kraft siebenter Stufe überwiegend wird, und dann weiter, bis vermöge der immer wachsenden Nähe die abstoßende Kraft achter Stufe merklich eintritt und eine solche Größe gewinnt, daß die Wirkung der anziehenden Kräfte kompensiert wird; wonach es nicht möglich scheint, daß das Molekülgewicht des einfachsten Stoffes unter 8 sei. Möglicherweise könnte es noch höher sein, auch ist nicht sofort als entschieden anzusehen, daß der einfachste Stoff sich auch auf unserer Erde finde und also der Wasserstoff dafür zu halten sei.

Nehmen wir aber an, das Molekülgewicht des einfachsten Stoffes sei wirklich 8, so würde die Gestalt desselben unstreitig ein Würfel sein und man damit, wie oben betrachtet, zugleich den Modul für alle Maßeinheiten gewonnen haben.

Da der Sauerstoff das 8 fache Molekülgewicht vom Wasserstoff hat, so würde, vorausgesetzt, der Wasserstoff wäre der einfachste Stoff, das

Atomgewicht des Sauerstoffs 64 sein, was der Kubus von 4 ist, indes 8 der Kubus von 2 ist. Der Sauerstoff könnte also einen Kubus mit doppelter Atomenzahl in der Seite als der Wasserstoff repräsentieren.

Aggregatzustände. Man hat den Unterschied der Aggregatzustände gewöhnlich auf Rechnung einer verschiedenen Lage und Entfernung der Teilchen geschrieben, ohne jedoch die Verhältnisse des Überganges von festem in tropfbaren Zustand und umgekehrt recht damit in Einstimmung bringen zu können. Namentlich hat der Umstand, daß ein Körper in tropfbarem Zustande dichter sein kann als in festem, manchen Erklärungen Hindernisse in den Weg gelegt.

Nehmen wir mit manchen neueren Physikern im Sinne der Undulationstheorie an, daß die wachsende Erwärmung der Körper auf einer vergrößerten Amplitude der Schwingungen ihrer letzten Teilchen selbst beruht (wofür besonders die Ergebnisse, die man über das mechanische Äquivalent der Wärme erhalten hat, zu sprechen scheinen), ohne dabei auf besondere Wärmeatmosphären um die Teilchen zu rekurrieren oder diese anders als in Mitleidenschaft zu ziehen, so dürfte sich auf unser Prinzip folgende Ansicht über das Verhältnis der verschiedenen Aggregatzustände gründen lassen.

Gehen wir von einem Punkte stabilen Gleichgewichts aus, wo sich alle Teilchen eines Körpers in Ruhe finden und mit zunehmender Nähe die Abstoßungskräfte, mit zunehmender Entfernung die Anziehungskräfte das Übergewicht erlangen, und setzen jetzt die Teilchen in Wärmeschwingung. Solange die Wärmeschwingungen klein genug sind, daß die Teilchen bei ihrer wechselseitigen Näherung den nächstliegenden Punkt labilen Gleichgewichts, von wo an sich jenes Verhältnis umkehrt, nicht überschreiten, bleibt der Körper fest. Sowie aber dieser Punkt erreicht und überschritten wird, tritt der tropfbare Zustand, und zwar plötzlich, ein. Es folgt nämlich damit von selbst auch sofort die Überschreitung des nächstfolgenden Punktes stabilen Gleichgewichts, indem das Teilchen, was den Punkt labilen Gleichgewichts überschritten hat, durch das hiermit eintretende Übergewicht der anziehenden Kraft mit zunehmender Geschwindigkeit bis zu diesem zweiten Punkte stabilen Gleichgewichts hingetrieben wird und vermöge der Beharrung ihn so weit überschreitet, bis die von nun an mehr und mehr überwiegende Abstoßungskraft endlich der weiteren Näherung Einhalt tut, worauf das Teilchen im Rückgang alle Geschwindigkeiten wieder annimmt, die es auf dem Hingang hatte; also auch wieder über seine erste Gleichgewichtslage hinausgeführt wird und fortan statt um eine, vielmehr um zwei stabile Gleichgewichtslagen mit einer zwischenliegenden labilen Gleichgewichtslage oszilliert.

Es leuchtet nun aus allgemeinem Gesichtspunkte ohne Schwierigkeit ein, daß diese plötzliche Vergrößerung der Schwingung, womit von selbst auch neue Verhältnisse ihrer Dauer und Geschwindigkeit zusammenhängen, eine Unterbrechung der Kontinuität in alle Erscheinungen bringen muß, die mit der Größe, Dauer und lebendigen Kraft der Schwingungen zusammenhängen.

Zunächst kann die plötzlich vergrößerte Beweglichkeit aller Teilchen der Flüssigkeit als ein Ausdruck des Umstandes angesehen werden, daß die Schwingungen jetzt selbst plötzlich vergrößert worden sind und einen Punkt labilen Gleichgewichts einschließen. Die Ausdehnungsverhältnisse müssen sich plötzlich ändern, sofern sie eine Funktion der Schwingungsverhältnisse sind; nicht minder muß die plötzliche Vergrößerung der Schwingungen, womit zugleich eine verlängerte Dauer verbunden ist, eine plötzliche Änderung der lebendigen Kraft mitführen, womit unstreitig das Latentwerden der Wärme im Akt des Flüssigwerdens in Beziehung steht.

Der Eintritt des gasförmigen Zustandes beruht dann möglicherweise darauf, daß die Schwingungen sich so weit vergrößern, daß die Teilchen fortan um drei oder mehr Lagen stabilen Gleichgewichts oszillieren, was mit einer neueren Theorie des Gaszustandes wenn auch nicht zusammenfällt, doch einigermaßen zusammentrifft. Es müssen hier analoge Erscheinungen eintreten als beim Eintritt des tropfbaren Zustandes, aber doch nicht gleiche.

Falls die hier aufgestellte Ansicht von dem Verhältnis der Aggregatzustände sich bestätigen sollte und der Begriff des festen Zustandes hiernach allgemein darein gesetzt würde, daß die Teilchen bei ihren Oszillationen nicht die nächste Grenze labilen Gleichgewichts überschreiten, würde die gewöhnliche Annahme, daß der Äther das Flüssigste in der Welt ist, was es gibt, der Ansicht Platz machen müssen, daß er das Festeste ist, was es gibt; da unstreitig die Ätherteilchen bei ihren weitesten Oszillationen immer sehr entfernt von Überschreitung jener Grenze bleiben, und die Alten hatten gewissermaßen recht, wenn sie den Himmel für ein Kristallgewölbe hielten. Übrigens ist dies keine ganz neue Ansicht.

Indes bleibt freilich der Vergleich des Äthers mit den festen Körpern der Erde nach anderer Seite wenig treffend. Die höchsten im Äther bemerklichen Kräfte gehen bei seiner Dünne unstreitig nicht über die abstoßende Kraft vierter und höchstens fünfter Stufe hinaus, und er ist schwerlich in besondere Moleküle gruppiert, indes die festen Körper der Erde aus Molekülen bestehen, in denen hohe Kräfte wirksam sind. Hieran knüpft sich dann natürlich ein sehr verschiedenes Verhalten. Der Äther ist nun eben ein Wesen *sui generis* und sein Aggregatzustand mit keinem anderen vollkommen vergleichbar.

Imponderabilien. Wenige Physiker dürften heutzutage noch glauben, daß die durch verschiedene Namen unterschiedenen Imponderabilien wesentlich verschiedene Agentien sind, wenn schon die Brücke zwischen Licht und Wärme zu Elektrizität und Magnetismus noch nicht gefunden ist; und weiter ist zu hoffen, daß der Abschluß der Atomistik in einfachsten und einheitlichsten Grundvorstellungen zuletzt auch den Unterschied der Imponderabilien von den Ponderabilien insofern aufheben wird, als er die Erscheinungen, die wir ins Gebiet der Imponderabilien rechnen, nur von Verhältnissen und Bewegungszuständen derselben Grundatome abhängig macht, welche auch den Erscheinungen der Ponderabilien zugrunde liegen; es bleibt aber diese Zurückführung ebenso wie die vorige noch der Zukunft aufgehoben. Indes dürfte sich doch mit einiger *Wahrscheinlichkeit* schon jetzt aufgrund unserer bisherigen Annahmen der allgemeine Unterschied der Imponderabilien von den Ponderabilien wie folgt aussprechen lassen:

Alle Erscheinungen, die wir von Imponderabilien abhängig machen, sind direkt nur auf individuelle Bewegungsverhältnisse der *letzten* Teilchen, die dagegen, welche wir den Ponderabilien beilegen, auf Bewegungsverhältnisse von *Kombinationen* solcher Teilchen, als Moleküle, Körper, Weltkörper, im Ganzen beziehbar, wenn schon freilich in letzter Instanz auch letztere Erscheinungen von Verhältnissen der letzten Teilchen abhängig gemacht werden müssen, so aber, daß sie Resultanten oder Wirkungssummen für diese Kombinationen repräsentieren. So pflanzt sich das Licht im Himmelsraume durch Schwingungen der Teilchen des Äthers fort, der bemerktermaßen schwerlich aus Molekülen, vielmehr wahrscheinlich unmittelbar aus letzten Teilchen gleichförmig konstituiert zu denken ist; so scheinen sich die Wärmeschwingungen als Schwingungen der letzten Teilchen der wägbaren Körper selbst fassen zu lassen;[7] so mögen auch die elektrischen, die magnetischen Erscheinungen auf Schwingungen oder sonst Bewegungen letzter Teilchen, sei es in den Molekülen oder zwischen den Molekülen, beruhen, indes die Bewegungen der Weltkörper, des fallenden Steins, des Pendels, die Wellenbewegungen des Wassers, die Schallschwingungen der Luft, selbst die chemischen Verbindungen und Scheidungen auf größere oder kleinere Kombinationen von letzten Teilchen beziehbar sind, sofern wir ja auch den chemisch *einfachen* Stoffen noch Moleküle unterzulegen veranlaßt sind.

Mit diesem Unterschiede dürfte ein anderer wesentlich zusammenhängen. Es leuchtet ein, daß Erscheinungen, welche die letzten Teilchen individuell betreffen, nur aus Wechselwirkungen derselben mit anderen sehr nahen Teilchen hervorgehen können, wogegen Wirkungen, die sich auf Moleküle, Weltkörper oder dergleichen im Ganzen identisch äußern sollen, nur aus größerer Ferne geäußert sein können. Hiernach müssen die Erscheinungen der Imponderabilien im allgemeinen unter dem Einfluß stärkerer und höherer Kräfte stehen und mit größeren Geschwindigkeiten der Teilchen in Beziehung stehen als die Erscheinungen der Ponderabilien. So sind die Lichtschwingungen des Äthers und Wärmeschwingungen der Körper ungeheuer viel schneller als die Schallschwingungen.

Nun aber bietet sich noch folgender wichtiger Punkt der Erwägung dar. Soll die Aufgabe erfüllt werden, die Erscheinungen der Imponderabilien von denselben Grundkräften abhängig zu machen und auf dieselben oder gleichgeartete Teilchen zu beziehen als die der Ponderabilien, so scheint es nicht, daß man mit Grundkräften auskommt, welche bloß von der Distanz, aber nicht dem Bewegungszustande der Teilchen abhängig sind; und sofern unser Prinzip der multiplen Kräfte in der bisherigen Aufstellung und Ausführung, so wie bis auf *Weber* allgemein auch mit den binären Kräften geschehen, bloß auf Distanzen Rücksicht nimmt, scheint es daher noch einer *Ergänzung* zu bedürfen, die doch nicht mit einer Widerlegung zu verwechseln wäre.

In der Tat, wenn man sieht, wie durch Reiben oder Berührung ungleichartiger Körper aneinander Anziehungs- und Abstoßungskräfte entwickelt werden, die auf sehr merkliche Entfernungen wirken, so erhellt nicht, wie ein Prinzip, welches *bloß* die Distanz der Teilchen in Betracht zieht, jene Entwicklung und dieses Merklichwerden der Molekularkräfte soll repräsentieren können. Auch die elektrischen Induktionserscheinungen möchten sich jeder Erklärung aufgrund eines Prinzips, was bloß die Distanz der Teilchen als maßgebend für die Kraft ansieht, entziehen.

Auch hat sich *Weber* schon vorlängst durch letztere Erscheinungen veranlaßt gefunden, eine Abhängigkeit der Kraft der elektrischen Teilchen von der relativen Geschwindigkeit und Beschleunigung derselben zu statuieren, und es wird um so weniger ein Hindernis vorhanden sein, an eine Verallgemeinerung dieser Abhängigkeit für materielle Teilchen überhaupt zu denken, als aus Webers Untersuchungen selbst hervorgeht, daß die Geschwindigkeit, von welcher merkliche Wirkungen im Felde der Elektrizität hervorgehen, so ungeheuer ist, daß man, wenn für die planetaren Massen eine gleiche Abhängigkeit angenommen würde, doch ihre Geschwindigkeit zu klein finden würde, um in den astronomischen Rechnungen nötig zu haben, darauf Rücksicht zu nehmen.

Es leuchtet aber ein, daß die Reibung und Berührung ungleichartiger Körper sehr wohl imstande sein kann, Abänderungen in den relativen Geschwindigkeits- und Beschleunigungsverhältnissen der kleinsten Teilchen hervorzurufen, und daß eine Kraft, die nach ihrer Abhängigkeit von der Distanz einen sehr kleinen Wert hat, doch möglicherweise nach ihrer Mitabhängigkeit von den Relationen der Bewegung einen sehr großen Wert annehmen kann. Von anderer Seite ist freilich in Rücksicht zu ziehen, daß die *Webersche* Formel für die Abhängigkeit der Kräfte elektrischer Teilchen von dem relativen Geschwindigkeits- und Beschleunigungszustande derselben keinen direkten Anhalt gewähren kann, wenn sich fragt, ob und wie etwa der elektrische Zustand der Teilchen selbst, der bei dieser Formel als gegeben vorausgesetzt ist, von Verhältnissen der relativen Geschwindigkeit und Beschleunigung abhängig gemacht werden könnte. Man kann nur aus der Notwendigkeit, jene Abhängigkeit bei den elektrischen Teilchen einzuführen, im allgemeinen schließen, daß, falls überhaupt der elektrische Zustand sich von allgemeinen, für alle Teilchen der Materie gleich geltenden Kräften abhängig machen läßt, auch diese Kräfte der Anhängigkeit von Geschwindigkeit und Beschleunigung nicht werden entbehren können. Eine derartige Zurückführung selbst aber ist bis jetzt nicht gelungen, und ich vermag nicht zu übersehen, inwiefern etwa die Einführung unserer höheren Kräfte dabei Dienste leisten kann; jedenfalls liegt hier ein Feld vor, was man in bezug darauf noch untersuchen kann.

Die Webersche Formel für die Kraft K, mit der sich zwei elektrische Teilchen, deren Massen e, e' sind, abstoßen oder anziehen, ist folgende[8]:

$$K = \frac{ee'}{r^2}(1 - Av^2 + 2Arw)$$

Hierin ist r der Abstand beider Teilchen, v ihre relative Geschwindigkeit, w ihre relative Beschleunigung, A eine positive Konstante, e, e' sind mit gleichen oder entgegengesetzten Vorzeichen zu nehmen, je nachdem es gleichartige oder ungleichartige Elektrizitäten sind.

8. Historisches über die Ansicht von den einfachen Grundatomen

Die Ansicht, daß die Grundatome der Körperwelt einfach seien, hat sich bei mir vorlängst und, wie ich glaube, ziemlich unabhängig von äußeren Anregungen, jedenfalls nicht auf Anlaß der *Herbartschen* einfachen Wesen, aus dem Gesichtspunkte entwickelt, die physikalische Atomistik philosophisch abzuschließen. Als ich mich mit der Herbartschen *Metaphysik* zu beschäftigen anfing, traten mir so manche Bezugspunkte, noch mehr aber gegensätzliche Gesichtspunkte zwischen unseren einfachen Wesen und den Herbartschen entgegen, daß ich mich dadurch zu einer für die *Fichtesche* Zeitschrift bestimmten Abhandlung veranlaßt fand, zu der jedoch bloß eine Art Einleitung daselbst erschienen ist, worin ich auf unsere einfachen Wesen vorgreifend hinweise.[1]

Inzwischen kann ich in keiner Weise eine Priorität des Gedankens der einfachen Wesen als letzter Elemente der Körperwelt in Anspruch nehmen; vielmehr sind mir, wie ich bei eingehenderem Studium zum Teil schon selbst, zum Teil erst nach Erscheinen der ersten Auflage dieser Schrift aufmerksam gemacht durch *Lotze*[2] und *Grassmann*[3] fand, eine ganze Reihe Physiker und selbst Philosophen in dieser Hinsicht vorangegangen, worüber ich hier das Wesentlichste berichten will.[4]

In gewissem Sinne kann man die erste Aufstellung einfacher Atome in der *Leibnizschen Monadologie* finden, indem seine einfachen Wesen, sog. Monaden, *substantiae simplices*, zwar geistiger Natur, doch nach seiner ausdrücklichen Erklärung zugleich Elemente der Körperwelt *(atomi naturae)* sein sollen, nur in so unbewußtem Zustande, wie ihn unsere Seele, eine bewußte Monade, zeitweis im traumlosen Schlafe oder Scheintod hat, wo Leibniz zwar immer nach *perceptiones*, aber nicht mehr *apperceptiones, conscientiam*, statuiert, über deren Unterschied man ihn selbst nachlesen muß. Zwar legt Leibniz den Monaden bei ihrer ihnen zugeschriebenen Einfachheit qualitative Verschiedenheit, innere Mannigfaltigkeit und Veränderlichkeit bei, bezieht dies aber eben auch nur auf die inneren oder geistigen Zustände, was nicht hindern würde, sie nach äußerer oder physischer Beziehung, ebenso wie dies in Lotzes Monadologie geschieht, ganz wie unsere einfachen Atome zu denken. Inzwischen läßt *Leibniz* die Monaden physisch genommen nicht durch leere Zwischenräume getrennt sein, sondern statuiert ein solches Verhältnis zwischen ihnen, welches zwar nicht vom Metaphysiker, aber vom Physiker als Raumerfüllung zu fassen ist, d. h., (in seinem Sinne gedacht) welches sich in der durch prästabilierte Harmonie zwischen den Monaden vermittelten äußeren Erscheinung für die Monaden selbst so darstellt, daß der Raum als ein durch Materie *in continuo* erfüllter vom Physiker zu behandeln ist. Dies bildet eine wesentliche Abweichung von unserer einfachen Atomistik und der physikalischen Atomistik überhaupt. Dazu hat man zu bemerken, daß Leibniz seine Monadologie nur in idealistischem Sinne ausgearbeitet und keinen Einfluß auf die Physik dadurch geäußert hat.

Vielleicht schiene daher ein Rückgang auf Leibniz bei einer Geschichte der einfachen Atomistik überhaupt müßig, wenn nicht einerseits sein System doch den wesentlichen Gesichtspunkt der Rückführung des materiellen Bestandes der Existenz auf *einfache,* in gewissem (freilich nur metaphysischem) Sinne absolut voneinander abgeschlossene, Wesen mit der einfachen Atomistik gemein hätte und nur noch der Zuziehung der physischen oder als physisch erscheinenden Distanzen bedürfte, um nach *physischer* Beziehung damit zusammenzufallen, und wenn nicht sein System doch als Ausgangspunkt mittelst Durchgangs durch *Wolff* zur Aufstellung der einfachen Atomistik durch *Kant* geführt hätte. Daß ihm die Verhältnisse, welche der Physiker an der Materie beobachtet, nicht als *wahre* Verhältnisse der Monaden überhaupt gelten, sondern nur als Sache der *Erscheinung* in den Monaden, würde an sich keinen Widerspruch gegen die physikalische Auffassung bilden, da diese überhaupt nur auf Erscheinung, Verhältnisse und Gesetze der Erscheinung in dem Sinne geht, welcher in den Zusatzkapiteln der vorigen Abteilung besprochen ist.

Wenn schon also Leibniz nicht als Urheber der physikalischen einfachen Atomistik angesehen werden kann, ist er doch als der wichtigste Vorläufer derselben anzusehen.

Das Wesentlichste von Leibniz' Ansichten, soweit sie hier in Betracht kommen, dürfte in einer Reihe Paragraphen enthalten sein, welche sich unter dem Titel „Principia philosophiae" finden.[5]

Auf Leibniz fortbauend nimmt auch der Philosoph Wolff in seiner *Kosmologie*[6] monadische Substanzen als Elemente der Körperwelt an, ohne sie diskontinuierlich im Raume zu denken, und unterscheidet sich nur darin wesentlich von Leibniz, daß er ihnen nicht gleiche psychische Bedeutung beilegt, vielmehr einen vollständigen Dualismus zwischen Leib und Seele statuiert.

Hingegen hat *Kant* in einer seiner früheren Schriften zwar nicht als der erste die physikalische einfache Atomistik mit diskreten Teilchen ohne Rücksicht auf eine psychische Bedeutung aufgestellt, denn darin ist ihm, wie nachher anzugeben, *Boscovich* vorangegangen, aber doch zuerst aus *philosophischem Gesichtspunkte* dieselbe behauptet, nur später diese Ansicht wieder verlassen; und es ist in der Tat merkwürdig, daß dieser Philosoph, von dessen späteren Ansichten die hartnäckigste Opposition gegen die Atomistik vorzugsweise ausgegangen ist, die Abschließbarkeit derselben im einfachen Atomismus von vornherein und zuerst unter den Philosophen erkannt hat.

Jene frühere Aufstellung der einfachen Atomistik durch Kant findet sich in der von ihm 1756 veröffentlichten Schrift „Metaphysicae cum geometria junctae usus in philosophia naturali".[7] Zwar spricht Kant schon hier von einer *Erfüllung* des Raumes durch die Kraft, aber nur in demselben Sinne, als auch der Physiker davon sprechen kann, so, daß doch das einfache Atom, die Monade, als *Centrum sphaerae activitatis* begrifflich von der Kraft und faktisch von anderen Zentren isoliert bleibt, sich anderen mehr oder weniger nähern kann und jeder Körper nur aus einer begrenzten Zahl solcher einfacher Elemente besteht; worüber *Lotze*[8] so wie *Langenbeck*[9] sich geäußert haben.

Hingegen enthalten die später erschienenen „Metaphysischen Anfangsgründe der Naturwissenschaft"[10] von Kant einen Versuch zur ausdrücklichen Widerlegung der Theorie von 1756, wovon Lotze sagt: „Er ist mir nicht so klar erschienen, daß ich ihn hier reproduzieren könnte."

Herbart hat bekanntlich in gewisser Beziehung an Kant angeknüpft; doch ist dies nicht in Betreff seiner Annahme einfacher Wesen geschehen, worin er ebenso wie *Leibniz,* nur mit gänzlichem Abweis von dessen prästabilierter Harmonie, zugleich Seelen (teils bewußte, teils unbewußte) und Elemente der Körperwelt sieht. Auch kann seine Ansicht ebensowenig als die von Leibniz als eine wirklich atomistische in physikalischem Sinne gelten, sofern er ausdrücklich die räumliche Diskretion dieser einfachen Wesen in physikalischem Sinne bestreitet, indem er in einem Kapitel seiner „Metaphysik", was vom Ursprunge der Materie handelt, wörtlich sagt: „Wer hier von Atomistik eine Spur finden wollte, der würde sich sehr irren. Atome können einander nicht durchdringen, bei uns aber ist partiale Durchdringung der ganze Grund, warum wir uns auf die gemachte Fiktion überhaupt einlassen. Und hier wird sich gerade die Ursache zeigen, warum bisher alle Versuche, aus Atomen oder Monaden die Materie zu erklären, fruchtlos bleiben mußten."[11]

Hingegen verbindet Lotze, hierin original gegen alle früheren und anderen Philosophen, den wesentlichsten Gesichtspunkt der physikalischen einfachen Atomistik, welcher räumliche Trennung der Atome fordert, mit dem der monadologischen, welcher in den einfachen Atomen zugleich Seelen sehen läßt, und man kann es eigentümlich finden, daß *Lotze* gerade den umgekehrten Gang als *Kant* genommen, welcher von der einfachen Atomistik anhebend bei der Verwerfung des Atomismus überhaupt stehenblieb, wogegen Lotze mit einer Verwerfung des Atomismus überhaupt anhebend, wie mir aus früherem persönlichem Umgang mit ihm bekannt ist, bei dem einfachen Atomismus stehengeblieben ist.

Lotzes erste Äußerungen über diesen Gegenstand finden sich in einer Anzeige der ersten Auflage seiner Schrift,[12] wo er bezüglich des einfachen Atomismus sagt: „Ich selbst glaube, auf die eigentlich doch naheliegende Vorstellungsweise aus anderen und nächstens zu erörternden Gründen gleich selbständig gekommen zu sein", und weiter: „In der Schilderung der Tauglichkeit dieser Hypothese (der einfachen Atome) zur Rekonstruktion der jetzt in der Physik geltenden Vorstellungen ist mir Fechner in seiner … Darlegung zuvorgekommen, die ich der aufmerksamen Beachtung namentlich der philosophischen Leser empfehlen möchte; über die Gründe meines Glaubens an diese Auffassung muß ich mir dagegen vorbehalten, anderswo zu sprechen. Die liegen im allgemeinen in der Theorie des Raumes."

Nun hat zwar Lotze, soviel ich weiß, von dieser theoretischen Begründung bis jetzt nur die oben mitgeteilte Andeutung gegeben, wohl aber die psychologische Verwertung der Ansicht dargelegt.[13]

Hiernach identifiziert Lotze die Seelen der Menschen und Tiere mit einfachen räumlich diskreten Atomen, d. h., die nach ihren äußeren physikalisch verfolgbaren Wirkungen als solche aufzufassen sind, indes sie in sich Bewußtseinserscheinungen haben. Jede Seele eines Menschen oder Tieres hat einen punktförmigen Sitz im Gehirn.[14] Die übrigen Atome des Körpers und der Körperwelt sind den Seelen an sich gleichartige, nur nicht ebenso zum Bewußtsein erwachte, wenn auch dieses Erwachens an sich fähige Wesen. Hierin, so wie überhaupt in der Ausführung der Beziehungen von Leib und Seele, stimmt Lotze, wie nicht anders sein kann, wesentlich mit *Herbart* überein, verfolgt aber diese Beziehungen eingehender mit mehr Rücksicht auf die Schwierigkeiten, welche der einfache Seelensitz darbietet; läßt auch die gesamten Atome der Welt weder durch prästabilierte Harmonie im Sinne von *Leibniz* noch die Störungsintentionen und dagegen geübten Selbsterhaltungen im Sinne von Herbart in Beziehung treten, sondern durch eine „unendliche Substanz" oder ein „substantielles Unendliches", in dessen Wesen alle Gesetze, aller Kausalzusammenhang der Dinge mit diesen selbst begriffen sind, welches in den einzelnen Erscheinungen und Dingen seinem Wesen nach überall voll gegenwärtig ist, aber doch dieses Wesen in keinem voll kundgibt und das letzte Prinzip seines Wirkens und Webens in der Idee des Guten hat, ohne daß ihm jedoch *Lotze* den Namen *Gott* gibt oder, wie es scheint, eine bewußte Persönlichkeit beilegt.[15]

Als monadologische Ansichten haben sich noch ferner philosophischerseits geltend gemacht die Ansichten von *Drossbach, Langenbeck* und *Fichte,* die freilich einer *physikalischen* einfachen Atomistik so fern liegen, daß eigentlich kein anderer Anlaß ist, ihrer hier zu gedenken, als einerseits zu zeigen, wie weit sich der Ideenkreis, in den die physikalische Atomistik eintritt, philosophischerseits überhaupt verzweigt hat, andererseits zu verhüten, daß man sich durch den Titel ihrer Schriften oder den Ausdruck Atom, den sie gebrauchen, verleiten lasse, etwas von physikalischer Atomistik darin zu suchen.

Drossbach[16] identifiziert Körperatome mit Seelen und gründet namentlich auf den unzerstörbaren Bestand derselben die Unsterblichkeit. Aber weder nimmt er die Körperatome für ausdehnungslos noch den Raum zwischen ihnen für leer an (welches letztere freilich *Leibniz* und *Herbart* auch nicht tun, aber doch ersteres); Drossbachs *sogenannte* Atome sind *Kraftkugeln,* wie er selbst sie mehrfach nennt, welche einander durchdringen, ohne ein vom Kraftinhalt substantiell unterschiedenes Zentrum, nur daß Drossbach doch die Zentren der Kraftkugeln als in endlichen Entfernungen voneinander und demgemäß jeden Körper nur durch eine endliche Zahl derselben konstituiert denkt.

Die Kraftkugeln sind sehr groß, z. B. die der Erde so groß, daß sie bis zum Mond und zur Sonne reichen;[17] doch von meßbarem Durchmesser.[18] „Aber die Atome bestehen nicht aus *einer* Kraft allein, folglich nicht aus *einer* meßbaren Kraftsphäre allein, sondern aus mehreren. Es kann gezeigt werden, daß nicht jede Kraft in einen gleich großen Raum wirkt, vielmehr wirken die einen Kräfte in sehr große Entfernungen, während andere in der nächsten Nähe wirken. Daher besteht jedes Atom aus einer Menge Kraftkugeln von verschiedenem Durchmesser, welche aber alle einen Punkt zu ihrem Mittelpunkte haben".[19]

Langenbeck[20] erklärt die Seelen für monadische Wesen, deren Verhältnis zu den physikalischen Atomen er aber im wesentlichen dahingestellt läßt, wenn schon er metaphysische Beziehungen dazwischen statuiert und andeutet.

„Unsere Atome sind die ihrer Natur nach Unteilbaren und haben als solche mit den Atomen der Naturwissenschaft – *vielleicht* – nichts gemein als nur den Namen.[21] „Die physikalischen Atome sind einstweilen nur *Bilder* unserer naturphilosophischen. Ob sie in Wirklichkeit mehr sind, ob sie diesen gleichgesetzt werden können, lassen wir dahingestellt. …

Vielleicht haben wir hier gar nicht mit den Atomen der Naturwissenschaft ... zu tun, sondern mit Unteilbaren, gegen die möglicherweise selbst das Atom der Physik schon eine Molekula – wohl gar eine kolossale Moles ist."[22]

Fichte stellt einen qualitativen Atomismus auf, welchen es hier genügen muß, durch eine resümierende Stelle aus seinem Werke zu bezeichnen:

„Und so bekennen auch wir uns ausdrücklich zur Lehre von *Atomen*, einfachen Unzerlegbarkeiten, aber *qualitativer* Art, welche *ihren* Raum setzen – erfüllen und durch ihre innere Affinität sowie durch die damit zwischen ihnen herrschende *Wechselwirkung* das Phänomen relativ undurchdringlicher Körper erzeugen. Sie sind daher nicht Atome in der Bedeutung kleinster, den *leeren Raum* erfüllender, qualitativ gleichartiger (d. h. qualitätsloser), mechanisch unzerstörbarer *realer Raumpunkte*, sondern im Sinne qualitativ unterschiedener Urelemente, welche damit zugleich als wahrhaft *unteilbare* und *unzerstörbare* gedacht werden müssen, weil eben ein jedes in seiner ursprünglichen Qualität den anderen gegenüber selbständig und eigentümlich sich zu behaupten vermag."[23]

Das Bisherige enthält das, was mir von den *philosophischen* Auffassungsweisen der einfachen Atomistik und damit sachlich oder nominell zusammenhängenden Vorstellungsweisen bekannt ist. Um es zu resümieren, so nehmen *Leibniz, Wolff, Herbart* zwar einfache, metaphysisch unterscheidbare Wesen als letzte Elemente der Körperwelt an, fassen sie aber nicht als räumlich oder physisch diskret, sondern statuieren ein Verhältnis dazwischen, welches vom Physiker als kontinuierliche Raumerfüllung zu fassen ist; und da die Verneinung einer solchen zur *physikalischen* Atomistik wesentlich gehört, so sind sie eigentlich gar nicht als Atomisten im Sinne der Physik zu betrachten. Noch weniger gilt dies von *Drossbach* mit seinen ungeheuren Kraftkugelatomen und *Langenbeck* wegen unklar gelassener Beziehung seiner Atome oder Monaden zu physischen Atomen. Hingegen gehen *Kant* in seiner früheren Ansicht, *Lotze* und *ich selbst* auf die Annahme räumlich diskreter Atome entschieden ein; wir unterscheiden uns aber darin, daß Kant überhaupt seinen einfachen Atomen keinen psychischen Wert gibt, Lotze sie einzeln mit bewußten und unbewußten Seelen ähnlich wie Leibniz und Herbart identifiziert, ich selbst das Seelendasein an ihr Zusammensein knüpfe, ein Unterschied der Ansichten, von welchem das vorletzte Kapitel des näheren handeln wird.

Eine irgendwie eingehende *physikalische* Verwertung der einfachen Atomistik hat, mit Ausnahme meines eigenen Versuches in dieser Schrift, der doch auch in Spezialitäten wenig eingeht, von keiner der bisherigen Seiten stattgefunden. Jetzt komme ich zu denjenigen Auffassungen und Darstellungen derselben, welche rücksichtslos auf etwaige psychologische

Verwertung ausschließlich in physikalischem Interesse gemacht worden sind und uns hier vorzugsweise angehen.

Irre ich nicht, so muß der Jesuit *Roger Boscovich* aus Ragusa, ein gründlicher Physiker und Mathematiker, als der eigentliche Urheber der physikalischen einfachen Atomistik mit räumlich diskreten Atomen angesehen werden; ja ich bin erstaunt, nachdem ich auf ihn aufmerksam geworden, die wesentlichsten Grundbestimmungen der einfachen Atomistik, wie sie von mir in dieser Schrift ohne vorherige Kenntnis seiner Ansicht vorgetragen wurden, schon mit so großer Klarheit, Entschiedenheit und Vollständigkeit ausgesprochen zu finden und selbst das im vorigen Kapitel von mir mit der einfachen Atomistik in Beziehung gesetzte Gesetz der *Abwechslung* anziehender und abstoßender Kräfte je nach der Distanz nicht minder von ihm damit in Beziehung gesetzt zu sehen, wenn schon ohne Bezugnahme auf multiple Kräfte, demnach in anderer Form. Auch ist er nicht bei der allgemeinen Aufstellung der Grundpunkte der einfachen Atomistik stehengeblieben, sondern hat die ganzen Hauptlehren der Physik auf ihrer Unterlage zu entwickeln gesucht.[24]

Die erste Darstellung seiner Ansichten hat Boscovich in verschiedenen Dissertationen[25] gegeben, eine ausführliche Darstellung aber in seinem Werk „Theoria philosophiae naturalis reducta ad unicam legem virium in natura existentium".[26]

Der Hauptgesichtspunkt, von dem Boscovich bei Begründung seiner Theorie ausgeht, ist, daß eine plötzliche Ausgleichung oder überhaupt Änderung der Geschwindigkeiten aneinanderstoßender, sei es elastischer oder nicht elastischer, hintereinander hergehender oder gegeneinander laufender Körper im Momente wirklicher Berührung nicht ohne Verletzung des Gesetzes der Kontinuität veränderlicher Größen, eine allmähliche nach Eintritt der Berührung nicht ohne Verletzung der Undurchdringlichkeit gedacht werden könne, wie man des näheren aus dem im folgenden Kapitel gegebenen Auszuge seiner „Theoria" (insbesondere §18) ersehen kann. Hierüber sowie über die Notwendigkeit, das Gesetz der Kontinuität veränderlicher Größen und die Undurchdringlichkeit als unverbrüchlich anzusehen, geht er in sehr ausführliche Erörterungen ein und sucht sie gegen entgegenstehende Ansichten sicher zu stellen. Beides vorausgesetzt aber müsse eine Repulsivkraft angenommen werden, welche es gar nicht zur Berührung beim Stoße kommen lasse, sondern eine allmähliche Ausgleichung der Geschwindigkeiten schon vorher bewirke, und diese Repulsivkraft müsse mit der Nähe der Körper oder Körperteilchen ins Unbestimmte wachsend gedacht werden, damit sie auch durch noch so große Geschwindigkeit des anstoßenden Körpers nicht überwunden werden könne, sondern in *jedem* Falle das Zustandekommen der Berührung und somit die Annahme eines Sprunges in der Geschwindigkeit oder einer Kompenetration der Materie beim Stoße ausschließe. Bei Vorhandensein einer solchen in größter Nähe unbestimmbar großen Repulsivkraft aber könne es gar nicht zu einer zusammenhängenden Materie kommen.

Nun wird allerdings der Dynamiker die *Impenetrabilitas* der Materie, hiermit eine wesentliche Voraussetzung in *Boscovichs* Theorie, die von ihm[27] durch Induktion als begründet angesehen und später[28] im Sinne der Theorie selbst näher erläutert wird, nicht zuzugeben brauchen, vielmehr die chemischen Verbindungen und die Verdichtung der Körper durch Druck in entgegengesetztem Sinne geltend machen können.[29] Hat man sich aber durch die in unserer physikalischen Atomistik zur Sprache gebrachten Gründe vorweg bestimmen lassen, die dynamische Deutung dieser Phänomene fallenzulassen, so scheint die Boscovichsche Betrachtung in der Tat geeignet, von der physikalischen zur einfachen Atomistik überzuführen, wenn schon sie als eine strenge nicht gelten kann; da man namentlich gegen die Notwendigkeit, eine mit wachsender Nähe ins Unbestimmte wachsende Repulsivkraft anzunehmen, einwenden kann, daß die Voraussetzung von Geschwindigkeiten, welche jede gegebene Grenze übersteigen können, ein unerwiesenes Postulat ist, denn möglicherweise könnte ein Maximum davon durch die realen Kraftverhältnisse der Materie selbst gesetzt sein. Sei dem aber, wie ihm sei, so hat mich die historische Wichtigkeit der Boscovichschen Theorie veranlaßt, im folgenden Kapitel einen wörtlichen Auszug ihrer Grundgesichtspunkte zu geben, ohne jedoch in die Ausführung der Physik auf der Basis dieser Gesichtspunkte einzugehen, welche man jedenfalls für antiquiert anzusehen haben dürfte.

Unter den Philosophen stimmten *Stewart*[30] aus Edinburgh und *Mackentish*[31] der Boscovichschen Ansicht bei und nennen sie die beste auf diesem Gebiete, welche nichts gemein hat mit dem Idealismus *Berkeleys* und nicht im mindesten mit dem Dasein der äußeren Welt in Widerspruch tritt. Hingegen wurde dieselbe von *Deluc* aus dem Gesichtpunkte angegriffen, daß eine Tätigkeit ohne Substanz, wofür er die einem Punkt zugeschriebene Kraft erklärte, gar nichts sagen wolle. Auch hier also die Verwechslung von Punkt und Nichts. Ich kenne übrigens die Ansichten von Stewart, Mackentish und Deluc bloß aus Zitaten von *Grassmann* und *Schyanoff.*

Bei den Physikern scheint der Versuch Boscovichs keinen erheblichen oder nachhaltigen Eindruck gemacht zu haben, denn ich kenne keinen Physiker, der bis zu den dreißiger Jahren des jetzigen Jahrhunderts auf die einfache Atomistik zurückgekommen wäre; und wenn von dieser Zeit an eine ganze Reihe mathematischer Physiker Frankreichs sich dazu bekannt hat, ist es ohne Bezugnahme auf *Boscovich* und, wie es scheint, ganz unabhängig von ihm geschehen. Als solche neuere Vertreter sind insbesondere zu nennen: *Ampère, Cauchy, Séguin, Moigno, Saint Venant.*

Wie es scheint, sind Ampère und nach ihm Cauchy diejenigen, welche unter den Neueren die Priorität haben.[32] Da sich Cauchy auf Ampère bezieht, so ist Ampère Cauchy jedenfalls in Aufstellung der Ansicht vorausgegangen. Doch kenne ich Ampères Darstellung nicht aus eigener Ansicht; nach *Grassmanns* Angabe findet sie sich im „Cours du collège de France 1835–1836".[33] Aus Cauchys Darstellung entlehne ich auszugsweise:

„Suivant *Newton,* disait M. Cauchy, dans une de ses leçons de physique sublime à Turin, les molécules intégrantes des corps seraient solides, dures et invariables, en sorte, qu'elles ne pourraient changer de dimensions ni de figures. Mais cette opinion ne saurait s'accorder avec un phénomène récemment observé par M. *Mitscherlich.* En soumettant les cristaux à l'action de la chaleur, cet habile physicien a reconnu, qu'ils subissent des dilatations inégales dans les différents sens, et que les inclinaisons de leurs faces varient; or, pour expliquer ce phénomène, il faut nécessairement supposer, que par l'addition du calorique les molécules intégrantes non seulement s'écartent les unes des autres, mais changent réellement de forme. ... Ampère a fait voir, de son côté, que pour rendre raison de plusieurs phénomènes relatifs aux combinaisons de gaz, il suffisait de considérer les molécules des différents corps comme composés chacune de plusieurs atomes, dont les dimensions sont infiniment petites, relativement aux distances, qui les séparent. ... Si donc il nous était donné d'apercevoir les molécules intégrantes des différents corps soumis à nos expériences, elles présenteraient à nos regards des espècses de constellations; et en passant de l'infiniment grand à l'infiniment petit, nous retrouverions dans les dernières particules de la matière, comme dans l'immensité des cieux, des centres d'action sans étendue placés en présence les uns des autres. ...

Dans l'opinion de M. Ampère, les dimensions des atomes, dans lesquels résident les centres d'action moléculaires, ne doivent pas être considérées seulement comme très petites relativement aux distances, qui les séparent, mais comme rigoureusement nulles. En d'autres termes, ces atomes qui sont les véritables êtres simples, dont la matière se compose, n'ont pas d'étendue. ... Il semble, au premier coup d'œil, que priver d'étendue une parcelle de matière, ce soit l'anéantir complètement; mais en y réfléchissant, il est facile de concevoir, comment la matière même composée d'atomes simples continue néanmoins à jouir des propriétés, qui manifestent sa présence, l'étendue ..., l'impénétrabilité ..., la tangibilité etc. etc. Dans la théorie mathématique de la lumière nous considérons la sensation lumineuse comme produite par la propagation du mouvement dans un éther composé d'atomes, qui n'auraient point d'étendue et qui agissent les uns sur les autres à de très petites distances.

Il résulte de ce qui précède, que s'il plaisait à l'auteur de la nature, de modifier seulement les lois, suivant lesquelles les atomes s'attirent ou se repoussent, nous pourrions voir à l'instant même les corps les plus durs se pénétrer les uns les autres, les plus petites parcelles de matière occuper des espaces démesurés, ou les masses les plus considérables se réduire aux plus petits volumes, et l'univers se concentrer, pour ainsi dire, en un seul point."[34]

Séguin hat die Annahme einfacher Atome mit den Ansichten in Beziehung gesetzt, und *Moigno* nimmt bei Gelegenheit der Mitteilung derselben in Band I und II seines „Cosmos" diese Annahme mit seiner gewöhnlichen Lebhaftigkeit in Schutz. Séguin knüpft dieselbe an vorgängige allgemeine Erörterungen über die Kohäsion mit folgenden Worten an: „Par cela même, qu'il n'y a pas de limites possibles à la petitesse, que l'on peut assigner aux molécules des corps, n'est-il pas plus simple, plus naturel, plus élégant, et même plus en rapport avec l'idée, que nous avons des œuvres du Créateur, qui a dressé partout devant nous cette barrière infranchissable de l'infini ou de l'infiniment petit, contre laquelle notre esprit est obligé de venir sans cesse se briser, de considérer les dernières molécules des corps comme dépourvues de dimensions, ainsi que M. M. *Ampère* et *Cauchy* l'ont admis, ou mieux de les réduire à de simples centres d'action, comme l'a fait M. *Faraday?*"[35]

Saint Venants Darstellung[36] ist nach seinem größeren Teile von *Robert Grassmann* in dessen *Atomistik*[37] in wörtlicher Übersetzung reproduziert. Saint Venant stellt eine ganze Reihe physikalisch-mathematischer Gesichtspunkte zur Begründung der einfachen Atomistik auf, ohne jedoch solche so scharf und klar zu entwickeln, daß ich zu einer eingehenden Mitteilung daraus Anlaß fände.

Unter den deutschen Fach-Physikern und Mathematikern ist die Möglichkeit einfacher Atome bis jetzt nur beiläufig statuiert worden von *Weber, Helmholtz, Hoppe.* Hiergegen hat der in mathematischen Studien selbst nicht unbewanderte Bruder des bekannten verdienstvollen Mathematikers *Hermann Grassmann,* Robert Grassmann, die einfache Atomistik nicht nur im allgemeinen behauptet, sondern auch die Hauptlehren der Physik und Chemie auf Grundlage derselben zu entwickeln versucht.[38] Kann ich nun schon diesem Versuche aus den schließlich anzuführenden Gründen in wesentlichsten Punkten nicht beistimmen, so glaube ich doch in Betracht dessen, daß er manches Sinnreiche enthält, daß er nach *Boscovichs Theoria* der erste Versuch einer derartigen Ausführung ist und daß er mit meinem eigenen im vorigen Kapitel gemachten Versuche, zu den Grundkräften der einfachen Atome zurückzugehen, in Konflikt kommt, nicht umhin zu können, die Hauptpunkte dieses Versuches mit folgendem etwas näher zu bezeichnen und meine ablehnende Stellung zu motivieren.

Die *Atomistik Grassmanns* ist nur das erste Buch eines in Aussicht gestellten größeren Werkes, in welchem sich der Verfasser die größte Aufgabe gestellt hat, welche sich die Wissenschaft überhaupt stellen kann, indem nämlich dies Werk in einer ersten Abteilung von 2 Bänden „die gesamten Welt- und Naturwissenschaften", im ganzen aber „das Gebäude des menschlichen Wissens" überhaupt, darunter „allgemeine Wissenschaftslehre, Staatswissenschaft, Theologie, Metaphysik", zu umfassen bestimmt ist.

In Betreff der Notwendigkeit, bis zur Annahme einfacher Atome zurückzugehen, fußt der Verfasser wesentlich auf den französischen Vorgängern, ohne sich auf neue Begründung einzulassen. Geschichtlich gedenkt er auch *Leibniz'* und *Boscovichs*. Die Hauptsätze seiner Atomistik, wozu er geglaubt, eine neue Terminologie einführen zu müssen, sind folgende:

Die letzten Teile der Körperwelt sind unteilbare, in einem leeren Raume schwebende Punkte, Atome, von bloßen Raumpunkten dadurch unterschieden, daß sie Kräfte äußern.

Die Kräfte der letzten Punkte sind teils anziehender, teils abstoßender Natur, befolgen aber sämtlich das Gesetz des umgekehrten Quadrats der Entfernung, was ebenso durch Induktion nach der Beschaffenheit der besterkannten Grundkräfte als nach dem Begriffe, den wir von einer Ausdehnung der Kraft im Raume haben müssen, folgt.

Es sind ponderable und imponderable einfache Atome zu unterscheiden, Körperpunkte und E-Punkte (Elektrizitätspunkte) nach Grassmanns Ausdruck. Erstere anlangend, „so muß man entweder behaupten, daß die einfachen Körperpunkte der Grundstoffe verschiedene Gewichte besitzen, welche den Mischgewichten der Stoffe entsprechen, oder man muß annehmen, daß die sogenannten Grundstoffe noch abermals zusammengesetzt seien und daß es Urstoffe gebe, welche schließlich erst aus einfachen Körperpunkten bestehen, deren Gewicht gleich sei. Die Erfahrung hat über diese Frage noch nicht entschieden, und wird man daher zunächst an der ersten Auffassung festhalten müssen, wenn auch die letztere an sich sehr viel mehr Wahrscheinlichkeit besitzt." Wie dem auch sei, so ziehen sich die Körperpunkte sämtlich nach dem Gravitationsgesetze an, müssen aber doch nach dem alsbald anzugebenden doppelten Verhalten zu den E-Punkten für doppelter Art angenommen werden.

Die E-Punkte sind ebenfalls zweierlei, $\oplus$E und $\ominus$E, indem sie durch die Grundbestandteile der entgegengesetzten Elektrizitäten repräsentiert

sind und die demgemäßen bekannten Abstoßungs- und Anziehungskräfte je nach Gleichartigkeit oder Ungleichartigkeit gegeneinander
äußern.

Jeder Körperpunkt zieht den einen E-Punkt aber so stark an, als er
den anderen abstößt; die Körperpunkte unterscheiden sich aber in
⊕ Punkte und ⊖ Punkte, je nachdem sie die ⊖ E- oder ⊕ E-Punkte anziehen.

Der Äther des Weltalls besteht in seinen letzten Teilen aus E-Punkten, welche je zwei zu einem E-Paare nach dem Bilde eines Doppelsterns
vereinigt sind und deshalb nicht durch ihre Anziehung in einen Punkt
zusammenlaufen, weil sie eben wie die Sterne eines Doppelsternes einander umkreisen. Die E-Paare des Äthers sind gewichtslos, weil Anziehung
und Abstoßung der komponierenden E-Punkte gegen wägbare Körper
sich die Waage halten. *Grassmann* beweist[39] durch eine einfache Rechnung, daß, wenn zwei E-Paare mit ihren 4 Punkten in einer geraden Linie liegen und beide Paare weit voneinander entfernt im Verhältnis zur
gegenseitigen Entfernung der Punkte jedes Paares sind, die Anziehung
oder Abstoßung beider E-Paare (je nach Zuwendung der ungleichartigen
oder gleichartigen Punkte beider Paare) merklich im umgekehrten Verhältnis der vierten Potenz der Entfernung steht, und setzt dies damit in
Beziehung, daß *Cauchy* bewiesen habe, „die Ätheratome ziehen sich
gegenseitig an oder stoßen sich gegenseitig ab, umgekehrt wie die vierten
Potenzen ihrer Entfernung".[40]

Was wir Moleküle zu nennen gewohnt sind, nennt Grassmann *Körner*. Jeder aus Körnern zusammengesetzte Körper besitzt im natürlichen
Zustande beide Arten E-Punkte, zu E-Paaren, Ätherteilchen verbunden,
in gleicher Menge, welche aber durch die bekannten Mittel in der Art getrennt werden können, daß sie als freie Elektrizitäten zum Vorschein
kommen.

Jeder ⊕ - oder ⊖ Körperpunkt eines Korns insbesondere ist von einem
Kranze aus E-Paaren (Ätherhülle) umgeben, welche dem Körperpunkte
den ungleichartigen Punkt zukehren, den gleichartigen davon abkehren.
Hieraus resultiert, unter Voraussetzung, daß der Abstand der E-Punkte
jedes Paares voneinander klein im Verhältnis zum Abstande des E-Paares
vom Körperpunkt ist, eine Anziehung des ganzen E-Paares gegen den
Körperpunkt im umgekehrten Verhältnis des Kubus der Entfernung, wie
wieder durch eine einfache Rechnung[41] bewiesen wird. Indem bei einem
⊕ Körperpunkt alle ⊖ E-Punkte, bei einem ⊖ Körperpunkte alle ⊕ E-Punkte
in sämtlichen Körnern nach außen liegen, müssen sich die E-Paare der
verschiedenen Körner eines aus gleichartigen Körnern zusammengesetzten Körpers einander abstoßen. „Diese gegenseitige Abstoßungskraft hält
vereint mit der etwaigen Zentrifugalkraft der E-Paare der Anziehungs-

kraft der Körperpunkte (gegeneinander) das Gleichgewicht und bestimmt die Entfernung der E-Punkte von den Schwerpunkten der Körperpunkte."[42] Bei Näherung der Körperpunkte gegen einander wächst die Abstoßung der daran gebundenen Kranzringe, nimmt hingegen bei wachsender Entfernung ab, womit sich die Erscheinungen der Elastizität erklären.

Aufgrund dieser Hauptsätze entwickelt der Verfasser in allgemeinen Betrachtungen die Hauptlehren der Elektrizität, des Galvanismus, der Wärme, des Lichtes, des Chemismus usw.

Nach einer mündlichen Unterhaltung, die ich Gelegenheit hatte, mit dem Verfasser zu pflegen, gibt auch er den einfachen Atomen einen psychischen Wert im Sinne *Lotzes* (ohne von dessen Ansicht zuvor Kenntnis gehabt zu haben), und hatte er die Absicht, in der Fortsetzung des Werkes, wozu seine Atomistik den Eingang bildet, diese Ansicht zu entwickeln.

Was ich nun Bedenkliches in all dem finde, ist folgendes:

1. Die Ansicht, daß alle Grundkräfte das umgekehrte Verhältnis des Quadrats der Entfernung befolgen, kann triftig weder aus dem Begriffe der Kraft gefolgert werden noch durch Induktion für andere als *merkliche* Entfernungen der Teilchen als erwiesen gelten. Die multiplen Kräfte, zu deren Annahme sich *Weber* durch die elektro-dynamischen Erscheinungen genötigt gesehen hat und auf die man noch durch andere Gesichtspunkte geführt werden kann, fallen dabei ganz außer Betracht. *Grassmann* hat aber nicht gezeigt, wie sich dieselben Erscheinungen ohne diese Annahme erklären lassen.

2. Alle Körperpunkte sollen sich gegenseitig anziehen, sowohl ⊕ Punkte untereinander als ⊖ Punkte untereinander als endlich ⊕ Punkte und ⊖ Punkte gegenseitig; in dieser Hinsicht also beiderlei Körperpunkte gleichartig sein, aber doch dadurch verschieden, daß die einen dieselben E-Punkte anziehen, welche die anderen abstoßen. Wie zweierlei Körperpunkte werden zweierlei E-Punkte statuiert, aber während die gleichartigen Körperpunkte einander ebenso anziehen als die ungleichartigen, stoßen sich die gleichartigen E-Punkte ab, und nur die verschiedenartigen ziehen sich an. Eine solche Inkongruenz in den Verhältnissen der Grundkräfte erscheint mindestens sehr unwahrscheinlich.

3. „Das Hervortreten der ⊕ E im Zink und der ⊖ E im Kupfer bei Berührung kann offenbar nur darin seinen Grund haben, daß die Zinkpunkte mehr die ⊕ E, die Kupferpunkte mehr die ⊖ E von den E-Punkten anziehen, daß daher an der Berührungsstelle der beiden Metalle die beiden E-Punkte der E-Paare getrennt, die ⊕ E dem Zink, die ⊖ E dem Kupfer zugeführt werden und daß sich beide auf den trefflichen metallenen Leitern ungestört ausbreiten."[43]

Aber wie kommt es dann überhaupt je zu einem natürlichen Zustande des Kupfers und Zinks, in welchem nach *Grassmann*[44] wie nach der gewöhnlichen Annahme ⊕E und ⊖E in gleicher Menge vorhanden sind? Das Kupfer sollte dann stets negativ, das Zink positiv gefunden werden. Wie kommt es, daß Zink die negative Elektrizität durch Überleitung ebensoleicht annimmt und abgibt als die positive usw.?

Ersterem Einwande könnte der Verfasser vielleicht dadurch zu begegnen suchen, daß in den kranzförmigen Umringen aus E-Punkten, welche die ⊕ Körperpunkte im Zink umgeben, alle ⊖ E-Punkte nach innen, dem Körperpunkte näher liegen als die ⊕ E-Punkte, im Kupfer umgekehrt. Damit sei der stärkeren Anziehung der ersteren auf die ⊖ E-Punkte, der letzteren auf die ⊕ E-Punkte bei Vorhandensein gleicher Mengen derselben in natürlichem Zink und Kupfer genügt. Aber zuvörderst wäre dann zu beweisen, was zu beweisen oder nur anzunehmen unmöglich sein dürfte, daß durch solche verschiedene *Verteilung* der ⊕ E-Punkte und ⊖ E-Punkte bei gleicher Menge derselben der verschiedenen Anziehungskraft der ⊕ Körper und ⊖ Körperpunkte in gleicher Weise Genüge geschehen kann. Denn man muß zwar zugestehen, daß wegen der gegenseitigen Anziehung der ⊕ - und ⊖ E-Punkte sowohl der ⊕ Körper als ⊖ Körper beide enthalten wird, aber doch nicht in gleicher Menge. Sei es aber zugestanden, so wird nun um so weniger erklärlich, wie ein ⊕ Körper, in welchem die ⊕ E-Punkte alle nach außen gekehrt sind, die ⊕ Elektrizität noch so leicht durch Überleitung aufnehmen und abgeben kann als ein ⊖ Körper. Endlich widerspricht der Verfasser jener Anordnung der E-Punkte in festen Lagen, woraus er u. a. auch die Elastizitätsverhältnisse erklärt, durch die anderwärts aufgestellte Ansicht, daß die E-Punkte jedes E-Paares nicht nur im Äther des Himmelsraums, sondern auch in den Körpern,[45] ausgenommen im Zwischenraume zwischen chemisch differenten Körnern,[46] umeinander wie die Sterne eines Doppelsternes kreisen.

Ich gestehe, daß es mir beim besten Willen nicht gelungen ist, über diese Widersprüche und was damit zusammenhängt hinwegzukommen; und wenn dem Verfasser eine Auflösung derselben zu Gebote steht, so liegt sie wenigstens nicht auf der Hand.

9. Auszugsweise Darstellung der Grundgesichtspunkte der einfachen Atomistik aus Boscovichs *Theoria philosophiae naturalis*

Was *Boscovich* als Hauptpunkte seiner *Theoria* ansieht, faßt er selbst in der seiner *Theoria* vorangehenden *Synopsis totius operis,*[1] wie folgt zusammen:

„Materiam constantem punctis prorsus singularibus, indivisibilibus, et inextensis, ac a se invicem distantibus, quae puncta habeant singula vim inertiae, et praeterea vim activam mutuam pendentem a distantiis, ut nimirum, data distantia, detur et magnitudo, et directio vis ipsius, mutata autem distantia, mutetur vis ipsa, quae, imminuta distantia in infinitum, sit repulsiva, et quidem excrescens in infinitum: aucta autem distantia, minuatur, evanescat, mutetur in attractivam crescentem primo, tum decrescentem, evanescentem, abeuntem iterum in repulsivam, idque per multas vices, donec demum in majoribus distantiis abeat in attractivam decrescentem ad sensum in ratione reciproca duplicata distantiarum.“

Aus der *Pars prima theoriae,* überschrieben *Theoriae expositio, analytica deductio et vindicatio,* entnehme ich folgendes:

§ 1 Virium mutuarum theoria, in quam incidi jam ab anno 1745, dum e notissimis principiis alia ex aliis consectaria eruerem, et ex qua ipsam simplicium materiae elementorum constitutionem deduxi, systema exhibet medium inter *Leibnitianum* et *Newtonianum,* quod nimirum et ex utroque habet plurimum et ab utroque plurimum dissidet; at utroque in immensum simplicius, proprietatibus corporum generalibus sane omnibus et peculiaribus quibusque praecipuis per accuratissimas demonstrationes deducendis est profecto mirum in modum idoneum.

§ 2 Habet id quidem ex Leibnitii Theoria: elementa prima simplicia, ac prorsus inextensa, habet ex Newtoniano systemate vires mutuas, quae pro aliis punctorum distantiis a se invicem aliae sint; et quidem ex ipso itidem Newtone non ejusmodi vires tantummodo, quae ipsa puncta determinent ad accessum, quas vulgo attractiones nominant; sed etiam ejusmodi, quae determinent ad recessum, et appellantur repulsiones: atque id ipsum ita, ut, ubi attractio desinat, ibi, mutata distantia, incipiat repulsio, et vice versa, quod nimirum Newtonus idem in postrema Opticae Quaestione proposuit, ac exemplo transitus a positivis ad negativa, qui habetur in algebraicis formulis, illustravit. Illud autem utrique systemati commune est cum hoc meo, quod quaevis particula materiae cum aliis quibusvis, utcunque remotis, ita connectitur, ut ad mutationem utcunque exiguam in positione unica cujusvis, determinationes ad motum in omnibus relequis immutentur, et nisi forte elidantur onmes oppositae, qui casus est infinities improbabilis, motus in iis omnibus aliquis inde ortus habeatur.

§ 3 Distat autem a *Leibnitiana* Theoria longissime, tum quia nullam extensionem continuam admittit, quae ex contiguis et se contingentibus inextensis oriatur: in quo quidem difficultas jam olim contra *Zenonem* proposita, et nunquam sane aut soluta satis, aut solvenda, de compenetratione omnimodo inextensorum contiguorum, eandem vim adhuc habet contra Leibnitianum systema: tunc quia homogeneitatem admittit in elementis, omni massarum discrimine a sola dispositione, et diversa combinatione derivata, ad quam homogeneitatem in elementis, et discriminis rationem in massis, ipsa nos Naturae analogia ducit, ac chemicae resolutiones inprimis, in quibus cum ad adeo pauciora numero, et adeo minus inter se diversa principiorum genera, in compositorum corporum analysi deveniatur, id ipsum indicio est, quo ulterius promoveri possit analysis, eo ad majorem simplicitatem, et homogeneitatem deveniri debere, adeoque in ultima demum resolutione ad homogeneitatem, et simplicitatem summam, contra quam quidem indiscernibilium principium, et principium rationis sufficientis usque adeo a Leibnitio depraedicata, meo quidem judicio, nihil omnino possunt.

§ 4 Distat itidem a *Newtoniano* systemate quam plurimum, tum in eo, quod ea, quae in ipsa postrema Quaestione Opticae conatus est explicare per tria principia, gravitatis, cohaesionis, fermentationis, immo et reliqua quam plurima, quae ab iis tribus principiis non pendent, per unicam explicat legem virium, expressam unica, et ex pluribus inter se commixtis non composita algebraica formula, vel unica continua geometrica curva: tum in eo, quod in minimis distantiis vires admittat non positivas, sive attractivas, uti Newtonus, sed negativas, sive repulsivas, quamvis itidem eo majores in infinitum, quo distantiae in infinitum decrescant. Unde illud necessario consequitur, ut nec cohaesio a contactu immediato oriatur, quam ego quidem longe aliunde desumo; nec ullus immediatus, et, ut illum appellare soleo, mathematicus materiae contactus habeatur, quod simplicitatem, et inextensionem inducit elementorum. ...

§ 5, § 6 (Zitate aus *Boscovichs* früheren Abhandlungen.)

§ 7 (S. 4) Prima elementa materiae mihi sunt puncta prorsus indivisibilia et inextensa, quae in immenso vacuo ita dispersa sunt, ut bina quaevis a se invicem distent per aliquod intervallum, quod quidem infinite augeri potest et minui, sed penitus evanescere non potest, sine compenetratione ipsorum punctorum: eorum enim contiguitatem nullam admitto possibilem; sed illud arbitror omnino certum, si distantia duorum materiae punctorum sit nulla, idem prorsus spatii vulgo concepti punctum indivisibile occupari ab utroque debere et haberi veram ac omnimodam compenetrationem. Quamobrem non vacuum ego quidem admitto disseminatum in materia, sed materiam in vacuo disseminatam atque innatantem.

§ 8 In hisce punctis admitto determinationem perseverandi in eodem statu quietis vel motus uniformis in directum, in quo semel sint posita, si seorsum singula in Natura existant; vel si alia alibi existant puncta, componendi per notam et communem methodum compositionis virium et motuum, parallelogrammorum ope, praecedentem motum cum motu, quem determinant vires mutuae, quas inter quaevis puncta agnosco a distantiis pendentes, et iis mutatis mutatas, juxta generalem quandam omnibus communem legem. In ea determinatione stat illa, quam dicimus, inertiae vis, quae, an a libera pendeat Supremi Conditoris lege, an ab ipsa punctorum natura, an ab aliquo iis adjecto, quodcunque istud sit, ego quidem non quaero; nec vero, si velim quaerere, inveniendi spem habeo; quod idem sane censeo de ea virium lege, ad quam gradum jam facio.

§ 9 (Allgemeine Betrachtung über die Natur der Kräfte.)

§ 10 Lex autem virium est ejusmodi, ut in minimis distantiis sint repulsivae, atque eo majores in infinitum, quo distantiae ipsae minuantur in infinitum, ita, ut pares sint extinguendae cuivis velocitati utcunque magnae, cum qua punctum alterum ad alterum possit accedere, antequam eorum distantia evanescat; distantiis vero auctis minuatur ita, ut in quadam distantia perquam exigua evadat vis nulla: tum adhuc, aucta distantia, mutentur in attractivas, primo quidem crescentes, tum decrescentes, evanescentes, abeuntes in repulsivas, eodem pacto crescentes, deinde decrescentes, evanescentes, migrantes iterum in attractivas, atque id per vices in distantiis plurimis, sed adhuc perexiguis, donec, ubi ad aliquanto majores distantias ventum sit, incipiant esse perpetuo attractivae, et ad sensum reciproce proportionales quadratis distantiarum, atque id vel utcunque augeantur distantiae etiam in infinitum, vel saltem donec ad distantias deveniatur omnibus Planetarum et Cometarum longe majoribus.

§ 11 – § 17 (Erörterungen über allgemeinere und speziellere Bestimmungen dieses Grundgesetzes der Kräfte.) Hiernach folgende Begründung der ganzen Ansicht.

§ 18 (S. 9) Concipiantur duo corpora aequalia, quae moveantur in directum versus eandem plagam, et id, quod praecedit, habeat gradus velocitatis 6, id vero, quod ipsum persequitur, gradus 12. Si hoc posterius cum sua illa velocitate illaesa deveniat ad immediatum contactum cum illo priore; oportebit utique, ut ipso momento temporis, quo ad contactum devenerint, illud posterius minuat velocitatem suam, et illud prius suam augeat, utrumque per saltum, abeunte hoc a 12 at 9, illo a 6 ad 9, sine ullo transitu per intermedios gradus 11, et 7; 10 et 8; 9 1/2 et 4 1/2 etc. Neque enim fieri potest, ut per aliquam utcunque exiguam continui temporis particulam ejusmodi mutatio fiat per intermedios gradus, durante contactu. Si enim aliquando alterum corpus jam hubuit 7 gradus velocitatis, et alterum adhuc retinet 11; toto illo tempusculo, quod effluxit ab initio contactus, quando velocitates erant 12 et 6, ad id tempus, quo sunt 11 et 7, corpus secundum debuit moveri cum velocitate majore, quam primum, adeoque plus percurrere spatii, quam illud, et proinde anterior ejus superficies debuit transcurrere ultra illius posteriorem superficiem, et idcirco pars aliqua corporis sequentis cum aliqua antecedentis parte compenetrari debuit, quod cum ob impenetrabilitatem, quam in materia agnoscunt passim omnes Physici, et quam ipsi tribuendam omnino esse, facile evincitur, fieri omnino non possit. ...

§ 19 Sunt, qui difficultatem omnem submoveri posse censeant, dicendo, id quidem ita se habere debere, si corpora dura habeantur, quae nimirum nullam compressionem sentiant, nullam mutationem figurae, et quoniam haec a multis excluduntur penitus a Natura; dum se duo globi contingunt introcessione et compressione partium fieri posse, ut in ipsis corporibus velocitas immutetur per omnes intermedios gradus transitu facto, et omnis argumenti vis eludatur.

§ 20 At inprimis ea responsione uti non possunt, quicuncque cum *Newtono,* et vero etiam cum plerisque veterum Philosophorum prima elementa materiae omnino dura admittunt, et solida, cum adhaesione infinita, et impossibilitate absoluta mutationis figurae. Nam in primis elementis illis solidis et duris, quae in anteriore adsunt sequentis corporis parte, et in praecedentis posteriore, quae nimirum se mutuo immediate contingunt, redit omnis argumenti vis prorsus illaesa.

§ 21 Deinde vero illud omnino intelligi sane non potest etc.

§ 22 At ea etiam, utcunque penitus inintelligibili sententia admissa, redit omnis eadem argumenti vis in ipsa prima et ultima corporum se immediate contingentium superficie, vel si nullae continuae superficies congruant, in lineis, vel punctis. Quidquid enim sit id, in quo contactus fiat, debet utique esse aliquid, quod nimirum impenetrabilitati occasionem praestet, et cogat motum in sequente corpore minui, in praecedente augeri: id, quidquid est, in quo exoritur impenetrabilitatis vis, quo fit immediatus contactus, id sane velocitatem mutare debet per saltum, sine transitu per intermedia, et in eo continuitatis lex abrumpi debet atque labefactari, si ad ipsum immediatum contactum cum illo velocitatum discrimine deveniatur etc.

§ 23 – § 72 (Erörterung von Einwürfen, Rechtfertigungen, namentlich der *Lex continuitatis* und *Impenetrabilitas*.)

§ 73 (S. 33) Quoniam ad immediatum contactum devenire ea corpora non possunt cum praecedentibus velocitatibus, oportet, ante contactum ipsum immediatum incipiant mutari velocitates ipsae, et vel ea consequentis corporis minui, vel ea antecedentis augeri, vel utrumque simul. Quidquid accidat, habebitur ibi aliqua mutationis causa, quaecunque illa sit. Causa vero mutans statum corporis in ordine ad motum vel quietem, dicitur vis. Habebitur igitur vis aliqua, quae effectum gignat, etiam ubi illa duo corpora nondum ad contactum devenerint.

Es folgt dann § 74 f. die weitere Auseinandersetzung, daß diese *vis* als eine gegenseitige Repulsivkraft zu fassen und mit der Nähe ins Unbestimmte wachsend anzusehen sei, widrigenfalls bei immer wachsender Geschwindigkeit des Körpers, der hinter dem anderen herläuft und an ihn stößt, doch Berührung und Sprung der Geschwindigkeit oder Eindringen eines Körpers in den anderen eintreten müsse.

§ 81. (S. 37) Quoniam imminutis in infinitum distantiis, vis repulsiva augetur in infinitum, facile patet, nullam partem materiae posse esse contiguam alteri parti; vis enim illa repulsiva protinus alteram ab altera removeret. Quamobrem necessario inde consequitur, prima materiae elementa esse omnino simplicia, et a nullis contiguis partibus compositas. Id quidem immediate et necessario fluit ex illa constitutione virium, quae in minimis distantiis sunt repulsivae, at in infinitum excrescunt.

10. Über den psychischen Wert der einfachen Atome.
Monadologische und synechologische Ansicht

Dieses Zusatzkapitel mag man als einen Exkurs betrachten, der aus bloß physikalischen Gesichtspunkten nicht interessieren, aber als Anhang an eine philosophische Atomistik wohl Platz finden kann.

Wir haben gesehen, daß verschiedene Philosophen, *Leibniz, Herbart, Lotze,* Anlaß gefunden haben, die Seelen der Menschen und Tiere als einfache Wesen, *Monaden*[1], mit den letzten Elementen der Körperwelt und umgekehrt diese mit Seelen zu identifizieren, wenn schon unter den Genannten bloß Lotze die Körperelemente mit uns für räumlich diskret in physischem Sinne erklärt und hiermit die Monaden zugleich als einfache Atome in physischem Sinne betrachtet, indes die anderen bloß eine metaphysische Scheide zwischen ihre einfachen Wesen setzen. Da indes der Unterschied, ob man die letzten als einfach angesehenen Elemente der realen Welt physisch kontinuierlich oder diskontinuierlich nehmen will, für unsere *jetzige* Betrachtung nicht wesentlich ist, so nennen wir sie ohne Rücksicht darauf der Kürze halber hier überall Atome.

Nun wird den Atomen damit, daß man sie mit Seelen identifiziert, noch keineswegs allgemein ein gleiches *Bewußtsein* wie unseren Seelen beigelegt,[2] sei es, daß die Atome unseres Körpers und der körperlichen Außenwelt ihrer Natur nach nicht fähig sind, zu gleichem Bewußtsein zu erwachen, sei es, daß sie nur die günstigen Entwicklungsbedingungen dazu erwarten, sei es endlich, daß sie wirklich irgendwie bewußt sind, ohne daß wir darum wissen, weil wir in ihre inneren Zustände nicht eindringen können. Genug, daß Seelen und einfache Körperatome wesentlich gleichartiger Natur sind und, während sie jede für sich, insoweit sie bewußt sind, innerlich die Seelenerscheinungen produzieren, zugleich durch ihre Zusammensetzung die äußeren Erscheinungen des Körpers geben. Hierin stimmen Leibniz, Herbart, Lotze bei übrigens stattfindender wesentlicher Verschiedenheit ihrer Grundansicht überein; und indem wir ihre Ansicht hier nur nach diesem Gesichtspunkt der Übereinstimmung ins Auge fassen, begreifen wir sie gemeinsam unter dem Namen der *monadologischen Ansicht von Leib und Seele.* Am ansprechendsten dürfte man dieselbe von *Lotze* in seinem *Mikrokosmos*[3] dargestellt finden.

Unstreitig muß es wichtige Gründe für die monadologische Ansicht geben, da Philosophen von so anerkannter Geltung, bei Ausgang von so ganz verschiedenen Grundstandpunkten und so verschiedener Grundrichtung, übereinstimmend dazu geführt worden sind. Es fragt sich, welches sind die Gründe für diese Ansicht und was ist davon zu halten?

Da es in dieser Schrift um die einfache Atomistik wesentlich nur als Abschluß der *physikalischen* Atomistik zu tun war, könnte die Frage hier dahingestellt bleiben. Indem aber jeder richtige Abschluß eines Gebietes zugleich die Möglichkeit des Anschlusses an andere enthalten soll, mag ich sie doch auch nicht ganz beiseite lassen und meine mit folgendem das Wesentlichste dessen, was hierbei in Rücksicht kommt, zwar nicht erschöpft, doch berührt zu haben.

Abstrahiere ich von den tiefer liegenden metaphysischen Gründen (im Sinne der gewöhnlichen Auffassung der Metaphysik), welche jeden der genannten Philosophen zur monadologischen Ansicht vielleicht weniger geführt haben als von denselben zu ihrer Begründung vorgeführt worden sind und in den allgemeinen Streit der philosophischen Systeme verwickelt sind, so liegen folgende Gründe mit *Klarheit* vor, welche der monadologischen Ansicht, unangesehen besonderer Fassungen derselben, zustatten kommen oder zustatten zu kommen scheinen.

Von jeher hat man psychologischerseits teils durch Achten auf die identische Einheit des Bewußtseins, teils das Bedürfnis, die ewige Fortdauer der Seele zu sichern, Anlaß gefunden, den Seelen eine einfache Natur zuzuschreiben, zugleich physikalischerseits sich zur Annahme einfacher Zentralpunkte körperlichen Wirkens gedrängt gefunden, gleichgültig jetzt, ob sie als physisch diskret anzunehmen sind oder nicht; man muß doch jedenfalls (im Sinne der hergebrachten Auffassung der Kraft) die physische Kraft von Punkten ausgehend denken. Nichts kann natürlicher und angemessener erscheinen, um Leib und Seele nicht dualistisch auseinanderfallen zu lassen, als beide Einfachheiten in einer identischen Substanz zusammenfallen zu lassen, somit die Seelen selbst mit einfachen Zentralpunkten körperlichen Wirkens, in unserem jetzigen Wortsinn mit Atomen, zusammenfallen zu lassen. Die psychische Einfachheit der Seele wird dabei physisch durch die Einfachheit des Atoms repräsentiert, und das physische Atom erhält durch seinen psychischen Gehalt eine Bestimmtheit, wodurch es der Gefahr, mit einem punktförmigen Nichts verwechselt zu werden, entschiedener als auf jede andere Weise enthoben wird.

Wir können nicht umhin, die Seele räumlich zu lokalisieren; denn *jeder* wird doch seine Seele vielmehr in seinem als eines anderen Körper sitzend denken müssen. Diese Lokalisation aber kann nach der zentralen Bedeutung der Seele für den Körper, d. i. der einheitlichen Verknüpfung seiner mannigfachen Beziehungen in ihr, der einheitlichen Beherrschung aller Tätigkeiten des Körpers durch sie, nicht wohl anders als in einem unteilbaren Punkte gedacht werden; und daß man so viele Teile des Körpers wegschneiden oder zerstören kann, ohne das Leben und die Integrität der Seele wesentlich zu gefährden, spricht selbst erfahrungsgemäß dafür; denn man braucht mit dieser Approximation nur bis zur denkbaren Grenze zu gehen, um zum einfachen Seelensitze im Körper zu gelangen.

Die so unverbrüchliche Scheidung der Individualitäten und Unmöglichkeit des wechselseitigen Eindringens einer Seele in die inneren Zustände der anderen, die unveränderliche Forterhaltung der Identität des Ich bei allem Wechsel leiblicher Zustände, endlich die Unsterblichkeit der Seele finden durch die metaphysische *(Leibniz, Herbart)* oder physische *(Lotze)* Trennung der einfachen Wesen und ihre unzerstörbar einfache Natur ihre einfache Erklärung und beste Sicherstellung. Der begrifflich nie zu vermittelnde Dualismus zwischen Seele und Körper wird durch die Identifizierung des Körpers mit einer Vereinigung einfacher, der Seele wesentlich gleichartiger Wesen beseitigt und die so schwierige Vorstellung, wie Seele und Körper als wesentlich ganz heterogene Substanzen aufeinander wirken können, durch die wesentliche Gleichartigkeit derselben mindestens sehr erleichtert, wenn nicht gar (im Sinne von Leibniz' prästabilierter Harmonie) gehoben. Die ganze Körperwelt erscheint damit vergeistigt, in einem höheren Lichte;[4] der Materialismus ist damit einfach abgeworfen und für einen vagen Idealismus eine physikalisch und psychologisch in Zusammenhang fundierte Weltansicht begründet.

Von den reichen Entwicklungen Lotzes hier nur ein paar Sätze: „Die unteilbare Einheit jedes der einfachen Wesen gestattet uns, in ihm eine Zusammenfassung der äußeren Eindrücke, die ihm zukommen, zu Formen der Empfindunge und des Genusses anzunehmen."[5]

„Nicht auf den Körper, sofern er Materie ist, wirkt die Seele, sondern sie wirkt auf die mit ihr vergleichbaren übersinnlichen Wesen, die nur durch eine bestimmte Form ihrer Verknüpfung uns den Anschein der ausgedehnten Materie gewähren; nicht als Stoff und nicht mit Werkzeugen des Stoffes übt der Körper seinen Einfluß auf den Geist, sondern alle Anziehung und Abstoßung, aller Druck und Stoß sind selbst in jener Natur, die uns aller Beseelung ledig scheint, selbst wo sie von Stoff zu Stoff wirken, nur der erscheinende Ausdruck einer geistigen Wechselwirkung, in der allein Leben und Tätigkeit ist."[6]

Unstreitig wichtige Gründe, die der monadologischen Ansicht das Wort reden. Und um so ansprechender kann sie erscheinen, wenn sie einen so beredten und scharfsinnigen Verteidiger wie *Lotze* findet. Dennoch vertrete ich ihr gegenüber mit voller Überzeugung eine andere Ansicht, ich will sie kurz die *synechologische* nennen, welche zwar auch eine psychische Bedeutung der einfachen Atome bestehen läßt, doch in ganz anderem Sinne, so nämlich, daß sie nicht als selbständige Seelen, sondern als letzte Elemente eines Systems auftreten, was in äußerer Erscheinung den Körper, in innerer Erscheinung (Selbsterscheinung) die bewußte Seele gibt. Nachdem ich nun die Gründe für die erste so wirksam, als es mir selbst in Kürze möglich war, dargelegt, werde ich dasselbe mit den Gründen für die zweite tun, zuvor jedoch an einige Hauptzüge derselben zu erinnern haben, soweit es nämlich zur Klarstellung ihres Verhältnisses zur monadologischen Ansicht nötig ist. Über ihre Ausführung und allgemeinere Verwertung verweise ich auf meine früheren Darstellungen.[7]

Die synechologische Ansicht stimmt mit der monadologischen darin überein, daß sie der Körperwelt und Seelenwelt dieselben einfachen, streng (sei es physisch oder metaphysisch) geschiedenen Wesen, Atome, unterlegt und daß sie ebenso den Körper für ein System ansieht, was nach Seiten seiner inneren Erscheinlichkeit wesentlich psychischer Natur, nur nach Seiten seiner äußeren Erscheinlichkeit sich als Körper darstellt,[8] womit sie auch in denselben Gegensatz als die monadologische zur dualistischen, materialistischen und den meisten Wendungen der idealistischen Ansicht tritt. Sie unterscheidet sich aber darin wesentlich von der monadologischen Ansicht, daß sie, anstatt die psychische Einheit an die einzelnen Atome zu knüpfen und mithin ebensoviel (bewußte oder unbewußte) Seelen in der Welt zu sehen, als metaphysisch oder physisch diskrete einfache Körper-Atome vorhanden sind, vielmehr die psychische Einheit in höchster und letzter Instanz an den gesetzlichen Zusammenhang des Gesamtsystems der Weltatome knüpft (Gott), untergeordnete psychische Einheiten (Seelen der Menschen und Tiere) aber an untergeordnete Teilsysteme dieses ganzen Systems, womit eine total andere Auffassung der Beziehung von Leib und Seele und andere Weltauffassung überhaupt entsteht.

In weiterem Sinne ist unser ganzer Leib beseelt zu nennen, sofern alle Teile und Tätigkeiten desselben, in solidarischem Zusammenhange sich ergänzend und bis zu gewissen Grenzen wechselseitiger Vertretung fähig, zu dem Vermögen der totalen inneren Selbsterscheinung beitragen.[9] Ein wirklich waches Bewußtsein aber ist nicht an das Dasein der Atome an sich, sondern an den Bewegungszustand derselben nach Gesetzen geknüpft, die ich nicht aprioristisch konstruiert habe, sondern in die ich bis zu gewissen Grenzen erfahrungsmäßig einzudringen vermocht habe und die man seltsam finden könnte; aber sie bestehen.

Eines der fundamentalsten Gesetze ist dies, daß keine Bewegung, die ein Bewußtseinsphänomen mitzuführen vermag (psychophysische Bewegung), dies anders vermag, als daß die Bewegung einen gewissen Grad der Lebhaftigkeit oder Stärke[10], die sogenannte Schwelle, übersteigt, ähnlich wie Eisen erst bei einer gewissen Erhitzung glühend wird.[11] Von einem engeren Seelensitze (im Gehirn) kann dann insofern die Rede sein, als man damit den nicht punktförmigen, sondern ausgedehnten Teil des Systems bezeichnet, in welchem die psychophysischen Bewegungen die Schwelle übersteigen.[12] Was man als Einfluß der Seele auf den Körper und des Körpers auf die Seele zu bezeichnen pflegt, sind Wirkungen aus jenem engeren Seelensitze in den weiteren hinein oder in umgekehrter Richtung. Die Unterbrechung des Bewußtseins eines Individuums durch den Schlaf wird ebenso durch zeitweises Sinken seiner psychophysischen Tätigkeit unter die Schwelle[13] als die (diesseitige) Scheidung des Bewußtseins der verschiedenen Individualitäten trotz des Eingewachsenseins der ihnen unterliegenden Systeme in das allgemeine System der Körperwelt dadurch begründet, daß die psychophysische Tätigkeit zwischen den verschiedenen Organismen in der äußeren Natur die Schwelle nicht erreicht.[14]

Man sieht also, daß, wenn die monadologische Ansicht veranlaßt ist, zwischen bewußten und unbewußten (doch des Bewußtseins fähigen) Seelen zu unterscheiden, die synechologische eine entsprechende, nur anders gefaßte Unterscheidung hat. Es kann danach sehr wohl ein System nach außen, d. i. einem anderen System, durch Wirkungen, die es hineinerstreckt, als Körper erscheinen, ohne für sich selbst eine innere oder Selbsterscheinung zu haben; aber es wird hinreichen, daß es in eine innere psychophysische Bewegung, welche die Schwelle übersteigt, gerate, um zum Bewußtsein zu gelangen, und wird immer ebenso mit zum Vermögen der göttlichen Selbsterscheinung im Ganzen beitragen, wie auch die Teile unseres Leibes, in denen die psychophysische Tätigkeit die Schwelle nicht übersteigt, doch nach dem organischen Zusammenhange dazu beitragen, daß sie im engeren Seelensitze die Schwelle übersteigen kann.[15]

Wenn monadologisch eine Seele auf die andere dadurch wirkt, daß durch eine Kette zwischenliegender seelenartiger Wesen sich eine Wirkung zwischen sie überpflanzt,[16] so erfolgt synechologisch diese Überpflanzung zwischen zwei ganzen Systemen durch Vermittlung des Gesamtsystems, womit sich diese Mitteilung in das Gesamtbewußtsein aufhebt; und für den einfachen Anstoß an das einfache Wesen, durch den monadologisch die definitive Überpflanzung erfolgt, tritt ein zusammengesetzter Prozeß in dem System ein, welches die Mitteilung empfängt, gemeinsam abhängig von der Natur der Mitteilung und der Einrichtung des Systems, mit welcher, als der Seite der äußeren Erscheinung, die Beschaffenheit der Seele als Seite der inneren Erscheinung zusammenhängt.

Diese Punkte der synechologischen Ansicht können hier genügen. Folgendes die Gründe, mit denen ich sie der monadologischen gegenüber vertrete.

1. So üblich es sein mag, die Seele als *einfaches* Wesen zu fassen, so ist sie doch nach denjenigen Bestimmungen, die von ihr in die Erfahrung treten, was ich *faktische* Beziehungen nenne, vielmehr ein *einheitliches* Wesen mit einer Mannigfaltigkeit nicht nur sukzessiver, sondern auch gleichzeitiger Bestimmungen, was sich mit dem Begriffe der Einfachheit nicht verträgt. Zwar kann man aus der Mannigfaltigkeit der Bewußtseinserscheinungen die Einheit des Bewußtseins als einfachen Begriff abstrahieren, aber dieselbe eben nur als Abstraktum aus der Mannigfaltigkeit, nicht selbständig für sich aufzeigen. Ist aber die Seele psychisch kein einfaches Wesen, so fällt damit ein Hauptmotiv weg, sie physisch durch ein solches zu repräsentieren; ist sie psychisch ein einheitliches Wesen mit einer Mehrheit und Mannigfaltigkeit gleichzeitiger Bestimmungen, so kann man hierin ein Hauptmotiv finden – denn ein durchschlagender Grund ist es nicht –, sie physisch durch ein solches, also durch einen einheitlich verknüpften Organismus, nicht einen Punkt im Organismus zu repräsentieren.

Dem entgegen hat man, zur Rettung der einfachen Natur der Seele, dreierlei, zum Teil in Verbindung, aufgestellt.

a) Man hat die *metaphysische* Einfachheit eines hinter den Seelenerscheinungen rückliegenden realen Wesens als Grund der einheitlichen Verknüpfung dieser Erscheinungen selbst erklärt.

b) Man hat geleugnet, daß eine *simultane* Mannigfaltigkeit der Seelenbestimmungen überhaupt bestehe, in jedem Momente sei vielmehr die Seele nur durch eine einfache Qualität bestimmt. Und zwar hat man hierbei einen doppelten Gesichtspunkt untergelegt.

α) Man hat die Raumanschauungen und Raumvorstellungen der Seele, worin die Gleichzeitigkeit einer Mehrheit von Bestimmungen am entschiedensten sich geltend macht, ja worauf vielleicht alle simultane Mannigfaltigkeit von Seelenbestimmungen zu reduzieren ist, als eine von der Seele zusammengefaßte rasche Sukzession einfacher Vorstellungen erklären wollen.

β) Man hat zu beweisen gesucht, daß unsere Vorstellungen des Ausgedehnten etwas rein Intensives sind, daß wir, „wenn wir durch die Bewegung körperlicher Organe räumliche Ausdehnung wahrzunehmen glauben, in der Tat nichts anderes wahrnehmen als den Zustandswechsel unserer Seele, als ein intensives unräumliches Geschehen"[17].

Was nun aber das *erste (a)* anlangt, so ist eine metaphysische Einfachheit überhaupt nur ein dunkler Begriff, und weder eine logische noch faktische Veranlassung liegt vor, außer der in die Erfahrung tretenden Bewußtseinseinheit ein Wesen hinter aller Erscheinung als Grund derselben zu postulieren. Dazu kann man bemerken, daß, wenn die metaphysische Einfachheit des Seelenwesens die erfahrungsmäßige Mannigfaltigkeit der *inneren* Seelenerscheinungen nicht ausschließt, ebensowenig eine Mannigfaltigkeit in seiner äußeren Erscheinung dadurch ausgeschlossen sein kann, also die Hypostasierung der Seele in einem einfachen Atom dadurch nicht als gefordert angesehen werden kann.

Das *zweite (b.α)* anlangend, so könnte durch Zusammenfassen einer zeitlichen Sukzession einfacher Vorstellungen, welcher Art sie immer sein möchten, bei der selbst nur einfachen, sozusagen linearen Dimensionen der Zeit höchstens der Eindruck einer Linie entstehen; oder wollte man die *Gleichzeitigkeit* des Vielen in den Begriff der Zeit mit einrechnen, der Zeit sozusagen zu ihrer Länge noch eine Dicke geben, so würde das Zeitmoment selbst als Querschnitt dieser Dicke nicht mehr einfach bleiben. Außerdem aber lehrt die direkte Erfahrung, daß die längste *Dauer* einer einfachen Empfindung, sei es der Empfindung eines räumlich einfachen Lichtpunktes oder qualitativen einfachen Geruches, eben nur als Dauer, die Sukzession verschiedener einfacher Empfindungen eben nur als *Sukzession*, nicht als räumliche Extension von der Seele aufgefaßt, in der Erinnerung zusammengefaßt und expliziert wird. Also könnte auch nicht einmal der Eindruck einer Linie so entstehen.

Das *dritte (b.β)* endlich anlangend, so fällt das so ziemlich in das Kapitel des Wortstreits, von dem ich im 14. Kapitel gehandelt. Nenne man immerhin die Vorstellung einer Ausdehnung etwas rein Intensives, so wird man in dieser intensiven Vorstellung der Ausdehnung nicht nur an sich etwas wesentlich anderes haben als in der intensiven Vorstellung oder Empfindung z. B. eines Lichtpunktes, eines Schalles, etwas, was sich dazu wie gleichzeitiges Außereinander zum Nichtaußereinander verhält — oder wie will man den doch zu machenden Unterschied anders zu bezeichnen —, sondern man wird auch nach dem Zusammenhange der Tatsachen, auf welche sich die synechologische Ansicht stützt, genötigt sein, vielmehr diese intensive Vorstellung der *Ausdehnung* von dem Sitze der Seele zu hegen als die intensive, welche man von einem Punkte hegt, kurz ihn in demselben Sinne für ausgedehnt anzusehen, als man überall von räumlicher Ausdehnung spricht; und was hat man nun mit der ganzen Zurückführung der Ausdehnungsvorstellung auf *intensive* Seelenbestimmung gewonnen, als mit scheinbar tiefsinnigen Erörterungen eben dahin zurückzukommen, wobei wir synechologisch gleich stehenblieben, und die Klarheit einer notwendig zu machenden Unterscheidung durch eine Identifizierung im Wort zu verdunkeln.

Die Ausdehnungsvorstellung einer einzelnen Seele ist freilich nicht *in demselben Sinne* selbst ausgedehnt zu nennen als ein Körper, dessen Ausdehnung durch den gesetzlichen Zusammenhang aller möglichen Ausdehnungsvorstellungen nicht nur einer, sondern aller Seelen objektiv bestimmt ist. Aber wenn Tatsachen alle, die solche richtig auffassen, nötigen, die Vorstellung einer räumlichen Ausdehnung von dem Sitze der Seele zu hegen, gewinnt er eben damit den Charakter eines objektiv ausgedehnten Daseins; jedenfalls läßt sich ein anderer Charakter solchen Daseins nicht finden; von solchem zu sprechen aber können wir doch nicht umhin.

Es ist ferner unbedingt zuzugeben, was *Lotze* mit besonderem Nachdruck geltend macht, daß die Ausdehnungsvorstellung nicht als der einfache Abdruck oder das einfache Bild eines ihr unterliegenden Vorganges im Gehirn anzusehen sei und also die subjektive Ausdehnungserscheinung nichts für die objektive Ausdehnung ihrer körperlichen Unterlage *beweise*. Es ist sogar eine der direktesten Folgerungen der synechologischen Ansicht selbst, daß, was dem Physiologen auf seinem äußerlichen Standpunkt als körperlicher Vorgang im Gehirn erscheint, für den inneren Standpunkt der Seele nicht ebenso erscheinen kann; nur wendet sich diese Folgerung synechologisch in entgegengesetztem Sinne als monadologisch. Monadologisch geht die zusammengesetzte Raumanschauung in einem Wesen vor, was physisch als Punkt zu fassen ist; synechologisch ist selbst die einfachste Raumanschauung, die eines Punktes, Sache eines Vorganges, der physisch als ein ausgedehnter erscheint. Muß aber einmal zugestanden werden, daß die Erscheinung der Ausdehnungsvorstellung sich nicht mit der ihrer körperlichen Unterlage deckt, so ist an sich unstreitig gleich denkbar, daß sie einfacher und daß sie zusammengesetzter sei als diese. Da nun die Denkbarkeit an sich nicht entscheiden kann, so müssen andere Gründe entscheiden; und wir bleiben mithin auf diese anderen Gründe verwiesen.

2. Eine metaphysische Schwierigkeit kann an sich nicht dagegen erhoben werden, das, was nach äußeren Beziehungen als Vieles außereinander erscheint, durch eine einheitliche Selbsterscheinung verknüpft zu denken und insofern im Geiste vielmehr ein innerlich verknüpfendes Prinzip des Körpers als ein mit den Körperelementen äußerlich verknüpftes wesentlich gleichartiges Element zu sehen; da überhaupt der Begriff der Einheit den einer darunter begriffenen oder dazu bezogenen Vielheit nicht ausschließt. Verknüpft das Gravitationsgesetz identisch einheitlich allgegenwärtig alle Elemente der Körperwelt, ohne in einem derselben seinen herrschaftlichen Sitz zu haben, warum nicht auch der Geist, zumal man die psychische Einheit selbst mit der Einheit, welche das Gesetz in die Körperwelt bringt, in Beziehung denken kann?

Was nämlich als psychische Einheit, Sukzessives wie Gleichzeitiges bindend, nur Sache der inneren Erscheinung ist, kann nach synechologischer Auffassung mit dem aus äußeren Erscheinungen abstrahierbaren, Kausalzusammenhange und Wirkungszusammenhange des unterliegenden körperlichen Systems als wesentlich zusammenhängend oder substantiell sich deckend angesehen werden. Der Kausal- und Wirkungszusammenhang der gesamten Welt aber ruht nur in der sich identisch hindurch erstreckenden Gesetzlichkeit, welche das Fernste in Zeit und Raum mit dem Nächsten verknüpft; und schließlich faßt sich daher auch alles endlich in die Einheit des göttlichen Geistes zusammen; und diese gliedert sich nur in endliche Einheiten. Man muß dabei die psychische Einheit oder Einheit des Bewußtseins nicht mit Bewußtsein selbst verwechseln. Die psychische Einheit des Menschen verknüpft die Bewußtseinszustände desselben Menschen durch die zwischenfallenden Unbewußtseinszustände durch, greift also über diese mit über. Daß aber der Körper vor und nach dem Schlafe und sein ganzes Leben durch selbst nach vollständigem Austausche seiner Materien noch dasselbe Bewußtsein trägt, hängt synechologisch gefaßt eben bloß daran, daß seine späteren Zustände und Tätigkeiten sich kausal aus den früheren heraus entwickelt und auf immer neue Stoffe übertragen haben; und wenn unbewußte Zustände durch zeitweises Sinken der Tätigkeit unter die Schwelle zwischeneintreten, so wird doch hierdurch dieser Kausalzusammenhang und hiermit die Identität des Bewußtseins nicht unterbrochen.

Sonach ist auch mit vorigem nicht gesagt, daß jedem beschränkten Kausal- und Wirkungszusammenhange für sich ein Bewußtsein zukomme; dazu gehört noch, daß in dem betreffenden Systeme die Schwelle überstiegen sei; insofern sie aber überstiegen ist, gehört auch das damit erwachende Bewußtsein der Einheit des göttlichen Bewußtseins an und scheidet sich zugleich von gleichstufigen Einheiten, wenn die Schwelle in ihm nur insularisch überstiegen ist. Hierbei kommt der Unterschied von Schwellen niederer und höherer Stufe zur Sprache.

Jedenfalls müßte jede metaphysische Schwierigkeit, die man gegen die synechologische Verknüpfung der Materie durch den Geist erheben wollte, ganz ebenso gegen die physikalische Verknüpfung derselben durch das Gesetz laufen; und da doch diese faktisch besteht, so widerlegt eine Metaphysik, die jene widerlegt, sich damit selbst.

3. Es ist ganz unmöglich, und hierin liegt für eine exakte Betrachtung, der sich die Philosophie nicht entziehen sollte, der *durchschlagende* Grund gegen die monadologische Ansicht, gegen den keine Metaphysik Stich hält, ihren einfachen Seelensitz mit anatomischen, physiologischen, pathologischen Tatsachen in nur erträgliche Übereinstimmung zu brin-

gen. Selbst der *Flourenssche Lebensknoten,* in dem manche die letzte Rettung der Ansicht gesehen, hat nicht standgehalten, vielmehr die darauf bezüglichen Tatsachen sich in Widerspruch damit gestellt;[18] wogegen alle hierher gehörigen Tatsachen sich auf die natürlichste Weise der synechologischen Ansicht unterordnen. Hierüber mag man die sehr eingehenden Nachweise in meinen *Elementen*[19] vergleichen und diesen wichtigsten Grund nicht deshalb geringachten, weil er hier am kürzesten behandelt ist; dort ist er am ausführlichsten behandelt.

4. Die monadologische Ansicht gestattet prinzipiell der Psychophysik über ihren ersten Angriffspunkt hinaus (den sie in der sogenannten äußeren Psychophysik findet) keine weitere Entwicklung (zur inneren Psychophysik); wogegen die synechologische ihr prinzipiell eine mit der Naturwissenschaft in gewissem Sinne parallele, in anderem Sinne sie übersteigende, unbeschränkte Entwicklung gestattet. Denn nach der monadologischen Ansicht sind alle geistigen Vorgänge nur innere Vorgänge des Atoms ohne wesentlichen Bezug zu körperlichen Vorgängen, die in einem Atom nicht statthaben können; nur die erregenden körperlichen Anstöße an das Atom von außen und Rückwirkungen nach außen sind psychophysisch faßbar und verfolgbar. Hingegen nach der synechologischen Ansicht sind alle verschiedenartigen geistigen Vorgänge an ebenso verschiedene körperliche Vorgänge (als einheitliche innere oder Selbsterscheinungen derselben) gebunden; selbst jede einfache Empfindung an einen zusammengesetzten körperlichen Prozeß, verschieden nach der verschiedenen Qualität der Empfindung, jede höhere, d. h. höhere Beziehungen einschließende, geistige Tätigkeit an einen körperlichen Prozeß, der höhere Verhältnisse einschließt, und selbst die höchste göttliche geistige Tätigkeit entzieht sich diesem *Prinzip* nicht, sofern sie mit der allgemeinsten und höchsten Ordnung der Weltverhältnisse solidarisch zusammenhängt.

5. Die monadologische Ansicht muß den teleologischen, Kausal- und Wirkungszusammenhang der Dinge so gut anerkennen als die synechologische; aber sie kann ihn nicht als geistig durchdrungen fassen; denn ein geistiger Zusammenhang besteht nach ihr bloß für die inneren Erscheinungen jedes Atoms für sich, vermittelt durch die Einfachheit des Atoms; der Zusammenhang der Atome und hiernach Seelen untereinander hat hierzu kein kommensurables Verhältnis und entweder kein Prinzip oder ein dem vorigen ganz unadäquates Prinzip, da er nicht seinerseits an den Begriff der Einfachheit geknüpft werden kann. Wogegen sich nach der synechologischen Ansicht der Zusammenhang, der in der Körperwelt besteht, mit dem Zusammenhange, der im höchsten Geiste besteht, deckt.

6. Während die synechologische Ansicht sich gar nicht anders abzuschließen vermag als in der Idee eines allgegenwärtigen, allwissenden, all-

waltenden, persönlichen, d. h. eine *Bewußtseinseinheit* in sich tragenden, Gottes mit den innerlichsten unmittelbarsten Bewußtseinsbeziehungen zu seinen Geschöpfen, vermag die monadologische in keiner Weise zu einer Vorstellung Gottes zu gelangen, welche nicht für das religiöse Bedürfnis eine Absurdität oder für das philosophische eine Inkonsequenz wäre. Denn entweder ist nach ihr auch Gott ein in einem Punkt seiner Welt sitzendes Atom unter anderen Atomen, dem man aber ganz wunderbare exzeptionelle Kräfte zuschreiben muß, welche mit allen Kräften, die man sonst physischen Atomen zuschreibt, unvergleichbar sind, mittelst deren er von seinem punktförmigen Sitze aus die Welt beherrscht; oder er ist kein Atom, die geistige Einheit wird bei ihm nicht durch einen einfachen Punkt repräsentiert, warum aber dann bei anderen Geistern? Oder der Gedanke Gottes wird in ein Glaubensgebiet verwiesen, welches sich mit unserem Wissensgebiete nicht berührt oder nicht verträgt, und dadurch die Lücke oder der Widerspruch zwischen Glauben und Wissen festgehalten, deren Beseitigung wir vielmehr von der Philosophie zu fordern hätten; oder er wird in mystisch-phantastische Unklarheit versenkt. Letzten Charakter scheint mir *Leibniz'* göttliche Urmonas mit ihren Fulgurationen zu tragen, den vorletzten Weg betritt *Herbart* in seinem Abweis der Frage nach dem göttlichen Dasein von der Metaphysik. *Lotze* könnte ich nicht umhin, der Inkonsequenz zu zeihen, wenn wirklich seine unendliche Substanz den bewußten persönlichen Gott vorstellen sollte, und wo sonst denselben bei ihm finden.

Drossbach in seiner freilich etwas kuriosen und daher hier nicht besonders berücksichtigten Atomistik ist doch zugleich aufrichtig und konsequent genug, um seine Ansicht über das Dasein Gottes so zu formulieren: „Die Existenz des atomistischen Gottes ist bewiesen, so wie die Existenz des Atoms überhaupt bewiesen ist. Diese ist aber eine durch Erfahrung wahrzunehmende Tatsache, folglich hat jene die Gewißheit einer Tatsache, denn Gott ist in seinem innersten Wesen ein Atom, ein Individuum wie jedes andere."[20]

7. Die Rettung der Unsterblichkeit auf monadologischem Wege erscheint zwar sehr einfach, ist aber sehr illusorisch. Lotze selbst gibt zu,[21] daß eine Monade wenn auch nach ihrem Begriffe nicht zerfallen, doch vergehen könne, und werde immerhin ihre Unzerstörbarkeit postuliert oder durch Identifizierung mit dem physischen Atom für gesichert gehalten, so handelt es sich ja bei der Unsterblichkeitsfrage nicht um Fortbestand schlechthin, sondern *bewußten* Fortbestand. War die Monade vor der Geburt nicht bewußt, was verbürgt das Bewußtsein nach dem Tode bei Wegfall der Bedingungen, an die wir faktisch ihr Bewußtsein hier geknüpft finden, ohne das Prinzip eines Ersatzes dafür? Nicht daß nicht

auch die synechologische Ansicht, wie jede Ansicht in diesen Dingen, ihre Schwierigkeiten hätte; doch scheinen sie mir nach den Ausführungen, die ich ihr an mehreren Orten aufgrund so mancher Analogien gegeben, geringer als bei jeder anderen Ansicht.

8. Man kann ein Bedenken gegen die synechologische Ansicht aus dem Gesichtspunkt der Freiheitsfrage erheben, aber nur ein untriftiges. Die synechologische Ansicht behauptet nämlich nur das wesentliche Zusammengehör geistiger und körperlicher Vorgänge und Verhältnisse oder innerer und äußerer Erscheinlichkeit und Verhältnisse, ohne über Freiheit und Unfreiheit, sei es der einen oder anderen, etwas auszusagen; nur daß, was von den einen angenommen wird, auf die zugehörigen anderen zu übertragen ist; wonach der Determinist wie Indeterminist die synechologische Ansicht im Sinne seiner Ansicht wenden kann, ohne daß ihre Gültigkeit von der Gültigkeit des Determinismus oder Indeterminismus abhängt. Besteht die indeterministische Ansicht, so wird sich die Exzeption von dem gesetzlichen Kausalzusammenhange, welche nach ihr den freien Willensäußerungen im geistigen Gebiete zukommt, auf die Tätigkeiten übertragen, welche denselben körperlicherseits, wie man sich ausdrückt, unterliegen; besteht die deterministische, so wird beiderseits keine Exzeption stattfinden.

Natürlich werden die indeterministisch freien Willensäußerungen, gibt es überhaupt solche, nicht aus der Einheit des Geistes *erklärt* werden können, wenn diese mit dem gesetzlichen Zusammenhange des unterliegenden körperlichen Systems selbst wesentlich zusammenhängt; aber sie sind überhaupt ihrer Natur nach unerklärbar, als Sache eines Prinzipes anzusehen, was, mit dem Prinzipe der Einheit inkommensurabel, neue Anfänge in dem dadurch verknüpften Zusammenhange begründet, welche aber, einmal eingetreten, dann auch mit gesetzlichen Folgen daran teilnehmen.

Zum Schluß noch einige allgemeine Bemerkungen.

Die synechologische Ansicht ist nur insofern an die atomistische gebunden, als für diese überhaupt bindende Gründe vorhanden sind. Es kommt aber der Unterschied der atomistischen und gegenteiligen Ansicht betreffs der allgemeinen Gesichtspunkte der synechologischen Ansicht so wenig in Betracht, daß ich bei allen meinen Darstellungen derselben in anderen Schriften auf die Frage nach der Statthaftigkeit von Atomen einzugehen gar nicht nötig gefunden habe; und hier keinen Anlaß gehabt hätte, auf die synechologische Ansicht überhaupt einzugehen, wenn nicht, um der monadologischen, die allerdings naheliegende Beziehungen zur Atomistik hat und droht, derselben eine falsche Stellung anzuweisen, den Widerpart damit zu halten.

Nichts übrigens hindert, die synechologische Ansicht bei weiterer Vertiefung in die idealistische aufzuheben, welche in den Zusatzkapiteln der vorigen Abteilung entwickelt ist. Wenn nach synechologischer Ansicht die Erscheinungen des Körpers und der Seele nur wie innere und äußere Erscheinungen desselben Wesens zusammenhängen, so mag der, dessen Vorstellung dieses Anhalts bedarf, immerhin als Wesen ein dunkles Ding hinter den Erscheinungen supponieren, auf das er dieselben bezieht oder wovon er sie abhängig macht, und die synechologische Ansicht wird sich aus gewissem Gesichtspunkte damit vertragen können. Meinerseits eliminiere ich, wenn es gilt, zur letzten Tiefe zu gehen, auf die es doch, wie schon früher erinnert, nicht überall gilt zurückzugehen, diesen letzten dunklen Punkt des Systems, indem ich die Betrachtung in einer letzten Anstrengung zusammenfasse, und verstehe unter dem den körperlichen und geistigen Erscheinungen gemeinsam unterliegenden Grundwesen nichts als das gesetzliche Zusammengehör der Erscheinungen selbst, die alle in der Einheit eines alles Einzelbewußtsein einschließenden allgemeinen Bewußtseins ihren letzten Verknüpfungspunkt und Halt finden. Es entspricht nur eben dem Sprachgebrauche, das im Wesen verknüpft zu nennen, was so zusammengehört, daß nach Maßgabe als das eine besteht, auch das andere besteht.

Jede Seele wird nur eines gewissen Kreises von Erscheinungen gewahr, das sind ihre Selbsterscheinungen, die unmittelbar durch die Einheit des Bewußtseins und (damit zusammengehörig) gesetzlich untereinander zusammenhängen, daher als Sache *eines* Wesens, der Seele, gelten. Ein Teil des inneren Erscheinungsgebietes jeder Seele aber hängt nach Gesetzen, die zwischen den verschiedenen Seelen übergreifen, mit dem von anderen Seelen so zusammen, daß wir der Gesamtheit dieser Erscheinungen wieder ein gemeinsames Wesen, als Natur, unterlegen und diese Erscheinungen als äußere bezeichnen, wenn schon es immer nur Erscheinungen sind, die in Seelen fallen. Der Teil dieses den verschiedenen Seelen gemeinsamen äußeren Erscheinungszusammenhanges, durch den wir den Körper einer Seele charakterisiert halten, hängt seinerseits so gesetzlich mit dem inneren Erscheinungsgebiete der betreffenden Seele zusammen, daß wir wiederum beiden ein gemeinsames Wesen unterlegen und sagen können, es erscheine nur nach außen als Körper, was nach innen als Seele. Jede Seele nimmt dabei ihren eigenen Körper durch das wahr, was von dem äußeren Erscheinungszusammenhange, durch den er charakterisiert wird, in sie selbst eintritt. Die Gesetzlichkeiten des inneren Erscheinungszusammenhanges der Seele und des äußeren Erscheinungszusammenhanges der Natur sind verschieden, ohne sich zu widersprechen, sofern sie verschiedenen Richtungen des Zusammenhanges angehören, die sich nur dadurch verknüpfen, daß jede Seele selbst mit ihren Wahrnehmungen von der Natur an dem äußeren Erscheinungszusammenhange

Anteil hat, von wo aus der psychische Zusammenhang nach innen, der physische nach außen von jeder Seele aus zu verfolgen ist. Insofern nun beiden Erscheinungzusammenhängen, dem psychischen und physischen, eine verschiedene Art der Gesetzlichkeit unterliegt, können wir allerdings beiden auch verschiedene Wesen unterlegen. Sofern aber beide gesetzliche Zusammenhänge selbst nicht nur in jenem Verknüpfungspunkt der sinnlichen Wahrnehmung zusammentreffen, sondern ihrerseits gesetzlich (nach den Gesetzen der Beziehung von Leib und Seele) zusammenhängen, können wir auch beide Wesen in ein gemeinsames aufheben, und in diesem Sinne den Dualismus in eine Identitätsansicht aufheben wie es in anderem Sinne von *Spinoza* und *Schelling* geschehen ist. Endlich aber ist die gesamte Gesetzlichkeit Sache des inneren Erscheinungsgebietes des allgemeinsten Geistes und hängt selbst untrennbar, also wesentlich, mit dessen Einheit zusammen, womit die Ansicht sich endlich als eine idealistisch pantheistische abschließt.

11. Einige Zusätze

Zu Teil 1, Kap. 4.: *Lorenz* macht darauf aufmerksam, daß man *ohne alle Hypothesen* über die Natur der molekularen Grundkräfte einleuchtend finden müsse, daß die Dicke der Schichten eines periodisch heterogenen Körpers auf den Gang der Lichtstrahlen einen von den Wellenlängen abhängigen Einfluß haben müsse, und zeigt genauer, wie sich hiernach mit der Farbenzerstreuung zugleich zirkulare Polarisation und Doppelbrechung aus Gleichungen ableiten lassen, welche nur solche Größen berücksichtigen, die sich unmittelbar oder mittelbar wahrnehmen lassen. Wenn nun aber hierin noch kein Beweis liegt, daß die periodische Heterogenität oder Schichtung als eine Schichtung aus *Atomen* gedacht werden müsse, so zeigt er aber weiter, daß die Gesetze, welche die Erfahrung für die Abhängigkeitsverhältnisse des Brechungsvermögens der Körper hat finden lassen, sich mit derselben Theorie nur unter der Voraussetzung in Übereinstimmung bringen lassen, „daß die Körper aus durchsichtigen Teilchen, Molekülen, bestehen, die durch Zwischenräume getrennt sind, deren Lichtgeschwindigkeit die des leeren Raumes ist. Diese Moleküle müssen ferner, solange jene Gesetze gültig bleiben, unveränderlich sein, in der Weise, daß jede Veränderung des Körpers nur auf die Größe der Zwischenräume und die Anordnung der Moleküle selbst Einfluß hat."[1]

Zu Teil 2, Kap. 6.: *Mitscherlich* macht in seiner Schrift „Über die Spektren der Verbindungen und der einfachen Körper"[2] einige Tatsachen der Spektralanalyse für die Vermutung geltend, daß Jod, Brom, Selen, Tellur, Phosphor noch zusammengesetzte Körper sind.

A Theory of Natural Philosophy

Exposition, Analytical Derivation &

Proof of the Theory

1. The following Theory of mutual forces, which I lit upon as far back as the year 1745, whilst I was studying various propositions arising from other very well-known principles, & from which I have derived the very constitution of the simple elements of matter, presents a system that is midway between that of *Leibniz* & that of *Newton;* it has very much in common with both, & differs very much from either; &, as it is immensely more simple than either, it is undoubtedly suitable in a marvellous degree for deriving all the general properties of bodies, & certain of the special properties also, by means of the most regorous demonstrations.

2. It indeed holds to those simple & perfectly non-extended primary elements upon which is founded the theory of Leibniz; & also to the mutual forces, which vary as the distances of the points from one another vary, the characteristic of the theory of Newton; in addition, it deals not only with the kind of forces, employed by Newton, which oblige the points to approach one another, & are commonly called attractions; but also it considers forces of a kind that engender recession, & are called repulsions. Further, the idea is introduced in such a manner that, where attraction ends, there, with a change of distance, repulsion begins; this idea, as a matter of fact, was suggested by Newton, in the last of his "Questions on Optics", & he illustrated it by the example of the passage from positive to negative, as used in algebraical formulæ. Moreover there is this common point between either of the theories of Newton & Leibniz & my own; namely, that any particle of matter is connected with every other particle, no matter how great is the distance between them, in such a way that, in accordance with a change in the position, no matter how slight, of any one of them, the factors that determine the motions of all the rest are altered; & , unless it happens that they all cancel one another (& this is infinitely improbable), some motion, due to the change of positon in question, will take place in every one of them.

3. But my Theory differs in a marked degree from that of Leibniz. For one thing, because it does not admit the continuous extension that arises

from the idea of consecutive, non-extended points touching one another; here, the difficulty raised in times gone by in opposition to *Zeno*, & never really or satisfactorily answered (nor can it be answered), with regard to compenetration of all kinds with non-extended consecutive points, still holds the same force against the system of *Leibniz*. For another thing, it admits homogeneity amongst the elements, all distinction between masses depending on relative position only, & different combinations of the elements; for this homogeneity amongst the elements, & the reason for the difference amongst masses, Nature herself provides us with the analogy. Chemical operations especially do so; for, since the result of the analysis of compound substances leads to classes of elementary substances that are so comparatively few in number, & still less different from one another in nature; it strongly suggests that, the further analysis can be pushed, the greater the simplicity, & homogeneity, that ought to be attained; thus, at lenght, we should have, as the result of a final decomposition, homogeneity & simplicity of the highest degree. Against this homogeneity & simplicity, the principle of indiscernibles, & the doctrine of sufficient reason, so long & strongly advocated by the followers of Leibniz, can, in my oposition at least, avail in not the slightest degree.

4. My Theory also differs as widely as possible from that of *Newton*. For one thing, because it explains by means of a single law of forces all those things that Newton himself, in the last of his "Questions on Optics", endeavoured to explain by the three principles of gravity, cohesion & fermentation; nay, & very many other things as well, which do not alltogether follow from those three principles. Further, this law is expressed by a single algebraical formula, & not by one conposed of several formulæ compounded together; or by a single continuous geometrical curve. For another thing, it admits forces that at very small distances are not positive or attractive, as Newton supposed, but negative or repulsive; although these also become greater & greater indefinitely, as the distances decrease indefinitely. From this it follows of necessity that cohesion is not a consequence of immediate contact, as I indeed deduce from totally different considerations; nor is it possible to get any immediate or, as I usually term it, mathematical contact between the parts of matter. This idea naturally leads to simplicity & non-extension of the elements, such as Newton himself postulated for various figures; & to bodies composed of parts perfectly distinct from one another, although bound together so closely that the ties could not be broken or the adherence weakened by any force in Nature; this adherence, as far as the forces known to us are concerned, is in his opinion unlimited.

7. The primary elements of matter are in my opinion perfectly indivisible & non-extended points; they are so scattered in an immense vacuum

that every two of them are separated from one another by a definite interval; this interval can be indefinitely increased or diminished, but can never vanish altogether without compenetration of the points themselves; for I do not admit as possible any immediate contact between them. On the contrary I consider that it is a certainty that, if the distance between two points of matter should become absolutely nothing, then the very same indivisible point of space, according to the usual idea of it, must be occupied by both together, & we have true compenetration in every way. Therefore indeed I do not admit the idea of vacuum interspersed amongst matter, but I consider that matter is interspersed in a vacuum & floats in it.

8. As an attribute of these points I admit an inherent propensity to remain in the same state of rest, or of uniform motion in a straight line, *(a)* in which they are initially set, if each exists by itself in Nature But if there are also other points anywhere, there is an inherent propensity to compound (according to the usual well-known composition of forces & motions by the parallelogram law), the preceding motion with the motion which is determined by the mutual forces that I admit to act between any two of them, depending on the distances & changing, as the distances change, according to a certain law common to them all. This propensity is the origin of what we call the "force of inertia"; whether this is dependent upon an arbitrary law of the Supreme Architect, or on the nature of points itself, or on some attribute of them, whatever it may be, I do not seek to know; even if I did wish to do so, I see no hope of finding the answer; and I truly think that this also applies to the law of forces, to which I now pass on.

(a) This indeed holds true for that space in which we, and all bodies that can be observed by our senses, are contained. Now, if this space is at rest, I do not differ from other philosophers with regard to the matter in question; but if perchance space itself moves in some way or other, what motion ought these points of matter to comply with owing to this kind of propensity? In that case this force of inertia that I postulate is not absolute, but relative; as indeed I explained both in the dissertation. De Maris Aestu, and also in the Supplements to *Stay's* Philosophy, book I, section 13. Here also will be found the conclusions at which I arrived with regard to relative inertia of this sort, and the arguments by which I think it is proved that it is impossible to show that it is generally absolute. But these things do not concern us at present.

10. Now the law of forces is of this kind; the forces are repulsive at very small distances, & become indefinitely greater & greater, as the distances are diminished indefinitely, in such a manner that they are capable of destroying any velocity, no matter how large it may be, with which one point may approach another, before ever the distance between them vanis-

hes. When the distance between them is increased, they are diminished in such a way that at a certain distance, with is extremely small, the force becomes nothing. Then as the distance is still further increased, the forces are changed to attractice forces; these at first increase, then diminish, vanish, & become repulsive forces, which in the same way first increase, then d diminish, vanish, & become once more attractive; & so on, in turn, for a very great number of distances, which are all still very minute: until, finally, when we get to comparatively great distances, they begin to be continually attractive & approximately inversely proportional to the squares of the distances. This holds good as the distances are increased indefinitely to any extent, or at any rate until we get to distances that are far greater than all the distances of the planets & comets.

18. Suppose there are two equal bodies, moving in the same straight line & in the same direction; & let the one that is in front have a degree of velocity represented by 6, & the one behind a degree represented by 12. If the latter, i.e., the body that was behind, should ever reach with its velocity undiminished, & come into absolute contact with, the former body which was in front, then in every case it would be necessary that, at the very instant of time at which this contact happened, the hindermost body should diminish its velocity, & the foremost body increase its velocity, in each case by a sudden change: one of them would pass from 12 to 9, the other from 6 to 9, without any passage through the intermediate degrees, 11 & 7, 10 & 8, 9½ & 8½, & so on. For it cannot possibly happen that this kind of change is made by intermediate stages in some finite part, however small, of continuous time, whilst the bodies remain in contact. For if at any time the one body then had 7 degrees of velocity, the other would still retain II degrees; thus, during the whole time that has passed since the beginning of contact, when the velocities were respectively 12 & 6, until the time at which they are II & 7, the second body must be moved with a greater velocity than the first; hence it must traverse a greater distance in space than the other. It follows that the front surface of the second body must have passed beyond the back surface of the first body; & therefore some part of the body that follows behind must be penetrated by some part of the body that goes in front. Now, on account of impenetrability, which all Physicists in all quarters recognize in matter, & which can be easily proved to be rightly attributed to it, this cannot possibly happen. There really must be, in the commencement of contact, in that indivisible instant of time which is an indivisible limit between the continuous time that preceded the contact & that subsequent to it (just in the same way as a point in geometry is an indivisible limit between two segments of a continuous line), a change of velocity taking place suddenly, without any pas-

sage through intermediate stages; & this violates the Law of Continuity, which absolutely denies the possibility of a passage from one magnitude to another without passing through intermediate stages. Now what has been said in the case of equal bodies concerning the direct passing of both to 9 degrees of velocity, in every case holds good for such equal bodies, or for bodies that are unequal in any way, concerning any other passage to any numbers. In fact, the excess of velocity in the hindmost body, amounting to 6 degrees, has to be got rid of in an instant of time, whether by diminishing the velocity of this body, or by increasing the velocity of the other, or by diminishing somehow the velocity of the one & increasing that of the other; & this cannot possibly be done in any case, without the sudden change that is obtained by omitting the infinite number of intermediate velocities.

19. There are some people, who think that the whole difficulty can be removed by saying that this is just as it should be, if hard bodies, such as indeed experience no compression or alteration of shape, are dealt with; whereas by many philosophers hard bodies are altogether excluded from Nature; & therefore, so long as two spheres touch one another, it is possible, by introcession & compression of their parts, for it to happen that in these bodies the velocity is changed, the passage being made through all intermediate stages; & thus the whole force of the argument will be evaded.

20. Now in the first place, this reply can not be used by anyone who, following *Newton*, & indeed many of the ancient philosophers as well, admit the primary elements of matter to be absolutely hard & solid, possessing infinite adhesion & a definite shape that it is perfectly impossible to alter. For the whole force of my argument then applies quite unimpaired to those solid and hard primary elements that are in the anterior part of the body that is behind, & in the hindmost part of the body that is in front; & certainly these parts touch one another immediately.

21. Next it is truly impossible to understand in the slightest degree how all bodies do not have some of their last parts just near to the surface perfectly solid, & on that account altogether incapable of being compressed. If matter is continuous, it may & must be subject to infinite divisibility; but actual division carried on indefinitely brings in its train difficulties that are truly inextricable; however, this infinite division is required by those who do not admit that there are any particles, no matter how small, in bodies that are perfectly free from, & incapable of, compression. For they must admit the idea that every particle is marked off & divided up, by the action of interspersed pores, into many boundary walls, so to speak, for these pores; & these walls again are distinct from the pores themselves. It is quite impossible to understand why it comes about that, in passing

from empty vacuum to solid matter, we are not then bound to encounter some continuous wall of some definite inherent thickness from the surface to the first pore, this wall being everywhere devoid of pores; nor why, which comes to the same thing in the end, there does not exist a pore that is the last & nearest to the external surface; this pore at least, if there were one, certainly has a wall that is free from pores & incapable of compression; & here then the whole force of the argument used above applies perfectly unimpaired.

22. Moreover, even if this idea is admitted, although it may be quite unintelligible, then the whole force of the same argument applies to the first or last surface of the bodies that are in immediate contact with one another; or, if there are no continuous surfaces congruent, then to the lines or points. For, whatever the manner may be in which contact takes place, there must be something in every case that certainly affords occasion for impenetrability, & causes the motion of the body that follows to be diminished, & that of the one in front to be increased. This, whatever it may be, from which the force of impenetrability is derived, at the instant at which immediate contact is obtained, must certainly change the velocity suddenly, & without any passage through intermediate stages; & by that the Law of Continuity must be broken & destroyed, if immediate contact is arrived at with such a difference of velocity. Moreover, there is in truth always something of this sort in every one of the ideas that attribute continuous extension to matter. There is some real condition of the body, namely, its last real boundary, or its surface, a real boundary of a surface, a line, & a real boundary of a line, a point; & these conditions, however inseparable they may be in these theories from the body itself, are nevertheless certainly not fictions of the brain, but real things, having indeed certain real dimensions (for instance, a surface has two dimensions, & a line one); they also have real motion & movement of translation along with the body itself; hence in these theories they must be certain conditions or modes of it.

73. Since the bodies cannot come into immediate contact with the velocities they had at first, it is necessary that those velocities should commence to change before that immediate contact; & either that of the body that follows should be diminished, or that of the one going in front should be increased, or that both these changes should take place together. Whatever happens, there will be some change of state at the time, in one or other of the bodies, or in both, with regard to motion or rest; & so there must be some cause for this change, whatever it is. But a cause that changes the state of a body as regards motion or rest is called force. Hence there must be some force, which gives the effect, & that too whilst the two bodies have not as yet come into contact.

81. Now, because the repulsive force is indefinitely increased when the distances are indefinitely diminished, it is quite easy to see clearly that no part of matter can be contiguous to any other part; for the repulsive force would at once seperate one from the other. Therefore is necessarily follows that the primary elements of matter are perfectly simple, & that they are not composed of any parts contiguous to one another. This is an immediate & necessary deduction from the constitution of the forces, which are repulsive at very small distances & increase indefinitely.

Nachwort des Herausgebers

Den Versuch Bögen zu spannen, Verbindungen zu schaffen, Phänomene, Erscheinungen aufeinander zu beziehen hat Gustav Theodor Fechner (1801–1887) nicht nur zum wissenschaftlichen Prinzip seiner Forschungen, sondern zu seinem eigentlichen Lebensprinzip erhoben. Die Suche nach einem gemeinsamen Nenner für diese Welt hat ihn auf die eine oder andere Weise stets beschäftigt.

Die Gewißheit, daß das Kleinste mit dem Größten zusammenhängen muß, war Leitgedanke seiner Untersuchungen und theoretischen Ansätze. Weltall, Universum, Kosmos: eine Ordnung, in der sich nicht nur Allbeseeltheit spiegelt, sondern umgekehrt, die selbst als Ausdruck einer Allbeseeltheit zu sehen ist.

„Alle Schönheit, alle Einheit, alle Kraft, aller Geist der Dinge hängt ja sichtlich am atomistischen Prinzip.“[1] Und etwas weiter: „Aber ist es nötig, nochmals daran zu erinnern, daß die Atomenwelt tief unter unseren Augen am unteren Weltende nur zugleich der Widerschein und der Abschluß derselben Welt ist, deren Bau im Himmel hoch über uns wir bewundern.“[2] Jedoch war es genau diese Position des Denkens, die sich um die Mitte des 19. Jahrhunderts in einer dramatischen Wandlung befindet. Die neue Naturwissenschaft betrachtet die Naturphilosophie als unnötigen, spekulativen Ballast und setzt auf das Zeitalter des Lichts. Es ist typisch für Fechner, daß er die Lichtsymbolik der Aufklärung für sich umkehrt: seine *Tagesansicht* der Dinge schließt betont einen naturphilosophischen Anteil ein, während die reine-messende-Wissenschaft als *Nachtansicht*[3] von ihm bewertet wird. Fechner erkennt bereits die Problematik einer ‚Dialektik der Aufklärung‘.[4]

„Die von der Tagesansicht inspirierte Naturwissenschaft ‚überschreitet und ergänzt‘ die abstrakte, d.h. quantitative, naturwissenschaftliche Ansicht, indem sie der Natur wieder ihre ‚qualitative Bestimmtheit‘ hinzufügt, die sie in den herrschenden Nachtansichten verloren hat.“[5] Das 19. Jahrhundert steht im Zeichen einer neuen Naturwissenschaft, die ihre Wurzeln in der Naturphilosophie zu leugnen und schließlich zu bekämpfen beginnt. Einer Naturwissenschaft, die quantitative, quantifizierbare Urteile rein qualitativen vorzieht und die beginnt vormals rein qualitative Bereiche zu quantifizieren und auszuloten: z. B. die Seele. Das Messen, das Meßergebnis wird zum vorrangigen Prinzip der Erkenntnis; bevor es gleich zu Beginn des 20. Jahrhunderts von Einstein in seiner Abhängigkeit vom Bewegungszustand des Beobachters erkannt und schließlich in der Quantenphysik an eine absolute Grenze stoßen wird. Keine achtzehn bzw. dreißig Jahre nach dem Tod Fechners 1887.

Als Gustav Theodor Fechner sich exakt um die Mitte des Jahrhunderts, er selbst ist fünfzig, mit der Niederschrift seiner Gedanken zu einer Atomenlehre befaßt, steht er und mit ihm die Naturwissenschaft an einem Wendepunkt. Mit dem zwangsläufig noch spekulativen Charakter der Schrift zieht Fechner einen Summenstrich unter eine Entwicklung, die für unseren Kulturkreis vor 2600 Jahren mit Leukipp und Demokritos in Abdera begonnen hat. Jetzt, in der Mitte des 19. Jahrhunderts erleben Ansätze und Modelle der antiken Materietheorie einerseits eine Renaissance als Teile einer noch spekulativen Weltsicht, bevor die vorsocratischen Atomtheorien schon kurz darauf als Modelle einer ab jetzt apparativen, um meßbaren Nachweis bemühten Grundlagenforschung dienen werden. Es ist halb fünf Uhr früh, am Morgen der modernen Atomphysik: als Fechner mit einer eindeutigen klaren Entscheidung das untere Ende des Universums nicht in ‚breiiger Auflösung‘ einer dynamisch kontinuierlichen Ansicht, sondern mit der Vorstellung und Wortwahl der Griechen; im Unteilbaren enden läßt.

Fechner als Person und Forscher und sein Werk sind Grenzfälle: markieren und bezeichnen den letzten und zugleich ersten Versuch einer Synthese, fordern die Anerkennung einer Wechselwirkung zwischen qualitativen und quantitativen Erkenntnisteilen. Eine Forderung, die erst im ausgehenden 20. Jahrhundert wiedererhoben wird. Doch das 19. Jahrhundert betont den Unterschied: und es ist die Auseinandersetzung zwischen Naturphilosophie und Naturwissenschaft, zwischen einem als veraltet angesehenen und einem neuen Erkenntnismodell, die sich in der Person Fechners abspielt, abzuspielen scheint.

Als ginge es um einen Balanceakt auf dem Hochseil, wechselt Fechner in seinen Publikationen zwischen hochspekulativen poetisch-satirisch-literarischen Ansätzen[6] und völlig neuartigen Versuchen zu einer quantifizierenden Naturwissenschaftlichkeit. Seine Suche galt gleichermaßen dem Quantitativen im Qualitativen, wie auch umgekehrt er stets nach dem Qualitativen im Quantitativen gesucht hat.

Fechner erlebt diesen Konflikt nicht nur intellektuell, sondern reagierte mit einer schweren psychosomatischen Krankheit: einer Lebenskrise von fast vier Jahren. Es ist die exzessive Beschäftigung mit der Subjektivität des Sehapparats und der Versuch hier Gesetzmäßigkeiten zu ‚erkennen‘, die zu einer organischen Schwächung und schließlich einer völligen seelischen Zerrüttung führt: der Erkenntniswille, die Erkenntniswut, das unmittelbare Sehen (=Erkennen) *wollen* schwächt schließlich das Sehen *können*. Und es ist so das Organ des Lichts – das Auge – das Fechner in einer frühen Schrift über die Anatomie der Engel[7] als deren eigentliche und wahrscheinlichste Form erkannt hat, das um sein 40. Lebensjahr herum erst von starker Lichtempfindlichkeit bis zu einer temporären – virtuellen – Blindheit befallen wird. Zuletzt – vor der Krise – sucht Fechner den objektiven Nachweis, durch Messungen und Testreihen an sich selber, nach Gesetzmäßigkeiten subjektiver augenphysiologischer Vorgänge (z. B. Nachbilder, Farbensehen, virtuelle Farberscheinungen bei rotierenden Mustern).

Fechner, der es unternahm das *Sehen* zu *Sehen*, genauso wie das *Hören* zu *Hören*, das *Riechen* zu *Riechen*, das *Schmecken* zu *Schmecken* und das *Tasten* zu *Tasten*, geht auch hier einen radikalen Weg: sein Name für die neue Wissenschaft *Psychophysik*. Fechner erlebt zuletzt selbst das Schwinden der Sinne, denen er eine neue Gesetzmäßigkeit abzuringen versucht. Er war auf der Suche nach meßbaren, normativen Empfindungseinheiten, nach dem Modell der physikalischen Naturkonstanten. Den Reizzuwachs in Abhängigkeit zur Empfindungsintensität hat er als logarithmische Reihe erkannt und als Gesetz fassen können. Er hat so die *Reizschwelle* als Kategorie formuliert und mathematisch erstmals beschrieben.

Es ist an der Zeit das Denken von Fechner in seiner Vielfalt zu sehen. Er hat Dinge und Erscheinungen zusammengedacht, die erste 100 Jahre später einen allgemeineren Erkenntnishorizont erreichen. Seine Reflexionen über ‚Determinismus‘ bzw. ‚Indeterminismus‘ sind ebenso ‚zu früh‘, wie seine Überlegungen zur Selbstorganisation und zur Stabilität der Materie (als sein Ansatz zu einer Theorie der Entstehung des Lebens). Chaostheorie, Statistische Beschreibungen, Autopoesis bzw. Selbstorganisation sind ein Ausdruck dafür, daß wir mit leichter Verzögerung zu verstehen beginnen, daß Fechner und sein Bemühen, seine Forderung einer ganzheitlichen Sicht, prototypisch für einen neuen Umgang mit dem Denken über Natur und unser darin eingebettetes Sein gewesen ist. Fechner macht darauf aufmerksam, daß die einseitige Postition immer schwach bleiben muß. Die Differenzierung um ihrer selbst willen, kann die Dinge nicht erfassen, ihnen nicht näher kommen.

Er hat die Dimensionen poetischen Denkens, hat Naturphilosophie und messende Naturwissenschaft aufgespannt mit dem Ziel einer erweiterten ganzheitsbezogenen Erkenntnismöglichkeit.

Von Hölderlin stammt die Formulierung: „Dichterisch wohnet der Mensch auf dieser Erde". Und William Blake, der als die Grundvoraussetzung seiner Weltsicht die Atome des Demokritos und die Lichtcorpuskeln von Newton genannt hat, sagt: „We are born in stars but we live on earth as poets."

Es gilt diese Erkenntnis in praktisches Handeln umzusetzen: die Ausgrenzung des Qualitativen aus dem heute noch so mächtigen Bereich des reinen Quantitativen zu beenden: Für eine poetische Wissenschaft und eine wissenschaftliche Poesie.

> Das schönste Glück des denkenden Menschen ist,
> das Erforschliche erforscht zu haben
> und das Unerforschliche ruhig zu verehren
> *Johann Wolfgang von Goethe*

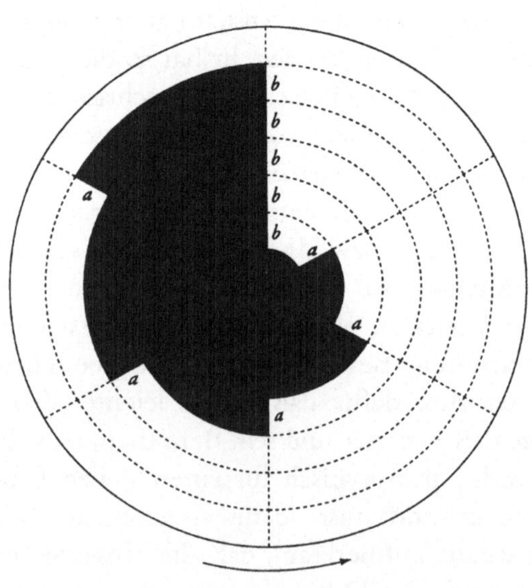

Literaturverzeichnis

Ampère, André Marie: (1827)
Mémoire sur la théorie mathématique des
phénomènes électrodynamique,
uniquements déduite de l'expérience,
Paris

(Ampère, André Marie: (1835)
in: Cours du collège de France. 1835/36)

Ångström, Anders Jöns: (1855)
Optische Untersuchungen, in:
PA Bd. 94, S. 141–165

Babinet, Jacques: (1854)
Große Wirkung kleiner
Muskelbewegungen,
in: Revue des deux mondes, 1854,
S. 410–413, Centralblatt, Nr. 25, S. 491

- Babinet (1858a)
Sur la prétendue variation de la pesanteur,
CR 46

- Babinet (1858b)
Comparatives faites avec le baromètre
répétitien de M. Davout,
CR 45, S. 77–78, CR 47, 254–55

Babo, C. H. L. von: (1861)
Apparat zur Darstellung des Ozon,
in: Ber. d. Freiburger Gesellschaft
der Wissenschaften, S. 331–334,
Fortschr.Phys. 1861

Biot, Jean Baptiste: (1828)
Lehrbuch der Experimentalphysik.
Übersetzt und ergänzt von

G. Th. Fechner, 2. Auflage, Leipzig,
siehe auch: Fechner (1828)

Boscovich, Roger Joseph: (1758)
Theoria philosophiae naturalis reducta ad
unicam legem virium in natura
existentium, Wien, 2. korrigierte und
ergänzte Ausgabe, Venetiis 1763

Büchner, Ludwig: (1855)
Kraft und Stoff, 4. Auflage, Frankfurt

Buys Ballot, Christof H. D.: (1857a)
Über die Art der Bewegung welche wir
Wärme und Elektrizität nennen,
in: PA Bd. 103, S. 240–259

- Buys Ballot (1857b)
Note sur le rapport de l'intensité de la
direction du vent avec les écarts
simultanés du baromètre, CR 45,
765–768

(Cagniard de la Tour, Charles: (18..))

Carus, Carl Gustav: (1853)
Symbolik der menschlichen Gestalt, Leipzig

- Carus (1856)
Organon der Erkenntnis der Natur und
des Geistes, Leipzig

Cauchy, Augustin Louis: (1826)
Leçons sur les application du calculus
infinitesimal à la géométrie, Paris

- Cauchy (1829)
Leçons sur le calcul différentiel. Paris

- Cauchy (1836a)
Lettres sur la théorie mathématique de la
lumière, in: CR Januar–Juni 1836,
S. 182, 207, 341, 364, 427, 455

- Cauchy (1836b)
Lettre à Mr. Libri en reponse à Mr. Arago,
relativement à la dispersion de la lumière
par les substances gazeuses, in: CR
Juli–Dezember 1836, S. 422

- Cauchy (1836c)
Über die Theorie des Lichts. Fünf Briefe
des Herrn Cauchy an Herrn Libri,
in: PA Bd. 39, S. 48–66

- Cauchy (1836d)
Mémoire sur la dispersion de la lumière,
Prag

- Cauchy (1840)
Exercices d'Analyse, 3 Bde., Paris
1840–1844

Challis, J.: (1860a)
A theory of molecular forces,
in: Phil.Mag. Bd. 19, S. 88–102

- Challis (1860b)
A theory of the force of electricity,
in: Phil.Mag. Bd. 20, S. 280–290

- Challis (1860c)
A theory of galvanic force,
in: Phil.Mag. Bd. 20, S. 431–442

- Challis (1864)
Researches in hydrodynamics with
reference to a theory of the dispersion of
light, in: Phil.Mag. Bd. 27, S. 452–467,
Bd. 28, S. 489–502

Chautard, Jules: (1853a)
Mémoire sur l'acide camphorique gauche
et sur le camphre gauche,
in: CR Bd. 37, S. 166

- Chautard (1853b)
Über die rechte und linke Kamphersäure,
in: Erdm.Journ. Bd. 60, S. 136–140

Clausius, Rudolf Emmanuel: (1850)
Über die bewegende Kraft der Wärme
und die Gesetze, welche sich daraus für
die Wärme selbst ableiten lassen, in:
PA Bd. 79, S. 368–398

- Clausius (1857)
Über die Art der Bewegung, welche wir
Wärme nennen, in: PA Bd. 100, S. 353–380

- Clausius (1858)
Über die Natur des Ozon,
in: PA Bd. 103, S. 645

- Clausius (1864)
Über den Unterschied zwischen aktivem
und gewöhnlichem Sauerstoffe,
in: PA Bd. 121, S. 250–268

(Deluc: (18..)
zitiert nach Grassmann/Schyanoff)

Drobisch, Moritz Wilhelm: (1834)
Neue Darstellung der Logik, Leipzig

- Drobisch (1842)
Empirische Psychologie, Leipzig

- Drobisch (1850)
‹Erste Grundlehren der mathematischen
Psychologie, Leipzig

- Drobisch (1854)
Über die wissenschaftliche Bestimmung
der musikalischen Temperatur,
in: Centralblatt 16/1854, in: PA Bd. 90,
S. 353–389

- Drobisch (1855a)
Synechologische Untersuchungen.
Erster Artikel, in: PZ, NF Bd. 25,
S. 179–208

- Drobisch (1855b)
Synechologische Untersuchungen.
Zweiter Artikel, in: PZ, NF Bd. 26, S. 1–39

- Drobisch (1856a)
Synechologische Untersuchungen.
Dritter Artikel, in: PZ, NF Bd. 28, S.52–91

- Drobisch (1856b)
Über den Zweckbegriff und seine
Bedeutung für Naturwissenschaft,
Metaphysik und Religionsphilosophie,
in: PZ, NF Bd. 29, S. 67–99

Drossbach, Maximilian: (1855)
Das Wesen der Naturdinge und die
Naturgesetze der individuellen
Unsterblichkeit, Olmütz

- Drossbach (1858)
Die Harmonie der Ergebnisse der Natur-
forschung mit den Forderungen des
menschlichen Gemüts oder die persönliche
Unsterblichkeit als Folge der atomistischen
Verfassung der Natur, Leipzig

- Drossbach (1860)
Die Genesis des Bewußtseins nach
atomistischen Prinzipien, Leipzig

Dumas, Jean Baptiste: (1858a)
Note sur les équivalents des corps simples,
in: CR Bd. 46, S. 951, Fortschr.Phys. 1858, S. 5

- Dumas (1858b)
Mémoire sur les équivalents des corps
simples, in: CR Bd. 47, S. 1026–1034,
Fortschr.Phys. 1858, S. 6, siehe auch in:
Ann.Che.Pharm. Bd. 108, S. 324–326

Erdmann, Johann Eduard: (1834)
Versuch einer wissenschaftlichen
Darstellung der Geschichte der neueren
Philosophie, 5 Bde., Riga 1834–1854

- Erdmann (1847)
Grundriß der Psychologie, Leipzig

- Erdmann (1849)
Leib und Seele, Halle

Erdmann, Otto Linné: (1834)
Populäre Darstellung der neueren
Chemie. Leipzig

Ermann, A. (Hrgb.): (1856)
Zeitschrift für die wissenschaftliche
Kunde von Rußland

Faraday, Michael: (1844)
A speculation touching Electric
Conduction and the Nature of Matter.
A Letter to the Editor. 25. Januar 1844,
in: Phil.Mag., London Januar–Juni 1844,
Bd. 24, S. 136

Fechner, Gustav Theodor, alias Dr.Mises:
(1821)
Beweis, daß der Mond aud Jodine besteht,
Germanien

- Fechner (1826)
Ueber die Möglichkeit, scheinbare
Abstossungen auf Anziehungskräfte
zurückzuführen, Archiv für die gesammte
Naturlehre 9, S. 257–283

- Fechner (1828)
Lehrbuch des Galvanismus und der
Elektrochemie, in: Biot, Jean Baptiste:
Lehrbuch der Experimetalphysik,
2. Auflage, Leipzig 1828, Bd. 1, S. 408

- Fechner, alias Dr. Mises: (1836)
Vergleichende Anatomie der Engel –
Das Büchlein vom Leben nach dem Tode,
Leipzig

- Fechner (1838a)
Über eine Scheibe zur Erzeugung
subjektiver Farben, in: PA Bd. 45,
S. 227–232

- Fechner (1838b)
Complementärfarben, in: PA, Bd. 44,
S. 221–245

- Fechner, alias Dr. Mises: (1841)
Gedichte, Leipzig

- Fechner (1845)
Über die Verknüpfung der Faradayschen
Induktions-Erscheinungen mit den
Ampèreschen elektro-dynamischen
Erscheinungen, in: PA 64, S. 337–345

- Fechner, alias Dr. Mises: (1846)
Vier Paradoxa, Leipzig

- Fechner (1848a)
Nanna oder das Seelenleben der Pflanzen,
Leipzig

- Fechner (1848b)
Ueber das Lustprincip des Handelns, PZ,
NF Bd. 19, S. 1–30, 163–194

- Fechner (1849)
Über das Kausalgesetz, in:
Kgl.Sächs.G.W., Leipzig, 14. Mai 1849

- Fechner (1851)
Zend-Avesta oder Über die Dinge des
Himmels und des Jenseits. Vom
Standpunkte der Naturbetrachtung,
Leipzig

- Fechner (1853)
Kritik der Grundlagen von Herbarts
Metaphysik, in: PZ, NF 23, S. 70–102

- Fechner (1854a)
Über die Frage des Weberschen Gesetzes
und Periodizitätgesetzes im Gebiete des
Zeitsinnes, in: Kgl.Sächs.G.W., Bd. 8,
Nr. 1, Leipzig

- Fechner (1854b)
Über die Atomistik, in: Centralblatt,
Nr. 26, S. 499–508. Ankündigung der
1. Auflage

- Fechner (1854c)
Über die Atomistik, Entgegnung auf
Immanuael Hermann Fichte,
in: PZ, NF Bd. 25, S. 25–58

- Fechner (1855)
Über die physikalische und
philosophische Atomenlehre, Leipzig

(- Fechner (1856)
in: PZ, S. 192 ff)

- Fechner (1857)
In Sachen Atomistik, in: PZ, NF Bd. 30,
S. 61–89, 165–191

- Fechner (1858a)
Über den Punkt, in: PZ, NF 33,
S. 161–183

- Fechner (1858b)
Über ein psychophysisches Grundgesetz
und dessen Beziehung zur Schätzung der
Sternengrösse, in: Kgl.Sächs.G.W.,
Leipzig

- Fechner (1860)
Elemente der Psychophysik, 2 Bde.,
Leipzig

- Fechner (1861)
Über die Seelenfrage. Ein Gang durch die
sichtbare Welt, um die Unsichtbare zu
Finden, Leipzig

- Fechner (1862)
Über die Correctionen bezüglich der
Genauigkeitsbestimmungen der
Beobachtungen, der Bestimmung
der Schwankungen meteorologischer
Einzelwerte um ihren Mittelwert, und der
psychophysischen Maßbestimmung nach
der Methode der mittleren Fehler,
in: Kgl.Sächs.G.W., Leipzig

- Fechner (1864)
Über die physikalische und
philosophische Atomenlehre, 2. Auflage

- Fechner (1874)
Über die Bestimmung des
wahrscheinlichen Fehlers eines
Beobachtungsmittels durch die Summe
der einfachen Abweichungen,
in: PA Jubelband 1874, S. 66–81

- Fechner (1876)
Vorschule der Aesthetik, Leipzig

- Fechner (1879)
Die Tagesansicht gegenüber der
Nachtansicht, Leipzig

- Fechner (1897)
Kollektivmaßlehre, Hrgb. Georg
Friedrich Lipps, Leipzig

Fichte, Immanuel Hermann: (1854a)
Über die neuere Atomenlehre und ihr
Verhältnis zur Philosophie und
Naturwissenschaften, in: PZ, NF Bd. 24,
S. 24–57

- Fichte (1854b)
Seelenlehre des Materialismus, in: PZ, NF
Bd. 25, S. 58–77

- Fichte (1856a)
Anthropologie. Die Lehre von der
menschlichen Seele, begründet auf
naturwissenschaftlichem Wege, Leipzig

- Fichte (1856b)
Herbarts psychologisches Prinzip und
seine allgemeine Bedeutung für die
Seelenlehre, in: PZ, NF Bd. 28, S. 37–51

Fourier, Jean Baptiste Joseph: (1822)
Thèorie analytique de la chaleur, Paris

Fresnel, Augustin Jean: (1823)
Eine Entgegnung auf eine Mitteilung von
Poisson, in: Ann.Chi.Phys., Bd. 23,
S. 5–16

George, N.: (1856)
Kritik der bisherigen Theorien der
Materie, in: PZ, NF Bd. 29, S. 99–144

- George (1857)
Zeit, Ort, Bewegung und
Aggregatzustände, in: PZ, NF Bd. 30,
S. 161–197

Gerhardt, Christian: (1854)
Lehrbuch der organischen Chemie,
Leipzig 1854–1857
zitiert in: Clausius (1858), S. 645

Geubel, Heinrich Carl: (1843)
Grundzüge einer spekulativen Einleitung
zur Chemie. Frankfurt

Grassmann, Robert: (1862a)
Die Weltwissenschaft oder Physik. Stettin
1862–1873

- Grassmann (1862b)
Die Lebenslehre oder die Biologie.
1. Buch: Die Atomistik, Stettin

(Hamilton: (18..))

Hankel, W. G.: (1854)
Sämtliche Werke. François Arago, Leipzig

(Heeren: (18..))

Hegel, Georg Wilhelm Friedrich: (1812)
Logik, Werke Bd. 3

- Hegel (1820)
System der Philosophie, 2. Teil: Die
Naturphilosophie, Werke Bd. 7

Helmholtz, Hermann Ludwig F.: (1842)
Bemerkungen über die Kräfte in der
unbelebten Natur,
in: Annalen der Chemie und Pharmacie,
Bd. 42, S. 24

- Helmholtz (1856)
in: Fortschr.Phys. 1856, S. 354,
siehe: Krönig (1856)

Herbart, Johann Friedrich: (1824)
Psychologie als Wissenschaft, Leipzig

- Herbart (1851)
Allgemeine Metaphysik, nebst den
Anfängen der philosophischen
Naturlehre, Originalausgabe Königsberg
1828–29, Leipzig 1851, Bd. 3–4

(Hoffmann, F.: (18..)
Zur Widerlegung der absoluten und
bedingten Atomistik)

Hoppe, Robert: (1858)
Über die Bewegung und Beschaffenheit
der Atome, in: PA Bd. 104, S. 279–292

Humboldt, Alexander von: (1845)
Cosmos, Stuttgart 1845–1862

Jamin, Jules: (1853)
Note sur la condensation des gaz à la
surface des corps solides
in: CR Bd. 36, S. 994–998

- Jamin (1860a)
Mémoire sur l'equilibre et le mouvement
des liquides dans les corps poreux, in: CR
1860, S. 172–176, 311–314, 385–389

- Jamin (1860b)
Note sur la théorie de la réflexion et de la
refraction, in: Ann.Chi.Phys., Bd. 59,
S. 413–426

Kant, Immanuel: (1756)
Monadologiam Physicam. Metaphysicae
cum geometria junctae usus in
philosophia naturali, in: Gesammelte
Werke. Berlin 1902. Bd. 1, 473–487

- Kant (1786)
Die metaphysischen Anfangsgründe der
Naturwissenschaft, Riga

Karsten, Carl Johannes Bernhard: (1843)
Philosophie der Chemie, Berlin

(Katholische Literatur-Zeitung 1855. Nr. 50)

Kekulé, Friedrich August: (1861)
Lehrbuch der organischen Chemie oder
der Chemie der Kohlenstoff-
Verbindungen, Erlangen

Koosen, Johann Heinrich: (1845)
Der Stand der Naturgesetze in den
physikalischen Wissenschaften
Königsberg

- Koosen (1852a)
Methode, die Abweichung der
Magnetisierung des Eisens von der
Proportionalität mit der Stromstärke zu
beobachten, in: PA Bd. 85, S. 159–161

- Koosen (1852b)
Über die elektromagnetische Wirkung
galvanischer Ströme von sehr kurzer
Dauer, in: PA Bd. 87, S. 514–540

- Koosen (1857)
Entwicklung der Fundamentalgesetze
über die Elastizität und das Gleichgewicht
im Innern chemisch homogener Körper,
in: PA Bd. 101, S. 401–453

Krönig, A.: (1856)
Grundzüge einer Theorie der Gase,
in: PA Bd. 99, S. 315–322,
[Fortschr.Phys.1856.
Rezension: Helmholtz, S. 352]

Langberg, Christian: (1845)
Über die Bestimmung der Temperatur
und Wärmeleitung fester Körper,
in: PA Bd. 66, S. 10–31

Langenbeck, Hermann: (1858)
Über Atom und Monade, Hannover

- Langenbeck (1867)
Die theoretische Philosophie von Johann
Heinrich Herbart, Berlin

Leibniz, Gottfried Wilhelm: (1760)
Principia philosophiae, Opera Bd. 2, Genf

- Leibniz (1690a)
Ars combinatoria, Frankfurt

- Leibniz (1690b)
Demonstratio contra atomos sumta ex
atomorum contactu,
Werke, Bd. 7, S. 284

- Leibniz (1847)
Monadologica, deutsch von
Zimmermann, Wien

Leibniz, Gottfried Wilhelm,
Wolf, Christian von: (1860)
Briefwechsel, Werke, Folge 2, Hannover

Libri Carruci della Sommania,
Guglielmo Conte de: (1825)
Mémoire sur la theorie des nombres, Paris

- Libri (1838)
Histoire des science mathematiques en
italie, Paris

- Libri (1841)
Essai sur la vie et les traveaux de Galilei,
Paris

(Liebig, Justus von: (1844)
in: Chemische Briefe. 1844. S. 57)

-(Liebig (18..)
in: PA Bd. 108, S. 324)

Lorenz, L.: (1864)
Über die Theorie des Lichts,
in: PA Bd. 121, S. 579–600

Lotze, Rudolph Hermann: (1845)
Über den Begriff der Schönheit, Göttingen

- Lotze (1852)
Medizinische Psychologie oder
Psychologie der Seele, Leipzig

- (Lotze (1855)
in: Göttinger Gelehrter Anzeiger.
Göttingen, S. 1095)

- Lotze (1856)
Mikrokosmos. Ideen zur Naturgeschichte
und Geschichte der Menschheit.
Versuch einer Anthropologie, Leipzig

(Mackentish, James, Mel. phil. S. 221)

Marignac, Jean Charles Galinard de:
(1860)
Sur la temperature de l'eau à l'état
sphéroidale, in: Phil.Mag. Bd. 20,
S. 553–554, in: Fortschr.Phys. S. 4

Meier, Leo: (1851)
Die Nichtigkeit der atomistischen Lehren

Mitscherlich, Alexander: (1860)
Beiträge zur Spektralanalyse,
in: PA Bd. 114, S. 499–508

- Mitscherlich (1864)
Über die Spektren der Verbindungen und
der einfachen Körper, in: PA Bd. 121,
S. 439–488, Fortschr.Phys., S. 199

- Mitscherlich (1864)
Über die Spektren der Verbindungen und
der einfachen Körper, Berlin

Moigno, François
Napoléon Marie: (1853)
Manuel de la science. Annuaire du
Cosmos. Paris (Bd. 2 S. 374, Bd. 1, 1re
221–252 (Sèguin))

- Moigno (1847)
Répertoire d'optique moderne. Paris
1847–1850

Moleschott, Jakob: (1852)
Der Kreislauf des Lebens, Giessen

Neumann, Carl: (1861)
Über die thermischen Axen der Kristalle,
Halle, siehe auch: PA Bd. 114, S. 492–505

- Neumann (1863)
Die magnetische Drehung der
Polarisationsebene des Lichts. Versuch
einer mathematischen Theorie, Halle

Neumann, Franz E.: (1832)
Theorie der doppelten Strahlenbrechung,
abgeleitet aus den Gleichungen der
Mechanik, in: PA Bd. 25, S. 418–452

Poisson, Siméon Denis: (1811)
Théorie mathématique de la chaleur, Paris

- Poisson (1820)
Mémoire sur la thèorie du magnétisme,
in: Mém. de l'Acad. des Science,
Bd. 5, S. 247–338, 488–533

- Poisson (1823)
Extrait d'un Mémoire sur la Propagation
du mouvement dans les fluides élastiques,
in: Ann.Chi.Phys., Bd. 22, S. 250–269

- Poisson (1825)
Mémoire sur le mouvement des corps
elastiques, in: Mém. de l'Acad. des
Science, Bd. 8, S. 360

- Poisson (1827)
Note sur l'Extension des fils et des Plaques
élastiques, in: Ann.Chi.Phys., Bd. 36,
S. 384–387

- Poisson (1828)
Mémoire sur l'Equilibre des Fluides, in:
Ann.Chi.Phys., Bd. 39, S. 334–336

(- Poisson (1829)
in: Journal de l'Ecole polytechnique, Heft
20, Paris)

- Poisson (1831)
Nouvelle théorie de l'action capillaire,
Paris

- Poisson (1833)
Traité de Mécanique, Paris 1811,
2. édition 1833, Bd. 1

- Poisson (1835)
Lehrbuch der Mechanik. Zweite sehr
vermehrte Ausgabe. Aus dem
französischen von M. A. Stern, Berlin
1835–36

- Poisson (1839)
Recherches sur le mouvement des
projectiles dans l'air, Paris

Pouillet, Claude Servais Matthias: (1843)
Lehrbuch der Physik und Meteorologie.
Bearbeitet von Johann Heinrich Jacob
Müller, Braunschweig

Quincke, Gerhard: (1859)
Über die Verdichtung von Gasen und
Dämpfen auf der Oberfläche fester
Körper, in: PA Bd. 108, S. 326–353

- Quincke (1862)
Über die Lage der Schwingungen der
Ätherteilchen in einem gradlinig
polarisierten Lichtstrahl, in:
Monatsberichte der Kgl. Preußischen
Akademie der Wissenschaften, Berlin
Dezember 1862, S. 714–721, S. 714

Rankine, W. G. Macquorn: (1850)
Über die mechanische Theorie der
Wärme, in: PA Bd. 81, S. 172–176,
Phil.Mag. 2, S. 61

- Rankine (1855)
Outlines of the science of energetics, in:
Edinb. Journ. (2) 2, S. 120–141

Redtenbacher, F.: (1857)
Das Dynamidensystem. Grundzüge einer
mechanischen Physik, Mannheim

Reich, F.: (1860)
Über das specifische Gewicht des Bleis,
in: PA Bd. 109, S. 541–543

Sachs, S. : (1850)
Das Sonnensystem oder neue Theorie
vom Bau der Welten, Berlin

Saint Venant, Barré de: (1844)
Mémoire sur la question de savoir s'il
existe des masses continues, et sur la
nature probable des dernières particules
des corps. Société philomatique de Paris,
Sitzung am 20. Januar 1844

- Saint Venant (1860)
Modèles en plâtre relatifs à la flexion et à
la torsion des prismes élastiques et aux
vibrations d'une barre et d'une corde
élastique, in: CR Bd. 50, S. 933–934

Schaller, I.: (1857)
Zur Kritik des Atomismus,
in: PZ, NF Bd. 31, S. 1–47

Schelling, Friedrich Wilhelm Joseph: (1797)
Ideen zu einer Philosophie der Natur,
Leipzig

- Schelling (1799)
Erster Entwurf eines Systems der
Naturphilosophie, Jena

- Schelling (Hrgb.) (1802)
Neue Zeitschrift für speculative Physik,
Neue Folge, Tübingen

Schönbein, Christian Friedrich: (1850)
Über den Einfluss des Sonnenlichts auf
die chemische Tätigkeit des Sauerstoffes,
des Ursprungs der Wolkenelektrizität und
des Gewitters, Basel

- Schönbein (1852)
Über Natur und den Namen des Ozon,
in: Erdm.Journ. Bd. 55, S. 343–349

- Schönbein (1853)
Über die Bedeutung und den Endzweck
der Naturforschung, Basel

- Schönbein (1859)
Über die Erzeugung des Ozons auf
chemischem Wege, Basel

- Schönbein (18..)
Über die nächste Phase der Entwicklung
der Chemie als Wissenschaft, Basel

Schopenhauer, Arthur: (1839)
Die Welt als Wille und Vorstellung, Leipzig

- Schopenhauer (1854)
Über den Willen der Natur, 2. Auflage,
Leipzig

Schyanoff, N.: (1857)
Essai sur la metaphysique des forces,
inhérentes a l'essence de la matière, Kiew

(Séguin, J. M.: in: Moigno (1853) Bd. 2,
S. 374, Bd. 1, S. 221–252)

Séguin, J. M.: (1853)
Mèmoire sur la cohésion, in: CR, Bd. 37,
S. 705

Snell, Carl: (1858a)
Die Streitfragen des Materialismus, Jena

- Snell (1858b)
Newton und die mechanische
Naturwissenschaft, Leipzig

- Snell (1841)
Lehrbuch der Geometrie, Leipzig

Stas, J.: (1860a)
Recherches sur les rapports réciproques
des poids atomiques, Brüssel

- Stas (1860b)
Über die gegenseitige Beziehung der
Atomgewichte, in: Erdm.Journ., Bd. 82,
S. 65–97, Fortschr.Phys.1860, S. 14

Stewart, Dugald: (1855)
Philosophical Essays. Collected works,
Bd. 5, Edinburgh

- Stewart (1854)
Elements of the philosophie of the human
mind, Edinburgh 1854–1860

Streng, A.: (1860)
Über das specifische Gewicht des Bleis,
Chem. C. Bl. 1860, S. 670–671,
in: Fortschr.Phys. 1860, Berlin 1862, S. 8

Thénard, N.: (1826)
Lehrbuch der Chemie, Bd. 6, übersetzt
und herausgegeben von G. Th. Fechner

Ulrici, Hermann: (1856)
Die Beweise für das Dasein Gottes,
in: PZ, NF Bd. 28, S. 91–132

Weber, Max August: (1857)
Die neueste Vergötterung des Stoffs,
Giessen 1856
[Rezension von Fr. Hoffmann,
in: PZ, NF 31, S. 289–302]

Weber, Wilhelm: (1846)
Über ein allgemeines Grundgesetz der
elektrischen Wirkung, in: Abhandlungen
der Jablonowskyschen Gesellschaft bei
Begründung der klg. sächsischen
Gesellschaft der Wissenschaften 1846,
siehe auch: (1848) PA 73, S. 245

- Weber (1851)
Elektrodynamische Maßbestimmung,
insbesondere Widerstandsmessung,
in: PA 82, S. 337

Weiße, C. H.: (1855)
Über die Grenzen des mechanischen
Prinzips der Naturbetrachtung. Mit
Beziehung auf Fechners Atomenlehre, in:
PZ, NF 27, S. 93–146, Teil 2: S. 198–227

Weltzien, Carl: (1860)
Systematische Zusammenstellung der
organischen Verbindungen, Braunschweig

Wertheim, Gerhard: (1852)
Note sur les courants d'induction produits
par la torsion de fer, in: CR 35,
S. 702–704, PA 88, S. 331–334

Wiedemann, G.: (1858)
Über die Beziehung zwischen Magnetismus,
Wärme und Torsion, in: PA Bd. 103,
S. 563–577, Fortschr.Phys.1858, S. 503

- Wiedemann (1859)
Über die Torsion und die Beziehung
derselben zum Magnetismus, in: PA Bd.
106, S. 159–160

- Wiedemann (1860)
Über die Magnetisierung des Eisens und
Stahls, Monatsberichte der Kgl.
preußischen Akademie der
Wissenschaften. Berlin 1860,
Fortschr.Phys.1860, S. 521

Wilhelmy, L.: (1851)
Versuch einer mathematisch-
physikalischen Wärmetheorie,
Heidelberg, in: Ann.Che.Pharm., S. 47

Wolf, Christian Freiherr von: (1737)
Cosmologica generalis, Frankfurt

- Wolf (1738)
Vernünftige Gedanken von den Kräften
des menschlichen Verstandes, Halle

- Wolf (1738a)
Psychologica empirica, Frankfurt

- Wolf (1738b)
Scripta metaphysica, Frankfurt

- Wolf (1745)
Psychologie ou traité sur l'ame,
Amsterdam

- Wolf (1760)
Briefwechsel mit Leibniz, hrgb. von
Gerhardt, Hannover

Zeitschriften:

Ann.Chi.Phys.
Annales de Chimie et de Physique, Hrgb.
Gay-Lussac, Arago, Paris

Ann.Che.Pharm.
Annalen der Chemie und Pharmacie,
Hrgb. von Wöhler, F., Liebig, Justus und
Kopp, Hermann, Leipzig und Heidelberg

Centralblatt
Centralblatt für Naturwissenschaften und
Anthropologie, Hrgb. G. Th. Fechner
Zwei Jahrgänge, 1853/54

CR
Comptes rendus des séances de
l'Académie des Sciences, Paris

Erdm.Journ.
Journal für praktische Chemie.
Herausgegeben von Otto Linné Erdmann,
Franz Wilhelm Schweigger-Seidel und
Gustav Werther. Bd. 1–158, Leipzig
1834–1870

PA
Poggendorffer Annalen der Physik und
Chemie, Leipzig

Phil.Mag.
Philosophical Magazine and Journal of
Science, Herausgegeben von Robert
Taylor, London, Edinburg

PZ
Zeitschrift für Philosophie und
philosophische Kritik.
vor 1847: Zeitschrift für Philosophie und
spekulative Theologie.
Herausgegeben von Immanuel Hermann
Fichte und Hermann Ulrici, Halle,
später Leipzig 1847–1918

Kgl.Sächs.G.W.
Berichte über die Verhandlungen der
Königlich-Sächsischen Gesellschaft der
Wissenschaften,mathematisch
physikalische Klasse, Leipzig

Fortschr.Phys.
Dargestellt von der physikalischen
Gesellschaft, Berlin 1847–1919

Anmerkungen Teil 1

Vorwort zur ersten Auflage

1   Eine Abhandlung von Immanuel Hermann Fichte gegen die Atomistik (Fichte
     (1854), S. 24), die ich erst erhielt, nachdem diese ganze Schrift mit Einschluß des
     Vorworts schon geschrieben war, gibt mir Anlaß, dem obigen noch einige bekräfti-
     gende Worte hinzuzufügen. Die oben geforderte Trennung beider Fragen wird auch
     in dieser Abhandlung vermißt; und was vom Verfasser. gegen die Versuche mancher
     Physiker, teils die letzte Konstitution der Atome zu ergründen, teils die Tatsache der
     Atome begrifflich zu fassen, zu beziehen und zu deuten, nicht untriftig gesagt worden
     ist, erscheint doch sogleich untriftig, wenn es gegen die Atomistik überhaupt gelten
     soll. Nach Maßgabe als der Physiker über die Grenzen der ersten Fragestellung hin-
     aus in das Gebiet der Philosophie hinübergreift, und die Aufforderung dazu bestreite
     ich nicht, da ich ihr selbst nachgebe, fällt er auch fast notwendig dem Schicksal an-
     heim, das alle philosophischen Versuche, das Letzte zu ergründen und Grundbegriffe
     aufeinander zu beziehen, bisher gehabt haben, d. i., ins Schwankende, Streitige zu ge-
     raten, wobei das meiste in der Regel Wortstreit ist.
     Aber eben deshalb muß man das, worüber alle Atomistiker einig und aus physikali-
     schem Gesichtspunkte klar sind, von dem trennen, worüber sie uneins und philo-
     sophisch unklar sind. Indem Fichte eins mit dem anderen verwirft, schüttet er das
     Kind mit dem Bade aus, das allein wegzuschütten war. Hierzu bringen wir selbst ei-
     nen Topf herbei; das Kind aber wollen wir retten.
     Die physikalische Atomistik, wie sie von mir im 13. Kapitel des ersten Teils dargelegt
     ist, kann überhaupt weder philosophisch (aus Begriffen heraus) begründet noch wi-
     derlegt werden; sie kann aber selbst unter den Grundlagen einer Philosophie zählen,
     welche ihre Begriffe auf Sachverhältnisse stützen will. Die philosophische Atomistik,
     wie sie von mir im zweiten Teile dargelegt ist, steht natürlich auch philosophischen
     Einwürfen offen.
     Eine ausführlichere Replik gegen Fichte habe ich geliefert. Fechner (1854c)
2   Fechner (1851), S. 351, 373
3   Dieses Kapitel ist in der jetzigen Auflage durch ein anderes von allgemeinerer Ten-
     denz vertreten. Teil 2, Kapitel 10
4   Fechner (1853), S. 70–102

Vorwort zur zweiten Auflage

1   Fechner (1854c), S. 25
     Fechner (1857), S. 61, 165
     Fechner (1858a), S. 161

1. Kapitel

1   Faraday (1844)
2   [Otto Erdmann ist der Herausgeber des *Journals für praktische Chemie* (Erdmanns Journal)]
3   Karsten (1843)
4   Weiße (1855)
5   Geubel (1843)
6   Meier (1851)
7   Weber, Max August (1857), S. 292

2. Kapitel

1   Auch Herbart nämlich widerspricht bei strengster metaphysischer Scheidung der einfachen Wesen, aus deren Zusammen er die Körperwelt erklärt, ausdrücklich einer physikalisch-atomistischen Auffassung dieser Scheidung. Vergleiche das historische Kapitel (Kapitel 8).
2   So erklären sich Schelling (1799), S. 275, 341, und Hegel (1812), S. 202, bzw. Hegel (1820), S. 68, hinsichtlich der Auffassung dieses fundamentalen Verhältnisses gegen Kant; Schelling schilt den Begriff der Attraktions- und Repulsionskraft, wie er von Kant bestimmt wird, „einen bloß formellen durch die Reflexion erzeugten Begriff", und Hegel spricht von „einer in der Kantschen Exposition herrschenden Verwirrung". Weiter sagt Hegel, „daß spätere Naturphilosophen (der Schellingschen Schule) auch das flachste Raisonnement und schlechteste Gebräu einer willkürlichen Einbildungskraft und gedankenlosen Reflexion – eine *Konstruktion* genannt haben". Wie Herbart sowohl von der Schellingschen als Hegelschen Konstruktion denkt, bedarf keines Beleges. „Kant hat unter andern auch das Verdienst, durch seinen Versuch einer sogenannten *Konstruktion* der Materie in seinen metaphysischen Anfangsgründen der Naturwissenschaft, den Anfang zu einem Begriff der Materie gemacht und mit diesem Versuche den Begriff einer Naturphilosophie wieder erweckt zu haben. Er hat aber dabei die Reflexionsbestimmungen von Attraktivkraft und Repulsivkraft als gegeneinander feste angenommen, und, indem aus ihnen die Materie hervorgehen sollte, diese wieder als ein *Fertiges* vorausgesetzt; so daß es schon Materie ist, was attrahiert und repelliert werden soll. Ausführlicher habe ich die in dieser Kantischen Exposition herrschenden Verwirrung in meinem System der Logik dargestellt.": Hegel (1820), S. 68
3   Manche eingehendere Erörterungen über die beim Beweisgange für die Atomistik in Betracht kommenden Prinzipien den herrschenden philosophischen gegenüber siehe: Fechner (1857), S. 66 ff., 83 ff.

3. Kapitel

1   Fechner (1857)

4. Kapitel

1   Poisson (1823), Bd. 22, S. 254
2   Fresnel (1824)
3   Vgl. Poisson (1833), Bd. 1, S. 174 f
4   Fresnel (1824)
5   Fourier (1822)
6   Wilhelmy (1851), S. 47
7   Langberg (1845), S. 10
8   Wiedemann (1858), (1859)
9   Vgl. Pouillet-Müller (1843), Bd. 2, S. 306

5. Kapitel

1 Eine Abweichung, welche darin liegt, daß in den elektrischen Spiralen die Pole (Stellen stärkster Anziehung) ganz an den Enden, in den Magneten in einem kleinen Abstande von den Enden liegen, braucht, als nur von untergeordneter Bedeutung, hier nicht berücksichtigt zu werden, da sie sich leicht dadurch repräsentieren läßt, daß in den Magneten die Kreisströme nach dem Ende zu an Intensität abnehmen oder den Parallelismus gegen die übrigen Ströme verlieren; indes sie in allen Windungen der Spirale gleich stark und (nahehin) parallel sind.

2 So ist es nach Entdeckung des Elektromagnetismus noch längere Zeit von vielen Physikern geschehen, und vielleicht stehen manche noch jetzt auf diesem Standpunkte; doch scheint die Beziehung auf Elementar- oder Molekularmagnete statt auf elektrisch umkreiste Teilchen, wo sie noch stattfindet, im allgemeinen mehr durch die bequemere Repräsentation, welche sie in Verhältnis zur Ampèreschen Auffassung für manche Kreise der Erscheinungen bietet, als durch einen Abweis der Ampèreschen Auffassung veranlaßt, mit Rücksicht, daß die schließliche Übersetzung der einen Auffassung in die andere in jedem Falle leicht ist.

3 (… Fortschr. Phys. 1858, S. 486) [vermtl. Wiedemann (1858), S. 563–577]

4 (Ebd., S. 486) [vermtl. Wiedemann (1858), S. 563–577]

5 Wiedemann (1858), Fortschr. Phys. 1858, S. 503, Wiedemann (1860), S. 744 (?) [oder PA Bd. 103, S. 563, PA Bd. 106, S. 161, Auszüge daraus in: Fortschr. Phys. 1859, S. 4, außerdem: Fortschr. Phys. 1860, S. 521

„Alle diese Erscheinungen sprechen wiederum für die, von G. Wiedemann bei Gelegenheit seiner früheren Untersuchungen verfochtene Ansicht über die Zusammensetzung der Magnete aus Molecularmagneten, welche um ihren Schwerpunkt drehbar sind." Beetz W., Erlangen]

6 Den Ausdruck *latente Wärme*, dessen sich die Physiker bedienen, trifft nicht derselbe Vorwurf, weil sie damit eine klare, mit der Vorstellung von der freien Wärme in angebbarer Weise zusammenhängende Vorstellung zu verbinden wissen, statt wie hier den Mangel einer solchen mit dem Ausdrucke *latent* zu decken.

6. Kapitel

1 (Fechner (1856), Ph Zt, S. 192 ff)

2 Drobisch (1855), Ph Zt, S. 207
(Fechner (1856), Ph Zt, S. 116)

3 Die Entgegnung auf die Einwände S. 45ff ist aus einer allgemeineren Entgegnung mit Abkürzungen hierher übertragen. Fechner (1857), S. 82

7. Kapitel

1 (Schönbein (18??), Über die nächste Phase …, S. 5)

2 [*hemiedrisch* : Hemiedrische Kristallklasse: jede Kristallklasse, bei der nur die Hälfte der möglichen, den holoedrischen Kristallklassen oder (Holoedrien) zukommenden Flächen eines Kristallsystems ausgebildet sind. *Holoedrie*: Die Menge aller ein Raum bzw. Kristallgitter unverändert lassenden Drehoperationen. Nach den sieben Holoedrien werden die Kristalle in sieben Kristall-Systeme geordnet, wobei die jeweilige Holoedrie die höchstsymmetrische Klasse eines Systems ist. *Holoeder* (Vollflächner)]

3 Wie oben bemerkt, ist ein polarisierter Strahl ein solcher, in dem alle Ätherteilchen einander parallele Schwingungen (immer aber senkrecht auf die Richtung des Strahls) vollführen. Läßt man nun einen solchen Strahl bei senkrechtem Einfall durch das Glas, Wasser oder andere dergleichen indifferente Körper gehen, so bleibt die Richtung der Schwingungen ungeändert; läßt man ihn dagegen durch Körper gehen, wel-

che wie die Weinsäure ein Drehungsvermögen auf das Licht äußern, so ändert sich die Richtung der Schwingungen fortschreitend, so daß der Winkel, um den sie von der ursprünglichen abweicht, um so größer ist, je größer die vom Strahl durchlaufene Dicke, und je größer das Drehungsvermögen der Substanz ist. Das Statthaben und die Größe einer solchen Drehung läßt sich durch bestimmte Versuche konstatieren.

4   Unter Molekülen sind im allgemeinen nicht einfache Atome zu verstehen, sondern Atomkombinationen, wie sie als nähere Elemente in die Zusammensetzung der Körper eingehen. So ist das Molekül der Weinsäure eine Verbindung von Sauerstoff-, Wasserstoff- und Kohlenstoffatomen.

5   Chautard (1853a), S. 166, und Chautard (1853b), S. 139

6   Chautard (1853b), S. 136

7   Kekulé (1861), Bd. 1, S. 180

8   Die Moleküle fester Körper sind, wie schon bemerkt, selbst nur Atomgruppen, welche der Gruppierungsweise wesentlich ihre Form verdanken, was man im Auge behalten kann; was jedoch für die oben betrachteten Erscheinungen nicht in Betracht kommt, daher die Moleküle oben nur nach ihrer Form im ganzen in Betracht gezogen werden.

9   [*Boyle-Mariotte-Gesetz* fomuliert die Beziehung zwischen Druck p Volumen V und Temperatur T einer vorgegebenen Gasmenge. $p \cdot V = const.$ ist aber nur exakt gültig für ideale Gase bzw. langsame Druckveränderung. Robert Boyle 1627–1691, Edme Mariotte, vermtl. 1620–1684]

10   Eine Annäherung an solches Zerfallen gewährt die Erscheinung der *geschwänzten Glastranen*, die beim Abbrechen des Schwanzes in Pulver zerfallen.

11   Streng (1860), Reich (1860)
[„Das specifische Gewicht des reinen Bleis findet der Verfasser bei 0° C von der grössten Dichte = 11,370. Durch Hämmern wird, wie schon Guyton Morveau bemerkte, die Dichte öfter scheinbar vermindert." Quincke (1859)]

12   (Cagniard de la Tour)

13   Wertheim (1852)

14   Wenn die Länge des Stabes durch Dehnung um einen gewissen Bruchteil der ursprünglichen Länge gewachsen ist, hat sich der Durchmesser des Stabes bloß um 1/4 (Cagniard de la Tour) oder 1/3 (Wertheim) dieses Bruchteils bezüglich des ursprünglichen Durchmessers verkleinert.

8. Kapitel

1   [Regeldetri = Dreisatz-Rechnung]

9. Kapitel

1   (Katholische Literaturzeitung 1855, Nr. 50)

2   Lotze (1856)

3   Lotze (1856), Bd. 1, S. 389

11. Kapitel

1   Von verschiedenen Seiten ist mir bezüglich dieser (hier unverändert wiedergegebenen) Stelle der ganz unbegründete Vorwurf gemacht worden, ich lege der dynamischen Ansicht unter, daß sie die ganze Körperwelt in eine unterschiedslose Masse zusammenfließen lasse, während ich damit nur sage, daß sie die von der Atomistik behauptete letzte Gliederung der Körperwelt, wovon ich eben gesprochen (dies alles, nicht schlechthin alles), für die Anschauung klumpig zusammenfließen lasse, im übrigen aber selbst darauf hinweise, daß sie ja doch die Tatsache und den Wert der Gliederung

der Welt im Sichtlichen und Großen anerkenne, also nicht im Kleinsten leugnen solle. Vgl. Fechner (1857), S. 169, S. 182

13. Kapitel

1   Wilhelmy (1851)
[„Ein Molekül eines bestimmten Stoffes ist ein System von anziehenden (ponderablen Massen-) Atomen und abstoßenden Ätheratomen, welches noch als schwebend zu denken ist und in einem den übrigen Raum gleichmäßig füllenden Medium, das aus nur abstoßenden (Äther-)Atomen besteht. Die Ätheratome werden von den Massenatome, wenn auch mit geringer Kraft angezogen. Die Anordnung der Atome im Molecul hängt von der gegenseitigen Stellung der Moleküle ab, d.h. die Moleküle inducieren sich gegenseitig. Die unsymmetriche Anordnung der Atome im Molekül ist die elektrische Polarisation oder Erregung. Die Moleküle schwingen fortdauernd um ihre Gleichgewichtslage, welche Bewegung Ursache der Wärmeerscheinungen ist.“
Helmholtz, in: Fortschr. Phys. 1850, Bd. 6, S 561 ff]

2   (Poisson (1829), Journal de l'ecole polytechnique, Heft 20)

3   Vergleiche über letzten Punkt:
Krönig (1856), PA Bd. 99, S. 315, Fortschr. Phys. 1856, S. 352
Clausius (1857), PA Bd. 100, S. 353, Clausius (1858), PA Bd. 103, S. 644
Koosen (1857), PA Bd. 101, S. 427, Hoppe (1858), PA Bd. 104, S. 279
Redtenbacher (1857), Helmholtz (1856), Fortschr. Phys. S. 354 ff

4   Vgl. die neueren Erörterungen von Neumann (1863), S. 34 ff

5   Das Verhältnis der Fortpflanzungsgeschwindigkeit des Lichtes in zwei brechenden Mitteln ist nach der Undulationstheorie dasselbe, was der Einfallssinus zum Brechungssinus hat (nach der jetzt verlassenen Emissionstheorie umgekehrt). Wegen der transversalen Richtung der Schwingungen steht die Richtung der Fortpflanzungsgeschwindigkeit des Lichtes senkrecht auf der Richtung der Elastizität, vermöge deren diese Fortpflanzung geschieht und wovon ihre Geschwindigkeit abhängt.

6   Nach ganz neuer Untersuchung sollen einige Metalle eine Ausnahme hiervon machen.

7   Vgl. Jamin (1860b), S. 413

8   Cauchy (1836b) und Cauchy (1836c), PA Bd. 39, S. 50

9   Neumann (1832), PA Bd. 25, S. 451

10   Siehe auch: Cauchy (1840), Cauchy (1836d)

11   Quincke (1862), S. 714

14. Kapitel

1   Sachs (1850), S. 193

15. Kapitel

1   Wenn Ulrici (1856), S. 114 sagt: „Damit sei das materielle Substrat nur bestimmt als die Kraft des Widerstandes“, so ist dies eine Umkehr unserer Begriffstellung, die wohl im Sinne meiner Gegner, aber nicht in dem meinigen ist. Widerstand kann erst aus Verhältnissen dessen geschlossen werden, was als Tastgefühl, Gesichtsempfindung usw. in mein und anderer Bewußtsein eintritt, ist also keine erfahrungsmäßige Grundlage des Begriffs der Materie. Von solcher aber ist hier die Rede.

2   Ulrici vermißt (ebd., S. 115), „daß ich nicht sage, warum sich mit der Materie, dem Fühlbaren, Gleichgewichts- und Bewegungserscheinungen verbinden“; aber ist denn nicht die Frage nach dem Ob und Wie zu trennen? Bei Feststellung begrifflicher Beziehungen handelt es sich um die Tatsache, nicht die Gründe der Beziehungen. Überhaupt kommt bei dem Physiker die Frage des Warum überall erst nach der Frage des

Ob zur Sprache, und es ist auch in der Philosophie nicht wohlgetan, es umzukehren oder beides zu vermengen.

3   Vergleiche die weitere Ausführung in meiner gegen die Herbartsche Metaphysik gerichteten Abhandlung. Fechner (1853), PZ, NF 23, S. 70–102

4   In der ersten Auflage (S. 98) folgen noch einige Ausführungen darüber, daß man schon nach einer, in den Sprachgebrauch wohl hineingehenden Erklärung über den Begriff des *Nichts* die dunklen Dinge *an sich* hinter den Erscheinungen für *Nichts* erklären könne; im Grunde laufe es auf einen identischen Satz hinaus. Ich übergehe dies hier, nicht weil ich etwas davon zurückzunehmen fände, sondern um einen Wortstreit abzuschneiden.

16. Kapitel

1   Kant (1786)
2   Büchner (1855), S. 2
3   ebd.
4   Schopenhauer (1839), S. 9
5   Drobisch (1856a), PZ Bd. 28, S. 52 ff
6   Fechner (1857), PZ, Bd. 30, S. 173
7   Fechner (1849)
8   Grassmann (1862b), S. 21
9   Schyanoff (1857), S. 14 f
10   Der Kürze halber verstehe ich hier und folgends unter Zusammenstellung inklusive die *Bewegungsweise* dessen, was in die Zusammenstellung eingeht, mit. In der Tat kommt diese nicht bloß als Wirkung der Kraft, sondern auch als etwas, wovon die Kraft mit abhängt, in Betracht, in sofern man (im weiteren Sinne der Kraft) vom Beharrungsgesetz eine Kraft der Beharrung abhängig machen kann, und nach *W. Weber* die elektrischen Kräfte noch in anderem Sinne von der Bewegung mit abhängen.
11   So u. a. *E. H. Weber* in einem Gespräch. Auch setzt er dies mit religiösen Vorstellungen in Beziehung; ohne daß ich jedoch dafür stehen kann, daß er die folgenden, im Sinne eigener Ansichten gehaltenen Entwicklungen in jeder Hinsicht teilt.
12   Schopenhauer (1854), S. 19

18. Kapitel

1   Fechner (1864), S. 198 ff

Anmerkungen Teil 2

2. Kapitel

1   Boscovich (1758), § 133, §134, S. 60 ff

§133. Hence for the purpose of forming an idea of a point that is indivisible & no-nextended, we cannot consider the ideas that we derive directly from the senses; but we must form our own idea of it by reflection. If we reflect upon it, we shall form an idea of this sort for ourselves without much difficulty. For, in the first place, when we have conceived the idea of extension and composition by parts, if we deny the existence of both, the we shall get a sort of idea of non-extension & indivisibility by that very negation of the existence of those things of which we already have formed an idea. For instance, we have the idea of a hole by denying the existence of matter, namely, that which is absent from the position in which the hole lies.

§134. But we can also get an idea of a point that is indivisible & non-extended, by the aid of geometry...

[and by the help of that idea of an extended continuum that we derive from the senses; this we will show below to be a fallacy, & also we will open up the very source of this fallacy, which nevertheless will lead us to a perfectly clear idea of indivisible and non-extended points. Imagine some thing is perfectly plane and continuous–like a table-top–two feet in length; and suppose that this plane is cut across along its length; and let the parts after the section be once more joined together, so that they touch one another. The section will be the boundary between the left part and the right part; it well be two feet in length (that being the length of the plane before section), and altogether devoid of breadth. For we can pass straightaway by a continuous motionfrom one part to the other part, which would not be contiguous to the first part if the section had any thickness. The section is a boundary which, as regards breadth, is non-extended and indivisible; if another transverse section which in the same way is also indivisible and non extended fell across the first, then it mus come about that the intersection of the two in the surface of the assumed plane has no extension at all in any direction. It will be a point that is altogether indivisible and non-extended; and this point, if the plane be moved, will also move and by its motion will describe a line, which has length indeed and is devoid of breadth.]

2   ebd., S. 63

§136. If now we transfer these arguments to the intersection of sections, we shall truly have not only the idea of an indivisible and non-extended point, but also an ides of the nature of a point of this sort; which is such that it cannot have another point contige-ous to it, but the two either coincide or else they are separated from one another by some interval. In this way also geometricians can easily form an idea of their own kind of indivisible & non-extended points; and indeed they do so form their idea of them, for the first definition of Euklid begins: *A point is that which has no parts.*

3. Kapitel

1   Fechner (1864), S. 216
2   Schaller (1857), S. 35
3   Fechner (1858a), S. 161
4   Schyanoff (1857), S. 11
5   Helmholtz (1856), S. 354
6   In der Tat glaubt Moigno (1853) ein entscheidendes Argument für die Einfachheit der Atome in der wesentlich punktuellen Beschaffenheit der Anziehungszentren zu finden. Ich gestehe indess, seine Argumentation nicht ganz klar gefunden zu haben.
7   Liebig (1844), S. 57
8   George (1856), S. 99–144
9   Hoppe (1858), S. 287
10   Fechner (1860), Bd. 1, S. 526 ff

5. Kapitel

1   Dieses entgegengesetzte Lagenverhältnis im Raum kann freilich nur *zeitlich* verfolgt werden, was ja im Begriff des Verfolgens von selbst liegt; daß es sich aber in der, in identischer Richtung fortschreitenden, Zeit in doppelter Richtung verfolgen läßt, kann nicht in der Zeit, sondern muß im Raum selbst begründet liegen.

6. Kapitel

1   Stas (1860b), S. 14
2   Marignac (1860), S. 4
3   Clausius (1858), PA Bd. 103, S. 645
4   Gerhardt (1854), zitiert in: Clausius (1858), S. 645
5   Kekulé (1861), Bd. 1, S. 100 ff
6   Dumas (1858a, b), S. 5 f
7   Weltzien (1860)
8   siehe auch: von Babo (1861)
9   Clausius (1858), PA Bd. 103, S. 645, Clausius (1864), PA Bd. 121, S. 250
10   Boscovich (1758), §. 92, S. 41
11   Fechner (1828), in: Biot (1828), 2. Auflage, Bd. 1, S. 408
12   (Séguin, zitiert nach Moigno (1853), Bd. 1, 2)
13   Challis (1860a), Bd. 19, S. 89

7. Kapitel

1   Boscovich (1758), § 12, S. 117 ff und Suppl. § 15
2   Buys Ballot (1857a), S. 241
3   Vgl. hierüber: Weber (1846), S. 376 oder auch Fechner (1851), Bd. 2, S. 287, wo die Stelle nach Weber mitgeteilt ist.
4   Nämlich, wenn a, b, c, die drei Teilchen, und $a\,b$, $b\,c$, $a\,c$, ihre respektiven Abstände (in *einer* Richtung verfolgt) sind, dem Produkt aus ab, ba, ac, ca, bc, cb, wovon je zwei abgesehen vom weiterhin zu berücksichtigenden Vorzeichenunterschied gleich sind.
5   Das heißt: ein größeres Raumelement gegebener Ordnung in dem entsprechenden Teilelement durchlaufen läßt.
6   Die Betrachtungsweise würde sich nicht wesentlich ändern, wenn mehr als 8 Atome dazu gehörten, den kleinstmöglichen Würfel zu bilden.
7   Mit der Ansicht von *Krönig* und *Clausius* über die Wärme der Gase, welche vieles gut erklärt, vertrüge sich dies allerdings nicht, sofern hier eine Bewegung der *ganzen* Gas-

moleküle als den Wärmezustand der Gase bedingend angesehen wird. Nun lasse ich es gern dahingestellt, ob diese, der Schwierigkeiten keineswegs ermangelnde Ansicht oder die obige Auffassung in Betreff der Wärme der Gase nicht doch zu modifizieren ist, ohne deshalb für die übrigen imponderablen Erscheinungen ungültig zu werden. Jedenfalls scheint mit ein Bedürfnis vorzuliegen, die translatorische und Schwingungsbewegung ganzer Moleküle von den durch die Wechselbeziehung der Teilchen eines Moleküls unter sich und mit etwa umgebenden Ätheratomen abhängigen Schwingungen zu unterscheiden; aber es mag sein, daß der Zusammenhang der Tatsachen nötigt, die Wärme eines Gases vielmehr auf die Gesammtheit *aller dieser* Bewegungen, als *bloß* die letzteren zu beziehen, und muß dies einsichtigen Physikern zu entscheiden überlassen bleiben.

8   Weber (1846), S. 327

8. Kapitel

1   Fechner (1853)

2   Lotze (1855), S. 1095

3   Grassmann (1862b), S. 22

4   Eine etwas eingehendere historische Darstellung der monadologischen Ansichten von Leibniz, Kant und Herbart als hier findet man in Langenbecks Dissertation (1858): Über Atom und Monade.

5   Leibniz (1760), S. 20 ff

6   Wolff (1737)

7   Kant (1756), Bd. 8, S. 409

8   Lotze (1855), in: Göttinger Gelehrter Anzeiger, S. 1096

9   Langenbeck (1858), S. 12 ff

10   Kant (1786)

11   Herbart (1851), Bd. 4, S. 272

12   Lotze (1855), S. 1097

13   Lotze (1856), Bd. 1, Kapitel 4: Das Leben der Materie, S. 374 ff

14   Lotze (1856), Bd. 1, Kapitel 2: Von dem Sitze der Seele, S. 316

15   Lotze (1856), Bd. 1, Kapitel 5: Von den ersten und den letzten Dingen des Seelenlebens, S. 413 ff, Lotze (1856), Bd. 2, 4. Buch: Der Mensch, Kapitel 3: Die Einheit der Natur, S. 45 ff

16   Drossbach (1860), Drossbach (1858)

17   Drossbach (1858), S. 46

18   ebd., S. 39

19   ebd., S. 39

20   Langenbeck (1858), S. 12 ff

21   ebd., S. 6

22   ebd., S. 37

23   Fichte (1856a), S. 198

24   Boscovich (1763)

25   ebd., Synopsis, S. 3

26   Grassmann (1862) zitiert die Erst-Ausgabe: Boscovich (1758)

27   Boscovich (1763), S. 12, 17

28   Boscovich (1763), S. 164 f

29   Obwohl Kant in *Metaphysische Anfangsgründe der Naturwissenschaft* den Satz aufstellt und in seinem Sinn beweist: „Die Materie *kann* in das Unendliche zusammengedrückt, aber *niemals* von einer Materie, wie groß auch die drückende Kraft derselben sei, *durchdrungen* werden." Kant (1786), S.483

30   Stewart (1855)

31   (Mackentish)

32   In seiner Atomistik führt Grassmann (1862b), S. 23, unter den Vertretern der einfachen Atomistik zuerst *Poisson* (1827, 1828, 1829) an. Aber in den Abhandlungen Poissons, welche sich an diesen Orten finden, und die ich deshalb ausdrücklich eingesehen, finde ich wohl Hinweise auf die Notwendigkeit, die Gleichgewichts- und Bewegungsgleichungen elastischer und flüssiger Körper vielmehr auf die Annahme von *molécules disjointes* als eine Kontinuität der Materie zu gründen, nirgends aber eine Erklärung darüber, daß die molécules disjointes oder deren Atome als einfach oder als Punkte anzunehmen seien; glaube auch nach meinen Erinnerungen nicht, daß eine solche Erklärung sich überhaupt in einer Abhandlung von Poisson findet. – Von *Moigno* (1853) wird *Faraday* mit *Ampère* und *Cauchy* in Verbindung als Vertreter der Ansicht von einfachen Atomen genannt, aber nur aus dem Gesichtspunkt, daß er die Materie auf Kraftzentren reduziert. Aber diese Kraftzentren sind nach ihm kontinuierlich und er steht in sofern vielmehr im Gegensatz zur atomistischen Ansicht, welche eine räumliche Diskretion der Kraftzentren statuiert. Faraday (1844)

33   (Ampère (1835), Cours du collège de France)

34   (Cauchy zitiert nach: Moigno, Cosmos. Band II.)

35   Séguin (1853), CR, Bd. 37, S. 705

36   Saint Venant (1844)

37   Grassmann (1862b), S. 29 ff

38   Grassmann (1862a) und (1862b)

39   Grassmann (1862b), S. 40

40   *Grassmann* bemerkt (S. 39), dieser glückliche Gedanke, daß das *Cauchysche* Gesetz sich durch Repräsentation der Ätherteilchen als E-Paare erklären lasse, rühre von seinem Bruder *H. Grassmann* her. Er gibt die Stelle von Cauchys Beweis nicht an, bezieht sich aber dabei unstreitig auf Cauchys *Memoire sur la dispersion de la lumière* (S. 185), wo Cauchy jedoch nicht beweist, daß sich die Ätherteilchen nach obigem Gesetz anziehen *oder* abstoßen, sondern (S. 191) daß „dans le voisinage du contact cette action soit *répulsive* et réciproquement proportionnelle au bicarré de la distance." Dabei liegt die, eine Vernachlässigung von Größen höherer Ordnung gestattende, Voraussetzung unter, daß der Äther des Himmelsraumes anders als der Äther in den Körpern alle Farbenstrahlen mit gleicher Geschwindigkeit fortpflanze; welche Voraussetzung Cauchy darauf begründet, daß die Sterne statt als (meist weiße) Lichtpunkte uns sonst als sehr schmale Streifen mit den Spektralfarben erscheinen müßten.

41   ebd., (1862), S. 44

42   ebd., S. 41

43   ebd., S. 48

44   ebd., S. 38

45   ebd., S. 61

46   ebd., S. 62

9. Kapitel

1   Boscovich (1763), Synopsis, S. 17
    Die englische Übersetzung der zitierten Paragraphen
    befindet sich im *Anhang,* S. 243 ff

10. Kapitel

1   Herbart jedoch bedient sich des Ausdruckes *Monaden* nicht.

2   Wonach Leibniz den Namen *Seele* auch nicht allen im eigentlichen Sinne beigelegt

wissen will. Er sagt darüber:

„§19. Quodsi *animam* appellare libet, quiquid perceptionem et appetitum habet in sensu generali, quem modo explicavimus, omnes substantiae simplices aut monades creatae appellari possunt animae. Enim vero cum apperceptio aliquid amplius importet, quam simplicem quandam perceptionem, consultius est ut nomen generale monadum et entelechiarum suffuciat substantiis simplicibus, qui simplici perceptione gaudent, et animae appellentur tantummodo istae, quarum perceptio est magis distincta et cum memoria conjuncta." § 20. „In nobis enim ipsis experimur statum quendam, in quo nihil recordamur, nec ullam perceptionem distinctam habemus, veluti cum deliquio animi laboramus, aut quando somno profundo absque insomnio oppressi sumus. In hoc statu anima quoad sensum non differt a simplici monade. Sed cum status iste non perduret, aliquid amplius sit, necesse est." §21. „Atque inde non sequitur, quod tunc su tantia simplex careat omni perceptione" etc. Leibniz (1760), § 19, 20, 21

3   Lotze (1856), Bd. 1, Kapitel 4: Das Leben der Materie, S. 374 ff

4   Wenigstens nach Leibniz und Lotze, während Herbarts einfache Wesen allerdings an sich keinen geistigen Charakter hegen.

5   Lotze (1856), Bd. 1, Kapitel 4: Das Leben der Materie, S. 392

6   ebd., S. 397

7   Fechner (1860), Psychophysik, Bd. 1, S. 1 ff, Bd. 2, S. 381 ff, S. 526 ff;
     Fechner (1861), Seelenfrage, S. 198 ff;
     Fechner (1851), Zend-Avesta, Bd. 2, S. 212 ff

8   Wenn schon die gern von mir gebrauchte Bezeichnung des betreffenden Verhältnisses durch innere und äußere Erscheinlichkeit in den monadologischen Systemen nicht eben so üblich ist, so dürfte doch der sachliche Gesichtspunkt ihrer Übereinstimmung mit dem synechologischen System dadurch treffend genug zu bezeichnen sein.

9   Fechner (1860), Psychophysik, Bd. 2, S. 382

10   Prinzipiell meßbar durch die *lebendige* Kraft im Sinne der Physik und Physiologie.

11   Fechner (1860), Psychophysik, Bd. 1, S. 238 ff, Bd. 2, S. 428, 439

12   ebd., Bd. 2, S. 289

13   ebd., Bd. 2, S. 439

14   ebd., Bd. 2, S. 529

15   Auf den, für die Ausführung des Systems freilich wichtigen Unterschied von *Schwellen* verschiedener Stufen, je nachdem es sich um allgemeineres Bewußtsein oder speziellere Gebiete oder Bestimmungen desselben handelt, kann ich hier nicht näher eingehen. Vgl. a.a.O., Bd. 2, S. 454 ff

16   Nach Herbart und Lotze, indes nach Leibniz' prästabilierter Harmonie von einer Wirkung einer Seele auf die andere im *eigentlichen* Sinne nicht zu sprechen ist, es sei denn, daß man, was man in gewissem Sinne wohl kann, die allgemeine Gesetzlichkeit, von der nach unserer Begriffstellung die Wirkung abhängt, als prästabilierte Harmonie auffaßt.

17   Langenbeck (1858), S. 32 ff mit Verweisung auf
     Lotze (1852), S. 327 ff

18   Fechner (1860), Psychophysik, Bd. 2, S. 400 ff

19   ebd., Bd. 2, S. 392 ff

20   Drossbach (1858), S. 182

21   Lotze (1856), Mikrokosmos, Bd. 1, Kapitel 5: Von den ersten und den letzten Dingen des Seelenlebens, S. 425

11. Kapitel
1   Lorenz (1864), S. 579 ff
2   Mitscherlich (1864)

Nachwort des Herausgebers
1   Fechner (1864), S. 77
2   Fechner (1864), S. 85
3   Fechner (1879)
4   Max Horkheimer, Theodor W. Adorno, Die Dialektik der Aufklärung, Frankfurt 1969
5   Michael Heidelberger, Die innere Seite der Natur, Gustav Theodor Fechners wissen-
        schaftlich-philosophische Weltauffassung, Frankfurt 1993, S. 175
        Neben der detaillierten Übersicht und Darstellung zum Gesamtwerk und Biographie,
        bietet dieses Buch eine komplette Literaturliste
6   Mit 20 (1821) beginnt er seine lange Liste von Publikationen mit einer
        unter dem Pseudonym Dr. Mises veröffentlichten Text mit dem Titel
        ‚Beweis, daß der Mond aus Iodine besteht‘, Fechner (1821).
        Jod ist erst wenige Jahre zuvor 1814 von Gay Lussac als Element
        erkannt worden.
7   Fechner (1836)

Nicht alle von Fechner genannten Quellen bzw. Autoren konnten
verglichen bzw. korrekt und eindeutig zugewiesen werden.

Eintragungen und/oder Autoren in ( ) Klammern (außer Jahreszah-
len) sind aus der Ausgabe von 1864 übernommen und konnten noch
nicht geklärt werden.
Eintragungen in [ ] Klammern stammen vom Herausgeber.

In das Literaturverzeichnis sind auch zusätzlich Titel aufgenommen
worden, wenn im Text nur der Autor und kein Bezug zu einer bestimmten Veröffentlichung genannt werden. Hinzugefügt worden
sind außerdem Veröffentlichungen von genannten Autoren, die den
zitierten Themenkreis ergänzen.

Namensregister

Sachregister

Gustav Theodor Fechner, geboren am
19. April 1801 bei Muskau (Niederlausitz),
gestorben 18. November 1887 in Leipzig;
studierte seit 1817 in Leipzig Naturwis-
senschaften, u.a. Medizin und Chemie.
Seit 1834 dort Professor für Physik.
Nach einer schweren Krise zwischen
1839-1844 ab 1846 Professor für
Philosophie.
Begründet die experimentelle
Psychologie, entdeckt das Gesetz der
Reizschwelle (Weber-Fechner'sches
Gesetz) und formuliert und fordert
schließlich in seinem Hauptwerk
'Elemente der Psychophysik' (1862) eine
neue Wissenschaft vom Menschen.
Seine Vorstellung der Allbeseeltheit
(Tagesansicht) will einen einseitigen –
auch wissenschaftlichen – Materialismus
(Nachtansicht) überwinden.
In seiner Atomenlehre, 1855 erstmals
erschienen, bezieht er eindeutig Stellung
für ein Weltmodell, das letztlich aus
diskreten Teilen bestehen muß:
„Nur erst sowie die letzten Atome einfach werden, tritt mit der einfachsten
zugleich die großartigste, mit der
erhabensten zugleich die feinste
Bauweise der Welt uns entgegen. Alle
Last ... ist in Kraft verwandelt, mit der
sich die einfachen Wesen unter Führung
des Gesetzes zum schmuckvollen Baue,
zum Kosmos, fügen."